Processamento de imagens de satélite

Daniel Capella Zanotta
Matheus Pinheiro Ferreira
Maciel Zortea

Copyright © 2019 Oficina de Textos

Grafia atualizada conforme o Acordo Ortográfico da Língua Portuguesa de 1990, em vigor no Brasil desde 2009.

CONSELHO EDITORIAL   Arthur Pinto Chaves; Cylon Gonçalves da Silva; Doris C. C. K. Kowaltowski; José Galizia Tundisi; Luis Enrique Sánchez; Paulo Helene; Rozely Ferreira dos Santos; Teresa Gallotti Florenzano

CAPA E PROJETO GRÁFICO   Malu Vallim
DIAGRAMAÇÃO   Douglas da Rocha Yoshida
IMAGEM CAPA   Mosaico de duas cenas OLI Landsat 8 - USGS - NASA sobre o litoral sul do Brasil com 30 m de resolução espacial. As cenas foram adquiridas aproximadamente às 13:18 do dia 24/05/2018. Trata-se de uma composição das bandas 4 3 1 nos canais RGB, em contraste linear. Cortesia da US Geological Survey. Nota-se na imagem sedimentos em suspensão e dissolvidos na Lagoa dos Patos e no oceano provocando as feições e diversidade de cores observadas. Possível notar também diversas zonas de cultivo e mata nativa do bioma pampa. No estuário da Lagoa é possível identificar navios aguardando entrada no porto.
PREPARAÇÃO DE FIGURAS   Beatriz Zupo
PREPARAÇÃO DE TEXTO   Hélio Hideki Iraha
REVISÃO DE TEXTO   Natália Pinheiro Soares
IMPRESSÃO E ACABAMENTO   GRÁFICA RETTEC

Dados Internacionais de Catalogação na Publicação (CIP)
(Câmara Brasileira do Livro, SP, Brasil)

Zanotta, Daniel
Processamento de imagens de satélite / Daniel Zanotta, Maciel Zortea, Matheus Pinheiro Ferreira. -- São Paulo : Oficina de Textos, 2019.

Bibliografia.
ISBN 978-85-7975-316-9

1. Calibração 2. Engenharia - Instrumentos 3. Pesquisa geográfica 4. Satélites artificiais em sensoriamento remoto 5. Sensoriamento remoto - Imagens I. Zortea, Maciel. II. Ferreira, Matheus Pinheiro. III. Título.

19-24065   CDD-621.3678

Índices para catálogo sistemático:
1. Sensoriamento remoto : Tecnologia 621.3678

Maria Alice Ferreira - Bibliotecária - CRB-8/7964

Todos os direitos reservados à OFICINA DE TEXTOS
Rua Cubatão, 798   CEP 04013-003   São Paulo-SP – Brasil
tel. (11) 3085 7933
site: www.ofitexto.com.br
e-mail: atend@ofitexto.com.br

Os autores gostariam de dedicar este livro à memória do Prof. Dr. Victor Haertel, pioneiro e um eterno ícone do sensoriamento remoto brasileiro.

[As figuras com o símbolo ◩ são apresentadas em versão colorida entre as páginas 289 e 301.]

Apresentação

O sensoriamento remoto, como técnica insubstituível de obtenção de informações sobre a superfície da Terra e também de outros corpos planetários, tem sua história mesclada com a do desenvolvimento da fotografia e das tecnologias que possibilitaram a conquista do espaço. Ele remonta, portanto, à segunda metade do século XIX, quando a habilidade inventiva humana produziu as câmeras e os filmes fotográficos e os primeiros artefatos aéreos, como os balões e os aviões. A combinação perfeita dessas tecnologias levou então ao sensoriamento remoto e ao desenvolvimento de um sem-número de aplicações, tanto civis como militares.

O grande salto do sensoriamento remoto se deu, contudo, com o advento da era espacial, a partir da década de 1960. Com a conquista inicialmente do espaço orbital e, posteriormente, também do espaço interplanetário, essa tecnologia se destacou como altamente interessante e estratégica, devido a suas inúmeras possibilidades de aplicação.

Em suas fases iniciais, a técnica fez amplo uso de métodos analógicos, baseados em câmeras, filmes e laboratórios fotográficos, para a aquisição e o processamento das informações. Porém, um novo e significativo salto viria a ser dado com a introdução das tecnologias digitais de imageamento e do processamento de imagens, a partir principalmente da década de 1970. Para isso, contribuiu também o desenvolvimento em paralelo das tecnologias de computação e visualização digitais.

Hoje, é impossível imaginar qualquer atividade ou aplicação que não utilize integralmente essa combinação de tecnologias. As imagens geradas pelo sensoriamento remoto atualmente disponíveis contêm informações que vão muito além da capacidade natural de percepção e de extração dos seres humanos. Daí a necessidade fundamental de aplicar técnicas de processamento digital a fim de explorar as regiões do espectro eletromagnético em que a visão humana não registra a energia, juntamente com todo o potencial de informação contido nas imagens adquiridas pelos sensores nessas regiões, que são de crucial importância para a identificação e o monitoramento de materiais e de fenômenos na superfície da Terra e também de outros corpos planetários.

É nesse importante contexto que se insere a presente obra, cujo objetivo é fornecer as bases teóricas e práticas para que estudantes, pesquisadores e profissionais que atuam nas múltiplas áreas de aplicação do sensoriamento remoto possam fazer o melhor uso possível da vasta gama de informações geradas pelos sensores remotos.

O livro é subdividido em capítulos que cobrem os principais conjuntos de técnicas de processamento digital especificamente voltadas às imagens de sensoriamento remoto. Essas imagens possuem características distintas em relação à fotografia digital e requerem, portanto, técnicas de processamento adequadas, com bases que se assentem na matemática e na estatística, e que levem em conta a natureza multiespectral e multitemporal do sensoriamento remoto.

Os autores adotam o devido rigor técnico-científico ao abordar os principais aspectos tanto teóricos como práticos, apresentando exemplos e convidando o leitor, ao final dos capítulos, a solucionar exercícios que auxiliam na compreensão e na absorção dos conceitos. Além disso, as técnicas são abordadas de forma didática, recorrendo sempre que possível a figuras, em um contexto compatível com o estado da arte nessa área do conhecimento.

Esta obra vem preencher uma importante lacuna na literatura técnico-científica sobre o tema em Língua Portuguesa, dada a relativa ausência de referências recentes redigidas em nossa língua. Seu conteúdo é voltado tanto para leitores que desejam ter informações de caráter mais introdutório como para aqueles que já têm familiaridade com essas técnicas, mas que desejam aprofundar seus conhecimentos com consistente base teórica.

Em suma, este livro representa um marco referencial, sendo recomendado para cursos de graduação e de pós-graduação, assim como para pesquisadores e profissionais que atuam nesse campo do conhecimento.

Campinas, 26 de fevereiro de 2019

Alvaro Penteado Crósta
Professor Titular de Geologia da Universidade Estadual de Campinas
Membro Titular da Academia Brasileira de Ciências
Mestre e PhD em Sensoriamento Remoto

Prefácio

A facilidade na aquisição de imagens provenientes de satélites e plataformas aéreas sobre a superfície terrestre nas mais diversas resoluções possibilitou uma aproximação inédita entre a alta tecnologia e a sociedade. A crescente utilização de dispositivos móveis em nosso cotidiano, tais como *smartphones* e *tablets*, permite visualizar, literalmente "na palma da mão", mapas e imagens coletadas por essas plataformas com coordenadas geocodificadas. Por trás de todo esse conteúdo tecnológico, encontram-se os mais diversos tipos de processamento e correção, que são continuamente aplicados na imensa massa de dados oriundos de distintas modalidades de aquisição. A análise desses dados é um desafio atual de pesquisa que envolve inúmeras questões, desde aquelas relacionadas à coleta e ao armazenamento dos dados, passando por ética e privacidade, até o desenvolvimento de algoritmos eficientes e robustos para extrair as mais inimagináveis informações deles. Sua utilização é indispensável em previsão do tempo, acompanhamento da produtividade agrícola, monitoramento ambiental, mapeamento urbano, análise de atividades industriais, apoio em catástrofes etc.

A consolidação dessa realidade provocou uma crescente demanda na manipulação e na interpretação especializadas de imagens digitais de sensoriamento remoto. Este livro foi desenvolvido com a intenção de auxiliar estudantes, pesquisadores e usuários em geral no entendimento de técnicas utilizadas no procedimento digital feito sobre as imagens brutas adquiridas por sensores. Optamos por manter um equilíbrio, incluindo material para satisfazer as necessidades básicas de usuários iniciantes, mas procurando, ao mesmo tempo, fornecer detalhes matemáticos sobre técnicas e algoritmos para usuários mais experientes. O conteúdo apresentado provém de anos de experiência dos autores nas áreas de ensino e pesquisa em diversos níveis de aprendizado, desde cursos técnicos até a pós-graduação. Tanto os temas ligados ao tratamento digital quanto a classificação de imagens foram abordados com o intuito de auxiliar os leitores na solução de problemas práticos, mas mantendo sempre o rigor científico indispensável na manipulação desse tipo de informação.

O Cap. 1 trata de aspectos introdutórios a respeito do sensoriamento remoto. Sugere-se sua leitura principalmente para aqueles usuários ainda não familiarizados com a utilização da tecnologia. Uma seção de curiosidades com tópicos especialmente selecionados para despertar o interesse dos leitores nos temas introdutórios está presente ao fim desse capítulo inicial. O Cap. 2 traz informações a respeito dos primeiros procedimentos a serem adotados nas imagens ainda brutas, como calibração e correções básicas nos dados. Já o Cap. 3 inclui as diversas formas de apresentação dos dados na tela do computador obtidas através de manipulação do histograma para fins de visualização e extração de informações. Os Caps. 4, 5 e 6 tratam de operações clássicas envolvendo transformações ortogonais e modelos de mistura espectral, cálculo de variados índices físicos, operações aritméticas e passagem de filtros no domínio espacial e de frequências. Os Caps. 7 e 8 abordam o problema de classificação estatística de dados. No contexto deste livro, o objetivo é classificar *pixels* da imagem em classes associadas à presença de distintas características da cena observada. Por fim, o Cap. 9 discute o problema da segmentação e da classificação por objetos. Uma seleção de exercícios é proposta ao fim de cada capítulo (à exceção dos Caps. 7 e 8), com o objetivo de ressaltar tópicos importantes e fixar o conteúdo trabalhado. Ao final do livro, há uma lista das referências utilizadas em seu desenvolvimento ou que direcionam para tratamentos mais aprofundados sobre os conceitos vistos.

Sumário

1. Iniciação aos dados de sensoriamento remoto 11
    1.1 Princípios físicos do sensoriamento remoto 13
    1.2 Comportamento espectral dos alvos 30
    1.3 Sistemas de sensoriamento remoto 38
    1.4 Imagem digital 50
    1.5 Exercícios propostos 59
    1.6 Curiosidades 60

2. Fontes de erro e correção de imagens de satélite 65
    2.1 Calibração radiométrica 65
    2.2 Correção atmosférica 69
    2.3 Correção geométrica 75
    2.4 Exercícios propostos 101

3. Histograma, contraste e equalização 107
    3.1 Histograma 107
    3.2 Operações de realce em imagens digitais 109
    3.3 Casamento de histogramas *(histogram matching)* 118
    3.4 Fatiamento de histogramas *(density slicing)* 120
    3.5 Exercícios propostos 122

4. Transformações espectrais e modelos de mistura espectral 125
    4.1 Análise por componentes principais (ACP) 126
    4.2 Transformação *tasseled cap* 136
    4.3 Transformação RGB-HSI 139
    4.4 *Pansharpening* 143
    4.5 Modelos de mistura espectral 148
    4.6 Exercícios propostos 158

5. Operações aritméticas 163
- **5.1** Adição 163
- **5.2** Subtração 165
- **5.3** Multiplicação 166
- **5.4** Divisão 168
- **5.5** Índices físicos 169
- **5.6** Exercícios propostos 178

6. Filtragem no domínio espacial e no domínio das frequências 181
- **6.1** Filtragem no domínio espacial 183
- **6.2** Filtragem no domínio das frequências 191
- **6.3** Exercícios propostos 200

7. Classificação não supervisionada 203
- **7.1** Considerações iniciais 203
- **7.2** Análise de agrupamentos *(clusters)* 204
- **7.3** Agrupamento rígido 207
- **7.4** Agrupamento difuso 215
- **7.5** Agrupamento baseado em modelos estatísticos 224
- **7.6** Considerações finais 233

8. Classificação supervisionada 239
- **8.1** Considerações iniciais 239
- **8.2** Teorema de Bayes 244
- **8.3** Classificadores paramétricos 246
- **8.4** Classificadores não paramétricos 252
- **8.5** Exemplos de aplicação 270
- **8.6** Notas sobre experimentos de classificação 282
- **8.7** Redes neurais convolucionais 287

9. Segmentação de imagens 301
- **9.1** Considerações iniciais 301
- **9.2** Extração de atributos das regiões 309
- **9.3** Considerações sobre a utilização de segmentação de imagens 311
- **9.4** Exercícios propostos 312

Referências bibliográficas 314

Iniciação aos dados de sensoriamento remoto 1

Sensoriamento remoto orbital é a prática de obter informações sobre a superfície da Terra por meio de imagens adquiridas do espaço, utilizando radiação eletromagnética refletida ou emitida, em uma ou mais regiões do espectro eletromagnético. O caráter sinóptico e multitemporal das imagens torna o sensoriamento remoto capaz de fornecer informações fundamentais sobre os alvos, incluindo seu posicionamento, elevação, quantidade de biomassa, temperatura, umidade etc. Essas informações são de extrema importância para modelos de precipitação, poluição, antropização e vulnerabilidade a desastres, principalmente por não serem pontuais, constituindo uma fonte contínua de dados sobre grandes tratos.

Sua forma não invasiva e sua capacidade de fornecer imagens em intervalos regulares de diversos ambientes conferem ao sensoriamento remoto uma posição de destaque em face de outras práticas de obtenção de dados sobre recursos naturais. No entanto, é possível citar algumas limitações em seu uso. Apesar de representar uma fonte rica de informações, ele não pode ser considerado isoladamente, sem o apoio de dados coletados em campo ou sem qualquer outro tipo de validação. As imagens orbitais precisam ser constantemente aferidas e os sensores, calibrados, uma vez que seus componentes se deterioram com o tempo, inserindo pequenas flutuações nas medidas, que podem representar erros sérios na utilização prática das informações.

O marco inicial do sensoriamento remoto mundial se deu em 1957, com o lançamento do satélite soviético Sputnik-1, primeiro objeto colocado em órbita terrestre pelas "mãos" do homem (Fig. 1.1A). Embora represente um grande avanço tecnológico para a humanidade, o Sputnik-1 tinha tamanho e funções bastante reduzidos. Era considerado um experimento pioneiro, mas nenhum instrumento a bordo era capaz de produzir imagens da Terra. Seu lançamento aconteceu em plena Guerra Fria, conflito de ordem política e ideológica entre

Estados Unidos e União Soviética que fomentou uma série de competições tecnológicas, entre elas a chamada *corrida espacial*, que resultou, por exemplo, no lançamento do satélite já mencionado e na chegada de Neil Armstrong à Lua, em 1969, pelos Estados Unidos.

O início do sensoriamento remoto moderno ocorreu em 1972, com o lançamento do primeiro satélite imageador da série Landsat pelo governo norte-americano (Fig. 1.1B). Esse satélite trazia a bordo o sensor Multispectral Scanner System (MSS), com imagens digitais de quatro bandas espectrais, com *pixels* de 80 m. Com a constatação do grande potencial associado à observação periódica de grandes áreas da superfície da Terra, outros países passaram a contar com programas espaciais e a lançar satélites cada vez mais avançados. Atualmente, os satélites são capazes de adquirir imagens em dezenas ou centenas de bandas espectrais, com tamanho de *pixels* que varia desde alguns centímetros até quilômetros, dependendo da aplicação a que se destinam.

O programa espacial brasileiro conta atualmente com uma única série de satélites de sensoriamento remoto: o China-Brazil Earth Resources Satellite (CBERS) (Fig. 1.1C), desenvolvido em parceria com a China, cujo primeiro satélite foi colocado em órbita em 1999. Em sua quarta edição, o programa CBERS guarda muita semelhança com a clássica série de satélites Landsat. Ele é especialmente dedicado ao monitoramento ambiental e a projetos de mapeamento e sistematização do uso da terra, e suas imagens tomadas sobre o território nacional são distribuídas gratuitamente por meio dos repositórios oficiais do governo brasileiro na internet.

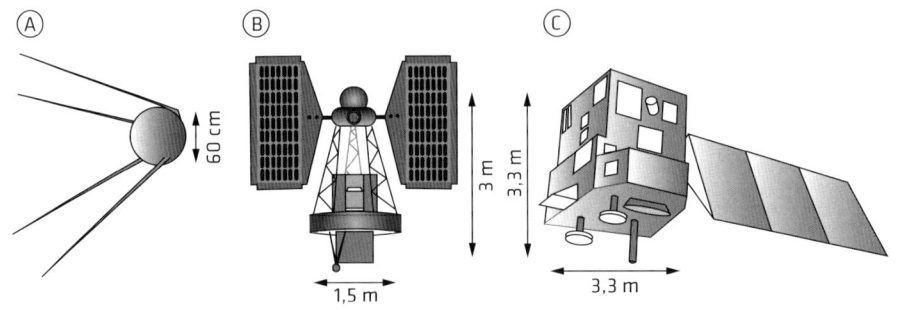

Fig. 1.1 Exemplos de satélites de relevância histórica para o sensoriamento remoto orbital: (A) Sputnik-1, primeiro satélite colocado em órbita (União Soviética, 1957); (B) Landsat-1, primeiro satélite capaz de adquirir imagens da superfície terrestre (Estados Unidos, 1972); e (C) CBERS-1, primeiro satélite de sensoriamento remoto brasileiro, desenvolvido em parceria com a China (Brasil/China, 1999)

A evolução do sensoriamento remoto orbital é impulsionada, basicamente, por duas frentes distintas: (I) o número cada vez maior de satélites orbitando a Terra, com sensores modernos e equipados com materiais e tecnologias de última geração, e (II) o avanço tecnológico observado em processamento e armazenamento de dados, possibilitando a disponibilização de *hardware*, *software* e ferramentas computacionais cada vez mais poderosas para a manipulação das imagens.

1.1 Princípios físicos do sensoriamento remoto

Visando satisfazer as necessidades de diferentes usuários, muitos sistemas de sensoriamento remoto foram desenvolvidos para oferecer imagens com características geométricas, espectrais e temporais distintas. Alguns usuários podem necessitar de imagens frequentes de um determinado local ou fenômeno, tomadas em curtos espaços de tempo (meteorologia e climatologia). Outros podem estar mais interessados em apenas uma cena, mas com *pixels* de pequeno tamanho, evidenciando melhor os detalhes dos objetos (mapeamento urbano). Por sua vez, outros ainda podem desejar uma imagem tomada em várias bandas espectrais, não sendo tão necessário contar com detalhes finos dos objetos ou passagens muito frequentes (mapeamento geológico e agrícola). Por limitações tecnológicas, é impossível que todas as características citadas estejam simultaneamente disponíveis em sua plenitude para um mesmo instrumento.

Imagens de sensoriamento remoto podem ser produzidas por sensores a bordo de plataformas orbitais (satélites) e aéreas (aviões e VANTs), que captam a radiação eletromagnética que deixa a superfície da Terra em direção ao espaço. A energia que emana da superfície pode ser proveniente da reflexão intensa da luz solar que ilumina os alvos terrestres (*sensoriamento remoto passivo de reflexão*) ou ainda da emissão direta de radiação termal pelos materiais na superfície (*sensoriamento remoto passivo de emissão*). Uma imagem de sensoriamento remoto pode também se originar da reflexão da energia artificial produzida pelo próprio satélite que foi direcionada para a superfície e depois captada pelo sensor, como ocorre nas imagens de radar (do inglês Radio Detection and Ranging) ou Lidar (do inglês Light Detection and Ranging) (*sensoriamento remoto ativo*). Nesse ponto, é importante destacar que o foco deste livro serão as imagens de satélite adquiridas por sensores ópticos.

O funcionamento de cada um desses instrumentos será abordado a seguir. Em termos gerais, a produção de uma imagem de sensoriamento remoto se dá por meio da radiação que deixa a superfície terrestre, atravessa a atmosfera, adentra o satélite e atinge seus sensores. Após a aquisição, os dados são transmitidos de volta para a superfície terrestre por comunicação sem fio (telemetria) e recebidos por antenas localizadas em determinados pontos do planeta para, por fim, as imagens serem pré-processadas e disponibilizadas aos usuários (Fig. 1.2). É desse ponto em diante que o material deste livro se propõe a auxiliar, apresentando, fundamentando e discutindo possibilidades de aplicação para diversos processamentos realizados em imagens digitais de sensoriamento remoto.

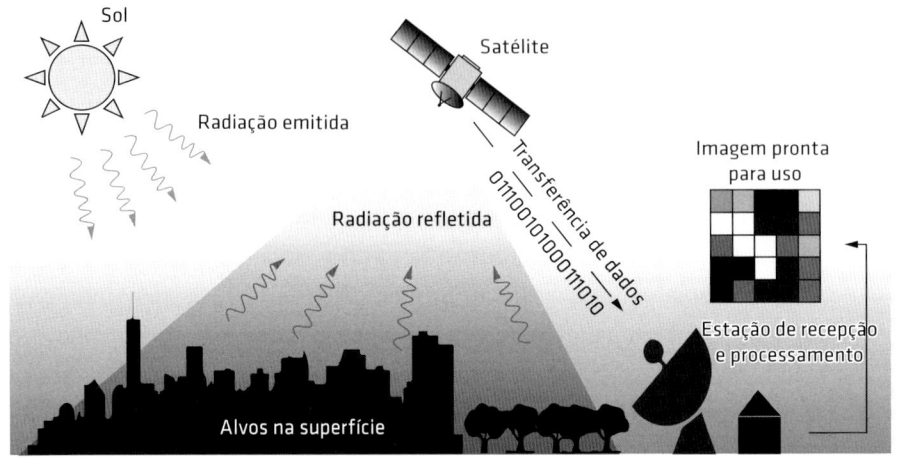

Fig. 1.2 Etapas do processo de aquisição e distribuição das imagens de sensoriamento remoto. Parte da radiação solar que incide na superfície terrestre é refletida de volta para o espaço, sendo captada pelo satélite. Os dados-imagem são redirecionados por telemetria para estações de recepção localizadas na superfície, onde são pré-processados e disponibilizados para os usuários

Produto do sensoriamento remoto, as imagens digitais são formadas por conjuntos de *pixels* (*picture elements*) que descrevem a quantidade de energia que deixa uma porção definida da superfície. O que se entende aqui por energia nada mais é do que formas distintas de onda ou radiação eletromagnética. Toda radiação eletromagnética tem propriedades fundamentais e comportamentos previsíveis de acordo com as teorias físicas. É pelo conhecimento prévio dessas interações que se pode interpretar os alvos da superfície com base na quantidade de radiação que foi refletida ou emitida por eles.

1.1.1 Radiação eletromagnética

Para o entendimento da origem e das características da radiação eletromagnética, é necessário inicialmente expor alguns conceitos básicos acerca da *teoria eletromagnética*. A radiação eletromagnética é uma oscilação de caráter senoidal contendo um campo elétrico (E) e outro magnético (B) em fase que se propaga indefinidamente à velocidade da luz ($c = 3 \times 10^8$ m/s) (Fig. 1.3). A teoria sustenta que a propagação dessas ondas indefinidamente ocorre devido ao apoio mútuo dos campos entre si. A radiação eletromagnética é produzida por cargas elétricas em movimento acelerado. O eletromagnetismo clássico prevê que cargas elétricas em repouso produzem apenas campos elétricos, mas, quando em movimento, produzem também o campo magnético. A radiação eletromagnética surge quando são produzidos movimentos oscilatórios de cargas elétricas de forma que estas sejam aceleradas e freadas de maneira alternada. Desse modo, as condições para a produção simultânea de campos elétricos e magnéticos dão origem a um pulso de radiação eletromagnética. O comportamento em fase dos campos elétrico e magnético é caracterizado pela variação em consonância das amplitudes dos dois campos,

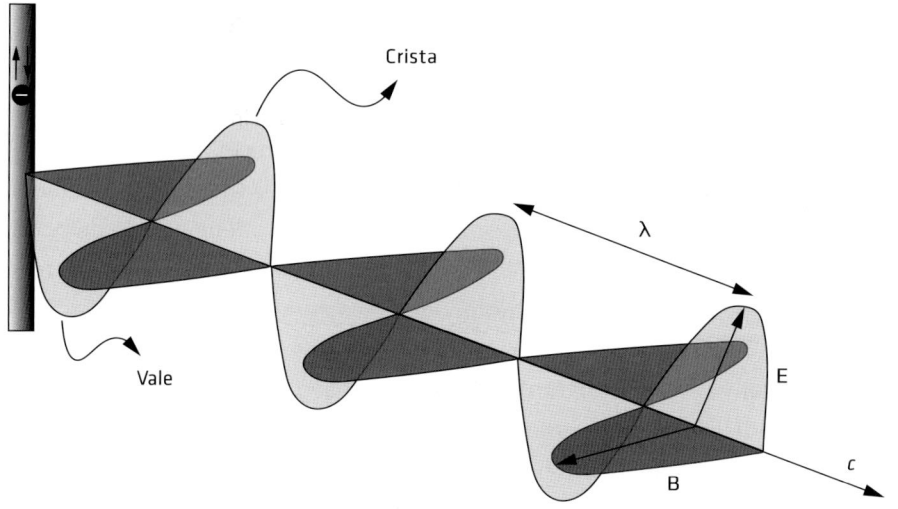

Fig. 1.3 Onda eletromagnética. Cargas elétricas oscilantes são capazes de produzir radiação eletromagnética, composta de uma sequência de campos elétricos (E) e magnéticos (B) em fase e perpendiculares entre si, com variações senoidais. As ondas se propagam no vácuo com a velocidade da luz c, e a distância entre duas cristas consecutivas é conhecida como comprimento de onda λ

ou seja, sempre que a onda do campo elétrico se encontra em uma crista (pico superior), o mesmo se dá com a onda do campo magnético, e isso também ocorre para os vales das ondas (pico inferior). A forma senoidal dos campos é devida ao movimento oscilatório descrito pelas cargas elétricas.

Duas características têm particular importância no entendimento da natureza da radiação e de sua interação com a matéria: o comprimento de onda e a frequência. O comprimento de onda λ é o tamanho horizontal da radiação eletromagnética, definido como a distância entre duas cristas (ou dois vales) consecutivas de um pulso de radiação, como demonstrado na Fig. 1.3. Já a frequência f equivale ao número de oscilações realizadas pelo pulso de radiação no intervalo de tempo de um segundo. Na prática, esse é o mesmo número de oscilações por segundo executado pela carga responsável pela produção da radiação. Ou seja, dependendo da dinâmica com que se dá o movimento das cargas em um material, a radiação resultante pode assumir uma característica ou outra em termos de comprimento de onda e frequência. Essas duas variáveis físicas podem ser relacionadas da seguinte maneira:

$$\lambda \cdot f = c \qquad \text{(1.1)}$$

Essa equação assegura que, quando uma radiação tem seu comprimento de onda aumentado, tem consequentemente sua frequência diminuída. A multiplicação desses dois fatores deve sempre resultar na constante c, a velocidade da luz, que é a rapidez com que a onda se propaga no vácuo. O fato de poder se propagar no vácuo é um dos aspectos mais importantes da radiação eletromagnética para o sensoriamento remoto. Sem essa condição, seria impossível que ela fosse transmitida do Sol à Terra, ou da Terra aos satélites, por exemplo, uma vez que estes se encontram numa região do espaço onde não existe atmosfera.

A radiação eletromagnética produzida no Sol é devida à conversão de átomos de hidrogênio (H) em hélio (He). Essa transformação é oriunda da porção central do Sol e ocorre por causa da alta pressão gravitacional e da alta temperatura encontradas em seu núcleo. O processo de conversão de hidrogênio em hélio libera outras subpartículas e muita energia em forma de calor, que é capaz de se propagar do interior do Sol às camadas superficiais (fotosfera solar). É nessa região que a radiação solar que atinge a Terra é produzida. A alta temperatura, de aproximadamente 5.500 °C, provoca intensas vibrações moleculares, capazes de produzir uma grande quantidade de radiação eletromagnética. Assim como qualquer material que possui uma temperatura acima do zero absoluto (–273 °C, ou zero kelvin), as moléculas da fotosfera solar vibram, gerando movimentos acelerados em suas cargas elétricas e, consequentemente, radiação eletromagnética. No entanto, essa radiação não é produzida em quantidades iguais para todos os comprimentos de onda. A intensidade e as características da radiação gerada por um corpo quente estão ligadas unicamente à temperatura da camada exterior do corpo; quanto mais elevada ela for, maior será a quantidade total de energia produzida. Para o caso de um material de referência (*corpo negro*), a quantidade exata de radiação produzida em cada comprimento de onda pode ser calculada por:

$$E_\lambda = \frac{2 \times 10^{24} hc^2}{\lambda^5 (e^{10^6 hc/\lambda KT} - 1)} \quad (1.2)$$

em que E_λ é a energia medida em W/m² · µm, h é a constante de Planck (6,6256 × 10⁻³⁴ W · s²), c é a velocidade da luz no vácuo, K é a constante de Boltzmann (1,38054 × 10⁻²³ W · s²/K), e é o número de Euler, e T é a temperatura da fonte na unidade kelvin.

Na Física, um corpo negro é um objeto hipotético que absorve toda a radiação eletromagnética nele incidente. Por consequência, nenhuma radiação é refletida para o exterior, e daí provém seu nome. Além de absorver toda a radiação incidente, o corpo negro tem também a propriedade de emitir para o exterior toda a radiação por ele produzida. Para um corpo negro à temperatura do Sol (T = 5.500 °C), a quantidade de radiação produzida em função do comprimento de onda pode ser descrita pela linha tracejada do gráfico da Fig. 1.4, resultante da aplicação da Eq. 1.2 para diferentes valores de comprimento de onda a uma temperatura fixa.

De maneira semelhante ao Sol, alguns objetos terrestres também são capazes de produzir radiação eletromagnética visível (na faixa conhecida como *visível* do espectro), como a lâmpada incandescente, que gera uma luz amarela (aproximadamente 2.000 °C), e metais aquecidos a altas temperaturas, que geram uma luz vermelha (750 °C). Por outro lado, corpos aquecidos a temperaturas abaixo de 500 °C, como alimentos cozidos no forno (aproximadamente 300 °C), corpo humano (aproximadamente 37 °C) e materiais à temperatura ambiente (0~40 °C), não costumam emitir tipos de radiação visíveis ao olho humano. Ainda assim, câmeras termais e sensores a bordo de satélites que operam na faixa do infravermelho são capazes de adquirir imagens desses materiais através da radiação termal que emitem, possibilitando que sejam indiretamente visualizados em um monitor.

O pico de emissão de radiação (máxima emissão) para um corpo a uma certa temperatura se situa em um comprimento de onda que pode ser encontrado pela lei de Wien, dada por:

$$\lambda_{máx} = \frac{2.898}{T} \qquad (1.3)$$

em que a temperatura T é dada em kelvins e o comprimento de onda da máxima emissão é dado em micrômetros.

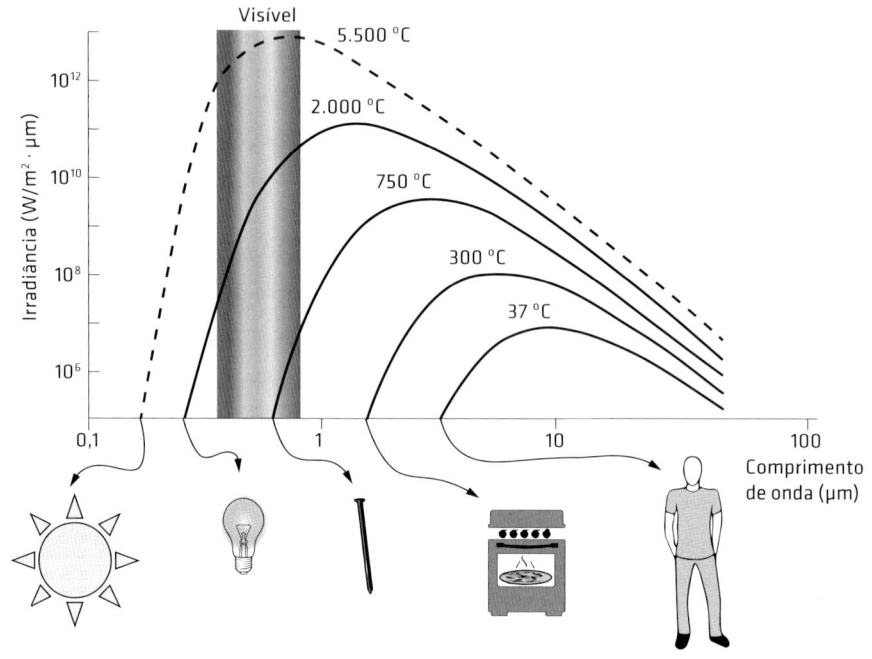

Fig. 1.4 Intensidade de emissão da radiação eletromagnética em função da temperatura dos corpos e do comprimento de onda. As cinco curvas são exemplos de temperatura que correspondem a aproximações teóricas para o corpo negro. O Sol (5.500 °C) emite a maior parte de sua radiação na faixa do visível. Outros objetos que também emitem radiações nessa faixa são a lâmpada incandescente (2.000 °C) e metais a altas temperaturas (750 °C). Objetos a temperaturas menores, como um forno (300 °C) e o corpo humano (37 °C), também produzem radiação, porém nada é emitido na faixa do visível

Assim, conforme a temperatura do corpo aumenta, o comprimento de onda em que ocorre o pico de emissão tende a diminuir. Na Fig. 1.4, observa-se que há um deslocamento da máxima emissão para a esquerda à medida que o corpo apresenta temperaturas maiores. Por isso, a Eq. 1.3 é também conhecida como *lei do deslocamento de Wien*. Nota-se também na Fig. 1.4 que o pico de emissão do Sol se encontra na região do visível (0,4-0,7 μm), e é por esse motivo que grande parte dos seres vivos evoluiu para utilizar a radiação eletromagnética nessa faixa. Por exemplo, as plantas absorvem a luz solar na região do azul (0,4 μm) e do vermelho (0,7 μm) para realizar a fotossíntese, e os olhos dos seres humanos e de outros animais são sensíveis apenas à região do visível.

1.1.2 Espectro eletromagnético

A diversidade de radiações produzidas pelo Sol é comumente classificada em faixas específicas de comprimentos de onda que compartilham características semelhantes de interação com a matéria ou aplicação prática na Terra. Essa classificação é denominada *espectro eletromagnético* e sua divisão é subjetiva, podendo variar dependendo da aplicação e da referência utilizada. A Fig. 1.5 representa o espectro eletromagnético com seus diversos intervalos, variando desde os raios gama até as ondas de rádio/televisão. A figura faz ainda uma comparação entre o comprimento de onda da radiação e o tamanho de objetos cotidianos.

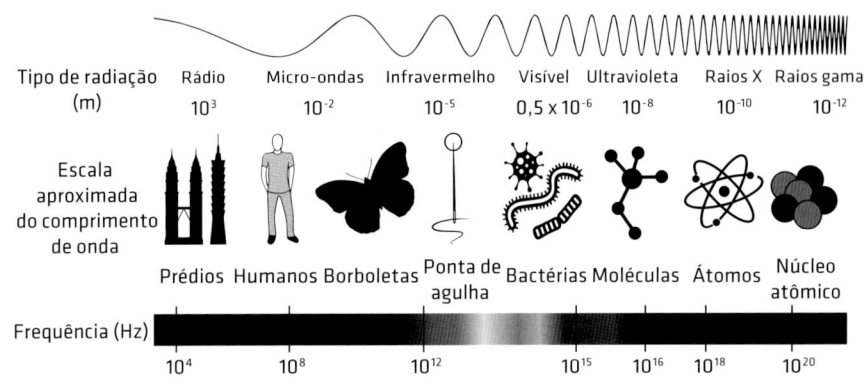

Fig. 1.5 Espectro eletromagnético. Frequências e respectivos comprimentos de onda juntamente com objetos de tamanhos semelhantes para referência

O Sol apresenta características muito similares a um corpo negro no que tange à forma com que produz e emite radiação eletromagnética. A diferença é que, ao contrário do que ocorre em um corpo negro, nem toda a radiação produzida consegue deixá-lo em direção ao espaço. Parte da radiação produzida no interior do Sol é absorvida por suas camadas externas e acaba sendo reemitida em outros comprimentos de onda. Como consequência, a intensidade de radiação originalmente produzida pelo Sol (linha cinza-claro na Fig. 1.6) em alguns comprimentos de onda é aumentada, enquanto em outros é diminuída quando comparada com a de um corpo negro à mesma temperatura (linha preta na Fig. 1.6). Observa-se que a radiação que deixa o Sol não sofre modificação alguma durante sua trajetória até o topo da atmosfera terrestre (camada mais alta da atmosfera). Isso ocorre porque o meio de propagação da radiação no espaço é o vácuo, que não ocasiona qualquer tipo de interação com a radiação emitida. Portanto, a linha cinza-claro refere-se tanto à radiação que deixa o Sol quanto à que atinge a atmosfera terrestre. Em seguida, será visto que essa quantidade de radiação capaz de deixar o Sol e viajar em direção à Terra é de fundamental importância para aplicações de sensoriamento remoto.

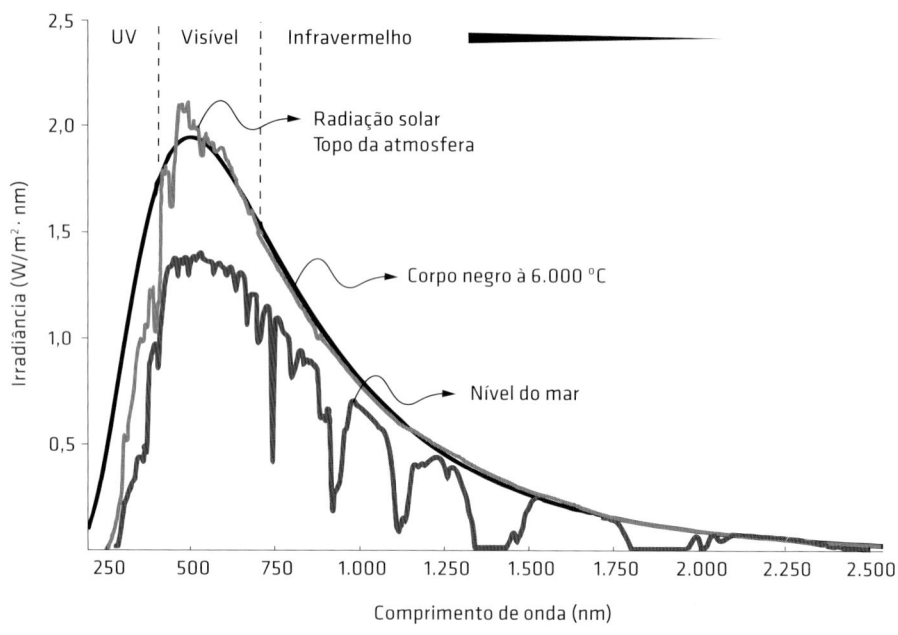

Fig. 1.6 Irradiância solar espectral. A linha preta representa a quantidade de radiação produzida por um corpo negro teórico à mesma temperatura do Sol (5.500 °C). As linhas cinza-claro e cinza-escuro representam, respectivamente, as quantidades de radiação que efetivamente deixam o Sol e chegam livremente ao topo da atmosfera e as que conseguem atravessar a atmosfera terrestre, atingindo a superfície

A radiação solar que se transporta pelo vácuo até alcançar a Terra atinge primeiramente a região mais externa da atmosfera, denominada *topo da atmosfera*. A partir desse ponto, a radiação passa a interagir com diversos constituintes atmosféricos, sendo absorvida, espalhada e refletida por gases como oxigênio e ozônio, vapor d'água, gás carbônico e partículas de diferentes tamanhos. Assim, apenas uma porção reduzida dessa radiação é capaz de alcançar a superfície terrestre (linha cinza-escuro da Fig. 1.6). Existem faixas específicas do espectro eletromagnético que apresentam forte atenuação da radiação solar, conhecidas como bandas de absorção. Por outro lado, há porções do espectro em que a radiação consegue facilmente atravessar a atmosfera sem sofrer atenuação e, por isso, são frequentemente utilizadas para posicionar as bandas dos sensores a bordo de satélites; essas regiões são conhecidas como *janelas espectrais* ou *janelas atmosféricas*. No entanto, este último termo frequentemente causa confusão, uma vez que pode ser associado de maneira equivocada a "janelas" presentes na atmosfera, como zonas de baixa concentração de elementos, de baixa pressão do ar etc.

Uma vez em contato com a superfície, a radiação pode ser absorvida ou refletida de volta para o espaço. O tipo de interação vai depender tanto da composição química e física do alvo quanto do comprimento de onda da radiação incidente. O detalhamento desses processos será visto na seção a seguir.

1.1.3 Interações da radiação com a matéria

As faixas espectrais de radiação solar que conseguem atravessar a atmosfera terrestre e alcançar a superfície passam a interagir com os materiais. Dependendo da composição química dos alvos e do comprimento de onda da radiação incidente, os efeitos podem ser os seguintes: *absorção, reflexão, ionização, espalhamento,* e *transmissão* (Fig. 1.7A). Todos esses processos ocorrem na escala microscópica e dependem da energia contida na radiação incidente em comparação com a energia dos subníveis dos átomos presentes no material. Esses são conceitos pertencentes à Física Quântica, logo, ainda não estão completamente estabelecidos. A quantidade de energia ε de um feixe de radiação incidente com comprimento de onda λ pode ser determinada por meio de:

$$\varepsilon = \frac{hc}{\lambda} \quad [J] \tag{1.4}$$

em que h corresponde à constante de Planck (6,6256 × 10^{-34} W · s^2) e c é a velocidade da luz (3 × 10^8 m/s).

Absorção

O processo de *absorção* ocorre quando o pulso de radiação eletromagnética é completamente absorvido pelo alvo, convertendo-se em energia térmica (calor). Por exemplo, um pulso de radiação com comprimento de onda λ carrega consigo uma energia ε, como descrito pela Eq. 1.4. Suponha-se que um átomo de hidrogênio seja atingido por esse pulso de radiação. Segundo o modelo de Bohr, o hidrogênio apresenta órbitas atômicas demarcadas por quantidades de energia necessárias para a transição de elétrons entre as diferentes órbitas, conhecidas como séries de Lyman, Balmer e Paschen (Fig. 1.7B). O pulso de radiação somente será absorvido pelo átomo de hidrogênio se sua energia for muito próxima a alguma das energias de transição disponíveis para esse átomo. Nesse caso, o elétron atingido absorverá a energia da radiação e se transferirá para outro subnível mais energético, compatível com sua nova energia. O átomo nessa condição é dito excitado e passa a vibrar com maior intensidade, o que ocasiona um aumento da temperatura do material como um todo.

O comportamento inverso também pode ser observado quando, após receberem energia elétrica e se deslocarem para subníveis mais energéticos, os elétrons são obrigados a voltar a seu estado original. No retorno ao subnível de

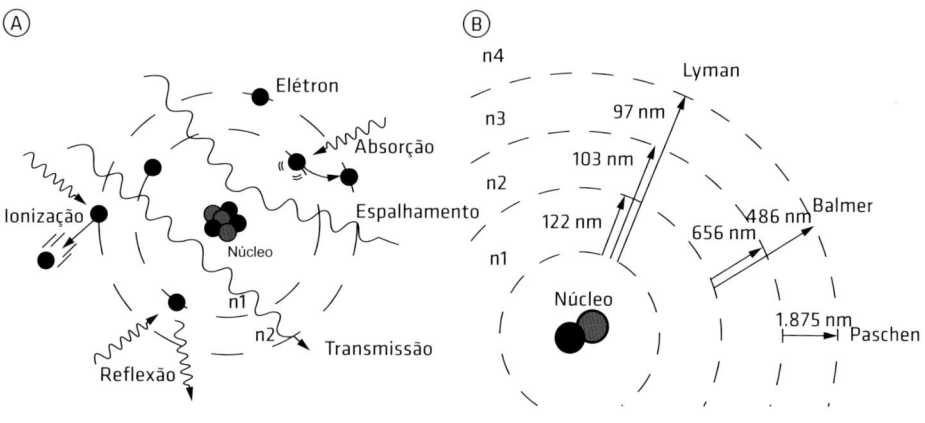

Fig. 1.7 (A) Possibilidades básicas de interação da radiação eletromagnética com a matéria e (B) séries de Lyman, Balmer e Paschen para o átomo de hidrogênio (ou átomo de Bohr)

origem, uma quantidade de energia em forma de radiação é liberada. A lâmpada de *vapor de sódio*, por exemplo, funciona com base nesse princípio. A corrente elétrica que atravessa o sódio no bulbo da lâmpada fornece energia aos elétrons, que são forçados a se transferir para subníveis mais energéticos de forma instável. Ao retornar, eles acabam por liberar a energia elétrica consumida anteriormente na forma de radiação eletromagnética compatível com a cor amarela.

Reflexão

O fenômeno da *reflexão* acontece quando a energia da radiação é um pouco diferente dos valores descritos pelos intervalos atômicos de energia. O processo ocorre quando um átomo do material recebe a radiação e fica num estado excitado, apresentando pequenas oscilações de polarização. O elétron rapidamente restabelece sua condição inicial devolvendo para o ambiente a mesma quantidade de radiação consumida inicialmente, caracterizando a reflexão. Dos mecanismos de interação da radiação com a matéria existentes, a reflexão possui o conceito mais abstrato. Uma discussão mais completa e aprofundada sobre o tema é feita pelo físico Richard Feynman em seu livro QED: *the strange theory of light and matter* (Feynman, 1985).

É graças à reflexão da radiação pelos objetos que se pode enxergá-los. Dependendo da composição química dos materiais, alguns comprimentos de onda da radiação incidente serão refletidos, enquanto outros serão absorvidos. Aquelas radiações que sofrem reflexão serão responsáveis pela tonalidade característica do objeto. Por exemplo, ao observar uma maçã iluminada por uma fonte de radiação, todos os comprimentos de onda da luz incidente serão absorvidos pela fruta, com exceção daqueles associados à cor vermelha, que serão refletidos, dando a ela a aparência vermelha (Fig. 1.8). No caso da banana, os comprimentos de onda refletidos serão aqueles associados às cores vermelha e verde, que juntas formam o amarelo, enquanto o azul e todos os demais serão absorvidos. Um objeto com aparência branca reflete a radiação em todos os comprimentos de onda na faixa do visível, formando a luz branca. Por outro lado, um objeto preto absorve toda a radiação associada às cores visíveis, conferindo-lhe a aparência escura. Tratando mais especificamente do sensoriamento remoto, uma folha, por exemplo, é verde por conter pigmentos que absorvem o azul e o vermelho, mas refletem a luz verde. As folhas verdes também refletem grande quantidade de radiação na faixa do infravermelho devido à estrutura das células vegetais, embora esse fenômeno seja invisível aos olhos humanos.

Fig. 1.8 Reflexão seletiva da radiação para alguns objetos comuns. A maçã absorve todos os tipos de radiação, refletindo apenas o comprimento de onda referente à cor vermelha. A banana absorve muito os comprimentos de onda na faixa do azul, refletindo tonalidades vermelhas e verdes, o que resulta na característica cor amarela. Já uma folha vegetal absorve a radiação vermelha e azul, mas reflete a verde devido a pigmentos fotossintéticos como as clorofilas. Além disso, apresenta muita reflexão do infravermelho próximo (IV) por causa, principalmente, da estrutura celular

É possível definir tipos diferentes de reflexão estudando os ângulos em que a radiação é refletida (Fig. 1.9). A *reflexão especular* ocorre quando a superfície que recebe a radiação é relativamente lisa. Ela prevalece sempre que os contornos da camada superficial apresentam tamanhos menores do que o comprimento de onda da radiação incidente. Nesse caso, os raios refletidos seguem um ângulo igual ao ângulo de incidência com relação à direção vertical. Espelhos, lâminas d'água e metais lisos, por exemplo, apresentam reflexão especular. Já a *reflexão difusa* acontece quando a luz incide sobre uma superfície irregular, onde os raios de luz refletidos propagam-se em várias direções diferentes. Quando os raios são distribuídos igualmente para todas as direções possíveis de reflexão, a superfície refletora é denominada *lambertiana*. Exemplos de materiais que exibem reflexão difusa são aqueles com superfícies opacas, como paredes, areia, asfalto e concreto. A reflexão pode ainda se apresentar num meio-termo entre perfeitamente especular e perfeitamente difusa, sendo

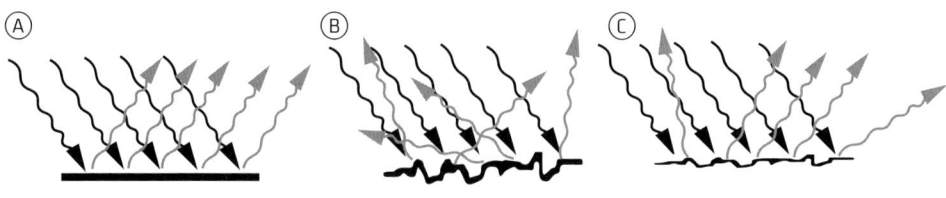

Fig. 1.9 Tipos de reflexão observados na interação da radiação com a matéria: (A) reflexão especular; (B) reflexão difusa; e (C) reflexão semidifusa

assim chamada de *semiespecular* ou *semidifusa*. Nesse caso, uma porção da radiação incidente é refletida para uma direção especular, enquanto a outra segue direções irregulares. São exemplos pisos muito lisos, superfícies polidas e qualquer outro material em que se consiga enxergar uma região com o brilho da luz incidente, porém sem formar uma imagem, como ocorre em espelhos.

Espalhamento

O *espalhamento* é um processo similar à reflexão, mas ocorre de forma irregular, geralmente em gases. Trata-se de um feixe de radiação que interage não apenas com a superfície material, mas com todo o seu volume interior, provocando múltiplas reflexões da radiação para todas as direções possíveis. Normalmente esse fenômeno é observado em materiais com algum grau de transparência ou com partículas em suspensão, como no caso da atmosfera.

O espalhamento é conhecido como do tipo *Rayleigh* quando as partículas atingidas são muito menores que o comprimento de onda da radiação incidente, e especialmente para comprimentos de onda pequenos, como da luz visível, em particular o azul. Esse é o fenômeno responsável pela aparência azul do céu. Quando se olha para qualquer direção do céu, recebe-se radiação solar desviada pelas partículas da atmosfera, em especial a luz azul. O efeito chega a ser dez vezes mais intenso para radiações correspondentes ao azul, se comparadas com aquelas referentes aos tons verdes, amarelos e vermelhos do visível. Quando a radiação solar é obrigada a atravessar um volume maior da atmosfera para chegar à superfície (no nascer ou pôr do Sol), a quantidade de radiação na faixa do azul é tão espalhada que acaba por ser praticamente extinta, restando apenas os comprimentos de onda do vermelho e do amarelo. É por esse motivo que, ao olhar para o horizonte no início ou no final do dia, enxerga-se o céu em tons amarelos e vermelhos. A maioria do espalhamento Rayleigh costuma ocorrer em uma camada atmosférica até 10 km acima da superfície terrestre. Dessa forma, é esperado que, ao subir acima dessa altitude, uma pessoa vá gradativamente perdendo a percepção azulada do céu, que dará lugar à escuridão do espaço profundo. Lord Rayleigh, que dá nome a esse tipo de espalhamento, foi um físico britânico que trabalhou intensamente na teoria de ondas, chegando inclusive a ganhar o prêmio Nobel de Física em 1904 por suas contribuições na área.

Outro espalhamento comum observado na atmosfera é o do tipo Mie. Esse espalhamento é causado por partículas atmosféricas de tamanho maior, como vapor d'água, fumaça, aerossóis e poeira, e ocorre para radiações com comprimento de onda aproximadamente igual ao tamanho das partículas envolvidas. Ao contrário do que se observa no espalhamento Rayleigh, o espalhamento Mie não é tão dependente do comprimento de onda da radiação incidente, sendo aproximadamente uniforme para os comprimentos de onda do visível. Ele é responsável, por exemplo, pela aparência branca das nuvens quando elas estão presentes nas imagens orbitais.

Transmissão

O processo de *transmissão* da radiação através do material, também conhecido como *refração*, ocorre quando os subníveis de energia disponíveis nos átomos e moléculas que formam o material não apresentam valores compatíveis com a energia da radiação incidente. Assim, o material será transparente para essa radiação, que irá atravessá-lo de uma extremidade à outra. Esse fenômeno explica por que o vidro e a água pura são transparentes à luz visível. De fato, isso acontece com maior frequência em materiais que apresentam poucos subníveis de energia disponíveis para a transição dos elétrons. Na falta destes, a radiação não é absorvida nem refletida, e sim transmitida pelo interior do material.

Apesar de a transmissão aparentemente não provocar nenhuma alteração na radiação incidente, mudanças em sua direção e velocidade de propagação são observadas após a passagem de um meio para outro. Quando o interesse é mais direcionado para essas variações nas características físicas da radiação, a denominação mais empregada para o fenômeno é *refração*. A refração provoca um pequeno desvio na direção de propagação da onda (Fig. 1.10) que depende

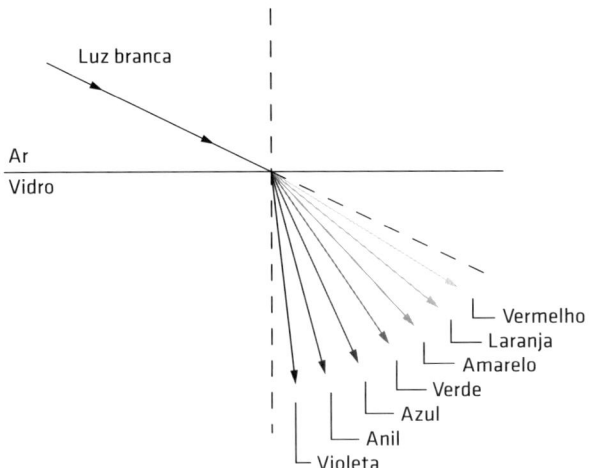

Fig. 1.10 Refração da luz visível para diversos comprimentos de onda

dos índices de refração do meio externo (incidente) e do meio interno (refratado). A velocidade da radiação também é modificada segundo o índice de refração do material. O comprimento de onda da radiação incidente não se altera nesse processo.

Ionização

O processo de *ionização* ocorre quando o átomo recebe uma radiação de energia tão grande que é capaz de "arrancar" o elétron do átomo. Esse fenômeno é observado principalmente em radiações com pequenos comprimentos de onda (muito energéticas), como raios gama, X e ultravioleta, denominadas, por isso, radiações ionizantes. Quando esse efeito envolve a interação da radiação com objetos metálicos, o processo é conhecido como *efeito fotoelétrico*, em que a quantidade de elétrons deslocados é maior, podendo produzir pequenas correntes elétricas.

Ao interagir com um alvo, costuma-se considerar o balanço do fluxo de energia incidente ϕ sendo expresso em função de três efeitos – reflexão, absorção e transmissão:

$$\phi_{incidente} = \phi_{refletido} + \phi_{absorvido} + \phi_{transmitido} \qquad (1.5)$$

Essa relação é constantemente descrita como *lei de Kirchhoff* da radiação. O percentual com que cada um desses efeitos ocorre depende das características do material, sendo quantizados por sua *reflectância* (ρ), *absortância* (σ) e *transmitância* (τ). Esses termos são adimensionais e variam entre zero e um, apresentando, para um mesmo material, ligeiras flutuações de acordo com o comprimento de onda específico. Para um dado alvo, o somatório dos termos deve resultar sempre em 1:

$$\rho + \sigma + \tau = 1 \qquad (1.6)$$

1.1.4 Grandezas radiométricas

Como nas imagens formadas pelo olho humano ou por máquinas fotográficas, as imagens de satélite descrevem a quantidade de radiação recebida dos alvos. Células especializadas localizadas no fundo do olho recebem a radiação e a convertem em sinal elétrico, que é em seguida transferido para o cérebro, que identifica uma tonalidade de cor proporcional à radiação recebida. Máquinas fotográficas e sensores remotos também recebem a radiação e a convertem em sinal elétrico, porém registram a quantidade recebida em contadores digitais para cada *pixel*.

A relação entre a quantidade de radiação recebida e o correspondente valor dos contadores digitais é de extrema importância para aplicações em sensoriamento remoto. É a partir desse valor que se pode identificar e caracterizar os objetos na superfície, definindo sua composição química e temperatura, por exemplo. Para tanto, é necessário classificar as quantidades de energia envolvidas desde a produção da radiação solar e, então, na passagem pela atmosfera terrestre, na interação com a superfície e no retorno para o espaço, passando novamente pela atmosfera e, por fim, chegando aos satélites. Isso será feito por meio da definição de algumas grandezas radiométricas de interesse para o sensoriamento remoto.

Irradiância solar

O cálculo radiométrico inicia-se na produção de radiação pelo Sol. A potência total irradiada em direção ao espaço equivale a aproximadamente $3{,}846 \times 10^{26}$ W. Desse total, precisa-se determinar qual fração chega à Terra, localizada a $1{,}496 \times 10^{11}$ m de distância. Essa fração de radiação é conhecida como *irradiância solar I*, dada em W/m², ou seja, é a porção da energia total produzida pelo Sol que chega a cada metro quadrado da superfície terrestre. Ao imaginar uma esfera hipotética de raio R, equivalente à distância do Sol à Terra, e assumir que toda a energia produzida pelo Sol é obrigada a sair por algum ponto dessa esfera imaginária, pode-se determinar o valor da irradiância solar dividindo a energia total produzida no Sol, a qual será chamada de P_s, pela área da esfera, dada em metros quadrados (Fig. 1.11A). Da geometria, sabe-se que a área superficial da esfera pode ser calculada usando $A_{esfera} = 4\pi R^2$. Assim, a irradiância solar pode ser derivada a partir da seguinte equação:

$$I = \frac{P_s}{A_{esfera}} = \frac{3{,}846 \times 10^{26}}{4\pi(1{,}496 \times 10^{11})^2} = 1.368{,}22 \quad [\text{W/m}^2] \tag{1.7}$$

O valor calculado equivale à quantidade de energia do Sol que chega a cada metro quadrado da superfície terrestre considerando-se o nadir, ou seja, levando-se em conta raios que chegam perpendiculares à superfície.

Irradiância espectral

Em sensoriamento remoto, a irradiância solar costuma ser calculada separadamente para cada região do espectro. Define-se como *irradiância espectral* I_λ a quantidade total de radiação que chega do Sol em um determinado intervalo do espectro eletromagnético. Como visto na Fig. 1.6, o Sol não produz radiação em quantidades iguais para todos os comprimentos de onda. Dessa forma, o cálculo da irradiância espectral para um alvo ao nadir deve ser feito utilizando a Eq. 1.2 (aproximação para um corpo negro), juntamente com os valores dos comprimentos de onda inicial λi e final λf da região pretendida do espectro. A quantidade é calculada com base na seguinte integração:

$$I_\lambda = \int_{\lambda i}^{\lambda f} \frac{2 \times 10^{24} hc^2}{\lambda^5 (e^{10^{6}hc/\lambda KT} - 1)} d\lambda \quad [\text{W/m}^2 \cdot \mu\text{m}] \quad (1.8)$$

Conforme será visto, esse valor é de fundamental importância para os cálculos de calibração radiométrica do Cap. 2. Uma vez que as quantidades envolvidas são constantes, normalmente os valores de irradiância espectral para cada sensor são tabelados em seus intervalos espectrais. Assim, evita-se ter que aplicar a Eq. 1.8 para procedimentos realizados mais adiante.

Radiância e reflectância

A *radiância* equivale à quantidade de energia eletromagnética que deixa um material na superfície da Terra em direção ao espaço, sendo fruto tanto da emissão dos alvos causada por sua temperatura quanto da reflexão da radiação solar incidente. É possível também determinar uma *radiância espectral* (L_λ) para os alvos da superfície, correspondente à radiância separada por intervalos espectrais, de forma similar ao que foi feito para a irradiância espectral. No entanto, para as regiões do visível e para grande parte do infravermelho, a quantidade de radiação solar refletida pelos alvos da superfície supera, e muito, a quantidade de radiação emitida por eles devido à temperatura. Assim, considera-se que a radiância espectral medida para os alvos é unicamente causada pela reflexão da radiação solar. Seu valor pode ser calculado pela multiplicação da irradiância espectral por um fator equivalente à fração de radiação refletida pela superfície, denominado *reflectância de superfície* ρ_λ, verificado para o alvo nos intervalos definidos do espectro:

$$L_\lambda = I_\lambda \cdot \rho_\lambda \; [\text{W/m}^2 \cdot \mu\text{m}] \tag{1.9}$$

A reflectância ρ_λ pode variar de zero a um, sendo zero a absorção total da radiação e um a reflexão total da radiação recebida pelo alvo. Isolando ρ_λ na Eq. 1.9, percebe-se facilmente que seu valor nada mais é do que a proporção de radiação incidente (irradiância) que foi refletida pela superfície em direção ao espaço. O restante da radiação que não foi refletida sofre outro tipo de interação com o alvo, como absorção, transmissão ou até ionização.

A unidade de radiância espectral utilizada em sensoriamento remoto é dada em W/m² · µm · sr, ou seja, em watts de radiação eletromagnética que deixam uma área de um metro quadrado, em uma faixa do espectro definida em micrômetros, dentro de um volume de um esterradiano. O esterradiano (sr) é uma unidade de ângulo sólido. O ângulo sólido é um conceito geométrico referente a esferas e equivalente a um cone delimitado por uma porção da superfície e com vértice no centro da esfera (Fig. 1.11B).

Após incidir na superfície, a radiação é refletida isotropicamente para todas as direções do hemisfério (região equivalente à meia esfera). No entanto, a radiância espectral não é normalmente dada por seu valor absoluto, e sim por uma quantidade relativa que se propaga num volume equivalente a um esterradiano. São necessários 4π esterradianos para preencher completamente a superfície de uma esfera, e 2π para preencher apenas um de seus dois hemisférios (superior e inferior). Desse modo, a radiância espectral L_λ percebida pelo sensor na unidade convencional do sensoriamento remoto é calculada por meio de:

$$L_\lambda = \frac{I_\lambda \cdot \rho_\lambda}{2\pi} \; [\text{W/m}^2 \cdot \mu\text{m} \cdot \text{sr}] \tag{1.10}$$

As equações apresentadas tratam de uma situação ideal, sem a presença da atmosfera terrestre, que, como se sabe, provoca diversas alterações nas quantidades medidas devido às interações com os gases e as partículas presentes. No Cap. 2, esses efeitos e suas respectivas técnicas de correção serão apresentados e discutidos.

1.2 Comportamento espectral dos alvos

Em razão da composição química e física diferente dos alvos da superfície terrestre, é natural que os materiais apresentem comportamentos

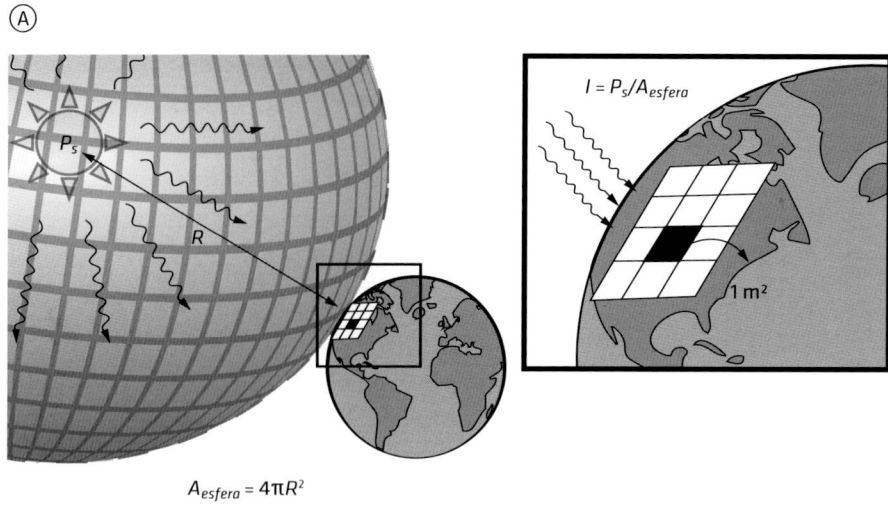

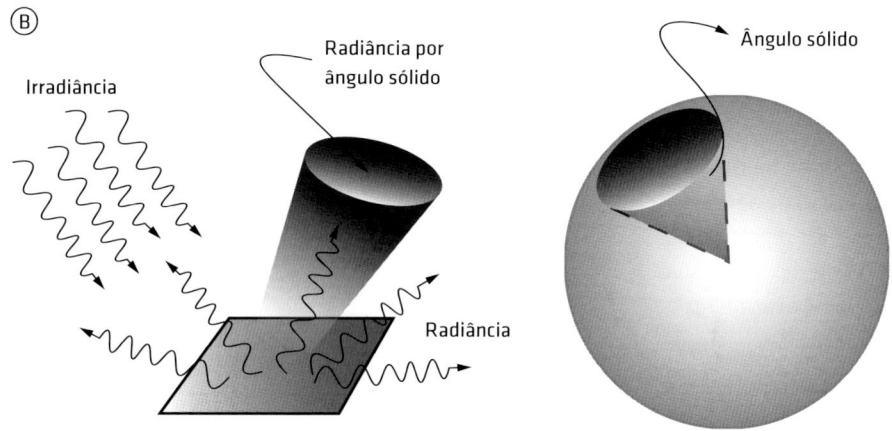

Fig. 1.11 Irradiância solar e radiância dos alvos. Em (A), a potência total de radiação produzida pelo Sol P_s é isotropicamente transferida para o espaço, sendo a Terra, localizada a $R = 1,496 \times 10^{11}$ m, atingida por uma pequena porção dada pela irradiância. Em (B), a quantidade de irradiância refletida pelo alvo por unidade de ângulo sólido é definida como radiância

diversos diante da radiação eletromagnética. Átomos de diferentes substâncias são feitos de um número variado de elétrons arranjados em formas distintas. Para um mesmo material, podem ocorrer simultaneamente, por exemplo, absorção, transmissão e reflexão em quantidades variadas, dependendo da combinação dos elementos que o compõem. Logo, se cada material apresenta um comportamento único diante da radiação incidente, então é possível identificar sua composição química a partir deste.

1.2.1 Radiometria e assinatura espectral dos alvos

A curva que caracteriza a reflectância de um alvo nos diversos comprimentos de onda do espectro é conhecida como *assinatura espectral*. A Fig. 1.12 mostra exemplos da assinatura espectral da água, do solo e da vegetação verde em função do comprimento de onda quando iluminados por uma fonte de luz. Esse conceito é de fundamental importância para o sensoriamento remoto, pois é a partir da assinatura espectral dos alvos que se consegue interpretar o que é visto nas imagens de satélite. De forma geral, são feitas comparações entre o que se observa a partir das respostas espectrais em cada banda e o que se conhece dos diversos alvos disponíveis.

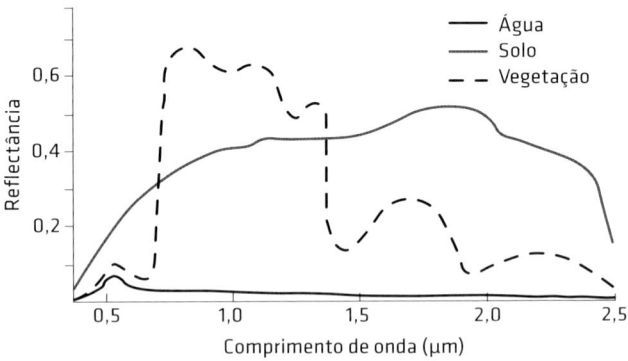

Fig. 1.12 Assinatura espectral da água, do solo e da vegetação desde a faixa do visível até o infravermelho de ondas curtas (0,4-2,5 μm)

As medidas características de reflectância dos alvos são feitas por equipamentos conhecidos como *espectrorradiômetros*, podendo ser executadas tanto em laboratório como em campo. A Fig. 1.13 mostra os componentes desse equipamento em um exemplo de utilização em cada modalidade. Em geral, os espectrorradiômetros contam com uma unidade de medição, que inclui os sensores e óptica de coleta, e uma unidade de processamento e visualização, que transforma o sinal elétrico recebido pela medição em dados computacionais e apresenta-os em uma tela. Em equipamentos portáteis, essas duas unidades podem vir acopladas, sendo possível transportá-los e fazer medições em campo com bastante facilidade.

As medidas de reflectância que dão origem às curvas características dos materiais são feitas de modo indireto, partindo-se inicialmente da deter-

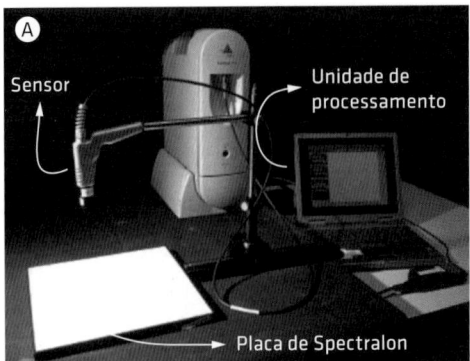

Fig. 1.13 Espectrorradiômetro utilizado (A) em laboratório e (B) em campo. Em ambas as figuras, o equipamento está sendo utilizado na etapa inicial de calibração pela placa de Spectralon para a determinação indireta da irradiância, visto que a placa é considerada uma superfície lambertiana que reflete toda a radiação incidente

minação da irradiância e da radiância. A irradiância é determinada em uma etapa denominada calibração do instrumento. Para isso, utiliza-se um material de altíssima reflectância (em geral, uma placa de Spectralon) que provoque a reflexão de praticamente toda a radiação incidente, proveniente do Sol ou de uma fonte externa. O resultado dessa medição é assumido pelo aparelho como a irradiância no ambiente, seja ele interno ou externo. Após a etapa de calibração, parte-se para a determinação da radiância do material estudado (folha de vegetação, porção de terra ou fragmento de rocha, por exemplo), utilizando-se agora o sensor apontado diretamente para o material. Por fim, os dois valores são divididos como previsto na Eq. 1.9. As medidas são feitas para diversos intervalos muito curtos de comprimento de onda a fim de obter a assinatura espectral detalhada do material. Quanto maior a quantidade e mais curtos os intervalos, melhor a *resolução espectral* do espectrorradiômetro. Normalmente os aparelhos são capazes de realizar medidas ao longo de milhares de pequenos intervalos, o que permite um alto grau de detalhamento das feições de reflexão e absorção dos materiais diante da radiação incidente.

Considerem-se como exemplo as medidas de reflectância feitas para a vegetação, o solo e a água quando iluminados pela luz solar (Fig. 1.14). Na etapa de calibração, estima-se a irradiância espectral pela medição da radiação solar refletida por uma placa de Spectralon como alvo (Fig. 1.14A). Depois, executa-se a medida para o material de interesse, determinando-se sua radiância (curvas pretas nos gráficos dos materiais). Por fim, recolhidas as curvas de irradiância e radiância para cada material, aplica-se a Eq. 1.9 para determinar as respectivas reflectâncias (curvas cinza nos gráficos dos materiais). O resultado nada mais é do que a divisão, ponto por ponto, entre as curvas de radiância e irradiância obtidas nas primeiras etapas.

Nesse momento, pode surgir a dúvida de por que não se utiliza diretamente a radiância dos alvos na caracterização da assinatura espectral em vez de sua reflectância, uma vez que cada substância apresenta uma única curva de radiância diante da radiação incidente. Ocorre que a reflectância é uma característica intrínseca dos materiais, enquanto a radiância é uma medida dependente da fonte de radiação. Nos exemplos escolhidos, é possível verificar que as medidas de radiância da placa de Spectralon não são uniformes (iguais para cada comprimento de onda). Isso é causado tanto pela forma irregular de produção da radiação solar quanto pela interferência da atmosfera no caminho até a superfície, como visto na seção 1.1.2. Quando se divide a radiância medida para o material pela irradiância, está sendo realizada na verdade uma normalização que torna o resultado (reflectância) independente da fonte de iluminação. Para medidas em laboratório, normalmente se utilizam fontes controladas de iluminação, como lâmpadas halógenas de quartzo-tungstênio, em vez da luz natural do Sol, obtendo-se um espectro distinto de irradiância. Isso resulta em quantidades diferentes de radiância observadas para os materiais. Mesmo nessas condições, as curvas de reflectância resultantes seriam, em teoria, iguais às apresentadas na Fig. 1.14.

Em campo ou laboratório, independentemente da fonte de radiação escolhida para iluminar os alvos durante as medições, é importante que as características da iluminação do material de referência (por exemplo, placa de Spectralon) e do alvo de interesse (por exemplo, folhas de vegetação) permaneçam as mesmas. Qualquer variação nas características de iluminação entre as duas medições pode resultar em erros no espectro de reflectância medido. Em laboratório, para que haja o mínimo de variações possíveis na iluminação, costuma-se cobrir as paredes e os objetos com tinta preta fosca para que estes não causem reflexão da luz produzida na fonte, e esta afete negativamente as medidas.

Vale lembrar que, assim como se pode mapear o espectro de reflexão de um alvo, também é possível recolher o espectro de *emissão*, a fim de determinar sua temperatura, ou o espectro de *retroespalhamento* diante das ondas de radar, determinando sua textura.

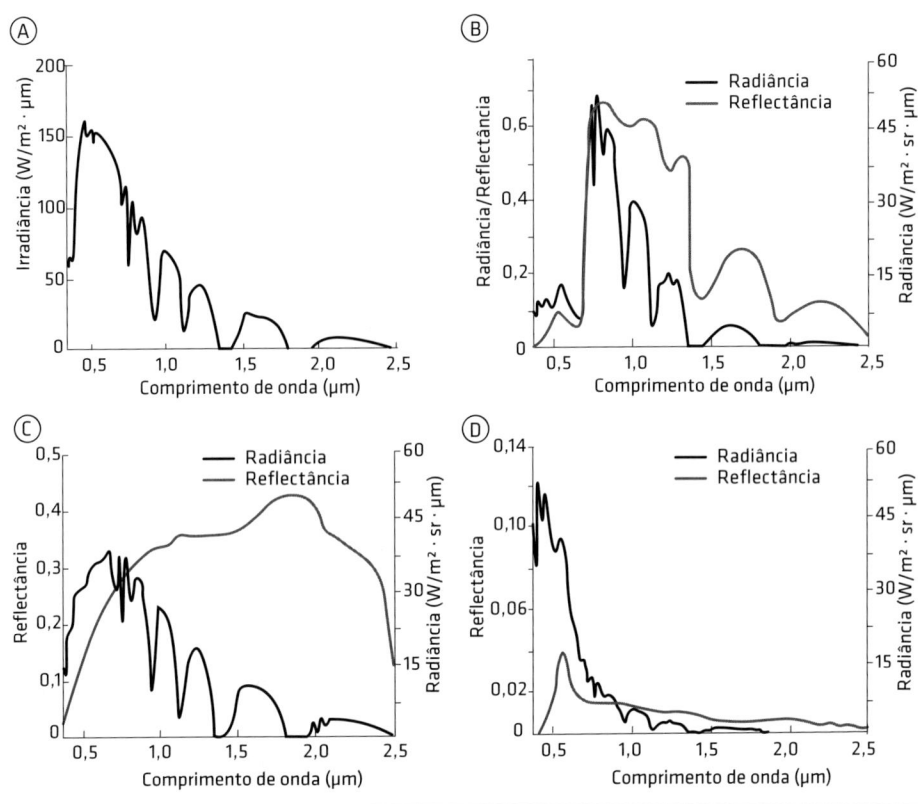

Fig. 1.14 Processo de obtenção da assinatura espectral de alvos por meio do espectrorradiômetro. Na primeira etapa, a irradiância é obtida indiretamente pela medida da radiância de uma placa de Spectralon, assumindo reflexão total da irradiância (A). Na segunda etapa, a curva de radiância registrada para um material (cor preta) é dividida, ponto por ponto, pelo valor de irradiância obtido na primeira etapa a fim de determinar a curva de reflectância (cor cinza) para a vegetação verde (B), o solo (C) e a água (D)

1.2.2 Bandas espectrais

As *bandas espectrais* (ou *canais espectrais*) são os segmentos do espectro eletromagnético para os quais os sensores a bordo dos satélites são projetados para adquirir imagens (Fig. 1.15). Apesar da extensão do espectro eletromagnético, poucas regiões são utilizadas em aplicações de sensoriamento remoto – apenas aquelas em que a radiação não é absorvida pela atmosfera terrestre e aquelas em que os sensores possuem sensibilidade é que recebem aplicações práticas. Diferentemente do olho humano, que é capaz de enxergar a radiação solar apenas na faixa do visível (por meio de sensores correspondentes às três cores primárias RGB, conhecidos como *cones*), os satélites podem ser projetados para ir além desse limite e adquirir dados também em bandas espectrais do infravermelho próximo, médio, termal, ou micro-ondas (radar). Isso confere ao sensoriamento remoto uma vantagem muito grande quando comparado com a simples interpretação visual feita pelas bandas do visível (vermelho, verde e azul), pois a análise nas demais bandas espectrais revela informações importantes sobre os alvos.

Como visto na seção anterior, cada banda espectral apresenta uma característica diferente do alvo em termos de interação com a radiação eletromagnética. A Fig. 1.15 mostra as respostas de seis bandas espectrais de uma imagem. As diferenças observadas são fruto da forma com que cada faixa de radiação interage com os alvos na superfície. Notar que, a partir das diversas bandas disponibilizadas pelas imagens de sensoriamento remoto, é possível visualizar a cena além das cores verdadeiras, criando diferentes composições coloridas entre as bandas tomadas fora da região do visível, revelando ainda mais informações e características ocultas dos alvos.

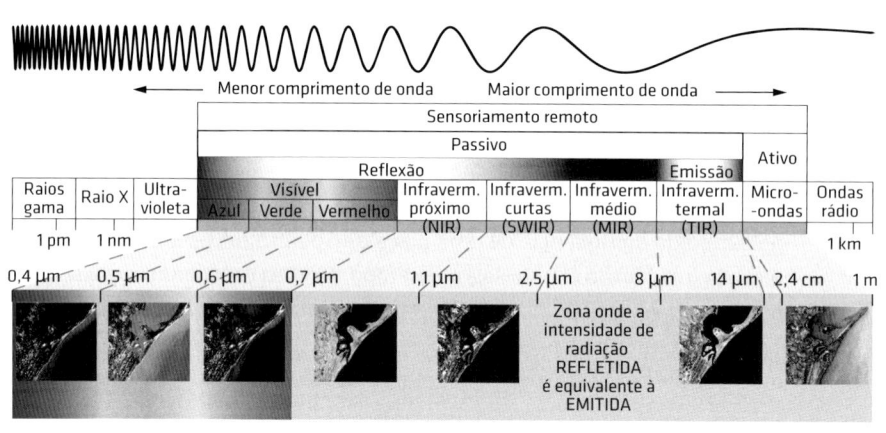

Fig. 1.15 Subdivisão do espectro eletromagnético do ponto de vista do sensoriamento remoto

Do ponto de vista do sensoriamento remoto, pode-se identificar algumas regiões mais importantes do espectro eletromagnético. O chamado *sensoriamento remoto passivo* emprega sensores que medem a radiação refletida ou emitida pelos alvos terrestres (Fig. 1.15). Dentro dessa faixa existe a subdivisão entre sensoriamento remoto de reflexão ou óptico, de aproximadamente 0,4 μm a 2,5 μm, e sensoriamento remoto de emissão ou termal, variando entre

8 µm e 1.000 µm. O *sensoriamento remoto de reflexão* inclui as bandas do visível, do infravermelho próximo (NIR, do inglês *near infrared*) e do infravermelho de ondas curtas (SWIR, do inglês *short-wave infrared*) e recebe esse nome porque a quantidade de energia solar refletida pela superfície ultrapassa o que é emitido naturalmente pelos corpos devido à sua temperatura. Por outro lado, o *sensoriamento remoto de emissão* inclui o espectro de ondas longas (TIR, do inglês *thermal infrared*), geralmente acima de 8 µm, com bandas muito utilizadas em medição de temperatura de materiais na superfície. Ele é considerado de emissão porque a quantidade de radiação solar refletida pela superfície é consideravelmente menor que aquela emitida pelos corpos devido à sua temperatura. Uma vez que a emissão da radiação pela superfície devido à sua temperatura não depende da presença de luz solar, os sensores termais podem obter imagens de temperatura da superfície tanto durante o dia quanto à noite, como é o caso da maioria dos satélites meteorológicos. A faixa intermediária entre o espectro de reflexão e emissão, que varia entre 2,5 µm e 8 µm, compreende uma zona de transição que apresenta intensidades de radiação solar refletida equivalentes à radiação emitida pelos corpos. Logo, é incomum encontrar sensores que operam nessa faixa, pois seria difícil separar a quantidade de radiação proveniente da reflexão solar daquela proveniente da emissão dos próprios objetos.

Existem ainda os sensores que operam de maneira *ativa*, empregando uma fonte artificial de radiação para iluminar a superfície e captar a reflexão de retorno (retroespalhamento). Esses sensores são conhecidos como radar (Radio Detection and Ranging) ou SAR (Synthetic Aperture Radar) e possuem bandas na faixa das micro-ondas do espectro eletromagnético (de 1.000 µm a 1 m). É importante destacar que as radiações solar e de emissão pela superfície na faixa das micro-ondas se apresentam em baixíssimos níveis se comparadas com a quantidade produzida artificialmente pelo sensor. Assim, no retroespalhamento medido pelo sensor, não ocorre a confusão da radiação produzida pelo próprio sensor com as pequenas quantidades de radiação originadas por reflexão solar ou emissão dos objetos.

No radar, os feixes de micro-ondas produzidos pela antena e enviados para a superfície são geralmente refletidos pelos materiais. A direção de reflexão depende da rugosidade e da geometria dos objetos dispostos na superfície. Essa forma de funcionamento permite que as imagens de radar sejam utilizadas para estudar a estrutura dos alvos.

Devido à característica de produzir o próprio pulso de radiação que será posteriormente medido, os sensores que operam na faixa do radar, a exemplo do que fazem os sensores termais, também são capazes de executar imageamentos noturnos. Além disso, os pulsos de radiação eletromagnética na faixa das micro-ondas são capazes de atravessar nuvens e algumas condições de chuva, permitindo o imageamento em condições meteorológicas desfavoráveis. Uma particularidade do imageamento por radar é que ele funciona apenas com um comprimento de onda por vez, e não com uma faixa espectral, como fazem os sensores passivos.

A Tab. 1.1 mostra o posicionamento de algumas janelas espectrais, a fonte de radiação que é captada pelos sensores nessas faixas, e a propriedade dos alvos que é descrita pelas imagens adquiridas. A Fig. 1.16 apresenta uma compilação de diversos sensores com suas respectivas faixas espectrais sobrepostas para a comparação entre diferentes instrumentos.

Tab. 1.1 Regiões espectrais usadas no sensoriamento remoto terrestre. Os valores para as faixas espectrais são subjetivos e podem apresentar variações de acordo com a referência utilizada

Nome	Intervalo de comprimento de onda	Fonte de radiação	Propriedade do alvo na superfície
Visível (V)	0,4-0,7 µm	Solar (reflexão)	Composição química
Infravermelho próximo (NIR)	0,7-1,1 µm	Solar (reflexão)	Composição química e física
Infravermelho de ondas curtas (SWIR)	1,1-2,5 µm	Solar (reflexão)	Composição química e física
Infravermelho de ondas médias (MIR)	2,5-8 µm	Solar (reflexão) e termal (emissão) (simultâneos)	Composição química e temperatura (indiferenciáveis)
Termal ou infravermelho de ondas longas (TIR ou LWIR)	8-14 µm	Termal (emissão)	Temperatura
Micro-ondas, radar	2,4 cm-1 m	Antena (ativo)	Rugosidade

1.3 Sistemas de sensoriamento remoto

Dados de sensoriamento remoto são basicamente imagens digitais adquiridas por sensores a bordo de satélites ou por câmeras fotográficas a bordo de aeronaves. Uma abordagem aprofundada sobre a diversidade desses sistemas, bem como seu detalhamento, está fora do escopo deste livro, mas pode ser satisfatoriamente encontrada em autores como Jensen (2009) e Rees (2012). Serão vistos seletivamente alguns exemplos de sistemas importantes para o entendimento dos procedimentos abordados na

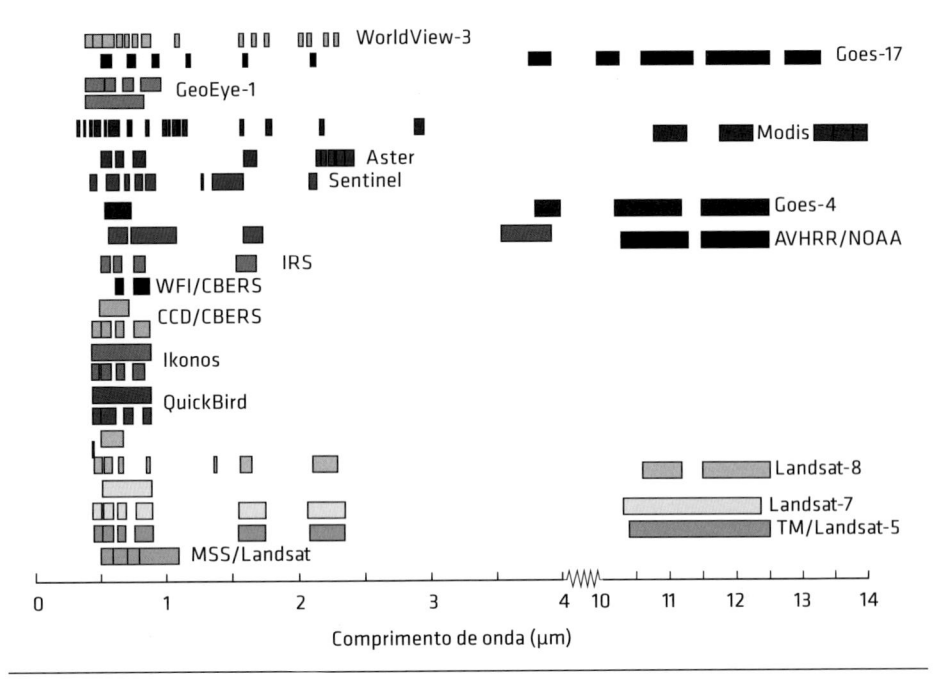

Fig. 1.16 Quadro comparativo com os principais instrumentos a bordo de satélites de sensoriamento remoto, juntamente com suas respectivas faixas espectrais

sequência deste livro. Serão apresentados apenas sistemas digitais, por entender-se que os sistemas de detecção analógicos (por filmes, seguidos de conversão digital) estão ultrapassados e não despertam mais interesse tecnológico.

1.3.1 Características orbitais

Os satélites de sensoriamento remoto podem assumir características distintas dependendo das aplicações para as quais foram projetados. Parâmetros como altitude e inclinação da órbita definem de forma dramática as características das imagens produzidas. A seguir, será visto cada um desses parâmetros e a classificação adotada para os satélites quanto à sua órbita.

Altitude da órbita

Para cada altitude específica existe uma única velocidade com a qual o satélite pode se deslocar a fim de equilibrar-se em relação ao campo gravitacional terrestre, evitando que ele caia na direção da Terra ou se afaste na direção do espaço. Satélites que orbitam em baixas altitudes são obrigados a movimentar-se com velocidades altas, e isso ocasiona, por exemplo, um curto espaço de tempo para a aquisição das imagens. Pouco tempo de aquisição provoca baixa exposição dos sensores à radiação e, consequentemente, imagens de menor qualidade. Ao mesmo tempo, essas órbitas baixas com alta velocidade conferem aos satélites um rápido período de revisita, fazendo com que voltem a imagear a mesma região logo em seguida e produzam, assim, imagens frequentes de um determinado local.

Para fins de categorização, os satélites podem assumir quatro tipos de órbita em função da altura: órbita terrestre baixa (*low Earth orbit* – LEO), de 200 km a 2.000 km da superfície; órbita terrestre média (*medium Earth orbit* – MEO), de 2.000 km a 35.779 km; órbita geoestacionária (*geo-stationary Earth orbit* – GEO), a exatamente 35.780 km; e órbita terrestre alta (*high Earth orbit* – HEO), a mais de 35.780 km. Para aplicações em sensoriamento remoto, os satélites costumam ser colocados apenas em órbitas do tipo LEO ou GEO. Todas as órbitas são elípticas, mas praticamente circulares, o que permite a aquisição de imagens com escalas uniformes ao longo das diferentes regiões da superfície terrestre. A Fig. 1.17 mostra uma representação em escala da população atual de satélites orbitando a Terra, com a indicação da altura das órbitas GEO e LEO. A maior parte dos satélites em órbita estão desativados e sem nenhuma comunicação com estações terrestres.

Os satélites com órbita LEO apresentam altitudes entre 200 km e 2.000 km, como já mencionado. Embora considerada baixa, está muito acima da altitude que um avião convencional costuma alcançar (cerca de 10 km). A velocidade do satélite e o tempo para um ciclo orbital nessas altitudes são, em média, de 7,5 km/s e 110 min, respectivamente. Os satélites não contam com grandes sistemas de propulsão, mas apenas mecanismos para pequenas correções da posição orbital. A altitude de 200 km é tida como mínima para evitar qualquer tipo de atrito com os gases atmosféricos nas baixas altitudes, o que ocasionaria a desaceleração do satélite e sua consequente perda gradativa de altitude até atingir a superfície terrestre. A grande maioria dos satélites de sensoriamento remoto se encontram em órbita LEO.

Satélites com órbita GEO são planejados para visualizar ininterruptamente a mesma região da Terra. A uma altitude de exatamente 35.780 km da superfície, são necessárias 24 h para que o satélite complete um ciclo orbital. Assim, é possível que um satélite a essa altitude acompanhe o movimento de rotação da Terra e permaneça na mesma posição acima de um observador na

Iniciação aos dados de sensoriamento remoto | 41

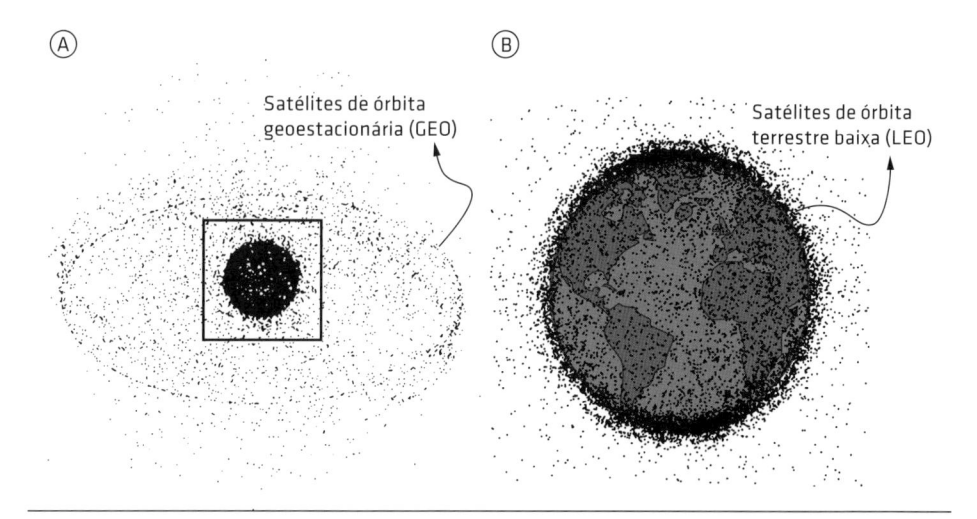

Fig. 1.17 Satélites artificiais orbitando a Terra. Em (A), a órbita geoestacionária (GEO) é identificada pelo cinturão de satélites. Em (B), milhares de objetos artificiais – 95% deles lixo espacial – ocupam a órbita terrestre baixa (LEO). Cada ponto preto mostra um satélite em funcionamento, um satélite inativo ou um fragmento de detritos. Embora o espaço perto da Terra pareça lotado, cada ponto da ilustração é muito maior que o satélite que representa, e as colisões são extremamente raras
Fonte: cortesia de Orbital Debris Program Office (Nasa).

superfície. Esse tipo de órbita é conhecido também como geossíncrona, ou seja, está sincronizada com a Terra. Satélites nessa órbita são bastante úteis para a meteorologia e a climatologia, assim como para estudos de monitoramento contínuo, uma vez que são capazes de adquirir centenas de imagens por dia de uma mesma região ou fenômeno. São também usados para diversas aplicações além do sensoriamento remoto, incluindo sistemas de telecomunicação e retransmissão de informações entre locais diferentes do planeta. As antenas parabólicas residenciais, por exemplo, estão todas apontadas para algum satélite geoestacionário no espaço. Transmissões ao vivo entre regiões do mundo muito distantes também utilizam satélites geoestacionários, já que o sinal transmitido não é capaz de atravessar o interior do planeta.

Inclinação da órbita

Dependendo do ângulo de inclinação do plano orbital em relação ao equador, os satélites de sensoriamento remoto podem ser de *órbita equatorial* (sem inclinação), *órbita polar* (inclinação de 90° em relação ao equador) ou *órbita quase polar* (pequeno desvio em relação à órbita polar). Satélites geoestacionários precisam, obrigatoriamente, ter órbita equatorial para garantir o acompanhamento de uma região fixa.

Satélites de sensoriamento remoto de baixa altitude costumam apresentar órbita quase polar, com leve inclinação em relação ao eixo norte-sul, e *sol-síncrona*, ou seja, em sincronia com a iluminação solar. Essa condição é alcançada graças ao movimento de precessão executado pelo eixo de rotação do plano orbital em sincronia com a iluminação solar, com um ciclo completo a cada ano terrestre, o que garante que os satélites passem por uma determinada região sempre na mesma hora do dia (Fig. 1.18). A precessão é um movimento circular lento do eixo de rotação da órbita do satélite induzido pela gravidade. Essa característica é fundamental para que imagens de um mesmo local, mas tomadas em datas diferentes, possam ser comparadas de maneira imparcial, uma vez que a posição das sombras e a intensidade de iluminação seriam constantes nas sucessivas imagens do satélite. Assim, as variações encontradas entre imagens poderiam ser atribuídas apenas às propriedades intrínsecas dos alvos. Entretanto, ao longo do ano o ângulo zenital solar (ângulo formado entre o Sol e a normal à superfície) varia consideravelmente dependendo da região. Isso faz com que a proporção de sombras nas imagens seja ligeiramente diferente em

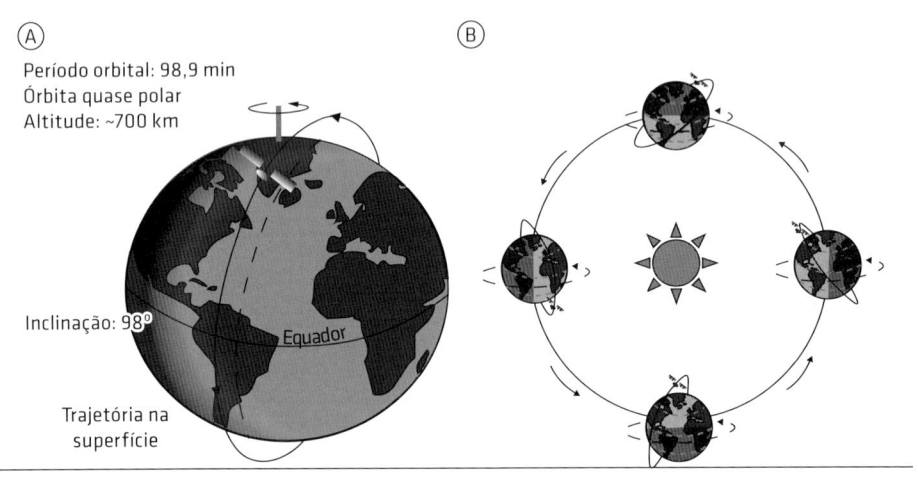

Fig. 1.18 Órbita sol-síncrona quase polar: (A) plano orbital com inclinação de 98° em relação ao equador, garantindo que o satélite passe sobre uma região sempre na mesma hora do dia, e (B) movimento de precessão da órbita em sincronia com a iluminação solar nas diferentes épocas do ano

função da época de aquisição. Tal fenômeno é notável em regiões com relevo acidentado caracterizado pela presença de montanhas.

O movimento de precessão é fundamental para que a órbita do satélite seja alterada de acordo com a iluminação solar nas diferentes épocas do ano. Para obtê-lo, é imprescindível que o satélite esteja orbitando fora do plano equatorial ou da órbita puramente polar. A razão é que a Terra não é uma esfera perfeita, pois apresenta achatamento nos polos, o que provoca uma concentração maior de massa na zona equatorial. Assim, qualquer órbita que não esteja perfeitamente alinhada com o plano equatorial ou polar estará sujeita a um torque que causa precessão. A precessão necessária para manter a órbita sol-síncrona é alcançada a aproximadamente 8° do eixo polar para satélites que estão a cerca de 700 km de altitude, como os das séries CBERS e Landsat e a maioria dos satélites de sensoriamento remoto passivo de reflexão.

Satélites sol-síncronos são normalmente projetados para operar em órbita descendente (sentido norte-sul) no momento em que estão imageando a face terrestre iluminada pelo Sol. A largura da faixa imageada pelo sensor, definida como swath, varia entre dezenas e centenas de quilômetros, dependendo do instrumento. O retorno do satélite (sentido sul-norte) ocorre na face oposta, não iluminada. Para um observador no espaço, a órbita do satélite permanece fixa (mesmo plano). Assim, a órbita fixa do satélite e a rotação da Terra trabalham em conjunto para permitir uma cobertura completa da superfície ao longo de um certo período de tempo.

Um caso particular de órbita sol-síncrona acontece quando o movimento de precessão é posto de maneira a deixar o satélite sempre visível ao Sol, orbitando constantemente o limite terrestre entre a noite e o dia. Satélites ativos de radar, que apresentam alto consumo de energia, costumam ser posicionados nessa órbita para que os painéis solares estejam sempre iluminados pelo Sol, sem serem sombreados pela Terra. Essa órbita também é útil para alguns satélites com instrumentos passivos que precisam limitar a influência do Sol na aquisição das imagens do infravermelho médio ou termal, apontando-se os instrumentos sempre para o lado noturno da Terra.

1.3.2 Mecanismos para a aquisição de imagens

Antes de apresentar os diferentes sistemas de aquisição de imagens de satélite, será feita uma breve abordagem dos sensores responsáveis pela conversão da radiação eletromagnética em um valor de *pixel* na imagem resultante. Um dispositivo comumente empregado para essa finalidade é o CCD (*charge-coupled device*), feito de materiais semicondutores sensíveis à radiação, como silício ou germânio, que convertem a energia incidente em sinal elétrico através do efeito fotoelétrico visto na seção 1.1.3. O CCD normalmente se apresenta na forma de uma matriz composta de milhões de pequenos detectores, cada um responsável por registrar a radiação oriunda de um *pixel* da imagem (Fig. 1.19A). A separação da radiação em diferentes bandas espectrais pode ser feita pela utilização de filtros de Bayer ou prismas de refração dispostos em uma camada seletiva anterior à matriz de detectores (Fig. 1.19B). No caso dos filtros de Bayer, a radiação deve primeiro ser filtrada para depois ser medida. Já no caso dos prismas de refração, a radiação incidente deve ser separada e, então, direcionada aos detectores.

Os filtros de Bayer permitem que apenas uma faixa específica de comprimento de onda ultrapasse a primeira camada e alcance o detector. A fotografia convencional utiliza filtros para as cores verde, vermelha e azul, ou seja, cada

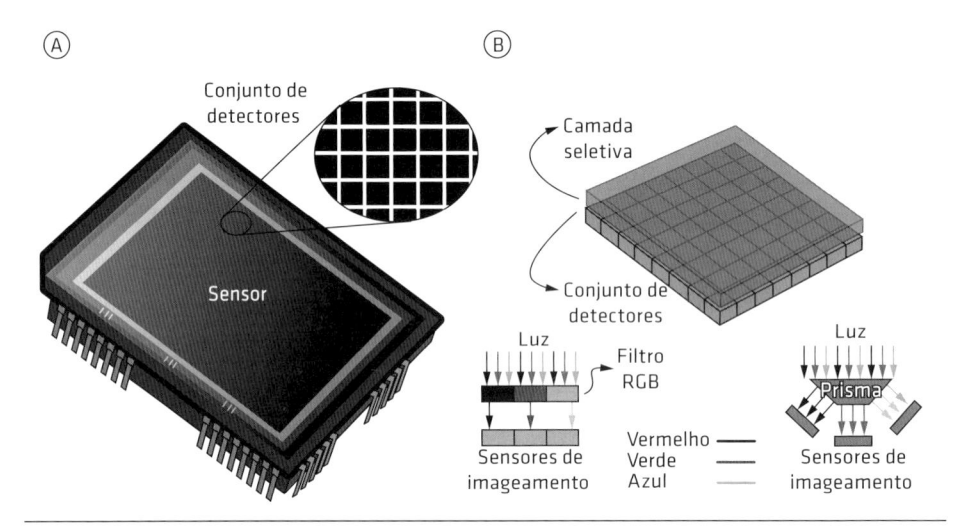

Fig. 1.19 Sensor CCD. Em (A), ilustração do sensor em forma de *chip* com a representação, no detalhe, dos milhões de detectores dispostos em forma de matriz, sendo cada um responsável pelo registro de um *pixel* da cena. Em (B), diagrama esquemático mostrando o sensor coberto pela camada seletiva responsável por selecionar a radiação incidente antes do registro pelos detectores. Logo abaixo, à esquerda, representa-se a camada seletiva por filtro de Bayer, que permite a passagem de apenas uma banda espectral por vez (no caso, vermelho, verde ou azul), e, à direita, a camada seletiva por prisma de refração que separa a radiação incidente de acordo com o comprimento de onda

um permite a passagem de apenas uma dessas bandas do visível. Observar que a filtragem da radiação incidente inclui a transmissão de uma determinada faixa espectral enquanto todas as demais são absorvidas pelo material do filtro. Portanto, o aproveitamento da luz incidente, nesse caso, é reduzido devido ao descarte de boa parte da energia radiativa no processo de filtragem.

Em sensores que utilizam prismas de refração, a luz oriunda do ambiente é dividida por um prisma em três feixes distintos (verde, vermelho e azul). Em seguida, cada feixe é direcionado para um detector, que registra a quantidade de radiação correspondente àquela faixa. Os prismas são posicionados imediatamente acima dos detectores, de modo a separar e direcionar cada banda espectral da radiação incidente para um detector correspondente a essa banda. Deve-se notar que, ao contrário do sistema de filtros, praticamente toda a radiação incidente é aproveitada para formar a imagem, sem perdas significativas por absorção. Assim, o sistema apresenta imagens de maior qualidade quando comparadas com as do sistema de seleção da radiação por filtros.

Em ambos os casos, todos os detectores responsáveis pelo registro da radiação em cada *pixel* da imagem são feitos do mesmo material. O que muda é a configuração da camada seletiva imediatamente acima que filtra ou segmenta a radiação, permitindo que apenas um intervalo específico de comprimentos de onda atinja o detector designado para a imagem da banda correspondente.

Em satélites de sensoriamento remoto, a coleta de dados de um *pixel* em diferentes bandas não precisa ocorrer necessariamente no mesmo instante. Assim, a perda de radiação ocasionada pela utilização de filtros não se verifica para esses sistemas de imageamento. Por outro lado, a utilização de filtros na seleção dos canais espectrais prejudica a delimitação súbita dos intervalos espectrais para cada banda (como se costuma dizer usualmente, por exemplo, 0,4-0,6 µm), que ocorrem de forma suave e imprecisa. Já quando prismas de refração são utilizados na seleção da radiação incidente, os limites de abrangência das bandas são estabelecidos de forma precisa e objetiva.

Sistema por quadros (frame system)

Câmeras fotográficas convencionais apresentam a forma clássica de um sensor CCD composto de milhões de pequenos detectores dispostos em forma de matriz. Sistemas desse tipo são conhecidos como *frame system* (sistema por quadros) e capturam todos os *pixels* da cena simultaneamente em frações de segundo (Fig. 1.20). O campo de visada da área total imageada é conhecido como FOV, da sigla em inglês *field of view*.

Tradicionalmente, esse sistema é usado na fotografia convencional e em fotogrametria, mas não é empregado em plataformas orbitais. O motivo é simples: o satélite se movimenta a uma velocidade de alguns quilômetros por segundo; a essa velocidade, qualquer fotografia tomada de alvos na superfície ficaria com um severo efeito de movimento, impossibilitando qualquer utilização prática da imagem. Outra desvantagem desse tipo de sistema é que cada *pixel* de uma cena é registrado por um detector com sensibilidade diferente. Por mais avançada que seja a tecnologia, é impossível fabricar detectores idênticos, ou seja, que registrem valores iguais diante da mesma quantidade de radiação recebida. Assim, a imagem resultante apresenta uma certa irregularidade nas medidas de radiação para cada *pixel*.

Para contornar esse problema, os satélites de sensoriamento remoto possuem sistemas de varredura que adquirem a imagem por partes ao longo de um período. Os sistemas de varredura aproveitam o movimento do satélite para produzir linha por linha das cenas durante o intervalo de tempo em que os satélites orbitam a região imediatamente abaixo. Como esse intervalo costuma durar alguns segundos, os mecanismos de varredura conferem mais qualidade às imagens produzidas, mas introduzem também algumas distorções, principalmente geométricas, que mais adiante se verá como solucionar.

Fig. 1.20 Sistema de aquisição por quadros (*frame system*). Cada *pixel* da imagem é capturado simultaneamente por detectores individualizados. O campo de visada correspondente à área total imageada é definido como *field of view* (FOV)

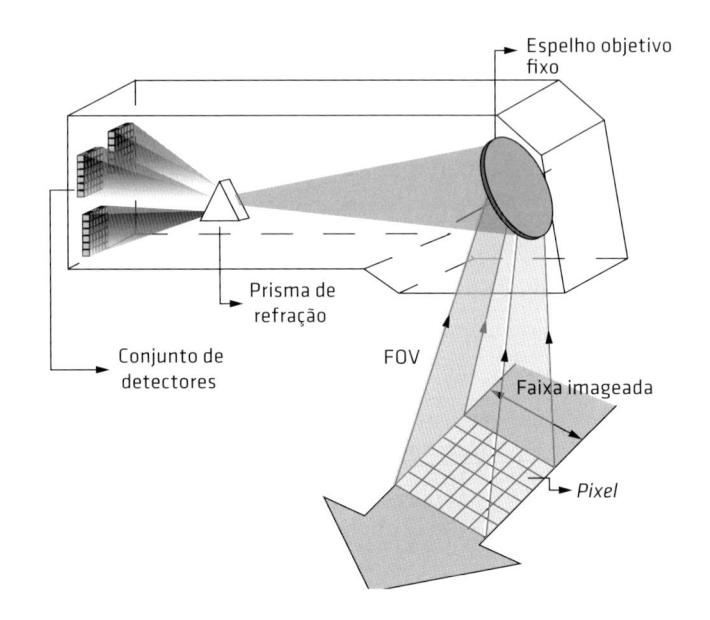

Sistema de varredura mecânica (whiskbroom)

O sistema de varredura mecânica é também conhecido pelo termo em inglês *whiskbroom*, que se traduz como *vassoura de piaçava*, tipo de vassoura costumeiramente utilizada para varrer em movimentos de zigue-zague (Fig. 1.21). Essa terminologia tem origem no padrão de varredura desse mecanismo, que assume um movimento de ida e volta à medida que o satélite se desloca. A particularidade desse sistema é que, basicamente, um único detector é responsável por registrar individualmente todos os *pixels* de uma imagem. Ao contrário dos outros sistemas, nesse caso o detector recebe separadamente a radiação oriunda de um campo de visada instantâneo equivalente a um *pixel* na superfície (*instantaneous field of view* – IFOV).

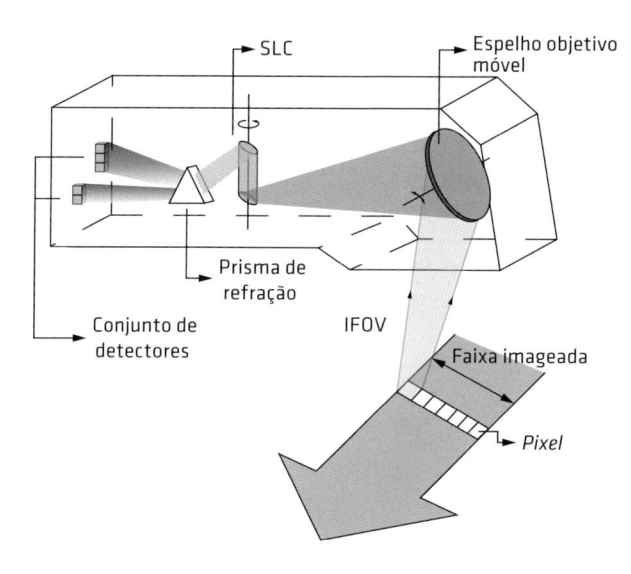

Fig. 1.21 Sistema de varredura mecânica (*whiskbroom*) para um *pixel*. A radiação que deixa a superfície é recebida pelo espelho objetivo do sensor, sendo refletida para seu interior. Após uma série de reflexões internas e a correção da linha de varredura pelo corretor da linha de escaneamento (SLC), o feixe de radiação atinge o prisma de refração e alcança os detectores responsáveis pelo registro de cada banda do *pixel*

O padrão de varredura em zigue-zague é produzido por um espelho oscilatório que reflete a luz no detector, coletando os dados do *pixel*. Essa condição evita que a imagem apresente diferenças causadas pela desigualdade entre os detectores de um sensor, como no caso do sistema por quadros. Por outro lado, o tempo de aquisição para cada *pixel* é extremamente reduzido, dada a necessidade de varrer *pixel* por *pixel* separadamente enquanto o satélite está em movimento. O tempo em que o satélite se encontra parado adquirindo a radiância de um *pixel* é conhecido como *dwell time*. Cabe mencionar que as partes móveis tornam esse tipo de sensor caro e mais propenso ao desgaste. Entre os sensores que utilizam esse sistema estão o Multispectral Scanner (MSS) e o Thematic Mapper (TM), ambos pertencentes à série de satélites Landsat, e o Advanced Very High Resolution Radiometer (AVHRR), a bordo da série de satélites NOAA.

A simples oscilação do espelho objetivo no movimento de vaivém associado ao deslocamento linear do satélite cria o padrão em zigue-zague. No entanto, esse padrão dá origem a imagens impróprias que apresentam sobreposição parcial de alguns *pixels* e, ao mesmo tempo, regiões não imageadas à medida que se aproxima das bordas da cena. Surge, então, a necessidade de outro mecanismo para corrigir essas descontinuidades. Conhecido como corretor da linha de escaneamento (SLC, do inglês *scan line corrector*), esse mecanismo é formado por um conjunto de dois pequenos espelhos que, juntos, oscilam em sincronia com o espelho objetivo, corrigindo a direção da linha de escaneamento (Fig. 1.22). Logo, a direção de varredura torna-se sempre perpendicular ao movimento do satélite, fazendo com que as projeções no terreno de duas linhas consecutivas da imagem sejam exatamente paralelas. Os demais componentes do sistema de varredura mecânica são os elementos de dispersão (para o caso de separação das bandas por prismas de refração) e o conjunto de detectores dispostos na parte inferior do sensor. Esse sistema pode ser chamado também de *cross-track*, uma vez que a sequência de varredura dos *pixels* ocorre em uma direção cruzada (*cross*) ao movimento do satélite (*track*).

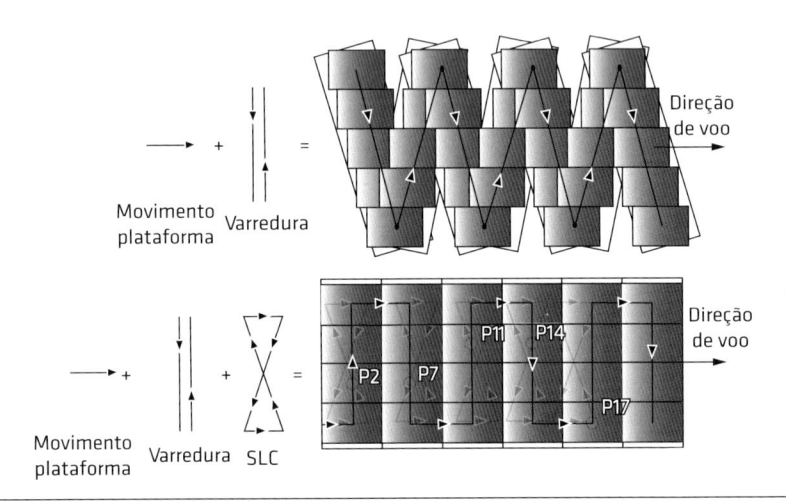

Fig. 1.22 Diagrama esquemático de varredura sem SLC e com essa correção

Sistema de varredura eletrônica (pushbroom)

O sistema de varredura eletrônica é conhecido pelo termo em inglês *pushbroom*, por aplicar um mecanismo de varredura que lembra um rodo de limpeza (Fig. 1.23). Nesse sistema, que não apresenta peças móveis, cada linha de uma imagem é adquirida separadamente por um conjunto de milhares de detectores alinhados no sensor. Diferentemente do sistema de varredura mecânica, os *pixels* de uma mesma linha são registrados simultaneamente, cada um por um detector diferente. Isso permite um maior *dwell time*, ou seja, o sensor registra a radiância dos *pixels* por mais tempo, aumentando a qualidade do sinal registrado. A fileira de detectores avança à medida que o satélite se movimenta ao longo de sua órbita, registrando linha por linha a imagem. Por esse motivo, esse sistema de varredura é conhecido também como *along-track*. Basicamente, a radiação que chega da superfície é refletida para o elemento dispersor e em seguida registrada pelo conjunto de detectores dispostos em linha. Porém, uma vez que cada *pixel* é registrado por um detector diferente, não é possível garantir uniformidade na leitura dos *pixels* de uma mesma linha. Exemplos de sensores que utilizam esse sistema são o Linear Imaging Self-Scanning System (LISS) e o Wide Field Sensor (WiFS), da série de satélites indiana IRS; o High Resolution Visible (HRV), da série de satélites francesa Spot; os sensores CCD, WFI e MUX,

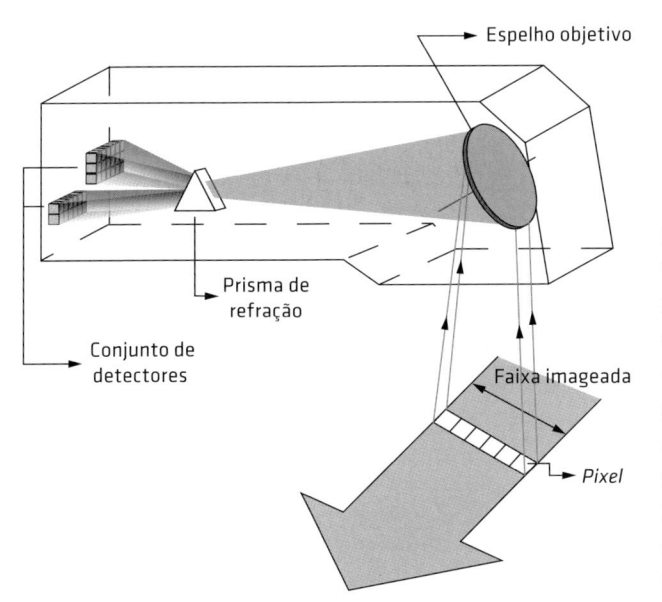

Fig. 1.23 Sistema de varredura eletrônica (*pushbroom*). A radiação que chega de cada linha da imagem é adquirida simultaneamente por uma fileira de detectores responsável por cada banda da cena. O processo de aquisição se dá linha por linha separadamente

da série de satélites sino-brasileira CBERS; e o Operational Land Imager (OLI), do satélite Landsat-8.

Ultimamente, a maioria dos satélites tem adotado o sistema de varredura eletrônica em vez do sistema mecânico. A ausência de peças móveis aumenta a expectativa de vida do satélite e reduz bastante o custo de sua fabricação. Além disso, a falta de uniformidade na fabricação dos detectores experimentada pelos sensores mais antigos é uma limitação tecnológica que vem sendo superada com o passar dos anos pela ciência dos materiais, a qual está sendo capaz de desenvolver detectores cada vez mais semelhantes entre si, ainda que jamais alcancem a plena uniformidade.

O funcionamento detalhado dos sistemas de varredura mecânica e eletrônica é um pouco mais complexo do que o descrito, envolvendo muitos elementos ópticos, como lentes e espelhos esféricos, bem como o registro da radiação em diferentes etapas. Porém, esse detalhamento não é crítico para o completo entendimento das características das imagens, estando muito além das necessidades deste livro. Vale ressaltar também que, por motivos de segurança da informação, poucos satélites contam com uma documentação detalhada que permita uma abordagem aprofundada sobre seu funcionamento.

1.4 Imagem digital

1.4.1 Estrutura

As imagens de sensoriamento remoto, como qualquer outra forma de imagem digital, são armazenadas em forma de matriz. A localização de cada *pixel* na matriz é definida por sua linha (i) e coluna (j) no arranjo matricial. Os *pixels* (*picture elements*) são os menores elementos não divisíveis em uma imagem. A união deles é o que dá forma à imagem como ela é vista em um monitor. Cada *pixel* possui um valor de brilho associado, que em geral pode ser relacionado ao nível de cinza (NC), valor de brilho (VB), número digital (ND) ou ainda contador digital (CD). Considerando que o fluxo de radiação eletromagnética (radiância) é proveniente de uma região da superfície com dimensões preestabelecidas, o contador digital de um *pixel* representa uma medida da radiância média de todos os objetos presentes nessa porção. A Fig. 1.24 mostra o detalhe de uma imagem em nível de *pixel* onde é possível verificar os tons de cinza e os valores associados a eles.

A imagem é ainda composta de n bandas espectrais (k) resultantes de um imageamento multiespectral ou hiperespectral. Dessa forma, é possível identi-

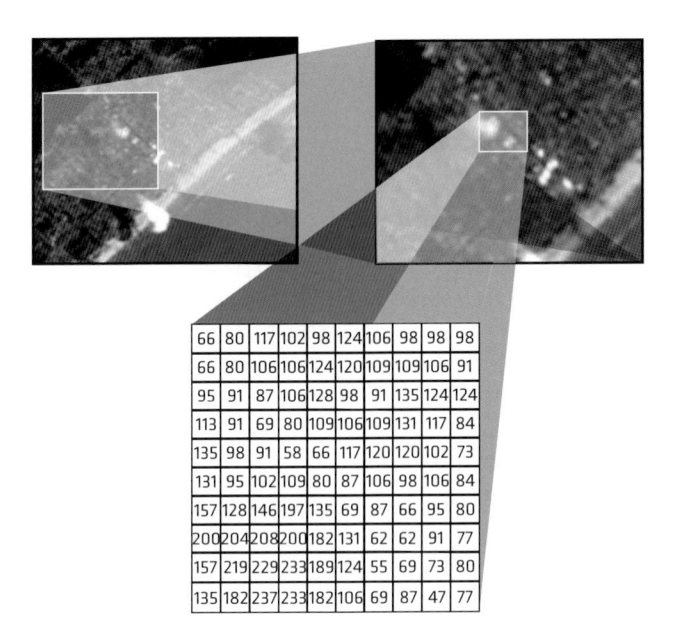

66	80	117	102	98	124	106	98	98	98
66	80	106	106	124	120	109	109	106	91
95	91	87	106	128	98	91	135	124	124
113	91	69	80	109	106	109	131	117	84
135	98	91	58	66	117	120	120	102	73
131	95	102	109	80	87	106	98	106	84
157	128	146	197	135	69	87	66	95	80
200	204	208	200	182	131	62	62	91	77
157	219	229	233	189	124	55	69	73	80
135	182	237	233	182	106	69	87	47	77

Fig. 1.24 Detalhe de uma imagem mostrando os contadores digitais associados a cada nível de cinza dos *pixels* da cena

ficar um elemento na imagem por sua posição em linha e coluna (i,j) e também por sua banda espectral (i,j,k). A Fig. 1.25 mostra os arranjos matriciais para um sensor multiespectral de quatro bandas e para um sensor hiperespectral de 50 bandas. Em relação aos sensores estudados anteriormente, pode-se traçar o seguinte paralelo: o sensor está para a imagem assim como os detectores estão para os *pixels*. Ou seja, os sensores a bordo dos satélites são responsáveis pela aquisição das imagens, enquanto os detectores internos do sensor são responsáveis pela aquisição individual dos *pixels* da imagem.

1.4.2 Resoluções

As resoluções de uma imagem evidenciam aspectos que foram fornecidos pelo sensor imageador. Cada resolução está associada a uma característica diferente dos alvos que ajuda a descrevê-los. Como nem sempre é possível contar com as melhores resoluções em um mesmo instrumento sensor, é comum que cada sensor específico seja projetado com configurações e resoluções para atender alguma aplicação em especial. São quatro resoluções ao todo: espacial, espectral, radiométrica e temporal.

Resolução espacial

A *resolução espacial* de uma imagem (ou sensor) está relacionada à capacidade em descrever as características geométricas dos alvos nela contidos,

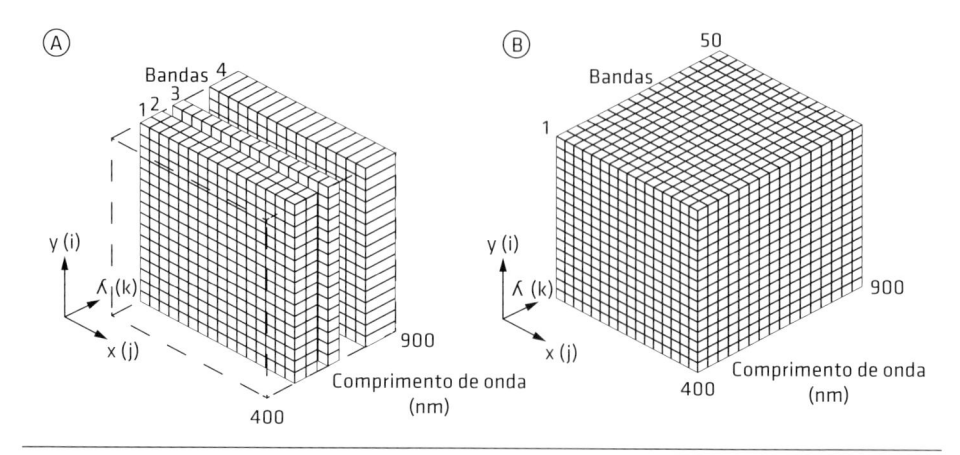

Fig. 1.25 Arranjos matriciais da imagem (x; y) em diversas bandas (λ) em (A) sensor multiespectral e (B) sensor hiperespectral

como forma e tamanho. É geralmente medida em *ground sample distance* (GSD), que constitui a distância de captura entre dois *pixels* consecutivos. Costuma-se também representá-la como a projeção do IFOV no terreno (*ground IFOV*, no termo em inglês). Uma forma simples de entender a resolução espacial é admiti-la como o tamanho do *pixel* na superfície. Por exemplo, esse valor equivale a 20 m para o CCD/CBERS e a 30 m para o OLI/Landsat-8. Quanto menor for essa distância, melhor/maior será a resolução espacial, uma vez que *pixels* pequenos conferem um maior detalhamento aos objetos presentes na cena.

Na Fig. 1.26, são apresentadas cinco imagens com resoluções espaciais diferentes. A primeira mostra *pixels* com 50 m de lado, e as demais, *pixels* que diminuem gradativamente até 1 m. Na primeira imagem, há dificuldade em definir (resolver) o que é apresentado na cena justamente por ela não contar com bom detalhamento de forma e tamanho dos objetos presentes. À medida que se passa a analisar as outras imagens, com melhor resolução espacial, vai-se aos poucos melhorando a capacidade de entender a cena e perceber geometrias condizentes com uma área urbana, como arruamentos, padrões de um condomínio e, ao centro, a estrutura de um *shopping center* com estacionamento. Ou seja, a resolução espacial está associada à capacidade de entender aspectos de forma e tamanho dos alvos. Portanto, sensores que fornecem imagens de alta resolução espacial são comumente utilizados para mapeamento urbano, por exemplo.

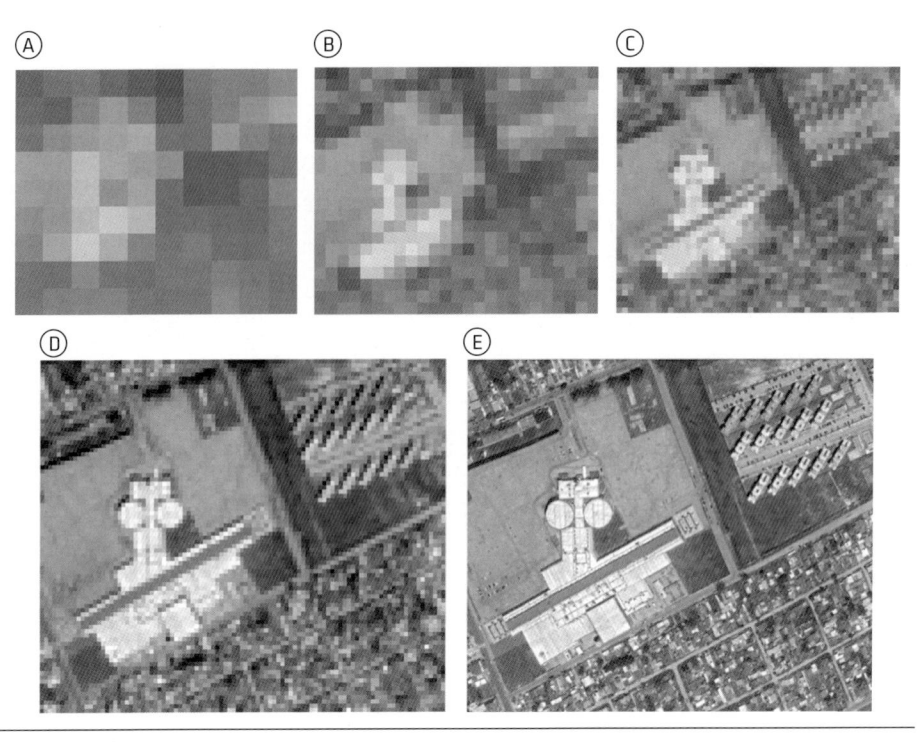

Fig. 1.26 Imagens com resoluções espaciais gradativamente menores mostrando a diferença na capacidade de assimilação dos alvos presentes na cena: (A) 50 m; (B) 20 m; (C) 10 m; (D) 5 m; e (E) 1 m. Na imagem de 50 m, não é possível identificar que alvos são apresentados na cena. À medida que a resolução espacial melhora (o tamanho do *pixel* diminui), a capacidade de reconhecer aspectos de forma e tamanho dos objetos aumenta. Arruamentos, padrões de um condomínio e a estrutura de um *shopping center* com estacionamento são elementos que levam a reconhecer a imagem como pertencente a uma área urbana

Resolução espectral

A *resolução espectral* de uma imagem é medida pela quantidade de bandas espectrais nela contidas. Esse número está diretamente ligado à capacidade do sensor em descrever o comportamento espectral dos alvos na imagem. Quanto mais bandas houver, mais detalhada será a resposta espectral de cada *pixel*. Uma vez que cada banda registra a quantidade de radiação em um intervalo de comprimentos de onda, uma imagem com muitas bandas espectrais permite uma análise detalhada da composição química dos alvos na superfície. A Fig. 1.27 mostra exemplos de seis bandas espectrais desde o visível até o infravermelho.

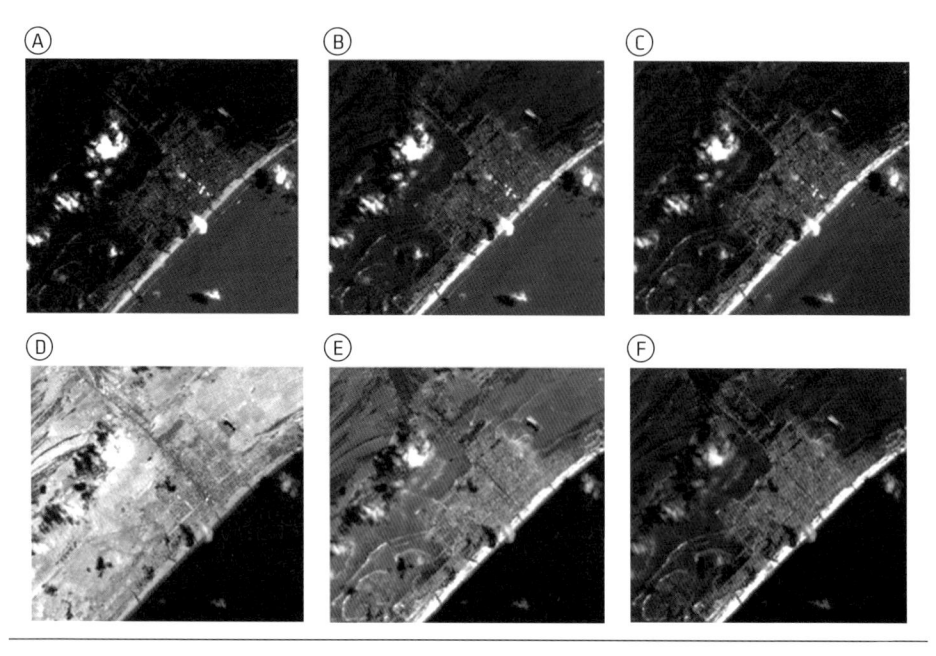

Fig. 1.27 Imagens com diferentes resoluções espectrais – cada banda revela uma característica diferente dos alvos contidos na cena por meio das variações de tonalidade apresentadas por um *pixel* ao longo das bandas: (A) banda 1; (B) banda 2; (C) banda 3; (D) banda 4; (E) banda 5; e (F) banda 6

Como exemplo, considere-se a assinatura espectral de um material medida por um espectrorradiômetro e apresentada na Fig. 1.28A. Assumindo que um *pixel* seja ocupado unicamente por esse material, a resposta espectral para o sensor CCD/CBERS, por exemplo, que possui cinco bandas refletivas, é descrita pelo conjunto de pontos da Fig. 1.28B. Caso se considere um sensor com mais bandas, como o Aster-Terra, e um *pixel* ocupado por esse mesmo material, a resposta espectral do *pixel* ao longo das diversas bandas será muito mais próxima daquela encontrada pelo espectrorradiômetro (Fig. 1.28C). Portanto, uma boa resolução espectral permite descrever com precisão a composição e a natureza dos materiais presentes no *pixel*. Aplicações agrícolas costumam utilizar sensores com muitas bandas, possibilitando a determinação precisa das condições químicas do cultivo (por exemplo, teor de umidade, presença de patologia, fase fenológica etc.). Em aplicações geológicas, a diferenciação entre rochas muito similares é possível apenas com um estudo espectral detalhado das imagens.

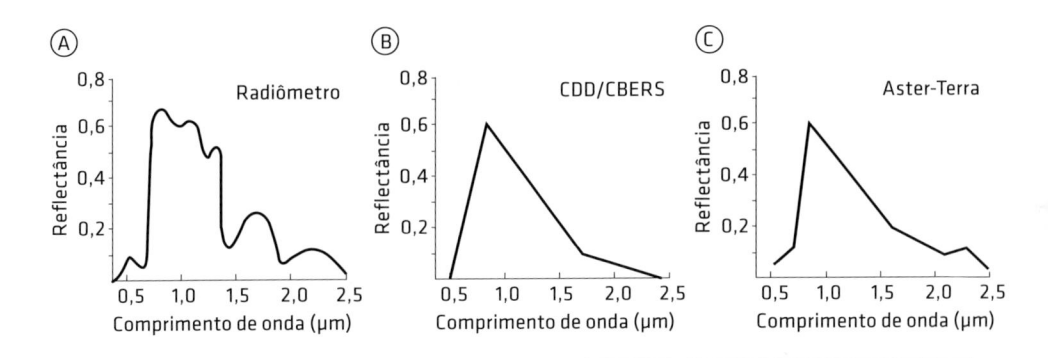

Fig. 1.28 Comparativo entre diferentes resoluções espectrais – curva característica da vegetação quando vista por (A) espectrorradiômetro (centenas de bandas), (B) sensor com cinco bandas (CCD/CBERS) e (C) sensor com 14 bandas (Aster-Terra)

Resolução radiométrica

Também conhecida como *quantização*, a *resolução radiométrica* de uma imagem pode ser entendida como a capacidade do sensor de registrar níveis de cinza diferentes. Cada *pixel* pode assumir as cores branca e preta e tonalidades intermediárias cujo número varia de acordo com a quantidade de radiação oriunda da superfície. Quanto mais níveis de cinza distintos uma imagem apresenta, maior/melhor será sua resolução radiométrica. Essa quantidade de níveis de cinza é geralmente medida em número de *bits* (2^n). Quando $n = 6$, por exemplo, diz-se que a imagem tem seis *bits* e comporta $2^6 = 64$ níveis de cinza, variando do zero (preto) ao 63 (branco). Em geral, as imagens de sensoriamento remoto apresentam mais de oito *bits*, podendo chegar até a 16 *bits*.

A Fig. 1.29 demonstra exemplos da mesma banda representada em um, dois, três e quatro *bits*. Com um *bit*, dispõe-se somente de duas cores (preto e branco), permitindo que seja visualizada apenas a forma dos objetos com maior contraste, como as nuvens. Com dois *bits*, quatro níveis de cinza são apresentados e torna-se possível diferenciar outros elementos na imagem com tons intermediários. Com três *bits*, oito níveis de cinza são mostrados e pode-se ter uma noção mais ampla da diversidade dos alvos presentes na cena. Finalmente, com quatro *bits*, 16 níveis de cinza são apresentados e tem-se uma percepção próxima do limite máximo discernível pelo olho humano. Esse limite varia entre as pessoas, mas em geral o olho humano não consegue diferenciar uma quantidade maior que 30 níveis de cinza distribuídos desde o preto até o branco. Ainda

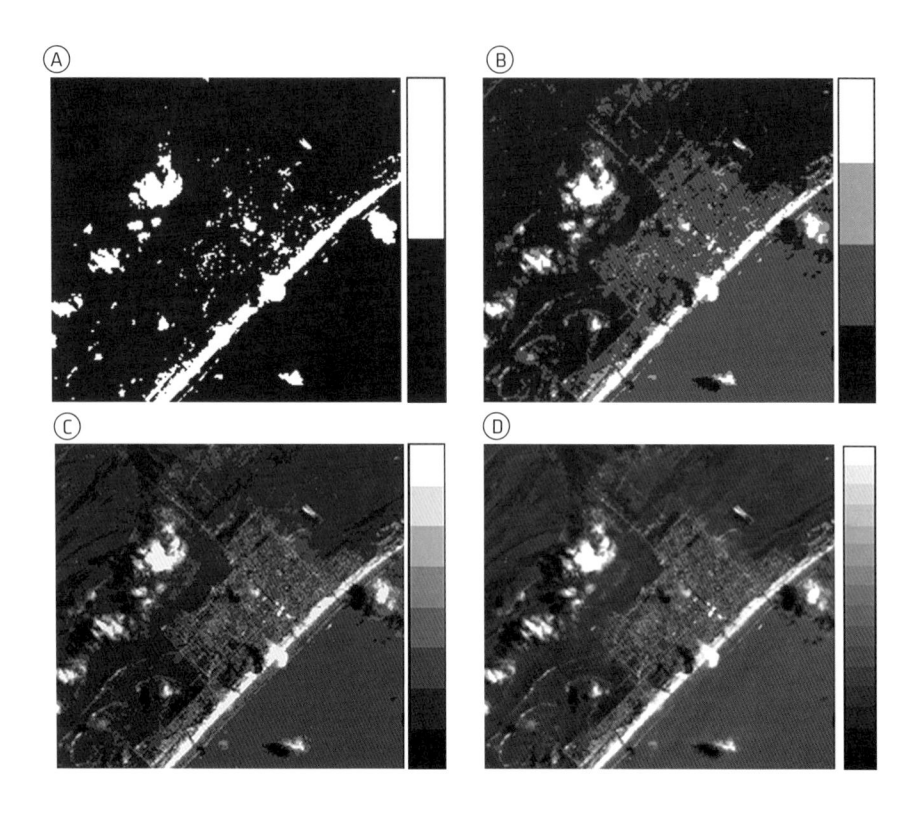

Fig. 1.29 Comparativo entre diferentes resoluções radiométricas, com imagens apresentando desde dois até 16 níveis de cinza: (A) um *bit* (dois níveis de cinza); (B) dois *bits* (quatro níveis de cinza); (C) três *bits* (oito níveis de cinza); e (D) quatro *bits* (16 níveis de cinza)

que a visão humana tenha um limite de percepção, as imagens de sensoriamento remoto costumam operar com a maior resolução radiométrica possível. Isso porque a tonalidade dos *pixels* não é utilizada apenas para apresentação da imagem em tela ou para impressão, mas também para determinar um índice, derivar um parâmetro físico, realizar uma filtragem ou classificação. Nesse caso, qualquer diferença apresentada pelo contador digital do *pixel* pode representar uma grande variação nas análises subsequentes.

Os sensores antigos, como os que foram a bordo dos primeiros satélites Landsat, tinham resolução radiométrica muito baixa em comparação com os sensores atuais. Enquanto o sensor MSS contava com apenas seis *bits* de resolução, o sensor OLI/Landsat-8 adquire imagens de dez *bits*. O aprimoramento se deve, principalmente, ao avanço tecnológico: à medida que a ciência dos materiais evolui, produzindo detectores cada vez mais similares entre si, abre-se a possibilidade de medir a quantidade de radiação com maior precisão e, consequentemente, de aumentar a resolução radiométrica.

A especificação da resolução radiométrica na fase de projeto é feita com base em um conceito conhecido como relação sinal-ruído, que é a razão entre a intensidade da radiação incidente e a intensidade do ruído sobreposto a essa radiação. Mesmo que o sensor não receba radiação, existe um ruído indesejável inerente aos detectores que se soma à radiação recebida por cada detector de maneira aleatória. Quanto mais alta for a relação sinal-ruído, menor será o efeito do ruído sobre a medição do sinal associado ao *pixel*. Assim, a resolução radiométrica é definida com base na capacidade do sensor em diferenciar dois níveis de cinza consecutivos sem que haja interferência do ruído. Em termos menos técnicos, a diferença de radiação entre eles não pode ser superior ao nível de ruído inerente ao detector, garantindo assim que o contador digital associado à radiação incidente seja registrado corretamente.

A resolução radiométrica está associada à precisão com que é medida a quantidade de um certo material dentro do *pixel*. Por exemplo, sabe-se que a banda do infravermelho próximo responde muito bem à vegetação. Dado que um *pixel* em uma imagem é ocupado por vegetação, pode-se relacionar a quantidade de vegetação presente no *pixel* com o nível de cinza registrado por ele na banda do infravermelho. Logo, quanto maior for a resolução radiométrica da imagem, maior será a quantidade de níveis de cinza e mais precisa será a mensuração da radiância da vegetação presente no *pixel*.

Resolução temporal

A resolução temporal refere-se à frequência com que um sensor é capaz de adquirir imagens de um determinado local, ou seja, diz respeito ao intervalo de tempo entre a aquisição de duas imagens consecutivas de um mesmo local (Fig. 1.30A). Inicialmente, esse parâmetro era fixo para um dado satélite ou sensor, sendo determinado unicamente pelas características orbitais e pela largura do imageamento (*swath*). No entanto, com o avanço tecnológico, alguns sensores passaram a contar com mecanismos capazes de deslocar a visada dos instrumentos imageadores, permitindo que imagens consecutivas de um mesmo local fossem adquiridas em menores intervalos de tempo. Essa condição possibilita ao sensor aumentar a frequência de imagens de um determinado local caso haja interesse. Para tanto, o sensor precisa realizar uma pequena flexão lateral e passa a imagear fora do nadir (*off-nadir*), como mostra a Fig. 1.30B.

Desde então, passou-se a definir como *período de revisita* o tempo decorrido entre a passagem de um satélite por uma órbita e seu respectivo retorno à mesma órbita. Esse parâmetro não pode ser alterado, uma vez que os satélites percorrem órbitas fixas. O termo *resolução temporal* passou, assim, a indicar exclusivamente a frequência com que um sensor é capaz de adquirir duas imagens consecutivas. Portanto, o período de revisita é uma característica do satélite, enquanto a resolução temporal é uma característica individual do sensor a bordo do satélite.

Os satélites mais modernos apresentam essa possibilidade de programação do sensor, que é utilizada sempre que há um interesse maior no imageamento de uma determinada região em detrimento daquela imediatamente abaixo do satélite. Exemplos de utilização dessa modalidade incluem a aquisição de imagens por encomenda, a geração de pares estereoscópicos e o monitoramento sistemático após a ocorrência de um evento catastrófico. É importante destacar que, quanto maior for o ângulo *off-nadir*, mais elevadas serão as distorções geométricas produzidas na imagem.

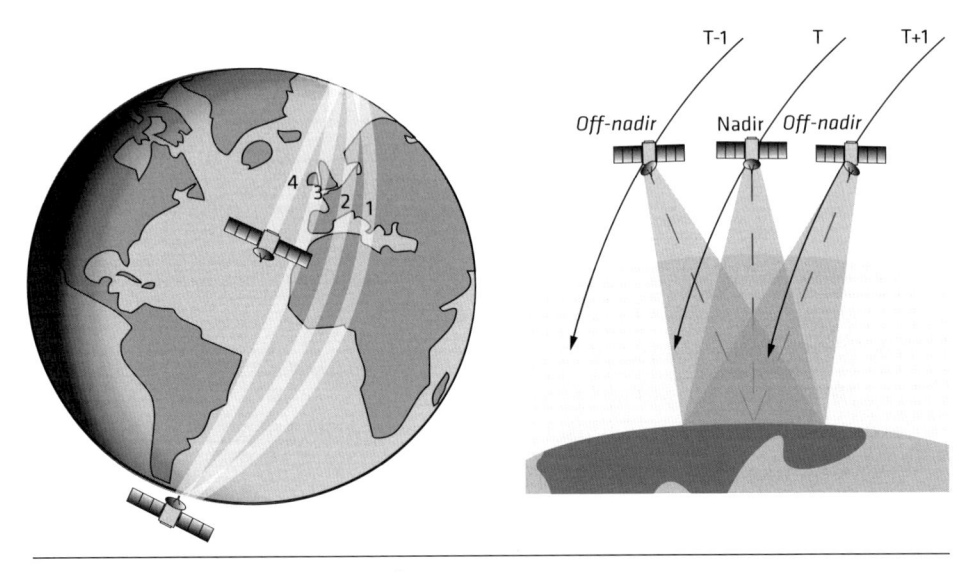

Fig. 1.30 Resolução temporal. (A) Órbitas e faixas de imageamento consecutivas de um satélite e (B) princípio de funcionamento do imageamento *off-nadir,* capaz de aumentar a resolução temporal de um determinado sensor ao executar imageamentos em órbitas fora do nadir (T-1 e T+1)

1.5 Exercícios propostos

1) Quais são as vantagens e as desvantagens dos sistemas de imageamento por varredura *pushbroom* e *whiskbroom*?
2) Por que o sistema de aquisição por quadros (*frame system*), o mesmo das máquinas fotográficas convencionais, não é utilizado em satélites?
3) Se o olho humano não consegue diferenciar mais do que 30 níveis de cinza, por que as imagens de satélite costumam contar com uma quantidade muito maior de níveis de cinza? Qual resolução está associada a essa característica?
4) Como é possível ao olho humano enxergar diversas cores se ele possui somente detectores (conhecidos como *cones*) para vermelho, verde e azul?
5) Explicar a principal razão pela qual os sensores CCD dos satélites não funcionam de maneira similar ao olho humano.
6) Explicar o que são janelas atmosféricas e por que é importante levar esse conceito em consideração ao projetar um novo sensor a bordo de um satélite.
7) Considerar o diagrama da Fig. 1.31, contendo a assinatura espectral da vegetação, do solo e da água. Por meio da análise das curvas de reflectância e levando em conta o posicionamento das bandas, determinar a qual classe temática (vegetação, solo, água) cada um dos três *pixels* (Px1, Px2, Px3) pertence.

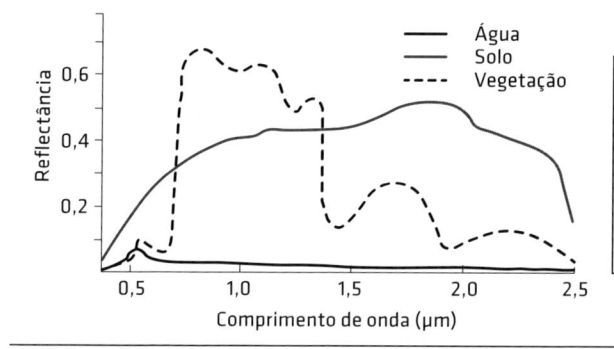

Bandas do sensor	Reflectância		
	Px1	Px2	Px3
B_1	16%	7%	12%
B_2	20%	6%	14%
B_3	27%	17%	8%
B_4	33%	47%	0%
B_5	48%	35%	0%
B_7	49%	18%	0%

Fig. 1.31 Assinatura espectral para água, solo e vegetação e quadro com as reflectâncias percentuais registradas por três pixels diferentes

Px1 = _____

Px2 = _____

Px3 = _____

8) Completar os textos a seguir:
   - A radiação eletromagnética pode ser classificada através da(o) _____, que é um fator fundamental na determinação do tipo de interação que a radiação tem com materiais específicos. Em sensoriamento remoto, costuma-se falar em resolução _____ para referir-se à capacidade que um sensor possui em diferenciar objetos de natureza química distinta. Uma folha vegetal saudável, por exemplo, apresenta uma resposta espectral intensa na faixa do _____, enquanto apresenta uma resposta espectral geralmente baixa na faixa do _____. Infelizmente, devido a limitações tecnológicas, não é possível obter todas as resoluções em alta qualidade ao mesmo tempo. No caso de estudos de monitoramento de áreas extensas de cultivo agrícola, a resolução _____ é a menos importante.
   - A resolução espacial está associada com o tamanho dos *pixels* na imagem. Quanto _____ for o lado do *pixel*, maior será a resolução espacial. O atributo em que essa resolução interfere é a forma/tamanho dos alvos. A resolução _____ está relacionada com o número de bandas que um sensor possui, e o atributo relacionado a ela é a natureza química dos alvos. Já a resolução _____ está relacionada com os níveis de cinza da imagem. Contar com boa qualidade dessa resolução permite o cálculo preciso da _____ de um determinado elemento presente em um *pixel*.
9) Explicar como é possível, através do sensoriamento remoto, determinar se uma zona de cultivo está saudável, sob estresse hídrico, com alguma patologia etc.
10) Diferenciar resolução temporal de período de revisita.
11) Diferenciar *field of view* (FOV) de *instantaneous field of view* (IFOV).

1.6 Curiosidades

1.6.1 A verdadeira cor do Sol

Quando observado diretamente a partir da superfície da Terra, o Sol tem uma aparência amarelada. Entretanto, a Fig. 1.4 mostra que o Sol produz aproximadamente a mesma intensidade de radiação nas diferentes cores do visível, o que deveria fazê-lo parecer branco em vez de amarelo. Ocorre que, como visto na seção 1.1.3, ao atravessar a atmosfera, a radiação correspondente aos tons azuis sofre uma forte atenuação devido ao espalhamento Rayleigh. Logo, os tons amarelos se sobressaem, dando ao Sol a aparência que se está acostumado a enxergar. De fato, astronautas no espaço que olham diretamente para o Sol, sem a influência da atmosfera terrestre, enxergam-no com uma coloração branca.

1.6.2 Lua de sangue

O eclipse lunar ocorre quando o Sol, a Terra e a Lua estão alinhados, nessa exata ordem, de modo que a radiação solar que deveria iluminar a Lua é momentaneamente interrompida pelo planeta Terra. Como a luz azul é fortemente espalhada pela atmosfera terrestre, apenas a luz de tom avermelhado que vem do Sol é capaz de atravessar a atmosfera, sofrendo leves desvios, mas atingindo afinal a Lua, localizada logo atrás. Essa condição lhe confere uma aparência vermelha, diferente da cor branca tradicionalmente observada, quando ela é iluminada de modo simultâneo por todas as cores. Daí ela ser batizada de *Lua de sangue*.

1.6.3 Dualidade da radiação

Isaac Newton (1643-1727), em seu tratado sobre a Óptica, estabeleceu que a luz era um feixe de partículas viajando à velocidade da luz em linhas retas. No entanto, devido a seus estudos com refração em prismas de vidro, ele percebeu que a luz continha características ondulatórias. Assim, até 1905 a luz foi tratada como uma onda portadora de energia. Então, Albert Einstein (1879-1955) descobriu que, quando interage com os elétrons nos materiais, a luz se comporta como pequenos pacotes denominados *fótons*, que carregam propriedades como energia e momento. Dessa forma, em razão de fenômenos ondulatórios como a refração, virou costume, por uma certa comodidade, descrever a radiação eletromagnética como uma onda. Mas, quando a radiação interage com a matéria, como na ionização, é mais plausível considerá-la como partículas em movimento, ou *quanta*.

1.6.4 Jornada do Sol à Terra

Considerando a distância entre o Sol e a Terra e a velocidade da luz no vácuo, é possível calcular o tempo que a radiação solar leva para concluir o percurso Sol-Terra. Esse valor é de aproximadamente oito minutos.

1.6.5 Micro-ondas lançadas por satélites não são nocivas ao ser humano?

Apesar de os satélites que operam na faixa do radar utilizarem o mesmo tipo de radiação responsável pelo aquecimento de alimentos em fornos de micro-ondas, três diferenças fundamentais entre os dois sistemas impedem qualquer dano biológico aos seres humanos ocasionado pela radiação emitida pelos satélites. Primeiramente, ainda que seja radiação de micro-ondas, a radiação produzida pelos satélites na faixa do radar não tem exatamente o mesmo comprimento de onda da radiação de micro-ondas responsável por aquecer os alimentos, que precisa ter uma frequência de exatamente 2,45 MHz, equivalente a 12 cm de comprimento de onda. Em segundo lugar, o pulso de micro-ondas emitido pelos satélites dura apenas alguns milésimos de segundo, enquanto um forno precisa de um tempo muito maior para causar aquecimento sensível nos alimentos. Por fim, a potência de funcionamento dos fornos é muitas vezes maior que a potência das antenas de micro-ondas a bordo dos satélites de radar.

1.6.6 Escombros espaciais em LEO

A Fig. 1.17 mostra o congestionamento geral de satélites verificado na órbita terrestre baixa (LEO). A situação é ainda pior caso se considere o número total de detritos espaciais que se encontram na mesma região. Apesar de pequeno, existe um risco crescente de colisões entre satélites desativados e detritos. O Combined Space Operations Center, da Nasa, rastreia atualmente mais de 8.500 objetos com dimensões maiores que 10 cm. Há um programa, ainda em fase de testes, que prevê a interceptação e a retirada deles a fim de diminuir a população de objetos em desuso na órbita terrestre. Ainda assim, detritos com dimensões menores que 10 cm não são facilmente detectáveis e podem causar danos significativos aos satélites em operação.

1.6.7 Documentação sobre satélites

Poucos satélites contam com documentação detalhada sobre seu funcionamento e a tecnologia empregada. Dos satélites mais populares, o Landsat-5 é o que tem suas características divulgadas em maior grau de detalhe. Essa indisponibilidade de informações é ocasionada, em parte, pela proteção tecnológica que governos e empresas adotam a fim de manter pioneirismo na área e preservar segredos industriais.

1.6.8 Por que prismas?

Alguns sistemas adotam prismas de refração em vez de filtros para separar a radiação incidente em diferentes comprimentos de onda. Mas por que um prisma, e não um objeto com outra forma qualquer? O motivo é que a radiação que penetra no material é obrigada a deixá-lo imediatamente. Se fosse utilizado um maciço de vidro, por exemplo, a radiação que atravessa a primeira face teria seu espectro separado, e ocorreria a refração ar-vidro. Mas, ao deixar o cubo pela face oposta, paralela à primeira, o efeito da refração invertido (vidro-ar), unindo novamente os raios originais. Em um prisma, a defasagem angular entre as faces de entrada e de saída da radiação auxilia não apenas na manutenção do efeito de separação do espectro, mas também na sua ampliação.

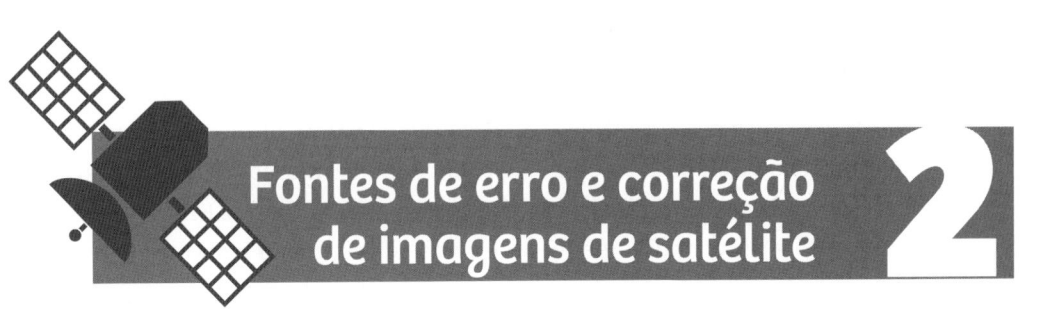

Fontes de erro e correção de imagens de satélite 2

Imagens adquiridas por satélites costumam conter erros na geometria e nos valores digitais registrados para os *pixels*. Quando tais erros se referem a flutuações nos valores dos *pixels*, costuma-se denominá-los de distorções radiométricas, podendo estas ser provocadas pelos próprios instrumentos utilizados no imageamento ou ainda pela interferência da atmosfera na propagação da radiação. Distorções geométricas se apresentam como desvios espaciais que afetam o posicionamento e o tamanho dos alvos na cena, impossibilitando o cálculo de distâncias e áreas na imagem de maneira precisa. Tais distorções podem ser ocasionadas por diversos fatores, incluindo a instabilidade da plataforma, o sistema de varredura, ou a rotação e a curvatura da Terra, por exemplo. Antes que a imagem seja efetivamente utilizada para análises posteriores, é fundamental que essas distorções sejam reduzidas ou eliminadas. O objetivo deste capítulo é discutir a natureza desses erros comumente encontrados em imagens de sensoriamento remoto, bem como apresentar procedimentos computacionais utilizados para sua compensação.

2.1 Calibração radiométrica

2.1.1 Medição da radiação e conversão para nível de cinza (NC)

A conversão da radiação incidente nos detectores para nível de cinza é um processo automático inerente à aquisição das imagens brutas pelos sensores. Quando a radiação eletromagnética vinda da superfície passa pelo sistema óptico de coleta dos satélites e atinge os detectores, espera-se que a quantidade de energia correspondente seja integralmente convertida em sinal elétrico, sendo este medido e registrado como nível de cinza de um *pixel*. Do contrário, se nenhuma radiação atinge o detector, espera-se que o valor registrado para o *pixel* seja nulo. No entanto, na prática, esse processo não ocorre dessa maneira.

Como visto na seção 1.4.2, mesmo que a radiação eletromagnética não atinja um detector, este ainda é capaz de registrar algum valor ao *pixel*, embora pequeno. Isso acontece devido às chamadas correntes parasitas que costumam surgir em materiais semicondutores, como o silício e o germânio, e em todos os outros materiais utilizados na fabricação de detectores de radiação. Felizmente, o valor associado a esse ruído é pequeno e pode ser estimado e subtraído de cada *pixel* nas imagens adquiridas por sensoriamento remoto. Essa quantidade é usualmente chamada de *offset* ou intercepto. Da mesma forma, a relação de proporcionalidade entre a radiação medida (radiância) e o nível de cinza correspondente é chamada de ganho ou inclinação. A Fig. 2.1 mostra como ocorre na prática a relação linear entre radiância e nível de cinza, em que a quantidade de radiação recebida deve ser proporcional ao nível de cinza registrado. Esse gráfico mostra ainda que, se o feixe de radiação não atinge o detector (radiância igual a zero), o nível de cinza registrado é devido unicamente ao ruído no sensor (*offset*).

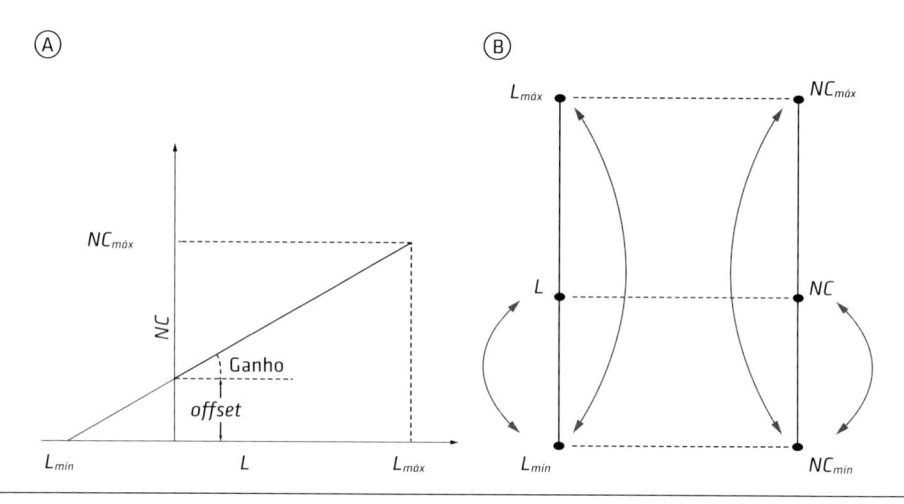

Fig. 2.1 Calibração radiométrica. (A) Gráfico mostrando a relação entre a radiância recebida pelo detector e o correspondente nível de cinza (NC) registrado para a imagem, e (B) diagrama utilizado para definir a equação de conversão entre radiância e nível de cinza comparando as escalas entre as duas variáveis. Os valores de ganho e *offset*, ou $L_{mín}$ e $L_{máx}$, podem ser disponibilizados para executar a calibração das cenas, dependendo do sensor. Os coeficientes para cada banda das imagens são encontrados nos arquivos de metadados que acompanham as cenas

2.1.2 Conversão de nível de cinza para radiância

As imagens de satélite são originalmente disponibilizadas em níveis de cinza, que representam uma grandeza física, a radiância ($W \cdot m^{-2} \cdot sr^{-1} \cdot \mu^{-1}$). A conversão de nível de cinza para radiância é conhecida como *calibração radiométrica* e pode ocorrer de maneira *absoluta* ou *cruzada*. A calibração absoluta é realizada de forma direta, criando-se uma relação de conversão entre o contador digital e a radiância que chega ao sensor. A calibração cruzada envolve dois sensores, sendo um deles calibrado em relação ao outro, denominado sensor de referência. A seguir será abordada apenas a calibração absoluta, uma vez que é o método predominantemente utilizado em aplicações práticas com imagens de satélite.

A calibração envolve a aplicação de equações de ajuste que utilizam coeficientes fornecidos pelo arquivo de metadados que acompanha a imagem ou pela empresa administradora do satélite. Os desenvolvedores costumam informar os parâmetros de calibração de duas formas distintas, fornecendo: (I) ganho e *offset* ou (II) radiância máxima ($L_{máx}$) e radiância mínima ($L_{mín}$). Como a incidência de ruído e a proporcionalidade entre radiância e contador digital são diferentes para cada banda espectral, os coeficientes são informados separadamente para cada uma delas nos metadados.

Em se tratando de uma relação linear, a conversão entre nível de cinza (NC) e radiância (L) a partir dos valores de ganho e *offset* pode ser feita pela equação da reta:

$$NC = aL + b \tag{2.1}$$

em que *a* é o ganho, e *b*, o *offset*. Isolando L, tem-se:

$$L = \frac{NC - b}{a} \tag{2.2}$$

Já para o caso de serem fornecidos os valores de $L_{máx}$ e $L_{mín}$, a calibração é realizada por meio da relação exposta na Eq. 2.3, semelhante à conversão entre escalas termométricas na Física, que surge da comparação entre as quantidades de L e NC em seus valores máximos e mínimos (Fig. 2.1B).

$$\frac{L - L_{mín}}{L_{máx} - L_{mín}} = \frac{NC - NC_{mín}}{NC_{máx} - NC_{mín}} \tag{2.3}$$

Dada a proporcionalidade entre as variáveis, considera-se que a divisão do segmento menor pelo valor total do intervalo para a escala de radiância L seja equivalente à operação análoga para a escala de nível de cinza. A partir do isolamento de L na Eq. 2.3 e sendo NC_{min} sempre igual a zero e $NC_{máx}$ igual a $2^B - 1$, em que B é o número de *bits* da imagem, tem-se:

$$L = \frac{L_{máx} - L_{min}}{2^B - 1} \cdot NC + L_{min} \tag{2.4}$$

Como visto na seção 1.1.4, o cálculo da reflectância é feito a partir dos valores de radiância e irradiância por banda, o que envolve o conhecimento de algumas condições físicas no momento da aquisição da imagem. No entanto, é comum encontrar nos arquivos de metadados coeficientes similares aos fornecidos para o cálculo da radiância, mas voltados para o cálculo da reflectância (*a* e *b*, ou R_{min} e $R_{máx}$). Logo, de forma semelhante ao que é feito para a radiância, é possível determinar os valores de reflectância ρ para cada *pixel* da imagem de maneira direta a partir dos níveis de cinza, isto é, sem precisar determinar primeiro a radiância L. Como os dados de reflectância são percentuais, é comum redimensionar os valores para a resolução radiométrica da imagem em questão. Por exemplo, se a imagem possui 8 *bits* (0-255), o zero corresponde a 0% de reflectância, enquanto o 255 corresponde à reflectância de 100%.

Os coeficientes *ganho*, *offset*, $L_{máx}$ e L_{min} usados no processo de calibração radiométrica são determinados quando o satélite ainda se encontra na superfície da Terra (pré-lançamento), mas podem sofrer pequenas atualizações ao longo do tempo de operação do satélite devido à deterioração do sensor. A calibração de pré-lançamento ocorre em laboratório com base em testes que envolvem a medição da radiação emitida por uma fonte de referência, conhecida como esfera integradora, ajustada para produzir uma radiação conhecida. Já a calibração em órbita é realizada utilizando uma fonte de radiação interna a bordo dos satélites ou direcionando o sensor para uma fonte natural de referência, como a Lua. A calibração em órbita pode ocorrer ainda por medidas feitas em locais de referência na superfície terrestre, como desertos, ou em outros alvos homogêneos onde se tem conhecimento seguro da quantidade de radiação refletida e emitida.

É importante ressaltar que a calibração dos sensores é uma etapa essencial para a obtenção de informações de sensoriamento remoto confiáveis, pois coloca todas as bandas sob um mesmo referencial radiométrico. Ainda assim, os valores calculados nessa etapa correspondem apenas ao que foi efetivamente medido pelo sensor a bordo do satélite, desconsiderando, portanto, as interferências causadas pela atmosfera. Desse modo, a radiância registrada por um sensor remoto não retrata a verdadeira radiância que deixou a superfície, sendo esta a de maior interesse para estudos posteriores. Para fins de diferenciação, costuma-se chamar a radiância medida sem qualquer correção dos efeitos da atmosfera de *radiância de topo da atmosfera* (em inglês, *top of atmosphere radiance* – TOA) ou, ainda, *radiância no sensor* (em inglês, *at sensor radiance* – ASR). Quando se considera a atmosfera na estimativa da verdadeira quantidade de radiação que deixou o *pixel* na superfície, ou seja, quando há correção atmosférica, a radiância passa a ser chamada de *radiância de superfície*. As mesmas denominações podem ser estendidas para os valores de reflectância (*reflectância de topo da atmosfera* e *reflectância de superfície*).

2.2 Correção atmosférica

2.2.1 Interação da radiação com a atmosfera terrestre

Corrigir as imagens quanto aos efeitos da atmosfera implica modelar os processos de dispersão e absorção da radiação, definindo como eles influenciam os valores registrados para os *pixels*. É importante, acima de tudo, entender cada etapa do processo de transmissão da radiação à superfície e seu consecutivo retorno ao espaço. A Fig. 2.2 mostra os diversos eventos que influenciam a passagem da radiação pela atmosfera. A irradiância solar que se propaga atmosfera adentro apresenta reflexões parciais de volta para o espaço, espalhamentos Rayleigh e Mie e também absorção. Entretanto, cerca de metade da quantidade total de energia que atinge o topo da atmosfera consegue atravessar completamente a atmosfera e atingir a superfície terrestre. A fração real de radiação que consegue ultrapassar a atmosfera e chegar à superfície é chamada de *irradiância de superfície* I_λ^{sup} e pode ser calculada multiplicando-se a irradiância solar espectral teórica I_λ por um fator percentual chamado de *transmitância atmosférica* τ_λ, o qual mede a proporção de radiação que consegue atravessar a atmosfera em um dado comprimento de onda λ:

$$I_\lambda^{sup} = \tau_\lambda \cdot I_\lambda \qquad (2.5)$$

Assim como a reflectância espectral ρ_λ, a transmitância não possui unidade de medida e assume valores entre zero e um. A Fig. 2.3 mostra como a transmitância atmosférica varia ao longo do espectro eletromagnético.

Fig. 2.2 Efeito da atmosfera no caminho da radiação solar até a área equivalente a um *pixel* no terreno e seu retorno na direção do sensor: (A) radiação refletida pelo alvo na superfície; (B) radiação diretamente espalhada pela atmosfera; (C) radiação desviada pela atmosfera e refletida pelo *pixel* imageado; e (D) radiação que atinge um *pixel* vizinho e é refletida para o espaço, mas em seguida é desviada pela atmosfera para o satélite

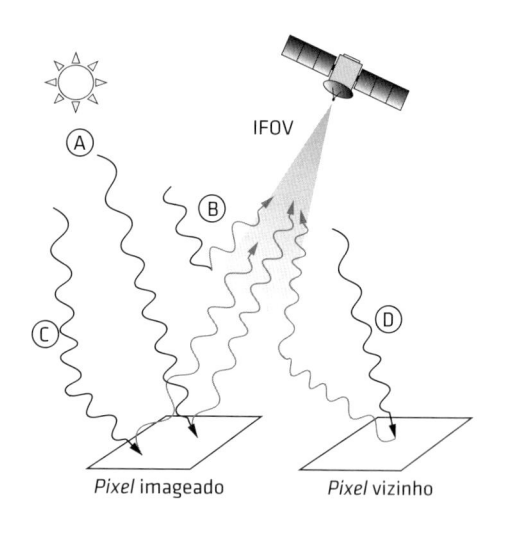

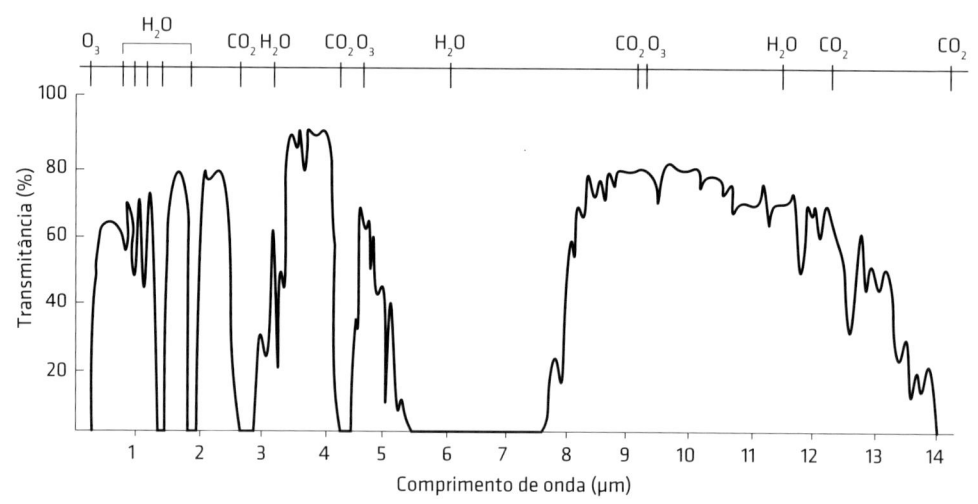

Fig. 2.3 Transmitância atmosférica para diversos comprimentos de onda da radiação eletromagnética. O gráfico apresenta as faixas de maior transmitância (janelas espectrais), normalmente escolhidas para as bandas dos sensores, e as faixas de maior absorção (bandas de absorção), onde o posicionamento das bandas costuma ser evitado. Acima do gráfico, indicam-se os elementos químicos responsáveis pela atenuação atmosférica em determinados comprimentos de onda

Visto que os efeitos atmosféricos são dependentes do comprimento de onda λ, a interferência da atmosfera varia de forma distinta para cada banda da imagem. As bandas de absorção da radiação por moléculas de vapor d'água (H_2O) e dióxido de carbono (CO_2) são capazes de bloquear completamente a transmissão da radiação solar por volta de 1,4 μm, 1,9 μm, 2,7 μm, 4,3 μm, 6,1 μm e 14 μm, como visto na Fig. 2.3. Essas regiões são tradicionalmente evitadas no sensoriamento remoto, mas podem ser úteis para diferenciar os tipos de nuvem presentes na atmosfera. Como exemplo, a banda 26 do sensor Modis/Terra-Aqua e a banda 9 do sensor OLI/Landsat-8 são posicionadas exatamente nessas regiões de alta absorção atmosférica. Nuvens menos densas, como *cirrus*, estão localizadas em camadas superiores da atmosfera terrestre, onde há pouco vapor d'água. A diferenciação da densidade de nuvens é possível porque a radiação na faixa de 1,4 μm, por exemplo, é refletida por nuvens menos densas antes de ser absorvida em camadas inferiores da atmosfera, onde estão localizadas as nuvens mais densas. É possível observar também que a transmitância atmosférica é baixa no início do gráfico, região do ultravioleta. A causa dessa atenuação é principalmente a absorção pelas moléculas de ozônio presentes na atmosfera, que impedem a chegada de grande parte da radiação ultravioleta nociva para a maioria dos seres vivos.

Ao interagir com os alvos na superfície, uma grande quantidade da radiação é absorvida e convertida em calor, ou então transmitida através de materiais transparentes, como a água e o gelo. Estima-se que apenas 10% da irradiância total que chega à superfície seja refletida pelos alvos de volta para o espaço. Essa radiação precisa ainda atravessar a atmosfera novamente para, por fim, chegar ao satélite e ser medida pelo sensor. Além da radiação recebida por reflexão dos alvos na superfície (detalhe A na Fig. 2.2), os sensores registram indevidamente quantidades significativas de radiação espalhada pela atmosfera. Essas quantidades de radiação são originadas de retornos indiretos e podem ocorrer basicamente de três formas: (I) radiação diretamente espalhada na atmosfera (detalhe B); (II) radiação desviada pela atmosfera na direção do *pixel* imageado, sendo depois refletida para o satélite (detalhe C); e (III) radiação que atinge um *pixel* vizinho e é refletida para o espaço, mas em seguida é desviada pela atmosfera e sua origem parece ser o *pixel* imageado (detalhe D).

Em resumo, a radiância espectral medida pelo sensor, que será chamada de L_λ^s, pode ser descrita pelo somatório a seguir:

$$L_\lambda^s = L_\lambda^a + L_\lambda^b + L_\lambda^c + L_\lambda^d \qquad (2.6)$$

Em ordem decrescente de contribuição, a radiância diretamente refletida pelo *pixel* no terreno é L_λ^a, a radiância espalhada pela atmosfera é L_λ^b, a radiância desviada pela atmosfera e refletida pelo *pixel* imageado é L_λ^c e, com a menor contribuição, a radiância refletida por um *pixel* vizinho, mas em seguida desviada de sua trajetória original, é L_λ^d.

Para fins de simplificação, o cálculo não leva em consideração a eventual topografia do terreno e a radiação emitida pelos alvos ou pela atmosfera, pois esses fatores têm pouca significância nas faixas do sensoriamento remoto de reflexão.

2.2.2 Métodos de correção baseados na modelagem atmosférica

Os procedimentos de correção dos efeitos atmosféricos visam compensar o espalhamento e a absorção sofridos pela radiação ao longo de toda a sua trajetória, ou seja, desde o momento da entrada até a saída da atmosfera. Busca-se simular uma situação ideal com a ausência de atmosfera, podendo a radiação se propagar livremente, sem obstáculos. Em termos quantitativos, isso significa conhecer os valores de L_λ^b, L_λ^c e L_λ^d na Eq. 2.7 para subtraí-los do valor de radiância registrado pelo sensor L_λ^s e, por fim, determinar a radiância que deixa a superfície L_λ^a.

$$L_\lambda^a = L_\lambda^s - L_\lambda^b - L_\lambda^c - L_\lambda^d \tag{2.7}$$

A determinação desses termos é realizada por *modelos de transferência radiativa*, que incluem a modelagem empírica dos processos de espalhamento e absorção causados por elementos presentes na atmosfera, como ozônio, vapor d'água, gás carbônico e oxigênio. Entretanto, a simulação desses processos é complexa e demanda o conhecimento de diversas variáveis meteorológicas no momento da aquisição da imagem, como umidade relativa do ar, temperatura ambiente, tipo de cobertura da cena, visibilidade relativa, pressão do ar, altura acima do nível do mar e iluminação solar.

Os métodos de correção que usam modelos de transferência radiativa são chamados de *métodos físicos* ou *semiempíricos*. Eles utilizam modelagem de transferência radiativa para simular a reflectância da atmosfera e ajustar um modelo de regressão que é depois aplicado aos dados reais para corrigir os efeitos atmosféricos. Por sua vez, métodos puramente *empíricos* são aqueles que adotam um modelo de regressão ajustado com medições empíricas (realizadas em campo) e não serão tratados neste livro. O Quadro 2.1 mostra alguns exemplos de *softwares* que utilizam métodos de correção atmosférica baseados em modelos de transferência radiativa.

Quadro 2.1 *Softwares* que utilizam métodos de correção atmosférica físicos e empíricos comuns baseados em modelos de transferência radiativa

Software	Referência	Observação
ACORN (correção atmosférica para dados multiespectrais e hiperespectrais calibrados)	Miller (2002)	Baseado em MODTRAN-4
ATCOR (baseado em modelo de transferência radiativa de espalhamento e absorção)	Richter e Schläpfer (2002)	Disponível nos *softwares* ERDAS Imagine e PCI Geomatica
ATREN (baseado no algoritmo 6S)	Gao, Goetz e Wiscombe (1993)	-
FLAASH (análise atmosférica rápida da trajetória da radiação por hipercubos espectrais)	Adler-Golden et al. (1999) e Matthew et al. (2000)	Disponível no *software* ENVI/RSI
HATCH (correção atmosférica de alta acurácia para dados hiperespectrais)	Goetz et al. (2003) e Qu, Kindel e Goetz (2003)	ATREN aperfeiçoado
Tafkaa (correção atmosférica para dados hiperespectrais)	Montes, Gao e Davis (2004)	Baseado em ATREN
LEDAPS (sistema Landsat de processamento adaptativo para distúrbios do ecossistema)	Masek et al. (2013)	-
SMAC (método simplificado para correção atmosférica)	Rahman e Dedieu (2007)	-

Alguns dos *softwares* citados, a exemplo do LEDAPS, são baseados em soluções multi-imagem, ou seja, utilizam dados de uma imagem multiespectral tomada em uma data próxima para corrigir uma outra imagem que não possui canais espectrais suficientes que possibilitem uma correção detalhada. Esse tipo de correção pode ser executado mesmo que as resoluções espaciais das imagens envolvidas não sejam compatíveis. Imagens, por exemplo, dos satélites Landsat-5, Landsat-7 e Landsat-8 em reflectância de superfície são disponibilizadas gratuitamente pelo repositório Earth Explorer (https://earthexplorer.usgs.gov) e pelo Google Earth Engine.

Outros métodos mais simples de correção utilizam aproximações genéricas, sem entrar no mérito da composição atmosférica, e baseiam-se na *subtração do* pixel *escuro (dark object subtraction* – DOS). Para fins didáticos, será abordado o método DOS, ressaltando, no entanto, suas limitações. Os métodos físicos baseados em modelagem de transferência radiativa são geralmente mais precisos, mas fogem do escopo deste livro devido à sua complexidade.

2.2.3 Método da subtração do *pixel* escuro

Nos casos em que os efeitos atmosféricos não sejam prejudiciais para análises posteriores ou o acesso aos parâmetros de correção necessários aos modelos mais complexos não seja possível, o método da *subtração do* pixel *escuro* é uma alternativa interessante. Esse método assume que, em cada banda da imagem, existe um *pixel* que deveria ter seu nível de cinza igual a zero, representando um objeto muito escuro na cena, como um corpo d'água sem sedimentos. No entanto, o sensor registra um valor diferente de zero devido aos efeitos atmosféricos, que adicionam uma quantidade constante de radiação a todos os *pixels*. O efeito nas imagens é uma névoa azulada observável em uma composição de cores verdadeiras. Esse efeito pode ser corrigido subtraindo-se o valor constante identificado para o *pixel* escuro de todos os outros *pixels* da banda (Fig. 2.4). Após a correção, o efeito de névoa é removido e a imagem passa a contar com um melhor alcance dinâmico dos níveis de cinza.

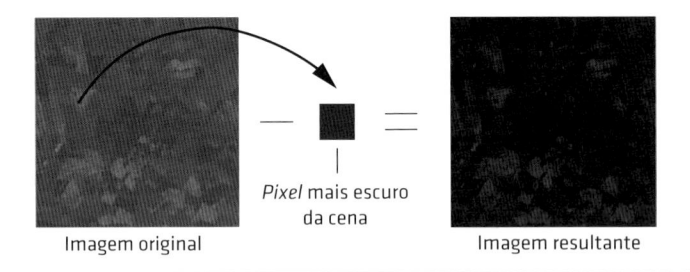

Fig. 2.4 Metodologia de aplicação do método de correção atmosférica pelo *pixel* escuro

O método da subtração do *pixel* escuro é capaz de corrigir os efeitos causados pela chegada indevida de radiação que se origina de retornos provocados pela atmosfera. Quantitativamente, significa levar em conta apenas o termo L_λ^b na Eq. 2.7, desconsiderando as demais contribuições L_λ^c e L_λ^d, assim como a presença da transmitância atmosférica τ_λ. Esse método não compensa, por exemplo, aquela radiação que deixou de incidir no *pixel* porque foi absorvida ou espalhada pela atmosfera. Por esse motivo, ele é visto como unidirecional, uma vez que resolve apenas as interferências atmosféricas no retorno da radiação para o espaço, ignorando que a trajetória da radiação até atingir o alvo também sofre efeitos atmosféricos. Outra limitação da aplicação desse método é quando o analista não é capaz de identificar na imagem um *pixel* escuro cujo valor deveria ser idealmente nulo, pela ausência de corpos d'água ou de objetos tradicionalmente escuros na cena. Nesses casos, se necessária, a correção atmosférica deve ser realizada pelos métodos que levam em conta a modelagem de transferência radiativa.

Depois da correção atmosférica, as imagens que anteriormente estavam em *reflectância de topo da atmosfera*, sem correção e incluindo efeitos atmosféricos, passam a representar a *reflectância de superfície*, uma vez que revelam agora os valores aproximados da radiação que deixou os alvos, sem a interferência da atmosfera. A conversão, nas imagens de satélite, de valores de reflectância de topo da atmosfera para valores que representam reflectância de superfície possui uma série de vantagens. Por exemplo, ao retirar o efeito da atmosfera, é possível comparar imagens obtidas em datas distintas e inferir acerca das variações na reflectância dos alvos, e, portanto, estudar a dinâmica dos parâmetros biofísicos e bioquímicos desses alvos. Além disso, imagens em reflectância de superfície obtidas por satélites diferentes podem ser comparadas sem a necessidade de normalização radiométrica.

2.2.4 Normalização de imagens

Um método simples e eficaz de colocar duas imagens de um mesmo sensor adquiridas em datas distintas em um mesmo referencial radiométrico é a *normalização de imagens*. Essa técnica é especialmente útil em estudos de detecção de mudanças que não exigem uma correção atmosférica absoluta, mas podem sofrer uma correção relativa para fins de comparação. A técnica consiste em calcular a média entre todos os *pixels* de uma das cenas, banda por banda, utilizada como referência, e depois subtrair o valor encontrado dos *pixels* na outra imagem nas respectivas bandas. Ao fim, as duas imagens apresentarão a mesma média em cada banda.

Esse método tende a minimizar efeitos como diferenças de iluminação e condições do sensor, além das diferenças atmosféricas. Ele não visa a supressão dos efeitos atmosféricos nas cenas, mas busca um equilíbrio colocando-as em condições similares. Resultados satisfatórios são alcançados desde que não existam mudanças substanciais nos alvos presentes nas duas cenas. Caso contrário, a normalização pode agravar a situação radiométrica das cenas em vez de melhorá-la.

2.3 Correção geométrica

Qualquer imagem bruta de satélite é afetada por distorções geométricas. Isso ocorre pois se tenta representar a superfície tridimensional da

Terra através de uma imagem plana. Para fins de exemplificação, considere-se uma situação ideal onde a superfície imageada é perfeitamente plana e o sensor imageador não possui distorções ópticas ou oscilações de posicionamento e velocidade da plataforma. Um cenário de referência composto de alguns elementos geométricos seria corretamente retratado pelo que é mostrado na Fig. 2.5. O padrão de grade regular sobre o cenário serve apenas para demonstrar como cada região foi representada na imagem de saída. Nesse caso, o resultado é a imagem da direita, em escala uniforme e sem distorções geométricas, respeitando a forma e as dimensões dos objetos presentes.

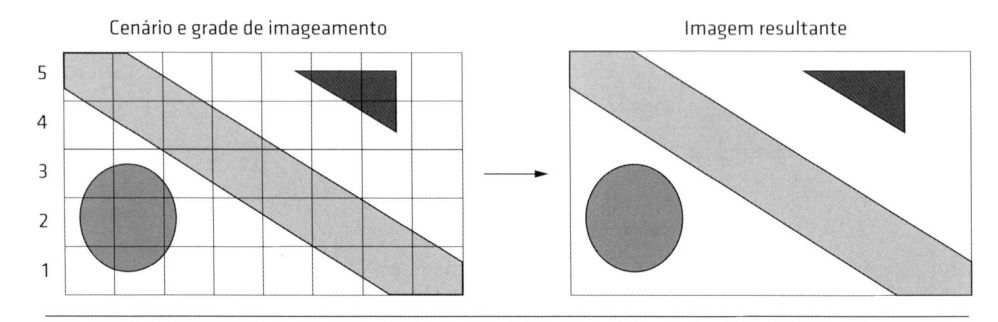

Fig. 2.5 Cenário-exemplo utilizado como referência. Nesse caso, o padrão de grade regular atesta que cada região foi representada corretamente na imagem resultante

Na situação ideal mostrada nessa figura, a imagem resultante não necessitaria de nenhuma correção geométrica para ser utilizada em estudos posteriores. Entretanto, nas imagens de satélite, fatores como o movimento de rotação da Terra, sua curvatura, variações na altitude, na estabilidade e na velocidade da plataforma, além de efeitos panorâmicos inerentes ao sistema de imageamento, causam distorções críticas que precisam ser corrigidas.

2.3.1 Fontes de distorções geométricas

Movimento de rotação da Terra

Sistemas de varredura do tipo *whiskbroom* e *pushbroom* adquirem imagens ao longo de um intervalo de tempo considerável (algumas dezenas de segundo). Essa condição, associada ao movimento de rotação da Terra do oeste para o leste, causa uma defasagem horizontal entre as linhas no início (abaixo) e no fim (acima) do imageamento, como pode ser visto na sobreposição da grade sobre o cenário original na Fig. 2.6. A imagem resultante apresenta um estiramento dos objetos, fazendo-os pender para o lado esquerdo. Logo, torna-se necessário reposicionar as linhas corretamente para corresponderem aos locais na superfície terrestre em que foram adquiridas.

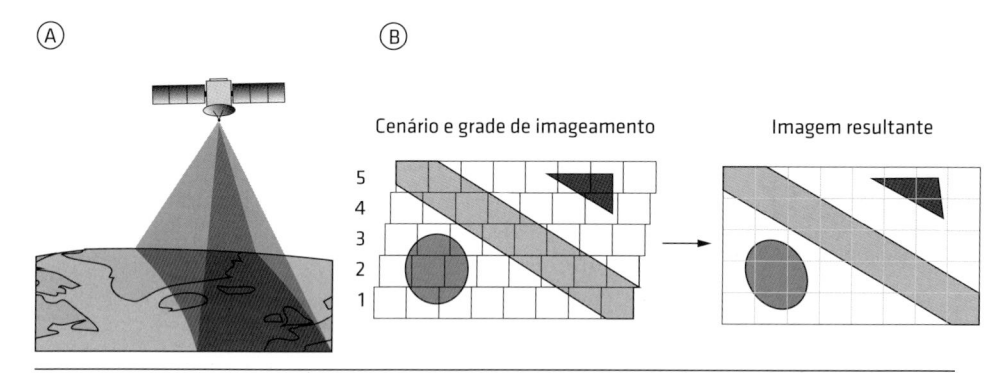

Fig. 2.6 Distorção geométrica causada pelo movimento de rotação da Terra: (A) cena sendo capturada simultaneamente ao movimento de rotação da Terra e (B) cenário original com a sobreposição da grade de aquisição mostrando defasagem entre as linhas consecutivas de imageamento de baixo para cima, causando o efeito mostrado na imagem resultante

Distorção panorâmica

O sistema de imageamento por varredura é capaz de provocar uma distorção que mantém o centro da imagem uniforme enquanto comprime gradativamente a área dos *pixels* periféricos à medida que se aproxima das bordas da cena. A *distorção panorâmica*, como é chamada, só ocorre em sistemas de varredura mecânica (*whiskbroom*), uma vez que eles mantêm IFOV constante para todos os *pixels* de uma linha. Como existe apenas um detector responsável pela leitura de todos os *pixels* da linha, o espelho objetivo oscila a fim de alternar entre um *pixel* e outro mantendo a mesma abertura do IFOV, o que modifica a área coberta por cada *pixel* em uma perspectiva variável de projeção do detector no terreno (Fig. 2.7A). Por outro lado, sistemas de varredura eletrônica (*pushbroom*) apresentam IFOV variável ao longo da linha. Isso ocorre pois, para um sistema de detectores em linha, a projeção de cada detector no terreno obedece ao tamanho original do detector (Fig. 2.7B), o que ocasiona uma variação na abertura angular do IFOV. Dessa forma, a distorção panorâmica não ocorre e os *pixels* de cada linha apresentam a mesma distância D no terreno. Os sistemas por quadros (*frame system*) de máquinas fotográficas convencionais utilizadas em fotogrametria seguem a mesma lógica de imageamento *pushbroom*, ou seja, não costumam apresentar distorção panorâmica devido à geometria do mecanismo de imageamento.

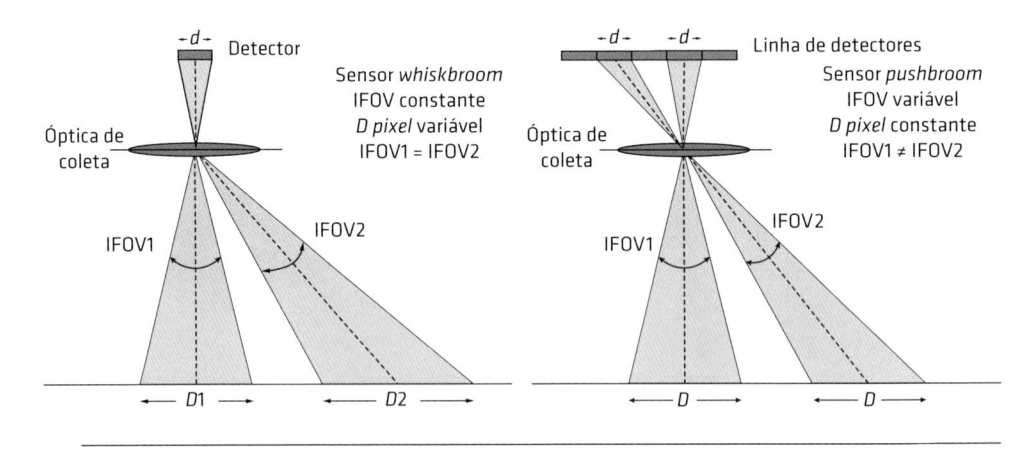

Fig. 2.7 Geometrias de aquisição para (A) sistemas de varredura mecânica (*whiskbroom*) e (B) sistemas de varredura eletrônica (*pushbroom*). Sistemas do tipo *whiskbroom* apresentam IFOV constante, o que altera a área da superfície imageada principalmente para *pixels* que se localizam nas bordas da cena, ao passo que sistemas do tipo *pushbroom* apresentam IFOV variável para cada *pixel* e, assim, não exibem distorção panorâmica

O resultado da distorção panorâmica é um achatamento da imagem apenas na direção horizontal, sempre com menor intensidade no centro da cena e aumento gradativo à medida que se aproxima das bordas (Fig. 2.8). Ela é sempre mais severa para sensores com grande FOV.

Curvatura da Terra

A *curvatura da Terra* tem o potencial de causar grandes distorções em imagens de satélite, sendo especialmente prejudicial para imagens que apresentam uma larga faixa de imageamento (*swath*). Em aplicações fotogramétricas, em que as imagens são tomadas em baixas altitudes e compreendem pequenas distâncias, o efeito da curvatura da Terra é desprezível. Para sensores meteorológicos e outros com faixas de imageamento com largura acima de 100 km, a curvatura da Terra passa a representar uma fonte considerável de distorção geométrica nas imagens (Fig. 2.9A). O efeito, no entanto, assim como na distorção panorâmica

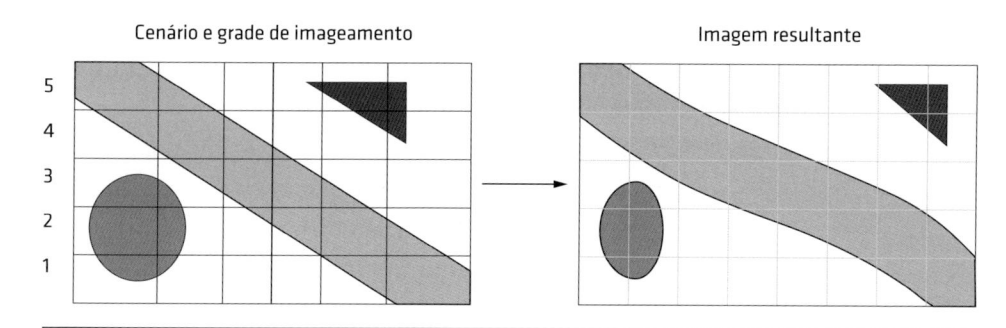

Fig. 2.8 Distorção panorâmica para sensores de varredura mecânica (*whiskbroom*). O cenário-exemplo apresenta a grade com regularidade no centro e alongamento gradativo para as bordas causada pelo aumento da área imageada. A imagem resultante apresenta deformação gradativa dos objetos na direção horizontal, ocorrendo achatamento crescente do centro para as bordas da cena

apresentada pelos sensores *whiskbroom*, ocorre de maneira variável ao longo da cena, aumentando à medida que se afasta do centro da imagem (Fig. 2.9B). A diferença é que o encurtamento não ocorre apenas na direção horizontal (em inglês, *cross-track*), mas também na direção vertical (em inglês, *along-track*). Na Fig. 2.9B, é possível verificar uma distribuição irregular da grade de imageamento, o que resulta na aquisição de uma cena com objetos levemente curvados.

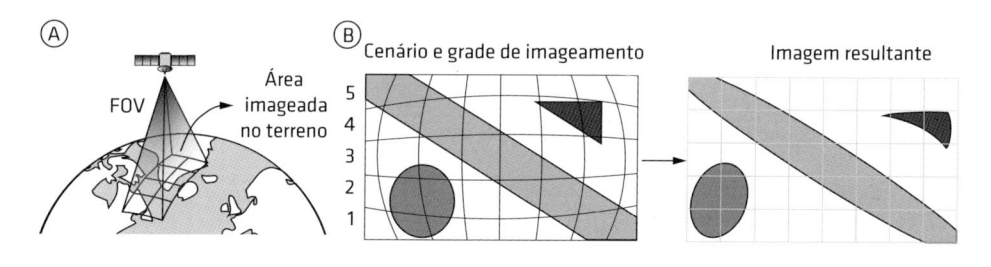

Fig. 2.9 Distorções geométricas causadas pela curvatura da Terra: (A) cena de grande FOV sendo capturada e (B) grade irregular com aspecto curvo sobre o cenário original e correspondente distorção nos objetos da imagem

Instabilidade da plataforma

Mudanças na elevação e na velocidade do satélite ou da aeronave durante a coleta da cena ampliam ou reduzem de maneira desigual a escala dos objetos na imagem. Caso haja um aumento de altitude da plataforma durante a aquisição da cena, as últimas linhas coletadas passarão a descrever uma área maior que as primeiras (Fig. 2.10A). Essa ampliação do campo de visada fará com que a imagem apresente um achatamento bidimensional dos objetos no fim da varredura. Por outro lado, se a velocidade da plataforma for aumentada durante o imageamento, a distância entre linhas será maior do que a distância entre colunas da imagem, o que resultará em quadros representando áreas retangulares na parte superior da cena (Fig. 2.10B). A imagem de saída ganha um achatamento apenas na direção vertical (direção de voo), mantendo-se inalteradas as distâncias na direção horizontal.

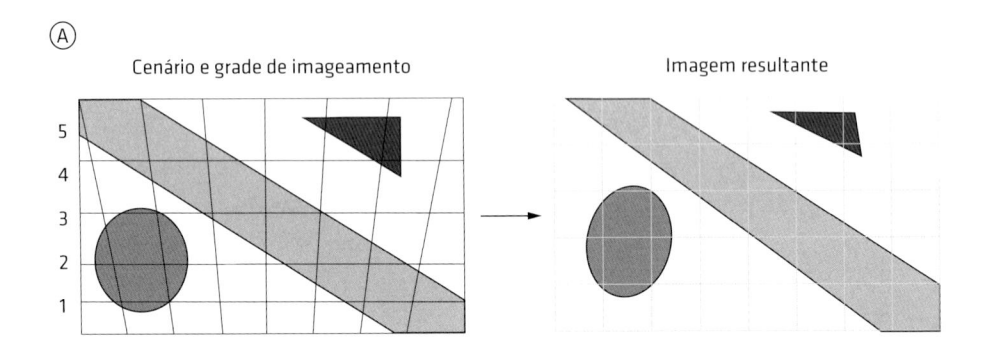

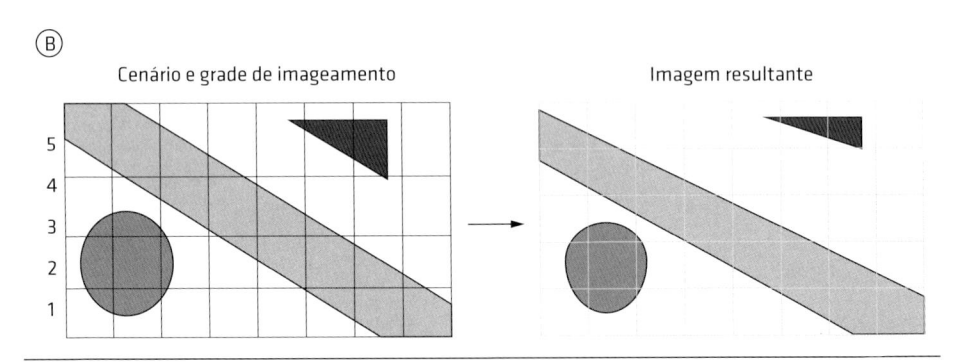

Fig. 2.10 Efeitos geométricos causados (A) pela variação na altitude da plataforma e (B) pela variação em sua velocidade, ambas ocorridas durante a aquisição da cena

Flutuações nos chamados *ângulos de atitude* podem também provocar distorções na perspectiva da imagem produzida. A plataforma pode oscilar em torno de seus três eixos de controle: *arfagem*, *rolagem* e *deriva* (em inglês, *pitch*, *roll* e *yaw*). A arfagem é o movimento em torno do eixo horizontal e perpendicular ao eixo longitudinal; é o popular levantar e abaixar o "nariz" de um avião. Já a rolagem está associada ao movimento em torno do eixo horizontal, quando um avião levanta a asa de um lado enquanto baixa a do outro. Por fim, a deriva ocorre quando há uma rotação da plataforma em torno do eixo vertical. A Fig. 2.11 apresenta os três ângulos citados e as correspondentes distorções causadas nas imagens por cada um deles. As figuras revelam as consequências

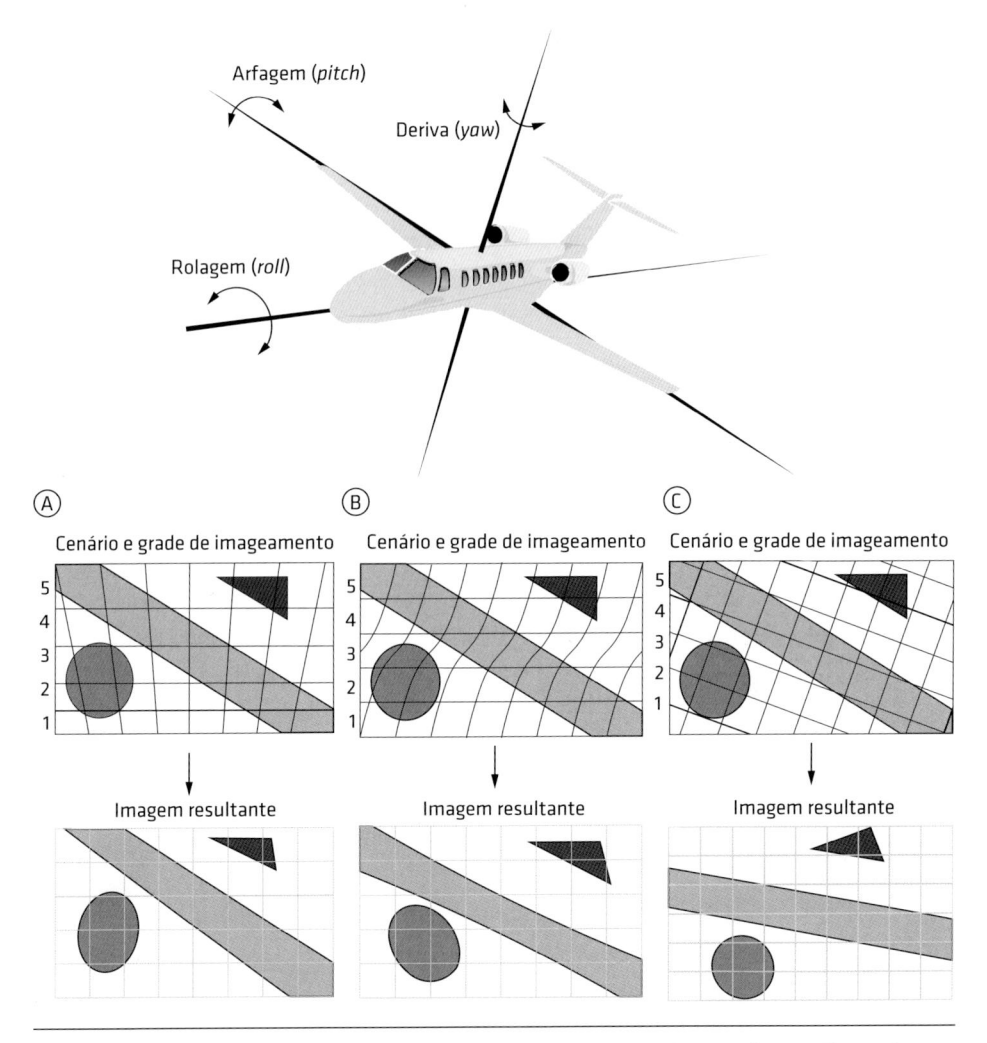

Fig. 2.11 Oscilações da plataforma causadas pelos ângulos de atitude: (A) distorção causada pela arfagem, com a compressão dos quadros na parte superior da imagem; (B) distorção causada pela rolagem, que ocasiona variações irregulares no tamanho dos objetos; e (C) distorção causada pela deriva, gerando rotação da imagem resultante

das manobras sendo gradativamente executadas desde a posição normal até a posição inclinada, com a varredura iniciando embaixo e finalizando em cima.

Essas perturbações são comuns em aeronaves tripuladas e em veículos aéreos não tripulados (VANTs) devido ao fluxo turbulento do vento. Já em sistemas orbitais, as instabilidades são mais sutis, mas podem ocorrer em razão de variações de velocidade e altura da órbita causadas pela não esfericidade da Terra.

Topografia da superfície

Regiões com relevo e objetos altos na superfície, como árvores e edifícios, são capazes de produzir distorções acentuadas nas imagens de satélite, principalmente nas de elevada resolução espacial. Em geral, todo objeto que se encontra a uma altura fora do plano de referência, ou *datum*, terá seu posicionamento afetado na imagem resultante. Intuitivamente, é possível perceber que o deslocamento dos objetos depende do ângulo de visada com que são vistos pelo sensor. Os objetos diretamente abaixo da plataforma (ou seja, no nadir) terão seu posicionamento planimétrico preservado e apenas sua superfície superior será visível, enquanto todos os outros objetos parecerão se inclinar à medida que se afastam do centro da imagem, deslocando-se de suas posições planimétricas originais, de modo a parecerem "tombados" na cena (Fig. 2.12). Como as distorções e o erro posicional são maiores para objetos muito altos ou distantes do centro da imagem, os efeitos são percebidos principalmente em imagens orbitais tomadas fora do nadir (*off-nadir*) e em fotografias aéreas, onde existem visadas oblíquas.

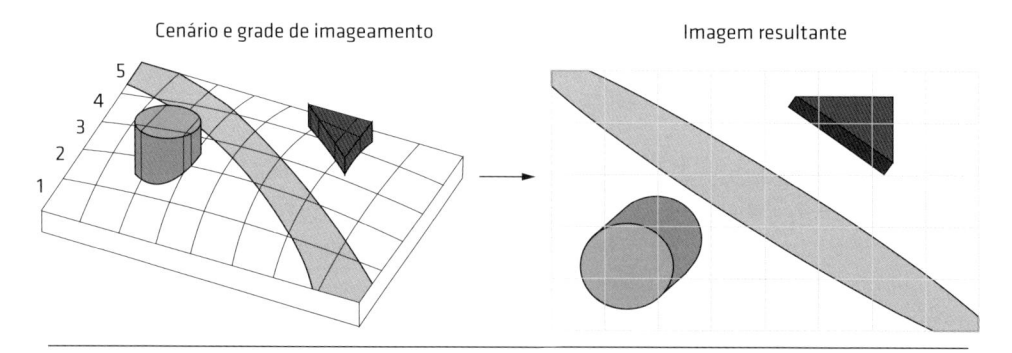

Fig. 2.12 Distorções geométricas causadas pelo relevo da superfície. Objetos altos e distantes do centro de imageamento serão visualizados em posições deslocadas na imagem resultante

2.3.2 Correção de distorções geométricas

Como visto, os casos de distorção geométrica e erro posicional variam de acordo com cada situação específica. Felizmente, na maioria das ocorrências, é possível remover ou reduzir os efeitos por meio de técnicas matemáticas. A seguir será abordado como as correções podem ser executadas a partir de modelos polinomiais de grau variável.

No processo de ajuste geométrico das imagens, deve-se essencialmente reposicionar os *pixels* em seus verdadeiros locais de acordo com um dado de referência. Alguns termos são comumente usados na literatura para se referir ao processo de correção, os quais são definidos a seguir:

- *Registro*: refere-se ao alinhamento geométrico entre duas cenas que cobrem a mesma área. Pode ser realizado a partir de imagens de um mesmo sensor, mas tomadas em datas diferentes, ou a partir de imagens de sensores diferentes. O resultado faz com que as cenas sejam projetadas no mesmo plano e seus objetos correspondam espacialmente. Esse procedimento, também conhecido como *retificação*, não visa a atribuição de coordenadas geográficas para os *pixels* nem a completa correção dos erros geométricos individuais.
- *Georreferenciamento*: é o alinhamento geométrico de uma imagem com a utilização de um mapa de referência a fim de ajustá-la de acordo com o terreno. Esse processo, chamado também de *geocodificação*, atribui coordenadas geográficas para os *pixels* da imagem e visa a correção de todos os erros geométricos, com exceção das distorções causadas pela topografia.
- *Ortorretificação*: é a correção da imagem para os efeitos da topografia. Após a ortorretificação, cada objeto da cena deve aparecer na imagem como visto de um ponto imediatamente acima, isto é, por meio de uma projeção ortográfica. Esse procedimento é imprescindível em imagens de radar, onde as distorções topográficas são muito acentuadas, e em imagens adquiridas sobre locais com relevo acidentado ou oriundas de fotogrametria, incluindo aeronaves e VANTs.

A diferença fundamental entre os processos de registro e georreferenciamento está na fonte utilizada para referência; no primeiro caso, adota-se uma imagem sem coordenadas e, no segundo, um dado (mapa ou imagem) com coordenadas geográficas corretas.

De modo geral, com exceção da distorção causada pelo relevo das superfícies, as demais distorções costumam ocorrer de forma sistemática, ou seja, acontecem com certa regularidade ou podem ser descritas matematicamente de modo relativamente simples. Com o conhecimento de alguns parâmetros geométricos ligados à aquisição da imagem, como velocidade e posicionamento da plataforma, movimento de rotação e curvatura elipsoidal da Terra etc., é possível alimentar modelos matemáticos padronizados e específicos para a correção das distorções sistemáticas. Esse procedimento é conhecido como *correção pelo modelo orbital* e pode ser realizado automaticamente. Por não exigir a interferência do analista, é muito utilizado em correção de cenas distribuídas pelos repositórios de imagens digitais. A desvantagem é que a falta de precisão de alguns parâmetros de entrada dos modelos, como a posição exata da plataforma durante a aquisição da cena, impossibilita a atribuição de coordenadas geográficas precisas às imagens.

Uma maneira conveniente de efetuar correções geométricas nas imagens é por meio da seleção de *pontos de controle*, que servirão para definir um *modelo matemático de correção*. Os pontos de controle são locais em que se pode definir a coordenada correta a partir de dados auxiliares, como mapas, GPS ou outra imagem de referência já ajustada. E o modelo matemático de correção nada mais é do que um polinômio que relaciona os *pixels* na imagem original (distorcida) com as coordenadas de referência. O processo de ajuste por pontos de controle possui basicamente três etapas: (I) coleta dos pontos de controle; (II) escolha do grau do polinômio; e (III) reamostragem dos *pixels*. É importante ressaltar que o método é incapaz de ajustar as distorções causadas pelo relevo, sendo este ajuste possível somente a partir de informações topográficas da superfície, como um modelo digital de elevação, por exemplo. A seguir, descreve-se cada passo envolvido no processo de *correção por modelos polinomiais*.

Coleta dos pontos de controle

Os pontos de controle (em inglês, *ground control points* – GCPs) relacionam espacialmente a imagem a ser corrigida com um dado de referência. Esse dado pode ser um mapa que contenha feições do terreno facilmente identificáveis na imagem (pontos homólogos), coordenadas de pontos conhecidos coletados em campo com GPS, ou outra imagem que possa ser usada como referência por já ter sido corrigida anteriormente. Os pontos escolhidos devem apresentar-se em quantidade razoável e ser bem distribuídos ao longo da cena.

Para fins de exemplificação, suponha-se um processo de regressão em que se procura uma função que descreva adequadamente o comportamento de um conjunto de pontos (Fig. 2.13A). Pode-se imaginar que o eixo horizontal contém valores incorretos de coordenadas, enquanto o eixo vertical apresenta o correspondente valor correto da coordenada com base nos dados de referência. É preciso estabelecer uma relação entre os dois conjuntos de dados que seja capaz de informar a coordenada correta para cada valor incorreto das coordenadas de entrada. Como a quantidade de dados costuma ser muito grande, apenas alguns pontos são colhidos em ambos os conjuntos para representar o comportamento da totalidade. O objetivo é ajustar uma linha que passe o mais próximo possível dos pontos coletados, tentando descrever o comportamento da totalidade da forma mais adequada. Caso os pontos coletados não sejam representativos do total, por terem sido selecionados poucos pontos ou pontos em regiões isoladas, a linha de tendência ajustada pode retratar uma situação equivocada, remetendo o analista a erros processuais.

No primeiro exemplo (Fig. 2.13B), foram coletados pontos de referência em uma região isolada. A linha reta ajustada a partir desses pontos seguiu naturalmente uma tendência muito diferente da desejada. No segundo exemplo (Fig. 2.13C), outro conjunto de pontos distante do primeiro é selecionado e adicionado aos anteriores para a estimação da curva ajustada. O resultado é uma linha mais próxima do que seria a tendência dos pontos, mas ainda incompatível com a verdadeira distribuição. No terceiro exemplo (Fig. 2.13D), mais um conjunto de pontos, localizado entre os anteriores, é coletado e adicionado aos demais. Com esse último conjunto, passa-se a contar com pontos em quantidade e distribuição adequados, ou seja, que representam bem o volume total de dados existentes. O ajuste a partir desses pontos revela uma linha curva que passa o mais próximo possível dos pontos escolhidos como referência. Nesse tipo de análise, a curva ajustada é descrita por uma equação que pode ser usada para prever de maneira precisa o comportamento dos dados.

A extensão desse exemplo para a correção geométrica de imagens é simples. É preciso saber onde os *pixels* se encontram originalmente e, depois, onde eles deveriam se localizar de acordo com o dado de referência. Então, coletam-se pares de pontos de controle (GCP1, GCP2, ..., GCP7) na imagem original e na imagem usada como referência (Fig. 2.14). A coleta de pontos de controle busca estabelecer uma relação analítica entre a imagem distorcida e as coordenadas corretas através de um polinômio de transferência. Logo, pontos de controle selecionados incorretamente resultam em um polinômio de transferência inefi-

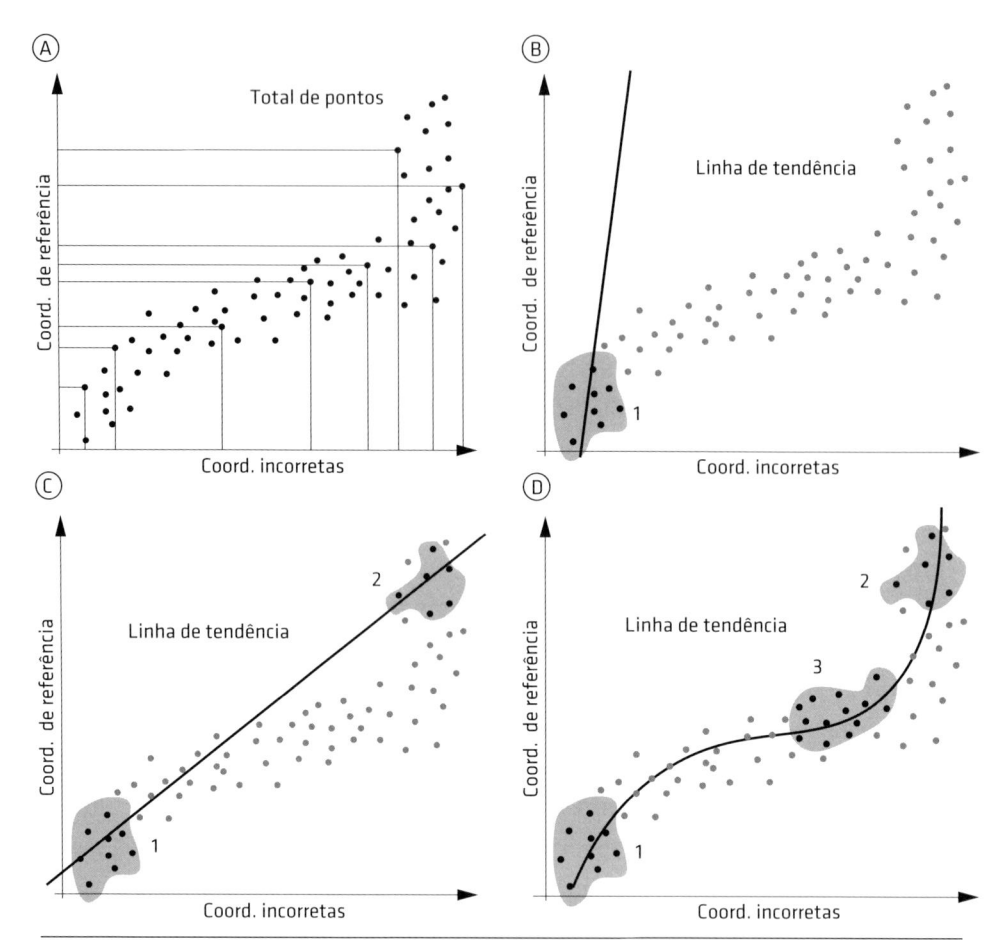

Fig. 2.13 Exemplo de regressão por ajuste de curvas: (A) total de pontos a serem considerados no ajuste; (B) seleção de um pequeno grupo de pontos, que foi utilizado para estimar uma linha reta de tendência; (C) segundo grupo de pontos adicionado ao modelo de ajuste, levando a uma reta mais próxima do conjunto total de pontos; e (D) terceiro grupo de pontos adicionado, satisfazendo as condições de quantidade e distribuição dos elementos de referência, resultando na estimação de uma curva muito próxima do conjunto total de pontos

caz. Uma vez estabelecido, o polinômio pode ser usado para reposicionar todos os *pixels* da imagem de entrada em suas coordenadas corretas.

É importante que o dado de referência (um mapa ou outra imagem) esteja em escala compatível com aquela da imagem. Caso contrário, será difícil encontrar as feições homólogas entre os dois ambientes. No caso de coordenadas de referência a partir de pontos coletados com GPS, é essencial que a precisão de

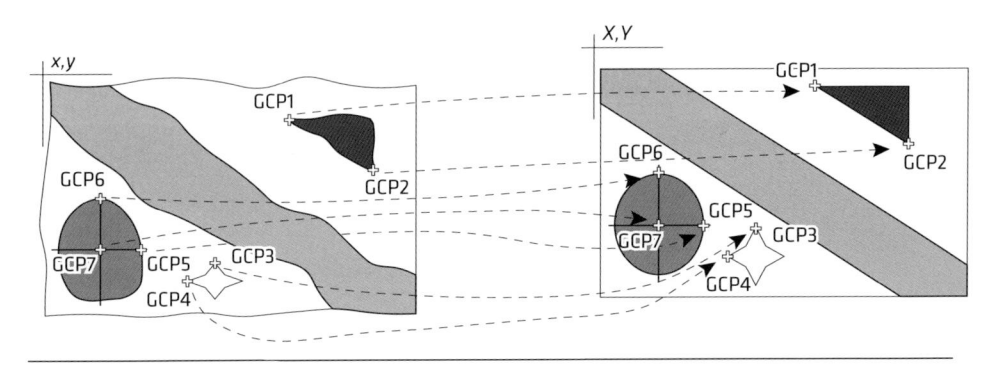

Fig. 2.14 Coleta de pontos de controle (GCPs) entre a imagem original (coordenadas *x; y*) e o dado de referência (coordenadas *X; Y*)

coleta dos pontos seja condizente com a resolução espacial da imagem. Os pontos de controle devem ser feições pequenas, de alto contraste visual, não podem variar ao longo do tempo e devem estar aproximadamente na mesma altitude topográfica. Podem-se citar como exemplos cruzamentos de vias, margens de cultivos agrícolas, pequenas ilhas, e curvas de rios. Como o processo de correção visa o alinhamento das imagens em um mesmo plano de projeção, devem ser evitados topos de prédios, telhados, sombras, e qualquer objeto passível de movimentação. Dessa forma, devem ser coletados, preferencialmente, apenas pontos localizados ao nível do solo, sendo eventuais diferenças topográficas existentes entre esses pontos corrigidas posteriormente pelo processo de ortorretificação.

Com relação à distribuição espacial e à quantidade, é importante que os pontos estejam bem equilibrados em todos os quadrantes da cena, sem que fiquem regiões descobertas ou muitos pontos alinhados em uma mesma direção. A quantidade ideal de pontos é difícil de estabelecer. Como será visto, a quantidade mínima necessária é determinada pelo grau do polinômio escolhido. Porém, a utilização do valor mínimo exigido não é aconselhada, pois nesse caso a solução é exata e não permite que o analista tenha uma ideia sobre o erro envolvido no processo.

Os principais inconvenientes na obtenção dos pontos de controle são a dificuldade em encontrar pontos satisfatórios que estejam bem distribuídos ao longo da cena e o trabalho manual intensivo envolvido. No final deste capítulo, métodos automáticos para a execução dessa tarefa são discutidos.

Escolha do grau do polinômio

Além da escolha correta dos pontos de controle na imagem, a definição do grau do polinômio da equação de ajuste também representa um componente fundamental para a qualidade dos resultados da correção geométrica. Deve-se escolher um grau de polinômio que seja compatível com o tipo de distorção presente na imagem. Para defasagens lineares, causadas pelo movimento de rotação da Terra, pela velocidade incompatível da plataforma, pela instabilidade da plataforma ou por imagens tomadas em perspectivas *off-nadir*, a aplicação de um polinômio de primeiro grau tende a ser suficiente. Transformações lineares desse tipo são também conhecidas como *afim* e exercem na imagem operações de translação, rotação, escala, compressão ou estiramento, além de composições dessas operações em qualquer combinação e sequência. Por exemplo, as distorções provocadas pela rotação da Terra ou pela elevação e velocidade da plataforma podem ser corrigidas por meio dessa transformação. Nesse tipo de distorção, linhas retas permanecem retas e linhas paralelas permanecem paralelas, mas podem ocorrer modificações nas angulações (retângulos podem transformar-se em losangos, por exemplo). Assumindo um problema linear, sendo $(x; y)$ as coordenadas da imagem distorcida e $(X; Y)$ as coordenadas da imagem de referência, o polinômio de transferência entre os dois espaços pode ser descrito da seguinte forma:

$$X = a_1 x + a_2 y + a_3 \quad (2.8)$$

$$Y = b_1 x + b_2 y + b_3 \quad (2.9)$$

O objetivo aqui é encontrar os coeficientes a_1, a_2, a_3, b_1, b_2 e b_3. São seis incógnitas, logo, serão necessárias no mínimo seis equações para resolver um sistema que permita encontrar o valor dos coeficientes. As equações necessárias podem ser produzidas pela substituição recursiva das coordenadas $(x; y)$ e $(X; Y)$ de cada par de pontos de controle coletados. Para fins de exemplificação, considere-se um exemplo prático de correção polinomial de primeiro grau para uma imagem da América do Sul. A Fig. 2.15A mostra uma imagem com elevado grau de distorção geométrica e os respectivos pontos de controle selecionados de maneira distribuída. Um mapa de referência (Fig. 2.15B) é utilizado para relacionar os pontos de controle na imagem distorcida (x; y) com as coordenadas corretas (X; Y). Na Fig. 2.15C é mostrado o resultado da correção pelo modelo polinomial de primeiro grau.

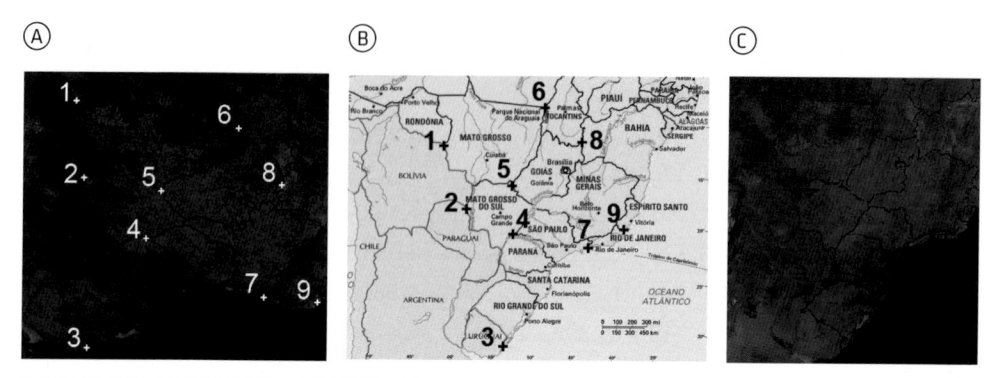

Fig. 2.15 (A) Posicionamento dos pontos de controle em uma imagem distorcida, (B) mapa de referência localizando os pontos homólogos e (C) imagem corrigida por um modelo polinomial

A Tab. 2.1 apresenta as coordenadas (x; y) e (X; Y) dos pontos de controle coletados no exemplo selecionado. Como a imagem de entrada não tem geocodificação, as coordenadas (x; y) são dadas em *pixels* contados a partir da origem (canto superior esquerdo). Já os pontos de controle coletados no mapa de referência (X; Y) são relacionados por suas coordenadas geográficas ou UTM.

Tab. 2.1 Relação de pontos selecionados na imagem de entrada (x; y) e correspondentes coordenadas geográficas na imagem de referência (X; Y)

	x (*pixels*)	y (*pixels*)	X (m) UTM	Y (m) UTM
GCP1	94	50	−6.766.443,93	−1.533.977,71
GCP2	95	226	−6.459.870,05	−2.521.132,90
GCP3	116	479	−5.940.008,03	−3.999.299,52
GCP4	221	288	−5.905.498,99	−2.584.922,38
GCP5	248	207	−5.921.083,72	−2.041.060,29
GCP6	384	96	−5.602.709.97	−1.100.808.52
GCP7	429	390	−4.971.528.46	−2.665.915.21
GCP8	461	195	−5.152.979.23	−1.455.162.73
GCP9	526	398	−4.561.872.73	−2.418.130.65

Utilizando os quatro primeiros pontos da Tab. 2.1, tem-se o seguinte sistema de equações passível de solução numérica:

$-6.766.443,93 = a_1\,94 + a_2\,50 + a_3$
$-1.533.977,71 = b_1\,94 + b_2\,50 + b_3$
$-6.459.870,05 = a_1\,95 + a_2\,226 + a_3$
$-2.521.132,90 = b_1\,95 + b_2\,226 + b_3$
$-5.940.008,03 = a_1\,116 + a_2\,479 + a_3$
$-3.999.299,52 = b_1\,116 + b_2\,479 + b_3$
$-5.905.498,99 = a_1\,221 + a_2\,228 + a_3$
$-2.584.922,38 = b_1\,221 + b_2\,228 + b_3$
$-5.921.083,72 = a_1\,248 + a_2\,207 + a_3$

$-2.041.060,29 = b_1\,248 + b_2\,207 + b_3$
$-5.602.709,97 = a_1\,384 + a_2\,96 + a_3$
$-1.100.808,52 = b_1\,384 + b_2\,96 + b_3$
$-4.971.528,46 = a_1\,429 + a_2\,390 + a_3$
$-2.665.915,21 = b_1\,429 + b_2\,390 + b_3$
$-5.152.979,23 = a_1\,461 + a_2\,195 + a_3$
$-1.455.162,73 = b_1\,461 + b_2\,195 + b_3$
$-4.561.872,73 = a_1\,526 + a_2\,398 + a_3$
$-2.418.130,65 = b_1\,526 + b_2\,398 + b_3$

O que resultará em:

$$a_1 = 3.703,40$$
$$a_2 = 1.693,83$$
$$a_3 = -7.195.498,79$$
$$b_1 = 2.541,94$$
$$b_2 = -5.794,39$$
$$b_3 = -1.485.358,91$$

Novamente substituindo os coeficientes encontrados nas equações originais, chega-se a:

$$X = 3.703,40x + 1.693,83y - 7.195.498,79 \qquad (2.10)$$

$$Y = 2.541,94x - 5.794,39y - 1.485.358,91 \qquad (2.11)$$

Essas duas expressões podem agora ser utilizadas para encontrar a coordenada verdadeira (X; Y) de todos os *pixels* da imagem distorcida, bastando apenas inserir as coordenadas originais de cada um deles (x; y). A Fig. 2.15C mostra a imagem resultante da aplicação dessa correção.

Uma maneira matematicamente conveniente de resolver sistemas de equações com diversas incógnitas é recorrer ao cálculo matricial. Nesse caso, os elementos das equações são dispostos em matrizes de maneira a reproduzir equações originais e solucionar o problema de forma simples e rápida. Quando existem mais pontos de controle disponíveis do que o mínimo necessário, a resolução é feita a partir de métodos numéricos. O método numérico geralmente usado nesse caso é o *método dos mínimos quadrados*, bastante aplicado também na resolução de misturas espectrais. Os pontos de controle adicionais são combinados com os demais para estimar *desvios* de cada ponto em relação ao modelo gerado, permitindo ao analista conhecer a precisão do processo por meio do *erro médio quadrático* (em inglês, *root mean square error* – RMSE). Nesse caso, o polinômio de transferência produzido é usado para estimar as posições dos próprios pontos de controle na imagem de referência, em um processo inverso. Como mostra a Fig. 2.16, cada desvio individual (d_1, d_2 e d_3) corresponde à diferença entre o valor observado (X; Y) e o valor estimado pelo polinômio (X_e; Y_e). Os desvios (ou resíduos) são calculados separadamente para cada direção subtraindo-se o valor real da coordenada do valor resultante do polinômio (X_e – X e Y_e – Y).

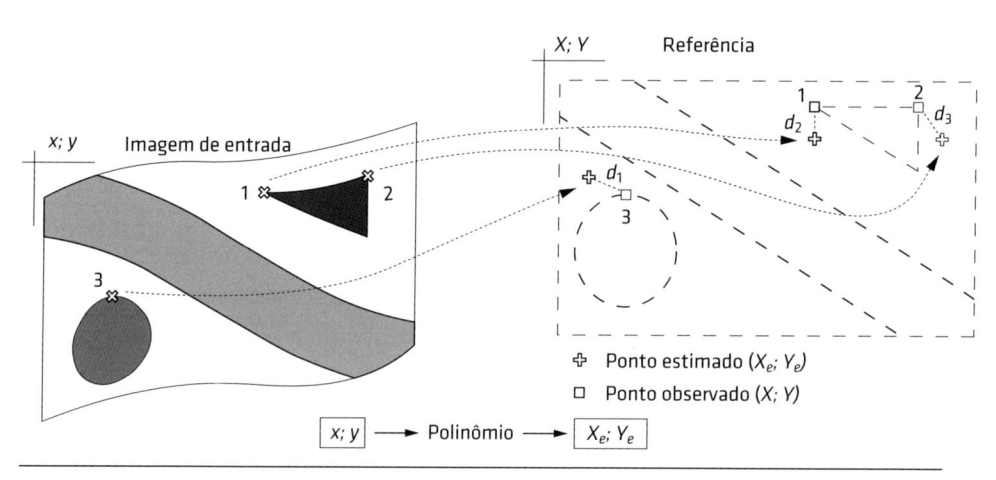

Fig. 2.16 Cálculo dos desvios por ponto de controle. As posições reais (pontos observados) são combinadas com as posições calculadas pelo modelo polinomial (pontos estimados) para os pontos de controle. Os desvios equivalem ao módulo do vetor diferença entre os pontos

Seguindo com o exemplo proposto, a Tab. 2.2 mostra o valor das coordenadas UTM (X_e; Y_e) estimadas pelo modelo polinomial das Eqs. 2.10 e 2.11 para cada ponto de controle (x; y) da Tab. 2.1. Subtraindo-se os valores das coordenadas (X; Y) reais na Tab. 2.1 pelos respectivos valores estimados na Tab. 2.2 (X_e – X e Y_e – Y), é possível calcular os desvios em cada direção, também mostrados na Tab. 2.2. Por fim, o RMSE total do processo de correção em cada direção é determinado pela raiz quadrada do somatório do quadrado dos desvios verificados para cada ponto:

Tab. 2.2 Cálculo dos desvios por ponto de controle

X_e	Y_e	Desvio X ($X_e - X$)	Desvio Y ($Y_e - Y$)
-6.762.687,42	-1.536.135,86	3.756,50	-2.158,15
-6.460.869,04	-2.553.407,31	-998,99	-32.274,41
-5.954.557,36	-3.966.008,25	-14.549,33	33.291,26
-5.889.222,84	-2.592.374,78	16.276,14	-7.452,40
-5.926.431,68	-2.054.396,34	-5.347,96	-13.336,05
-5.610.784,95	-1.065.514,15	-8.074,98	35.294,37
-4.946.144,42	-2.654.678,58	25.384,03	11.236,62
-5.157.933,46	-1.443.429,47	-4.954,23	11.733,25
-4.573.363,92	-2.454.465,14	-11.491,19	-36.334,49

Nota: $RMSE_x = 37.235{,}09$; $RMSE_y = 72.234{,}42$.

$$RMSE_x = \sqrt{\sum (X_e - X)^2} \quad (2.12)$$

$$RMSE_y = \sqrt{\sum (Y_e - Y)^2} \quad (2.13)$$

Em geral, é aconselhado que os processos de correção sejam realizados com RMSE total menor que a distância de meio *pixel* para garantir um alinhamento aceitável entre as imagens. Entretanto, devido à dificuldade em localizar as feições do terreno em imagens de baixa resolução espacial, o que impede o posicionamento preciso dos pontos de controle de forma manual, esse erro é tido como satisfatório para a maioria das aplicações.

Uma variação da transformação *afim* anteriormente vista é a transformação *projetiva*. Nesta, além das distorções citadas, inclui-se ainda a perspectiva oblíqua. Linhas retas permanecem retas, mas linhas paralelas se tornam convergentes. As oscilações de atitude da plataforma, ou seja, arfagem, rolagem e deriva, podem ser corrigidas com a aplicação dessa transformação. A diferença para o polinômio da transformação *afim* é a adição de um termo que inclui a multiplicação xy em cada uma das equações, o que naturalmente acrescenta mais um coeficiente em ambas e, consequentemente, a necessidade de mais um ponto de controle:

$$X = a_1 x + a_2 y + a_3 + a_4 xy \quad (2.14)$$

$$Y = b_1x + b_2y + b_3 + b_4xy \qquad \text{(2.15)}$$

Para distorções não lineares causadas pela curvatura da Terra ou pela visada panorâmica dos sensores tipo *whiskbroom*, ou para outras distorções mais sérias, é preciso que o polinômio de transferência seja no mínimo de segundo grau. Essa exigência é necessária para que as distorções curvilíneas (não lineares) sejam corretamente levadas em consideração pela presença de termos de segunda ordem. No caso do polinômio de segundo grau, as equações passam apenas a contar com mais dois termos cada uma, um termo incluindo x^2 e outro incluindo y^2, ganhando a seguinte forma:

$$X = a_1x + a_2y + a_3 + a_4xy + a_5x^2 + a_6y^2 \qquad \text{(2.16)}$$

$$Y = b_1x + b_2y + b_3 + b_4xy + b_5x^2 + b_6y^2 \qquad \text{(2.17)}$$

Observa-se que o número de pontos de controle necessários para resolver os coeficientes a_n e b_n aumenta juntamente com o grau do polinômio escolhido. Para o caso do polinômio de segundo grau, seriam necessários no mínimo seis pares de pontos de controle coletados, o que seria suficiente para produzir 12 equações e determinar o valor dos 12 coeficientes nas Eqs. 2.16 e 2.17.

Apesar de haver um número mínimo de pontos de controle a serem coletados para cada grau específico de polinômio, é altamente recomendado que o analista busque o máximo de pontos de controle possível sobre a imagem a fim de obter um resultado seguro. Como visto, uma quantidade maior que a mínima exigida permite a determinação do erro (RMSE) do processo. Além disso, a estimativa de erros individuais por ponto possibilita que o analista realize uma filtragem, eliminando pontos incorretamente coletados com base no desvio apresentado.

Polinômios de terceiro grau ou maiores também podem ser utilizados na transformação geométrica de imagens. No entanto, é importante lembrar que a escolha do grau do polinômio deve ser feita com base na natureza das distorções presentes na imagem. Sendo assim, para distorções lineares, utiliza-se um polinômio de primeiro grau, para distorções curvilíneas suaves, um polinômio de segundo grau, e assim por diante. Seguindo com o exemplo de ajuste de curvas utilizado, a Fig. 2.17 mostra ajustes feitos por polinômios de primeiro, segundo e terceiro graus. Percebe-se que, além da escolha adequada dos pontos de controle, o grau do polinômio deve ser corretamente definido para garantir que o modelo alcance um ajuste satisfatório aos pontos disponíveis. Quanto maior o grau de complexidade do polinômio, melhor será o ajuste de uma curva aos dados.

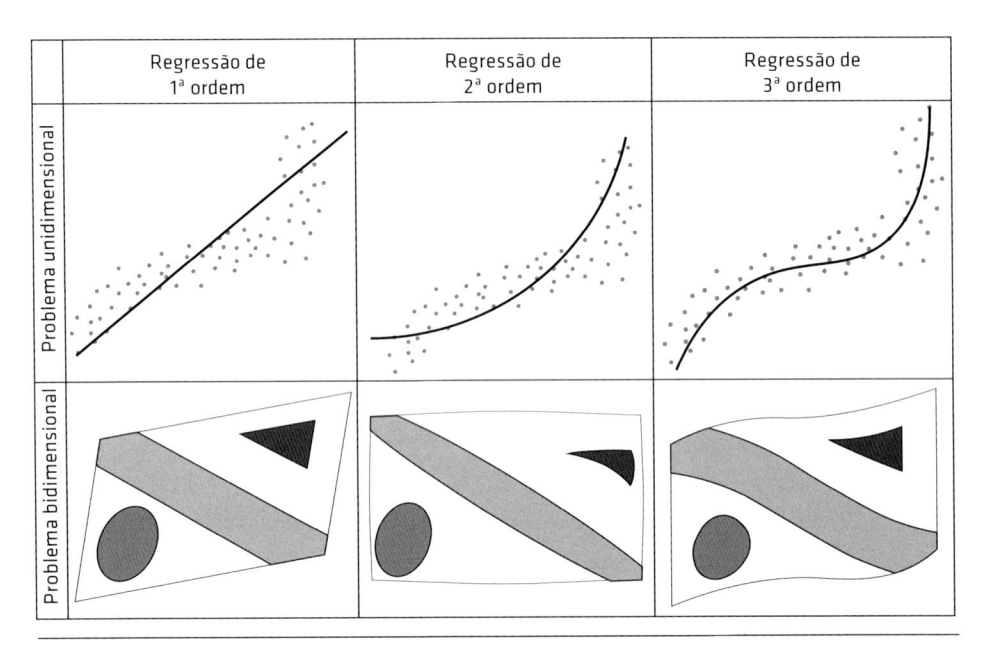

Fig. 2.17 Comparativo entre problemas unidimensionais envolvendo ajuste de curvas e a correção geométrica de imagens para polinômios de diferentes ordens

Nesse ponto, pode surgir a pergunta: se polinômios de maior grau sempre produzem melhores ajustes, sendo capazes de corrigir tanto distorções lineares quanto não lineares, por que não se pode escolher sempre esses polinômios? Mesmo que os polinômios de maior grau sejam capazes de resolver também as distorções lineares, eles só devem ser escolhidos caso a imagem apresente distorções não lineares. Isso porque o ajuste é feito com os pontos de controle coletados pelo analista, e esse trabalho nem sempre é realizado com extrema precisão. Por exemplo, em um problema simples de distorção linear em que o analista seleciona equivocadamente um polinômio de segundo grau, os pontos de controle coletados de maneira irregular podem sugerir a existência de distorções não lineares, o que resultará em uma correção inapropriada. Além do mais, o analista será levado a pensar que o processo ocorreu de maneira eficiente, uma vez que um sobreajuste (*overfitting*) da curva aos pontos de controle fará com que os desvios e o erro total estimado (RMSE) sejam baixos.

Métodos de reamostragem

Após a seleção dos pontos de controle e do grau do polinômio utilizado, o processo de correção geométrica segue para a etapa final, a reamostragem, que define os níveis de cinza que serão assumidos pelos *pixels* na imagem de saída. Esse processo, na realidade, é efetuado de maneira inversa, ou seja, parte-se da posição do *pixel* na imagem corrigida (X; Y), e então seu nível de cinza é determinado com base nas coordenadas equivalentes na imagem original (x; y). Ocorre que, nesse processo, é comum que os valores de (x; y) sejam decimais. Sendo assim, indicam uma coordenada não inteira, que, por consequência, não recai exatamente sobre um único *pixel*, mas sim sobre posições intermediárias, exigindo que um método de interpolação seja usado para definir seu valor. Por exemplo, como mostrado na Fig. 2.18, para definir o valor do primeiro *pixel* da imagem corrigida (X; Y) = (1; 1), o valor calculado pelo polinômio de transferência resulta em uma coordenada decimal na imagem original (x; y) = (1,9; 1,8).

Existem basicamente três métodos de interpolação presentes nos *softwares* tradicionais: vizinho mais próximo, interpolação bilinear, e convolução cúbica. A escolha do método de interpolação depende do tipo de aplicação. A reamostragem por vizinho mais próximo tem a vantagem de não alterar os valores dos *pixels* originais, mas faz com que as bordas de objetos lineares se tornem irregulares. Já a interpolação bilinear geralmente suaviza as bordas dos objetos na imagem de saída. A convolução cúbica, por sua vez, é computacionalmente intensiva, mas em geral produz a melhor qualidade visual. A seguir, será visto como age cada método de interpolação.

- **Vizinho mais próximo**

Nesse método, escolhe-se o *pixel* que tem seu centro mais próximo do ponto (x; y) localizado na imagem, como mostrado na Fig. 2.18. Equivale a selecionar o nível de cinza do *pixel* com menor distância entre o ponto e os centros dos *pixels* vizinhos d_1, d_2, d_3 e d_4. As vantagens são seu rápido processamento e fácil implementação. Essa é a técnica prevalecente para imagens que serão usadas para classificação temática, pois conserva os valores radiométricos originais dos *pixels*, simplesmente os rearranjando na posição correta.

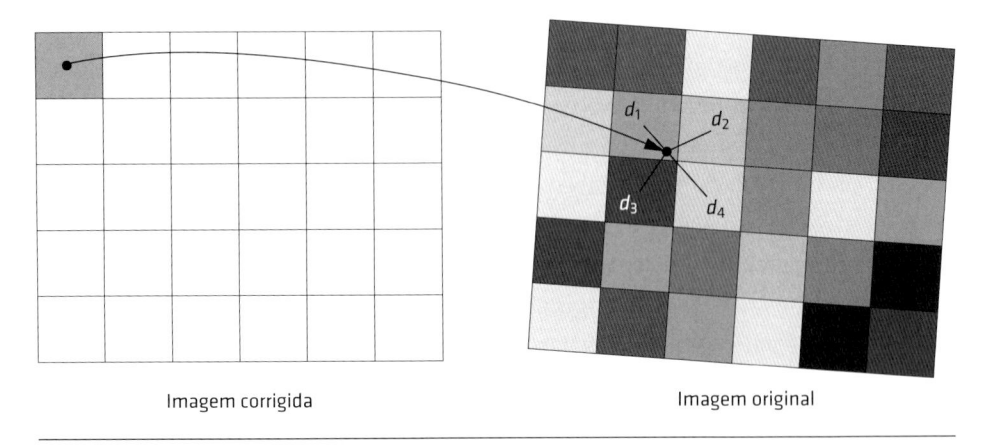

Fig. 2.18 Método de reamostragem pelo vizinho mais próximo

- **Interpolação bilinear**

Nesse método, os quatro *pixels* mais próximos do ponto (x; y) são utilizados em uma média ponderada pelo inverso da distância do ponto ao centro de cada um para obter o valor do *pixel* corrigido (Fig. 2.19). É como se houvesse uma mistura dos quatro tons respeitando suas quantidades individuais. A imagem resultante apresenta uma aparência suavizada, sendo útil para aplicações que envolvem interpretação visual. O valor final na grade da imagem corrigida pode ser calculado por meio de:

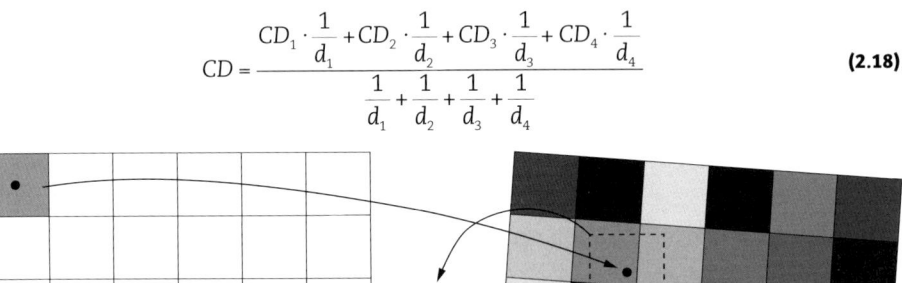

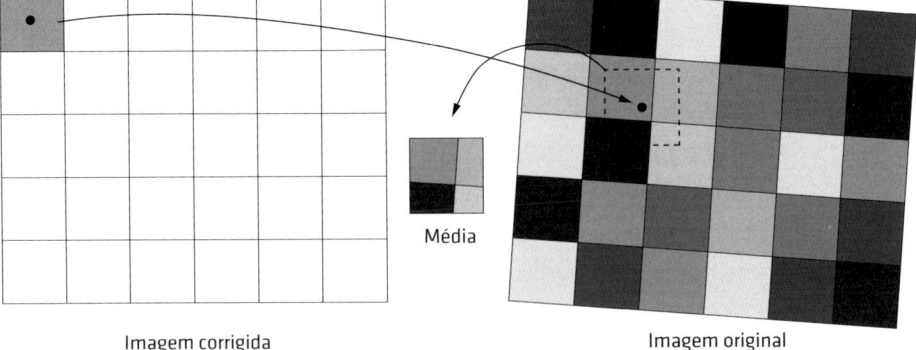

$$CD = \frac{CD_1 \cdot \frac{1}{d_1} + CD_2 \cdot \frac{1}{d_2} + CD_3 \cdot \frac{1}{d_3} + CD_4 \cdot \frac{1}{d_4}}{\frac{1}{d_1} + \frac{1}{d_2} + \frac{1}{d_3} + \frac{1}{d_4}} \qquad (2.18)$$

Fig. 2.19 Método de reamostragem por interpolação bilinear

- **Convolução cúbica**

Nesse método, os 16 *pixels* mais próximos (4 × 4 *pixels*) são levados em conta e a interpolação é realizada pelo ajustamento de polinômios cúbicos (Fig. 2.20). A convolução é uma representação matemática que envolve algumas operações aritméticas a fim de estimar um valor com base no comportamento de seu contorno, no caso os *pixels* vizinhos ao ponto (x; y). A representação desse operador é um pouco extensa e possui algumas variações, fugindo ao escopo deste livro.

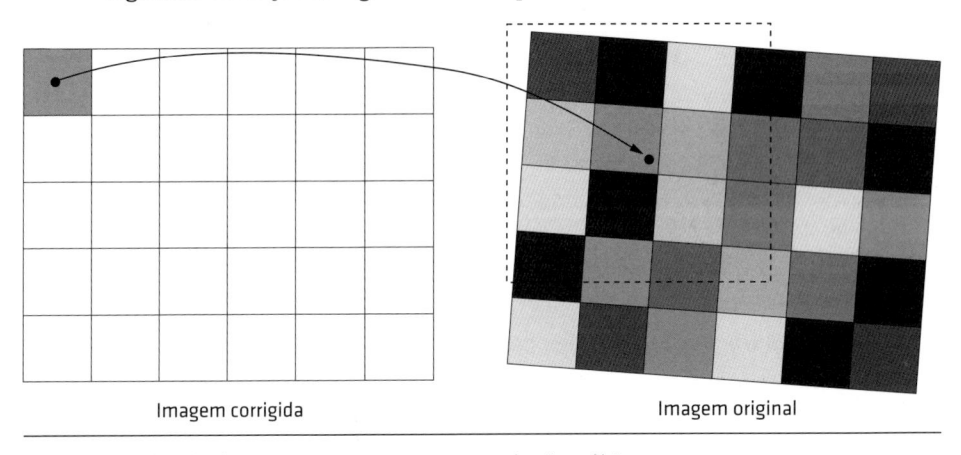

Fig. 2.20 Método de reamostragem por convolução cúbica

A imagem típica produzida por convolução cúbica apresenta um aspecto visual mais atrativo do que as outras, porém os dados são alterados mais drasticamente. Assim como na interpolação bilinear, a convolução cúbica geralmente produz uma imagem com aparência suavizada, e por isso é frequentemente usada em aplicações de interpretação visual. No entanto, não é recomendada se o objetivo é uma classificação temática, uma vez que os níveis de cinza são diferentes dos valores reais de radiância detectados pelos sensores do satélite.

A Fig. 2.21 mostra exemplos de uma imagem produzida sinteticamente para fins de comparação entre os métodos de reamostragem. O procedimento de correção efetuou apenas uma rotação da imagem original, mantendo inalterados aspectos de tamanho e forma dos objetos, mas aplicando interpoladores diferentes na definição do valor dos *pixels* na imagem corrigida. A imagem reamostrada por vizinho mais próximo manteve exatamente os mesmos valores da imagem original, porém adquiriu um aspecto "serrilhado" nas bordas originalmente retilíneas (Fig. 2.21B). Os resultados alcançados pela interpolação bilinear e pela convolução cúbica são bastante semelhantes (Figs. 2.21C,D). Em geral, observa-se a suavização das bordas dos objetos, o que acaba por conferir uma aparência mais agradável aos alvos.

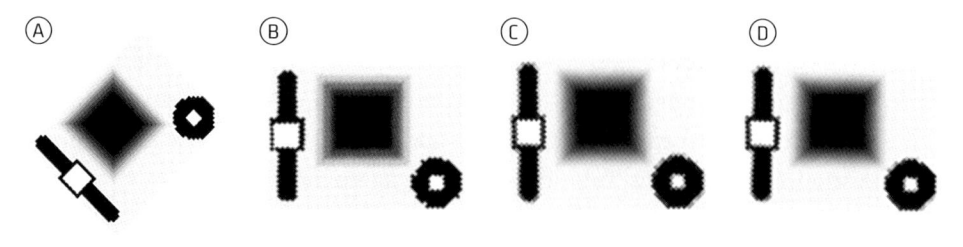

Fig. 2.21 Comparativo entre os diferentes métodos de reamostragem vistos: (A) imagem original; (B) vizinho mais próximo; (C) interpolação bilinear; e (D) convolução cúbica

Métodos folha de borracha (rubber sheeting)

Em alguns casos, a natureza das distorções na imagem não se apresenta de maneira sistemática, ocorrendo de forma particular em cada região da cena. Para essas situações onde as distorções não seguem uma regularidade, existem alguns métodos que agem de forma distinta dependendo do local da cena, sem seguir as previsões de um único polinômio particular. Esses métodos são conhecidos como *folha de borracha* (*rubber sheeting*) e, como sugere a denominação, agem como se a imagem fosse uma folha de borracha, sendo corrigida esticando-se suas partes e forçando cada ponto de controle na imagem distorcida a coincidir com os pontos de controle no mapa de referência. Para que o processo apresente um resultado satisfatório, é importante que os pontos estejam muito bem distribuídos e se apresentem em grande quantidade ao longo da cena.

A correção é realizada da seguinte maneira: os pontos de controle disponíveis são usados como vértices para produzir conjuntos de triângulos sobre a cena distorcida. Uma forma eficiente de produzir esses triângulos é utilizando a *triangulação de Delaunay*. Nesse processo, a definição dos triângulos é feita de modo a maximizar o ângulo de todos os vértices, evitando triângulos com ângulos internos muito pequenos (Fig. 2.22).

Para um triângulo particular, os pontos de controle que ocupam os vértices mais próximos contribuem para a definição de um polinômio que age exclusivamente na área da imagem ocupada por esse triângulo. Logo, o número total de polinômios produzidos em um problema em questão coincide com o total de triângulos gerados pelos pontos de controle disponíveis. Para imagens com

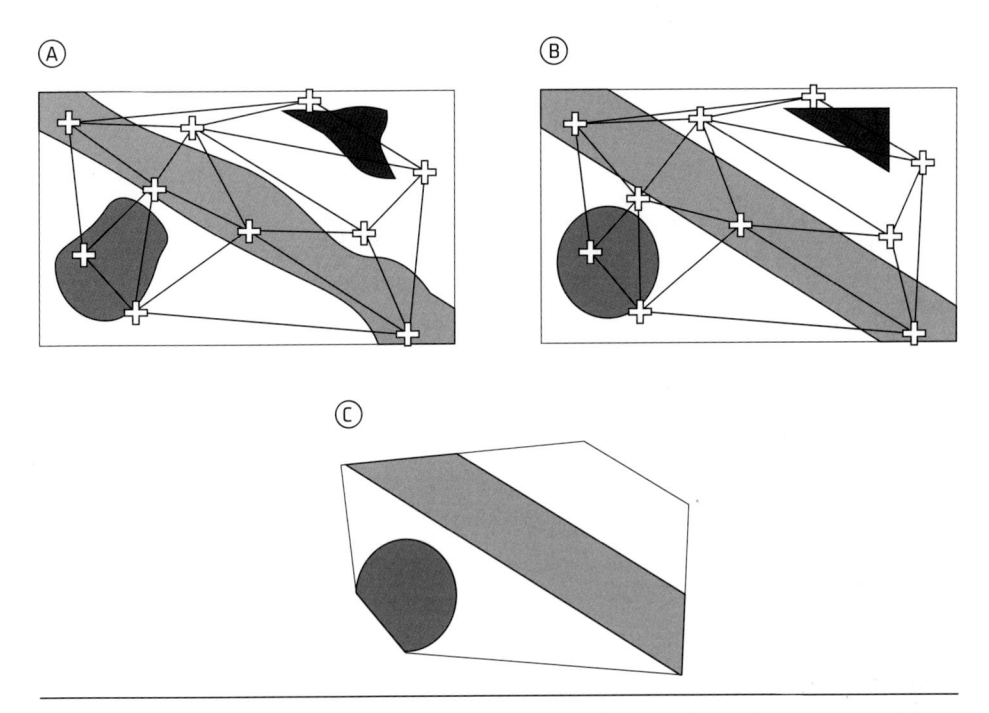

Fig. 2.22 Representação do processo de correção pelo método conhecido como *folha de borracha*. Os pontos de controle escolhidos nas imagens distorcida (A) e de referência (B) são usados para produzir triângulos que separam a imagem em blocos de correção. As áreas da imagem cobertas por cada triângulo recebem correções aplicadas por polinômios estimados especificamente para corrigir tais regiões. Apenas a área interna aos pontos de controle é passível de sofrer correção e contribuir para a imagem resultante (C)

distorções muito severas, a escolha de um grande número de pontos de controle é fundamental, pois levará à formação de muitos triângulos de Delaunay e, consequentemente, à ação simultânea de vários polinômios independentes no processo de correção geométrica.

Basicamente dois tipos de aproximação são utilizados pelos *softwares* convencionais: o método linear e o método não linear. No método linear, o polinômio que será definido para agir sobre a área ocupada por cada triângulo é de primeiro grau (linear). Já no método não linear, polinômios com graus maiores podem ser usados para corrigir a área ocupada por cada triângulo na cena. Como o processo desenvolve modelos polinomiais que agem apenas sobre a área ocupada pelos triângulos, os métodos não incluem a correção de *pixels* fora do perímetro delimitado pelos pontos de controle mais externos. Outra característica desses métodos é que eles não produzem uma estimativa de desvio ou erro associado ao processo de correção. Como todos os pontos coletados são utilizados para produzir os modelos localmente, os coeficientes dos polinômios são determinados por soluções exatas, o que impossibilita o cálculo dos desvios de cada ponto de controle em relação ao modelo, como ocorre em soluções numéricas.

O método folha de borracha é especialmente usado para digitalizar mapas antigos e adicioná-los como camadas de recursos em um Sistema de Informação Geográfica (SIG) moderno. Antes do advento da fotografia aérea, a maioria dos mapas eram altamente imprecisos com relação aos padrões modernos. Por não assumir um único tipo de distorção ao longo de toda a imagem, o método é capaz de corrigir cartas antigas com bastante eficiência, tornando-as mais fáceis de comparar com os mapas modernos.

Reconhecimento automático de pontos de controle

Para a correção a partir de uma imagem de referência, a seleção dos pontos de controle pode ser feita por métodos automáticos disponíveis em alguns programas. Como exemplo, podem-se citar os métodos de Harris e Stephens (1988) e de Yao (2001). Dependendo da abordagem, os métodos podem agir, na procura de feições similares nas duas imagens disponíveis, através de janelas de *máxima correlação cruzada*, janelas de *mínima diferença absoluta*, ou algoritmos de extração de feições comumente utilizados em visão computacional. Basicamente, os métodos efetuam uma procura por feições homólogas entre as duas imagens. Em geral, o analista define parâmetros como tamanho em *pixels* da janela de cálculo e uma distância radial máxima de procura. A eficiência do processo é dependente da diferença de brilho eventualmente existente entre as imagens, da compatibilidade entre resoluções espaciais, e do grau de distorção da imagem original. Para o caso de haver uma diferença entre as resoluções espaciais maior do que 10%, é aconselhável que uma das imagens seja reamostrada para a mesma resolução espacial da outra a fim de aumentar as chances de localizar feições homólogas.

Para fins de exemplificação, uma cena CCD/CBERS-2B artificialmente distorcida (Fig. 2.23A) e sua respectiva imagem de referência (Fig. 2.23B) são utilizadas como par para a identificação automática de pontos de controle. Ao todo foram localizados automaticamente 303 pontos homólogos entre as duas cenas por meio do método de Harris e Stephens (1988).

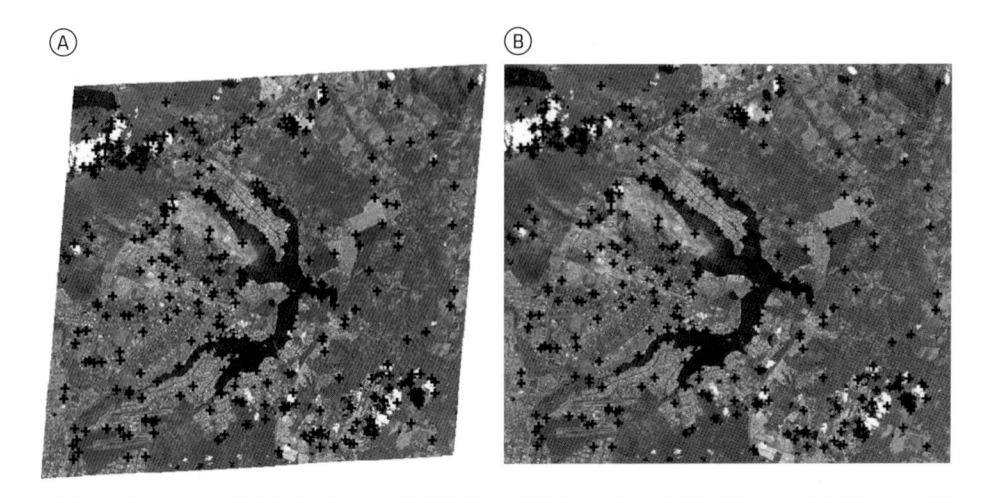

Fig. 2.23 Exemplo de procura automática por pontos de controle: (A) imagem distorcida artificialmente e (B) imagem de referência

Dada a precisão no posicionamento e a quantidade elevada de pontos de controle localizados, processos bem-sucedidos desse tipo são capazes de realizar correções com RMSE na ordem do décimo de *pixel*.

2.4 Exercícios propostos

1) Diferenciar nível de cinza (NC), irradiância (I), radiância (L) e reflectância (ρ).
2) Explicar para que serve a calibração radiométrica de imagens.
3) Por que as imagens de satélite brutas (baixo nível de processamento) costumam ser distribuídas em níveis de cinza, em vez de serem distribuídos os valores de radiância medidos originalmente pelos sensores?
4) Certo planeta possui distância da sua superfície até o centro do seu sol de 50.000.000 m. Sabendo que a irradiância nesse planeta equivale a 4,5 W/m², determinar a potência total de seu sol.
5) Considerando os dados:
    - Potência total emitida pelo Sol: $P_s = 3{,}846 \times 10^{26}$ W.
    - Distância Sol (centro)-planeta Terra (superfície): $R = 149.600.000.000$ m.

    Determinar:
    a) A irradiância solar total ao nadir I_{nadir}.
    b) A irradiância solar total *off-nadir* para uma latitude de $\alpha = 30°$ (usar $I_\alpha = I_{nadir} \cdot \cos \alpha$).
    c) A irradiância solar total ao nadir para um *pixel* de 50 m de lado.
    d) A irradiância solar espectral ao nadir para a banda 1 do TM/Landsat.

Supor que a energia correspondente à faixa da banda 1 (0,45-0,52 μm) é 3% do total I_{nadir} emitido pelo Sol.

6) Supor uma imagem CCD/CBERS-2B de 8 *bits* com os seguintes metadados:
   - GROUP = MIN_MAX_RADIANCE (W/m² · μm · sr).
   - LMÁX_BAND1 = 193,000.
   - LMÍN_BAND1 = –1,520.
   - LMÁX_BAND2 = 365,000.
   - LMÍN_BAND2 = –2,840.
   - LMÁX_BAND3 = 264,000.
   - LMÍN_BAND3 = –1,170.
   - LMÁX_BAND4 = 221,000.
   - LMÍN_BAND4 = –1,510.
   - LMÁX_BAND5 = 30,200.
   - LMÍN_BAND5 = –0,370.

Determinar o valor da radiância (L) [W/m² · μm · sr] em cada banda para um *pixel* que possui o espectro apresentado na Fig. 2.24.

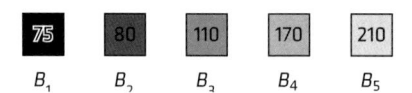

75	80	110	170	210
B_1	B_2	B_3	B_4	B_5

Fig. 2.24 Valores de nível de cinza (NC) para cada banda de um pixel da imagem CCD/CBERS-2B

7) Determinar a reflectância (ρ) na banda 1 do sensor TM/Landsat-5 de um *pixel* que apresenta CD = 73. Dados:
   - Distância Sol-Terra = 149.600.000 km.
   - Banda 1 =
     ◊ Potência do Sol = 4,4 × 10²⁵ W.
     ◊ $L_{máx}$ = 123,6 W/m² · μm · sr.
     ◊ $L_{mín}$ = –2,5 W/m² · μm · sr.

8) Dois *pixels* de uma imagem tiveram seus níveis de cinza transformados em radiância. Sendo NC_1 = 33 e NC_2 = 76 transformados respectivamente em L_1 = 55 W/m² · μm · sr e L_2 = 81 W/m² · μm · sr, determinar os valores de $L_{mín}$ e $L_{máx}$ do sensor para essa imagem.

9) Um satélite orbitando a 715 km de altitude tem detectores com 30 × 10⁻¹² m² de área. Para um determinado alvo, o detector registra 2,5 × 10⁻¹⁹ W/m² (potência efetiva). Determinar o valor da radiância (W/m² · sr).

Dica: desenhar um diagrama contendo o detector e a área de um esterradiano à altura do satélite para auxiliar.

Observar que o valor efetivo de radiância medido pelo detector (W/m²) não corresponde ao valor gravado (W/m² · sr), sendo este último derivado da relação entre área do detector e área do setor esférico à altura do satélite.

10) **(Exercício de nível mais elevado)** Alguns usuários de imagens de sensoriamento remoto costumam utilizar as imagens diretamente em contador digital (CD) ou convertidas em valores de radiância (L) ou de reflectância (ρ). Para alguns estudos, essa variação não se mostra importante. No entanto, para determinadas aplicações, a conversão do CD em grandezas físicas mais significativas é fundamental. Considerar duas imagens tomadas sobre um mesmo local, mas em datas distintas, T_1 e T_2. Pretende-se monitorar o comportamento de um determinado *pixel* de uma região comum a essas duas imagens ao longo do tempo. Para tanto, realiza-se a razão entre os valores registrados para as datas 1 e 2 (T_1/T_2). Considerar os valores desse *pixel* $CD_1 = 50$ e $CD_2 = 100$. Para a primeira imagem, $L_{1mín} = -2,5$ W/m² · sr e $L_{1máx} = 123,6$ W/m² · sr; para a segunda imagem, $L_{2mín} = -1,5$ /m² · sr e $L_{2máx} = 143,2$ W/m² · sr. Para uma mesma iluminação solar nas duas datas (mesma irradiância), determinar:

   a) CD_1/CD_2.
   b) L_1/L_2.
   c) ρ_1/ρ_2.

   Conclui-se, nesse caso, que a conversão de CD em radiância e reflectância é ou não necessária? Explicar.

11) **(Exercício de nível mais elevado)** Um sensor foi projetado para operar com 8 *bits* de resolução radiométrica. No entanto, *pixels* de uma região desértica em uma imagem (teoricamente com tonalidades iguais) apresentam sutil variação aleatória na tonalidade. Um estudo demonstrou que o ruído aditivo aleatório apresentado pelos detectores chega a 70 W/m² · sr, em unidades de radiância. No projeto do sensor, sabe-se que cada contador digital (CD) deve diferenciar 40 W/m² · sr. Por exemplo, na calibração, CD = 1 representa 200 W/m² · sr, CD = 2 representa 240 W/m² · sr, CD = 3 representa 280 W/m² · sr, e assim por diante. Assim, qual deveria ser, em *bits*, a resolução radiométrica efetiva desse sensor?

   E se, com o passar do tempo, o sensor apresentasse uma deterioração e a variação aleatória verificada passasse a ser de 210 W/m² · sr?

Dica: A diferença radiométrica entre cada contador digital deve ser sempre maior que o ruído aditivo do sensor. Caso contrário, não é possível garantir que o contador digital registrado seja correspondente ao valor da radiância recebida pelo detector, podendo esta ser um pouco menor, e o valor adicional causado exclusivamente por ruído.

12) **(Exercício de nível mais elevado)** Ao projetar um sensor, um especialista em sensoriamento remoto comete um erro de dimensionamento: a área dos detectores quadrados corresponde a 12×10^{-9} m², onde se planejava uma resolução espacial de 30 m. Ao ser informado de que a resolução espectral deveria ser o dobro, ele imediatamente conclui que os detectores de cada banda devem ocupar uma área quatro vezes menor (3×10^{-9} m²). O especialista precisa agora repassar uma má notícia para os futuros usuários do sensor: a resolução espacial será prejudicada. Qual o novo tamanho do *pixel* em metros?

Dica: Para auxiliar, desenhar o problema e levar em conta a relação de áreas e comprimentos para detectores e *pixels*.

13) Explicar de que maneira a atmosfera pode afetar a radiação eletromagnética captada por satélites.

14) As variáveis radiométricas irradiância, radiância e reflectância não levam em consideração os efeitos causados pela atmosfera terrestre na radiação solar. Para tanto, estabelecem-se os conceitos de reflectância de topo da atmosfera (TOA) e reflectância de superfície. Explicar a diferença entre essas medidas.

15) Citar:
    - O tipo de interação atmosférica associada com a cor azul do céu.
    - Alguns constituintes atmosféricos que interagem significativamente com a radiação solar.
    - A interação atmosférica que extingue completamente a radiação incidente, transformando-a em calor.
    - O que define, ao nível atômico, que tipo de interação ocorrerá entre os átomos da atmosfera e a radiação incidente.

16) Explicar:
    - O que são janelas atmosféricas do espectro eletromagnético.
    - Como se aplica a correção atmosférica pelo método da subtração do *pixel* mais escuro (DOS).

17) Quais fatores devem determinar o tipo de polinômio a ser utilizado em uma correção geométrica?

18) Citar quais são os métodos de reamostragem mais comuns em correções geométricas de imagens digitais.
19) Explicar o que são distorções geométricas sistemáticas em imagens orbitais e como podem ser corrigidas. Do que depende a escolha do método mais adequado para a execução desse procedimento?
20) Diferenciar os métodos de reamostragem por vizinho mais próximo e interpolação bilinear, indicando suas vantagens e desvantagens.
21) **(Exercício de nível mais elevado)** Um determinado avião aerofotogramétrico A encontra-se a 900 m de altitude em relação à superfície da Terra. O campo de visada de seu sensor tem 0,5°, o que equivale a uma faixa imageada de aproximadamente 350 m por fotografia adquirida. Um satélite B é geoestacionário e, portanto, encontra-se a uma altitude de 36.000 km da superfície. A faixa imageada de B é de 400 km. As imagens precisam necessariamente de correção geométrica para poderem ser utilizadas em análises quantitativas. Considerar as duas áreas imageadas planas. Levando em conta as distâncias e as escalas envolvidas nas duas situações, responder:
    a) Qual é a principal fonte de distorção nas duas imagens?
    b) Que tipo de polinômio deve ser utilizado na reamostragem da imagem de A e de B? Por quê?
22) Determinar qual o valor da reamostragem por I vizinho mais próximo e II interpolação bilinear de um *pixel* cuja localização coincide com o ponto preto mostrado na Fig. 2.25A. A Fig. 2.25B representa as respectivas distâncias, em *pixels*, do ponto até o centro dos *pixels*.

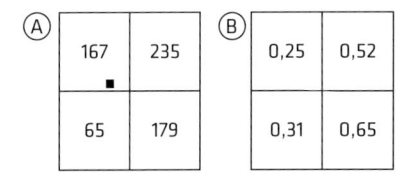

(A)

167	235
65	179

(B)

0,25	0,52
0,31	0,65

Fig. 2.25 (A) Valores de nível de cinza (NC) de quatro pixels vizinhos ao ponto de interesse e (B) distâncias, em *pixels*, do ponto ao centro de cada um dos quatro *pixels*

Histograma, contraste e equalização 3

A interpretação visual de imagens de sensoriamento remoto é facilitada quando se aplica algum método de realce radiométrico nas imagens originais. Dessa maneira, diferenças sutis nos níveis de cinza (NCs) dos *pixels* podem ser melhor percebidas, o que facilita, por exemplo, a separação de tipos específicos de vegetação e solo. Neste capítulo, serão abordados alguns procedimentos de modificação radiométrica comumente utilizados em sensoriamento remoto envolvendo o histograma da imagem. Os processos nesse nível são sempre executados a partir de modificações diretas nos níveis de cinza dos *pixels*. De modo semelhante ao que foi visto para a calibração radiométrica, equações de ajuste são definidas para alterar a tonalidade de cada *pixel* e tornar a visualização da imagem mais atrativa. A seguir, será definido o conceito de histograma de uma imagem e, posteriormente, métodos de realce baseados em sua modificação. Por fim, outras operações complementares envolvendo histogramas serão apresentadas.

3.1 Histograma

O histograma de uma imagem, também conhecido como distribuição de frequências, é a representação gráfica que descreve os níveis de cinza dos *pixels* presentes na cena através de colunas verticais $f(NC)$. É determinado pela simples contagem do número de vezes que um nível de cinza ocorre em uma dada imagem. Os histogramas são construídos banda a banda, separadamente; cada banda da imagem possui um histograma único. A elaboração de histogramas tem caráter preliminar em qualquer estudo, sendo um importante indicador da distribuição radiométrica dos dados. Como exemplo, a Fig. 3.1A mostra um histograma simples de uma imagem-exemplo com 4 × 4 *pixels* que contém cinco níveis de cinza diferentes. Já uma imagem real (Fig. 3.1B) apresenta um histograma mais elaborado, contendo diversos *pixels* e uma variedade maior de níveis de cinza. Nesse exemplo, observa-se ainda que os níveis de cinza da imagem real estão restritos a uma faixa que varia aproximadamente entre 50 e 120. Histogramas como o da Fig. 3.1B podem ser considerados unimodais, uma vez que possuem apenas um pico (crista) de concentração dos *pixels*.

Uma imagem que faz bom uso do intervalo de valores disponíveis de brilho (paleta de cores) tem um histograma com colunas (ou barras) bem distribuídas em toda a sua extensão (zero a 255, em uma imagem de 8 *bits*), mas sem a presença de barras significativamente grandes em preto (zero) ou branco (255).

O histograma apenas especifica o número de *pixels* em cada nível de cinza, não informando a distribuição espacial desses *pixels*. Em alguns casos, no entanto, a distribuição espacial das barras do histograma permite a extração de algumas características importantes da imagem. Por exemplo, um histograma bimodal (quando há o aparecimento de dois picos) geralmente indica dois materiais dominantes na cena, como vegetação e solo. No caso da Fig. 3.1B, porém,

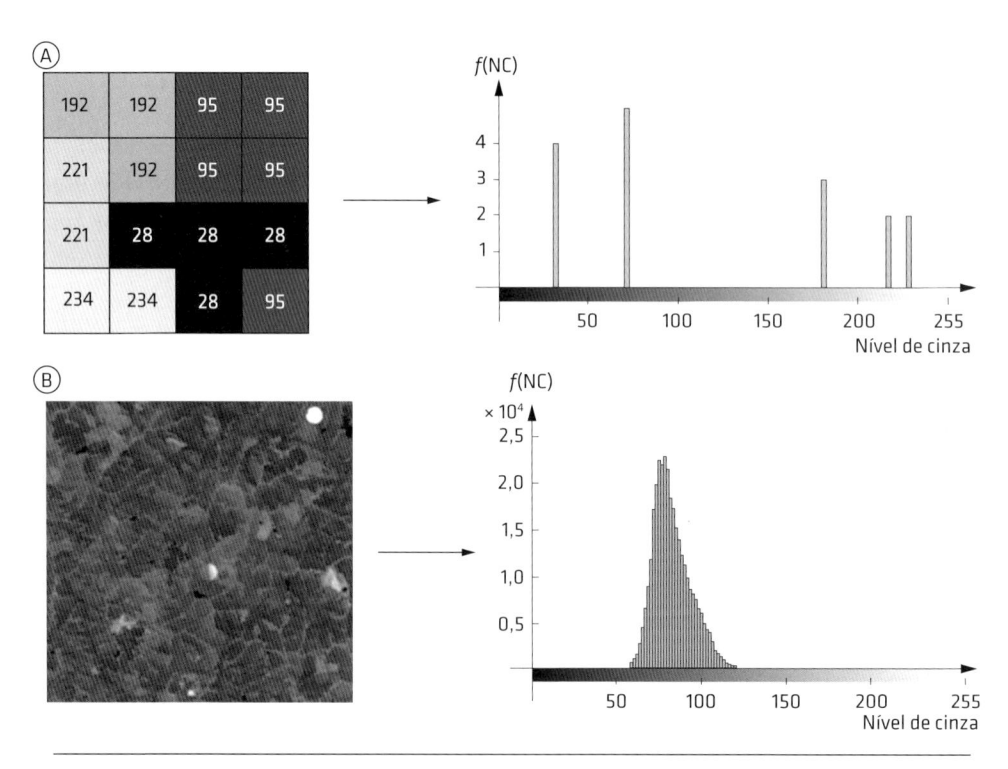

Fig. 3.1 (A) Histograma de uma imagem-exemplo com 4 × 4 *pixels* e (B) histograma de uma imagem real de sensoriamento remoto

não é possível inferir, apenas com as informações do histograma, se os *pixels* de cada alvo estão conectados espacialmente ou em blocos separados na cena.

Outro aspecto importante é que o histograma da imagem pode ser visto como uma distribuição da probabilidade com que um dado nível de cinza pode ocorrer. Por exemplo, caso se deseje selecionar um *pixel* na imagem de forma aleatória e o histograma mostre uma maior concentração de *pixels* em sua porção inicial, ou seja, na região mais escura da paleta de cores, isso indica uma maior probabilidade de que o *pixel* selecionado aleatoriamente tenha uma tonalidade escura.

3.2 Operações de realce em imagens digitais

A maioria das imagens de sensoriamento remoto apresenta *pixels* com níveis de cinza muito concentrados em uma região restrita do histograma, resultando em um baixo contraste visual. Isso ocorre porque não há um ajuste dinâmico dos sensores de forma a prepará-los para receber mais ou menos radiação vinda da superfície.

O satélite é desenvolvido para imagear os mais diversos alvos, desde materiais muito claros, como areia e neve, até materiais escuros, como corpos d'água e florestas densas. Em certas situações, inclusive, adquire cenas que incluem tanto alvos claros quanto alvos escuros. Ao mesmo tempo, é essencial que os sensores possam acomodar os *pixels* de todos os alvos em algum nível de cinza, sem que sejam saturados para o preto ou o branco, ou seja, sem que o nível de radiação recebida seja baixo o bastante a ponto de não conseguir registrar um nível de cinza maior do que zero (saturando para o preto) nem alto o suficiente a ponto de ultrapassar o nível de cinza máximo possível (saturando para o branco). Prosseguindo com o exemplo de uma imagem de 8 *bits* (zero a 255), para garantir que tanto alvos claros quanto alvos escuros sejam adequadamente registrados, a diferença entre as radiâncias mínima e máxima, correspondentes aos valores zero e 255, respectivamente, deve ser bastante alta.

A consequência disso é uma imagem com baixo contraste, como no exemplo da Fig. 3.1B, lembrando o aspecto característico das fotografias antigas. Essa condição praticamente obriga a aplicação de operações de realce nas imagens de sensoriamento remoto no momento de apresentá-las na tela do computador. Essas operações consistem em reposicionar as colunas do histograma original fazendo-as ocupar uma região mais abrangente na paleta de cores. Em geral, o novo histograma terá o mesmo número de colunas que o antigo, mas elas estarão em posições de níveis de cinza diferentes. É importante lembrar que esses procedimentos alteram os valores originais de brilho e impossibilitam que parâmetros físicos possam ser extraídos das cenas resultantes.

A seguir são apresentadas algumas técnicas desenvolvidas para realçar imagens.

3.2.1 Contraste linear

O *contraste linear* é a maneira mais comum e simples de melhorar o aspecto visual de uma imagem por meio da manipulação do histograma. É possível pensar na operação de contraste linear como um reposicionamento das colunas, expandindo seus valores mínimo e máximo de forma a ocuparem os extremos da paleta de cores (do preto ao branco), impondo posições proporcionais para os níveis de cinza intermediários (Fig. 3.2). O termo em inglês *linear stretching* (estiramento linear) faz alusão a esse processo de expansão linear dos valores originais ao longo da paleta de cores.

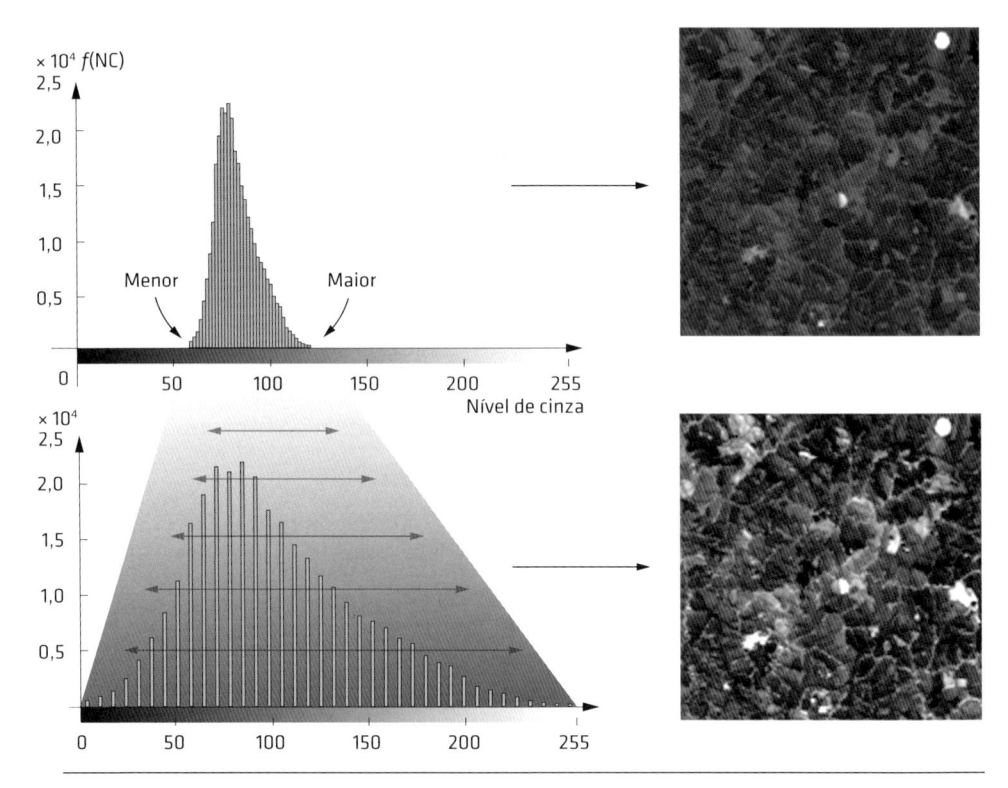

Fig. 3.2 Contraste linear aplicado a uma imagem contendo tipos de cultivo agrícola e solo exposto. O histograma original sofre um reescalonamento de seus valores a fim de ocupar todo o espaço disponível na paleta de cores.
O resultado é uma imagem com maior contraste visual entre os alvos

Matematicamente, o termo *linear* se origina da relação estabelecida entre o histograma original da imagem e o histograma modificado. Nessa relação, costuma-se considerar uma reta diagonal que vai desde o menor nível de cinza registrado pelo histograma até o maior nível registrado (Fig. 3.3). Os parâmetros da diagonal são definidos pelos valores *menor* e *maior* do histograma de entrada. Nesse caso, o histograma modificado não apresentará novos valores de frequência para os níveis de cinza, mas sofrerá um reposicionamento das colunas originais. Considerando x os níveis de cinza das colunas no histograma de entrada, os respectivos valores de y modificados pela operação de contraste linear podem ser encontrados pela seguinte equação:

$$y = (x - menor) \cdot \left(\frac{2^n - 1}{maior - menor} \right) \qquad (3.1)$$

em que *menor* e *maior* representam os valores identificados como início e fim no histograma de entrada, e n é a resolução radiométrica da imagem. Para o exemplo da Fig. 3.3, *menor* e *maior* assumem os valores de 112 e 176, respectivamente, enquanto a resolução radiométrica da imagem é de 8 *bits*. A Eq. 3.1 torna-se:

$$y = (x - 112) \cdot \left(\frac{256 - 1}{176 - 112} \right) = (x - 112) \cdot \frac{255}{64} \qquad (3.2)$$

Para cada coluna de entrada posicionada em x, haverá uma nova posição y no histograma resultante. É comum utilizar uma tabela de apoio na obtenção dos valores modificados, como exemplificado na Fig. 3.3. Observar que os valores calculados tendem a resultar em números fracionários. Como as imagens digitais não costumam admitir valores não inteiros, deve-se arredondar o resultado para o inteiro mais próximo.

Em geral, a determinação dos valores *menor* e *maior* do histograma de entrada pode ser feita visualmente pelo analista ao inspecionar o histograma da imagem na tela. Porém, existe também a possibilidade de definição automática dos limiares, como será visto a seguir.

3.2.2 Contraste linear automático

A grande maioria dos *softwares* de processamento de imagens de sensoriamento remoto costuma realizar operações automáticas de contraste nas imagens de entrada como um procedimento-padrão. Nesses casos,

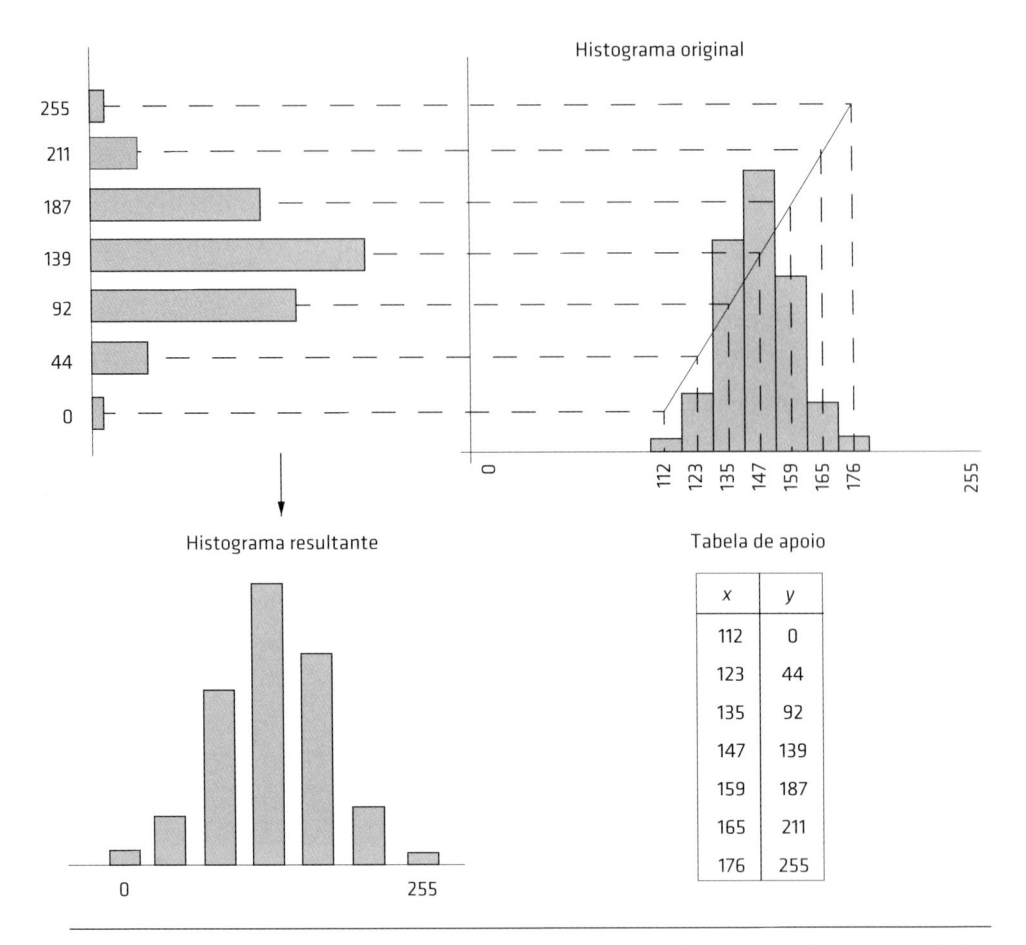

Fig. 3.3 Demonstração do funcionamento da operação de contraste linear a partir do histograma de uma imagem

o analista deve indicar que não deseja visualizar a cena com contraste caso queira que ela seja apresentada naturalmente. Isso decorre do fato de a maior parte das imagens adquiridas por sensores remotos possuir seus valores agrupados em determinadas regiões do histograma e, por conseguinte, apresentar baixo contraste visual.

Para possibilitar a operação de contraste sem a interferência do analista, os limiares *menor* e *maior* do histograma de entrada precisam ser definidos automaticamente. No entanto, considerar o primeiro e o último valor de brilho do histograma como os respectivos parâmetros *menor* e *maior* dificilmente produz bons resultados. Isso ocorre pois a presença de ruído adiciona uma pequena quantidade de *pixels* com valores registrados em praticamente todos os níveis de cinza disponíveis na imagem, mas que não representam, para fins práticos, os pontos de referência para as operações de contraste.

Uma forma conveniente de estimar automaticamente os parâmetros é a partir da saturação percentual do histograma. Considerando 100% dos *pixels* de um histograma-padrão, um pequeno percentual desse total se encontra nas caudas (Fig. 3.4). Por exemplo, ao destacar uma quantidade de 1% dos elementos de cada lado do histograma, pode-se garantir um resultado próximo àquele alcançado visualmente pelo analista na definição manual dos limiares *menor* e *maior*. Nesse caso, o limiar *menor* é definido de forma a separar os primeiros 1% do total de *pixels* do histograma, enquanto o limiar *maior* é definido de forma a separar os últimos 1% dos *pixels*.

Existe ainda a possibilidade de definir estatisticamente os limiares. Os métodos estatísticos consideram a distribuição normal de probabilidade (forma de sino) dos dados do histograma e realizam uma contagem do número de desvios-padrão a partir da média para fixar os valores. Em geral, para histogramas bem ajustados à distribuição normal de probabilidade, dois ou três desvios-padrão, tanto à direita quanto à esquerda, são suficientes para definir os parâmetros *menor* e *maior* satisfatórios para a operação de contraste subsequente.

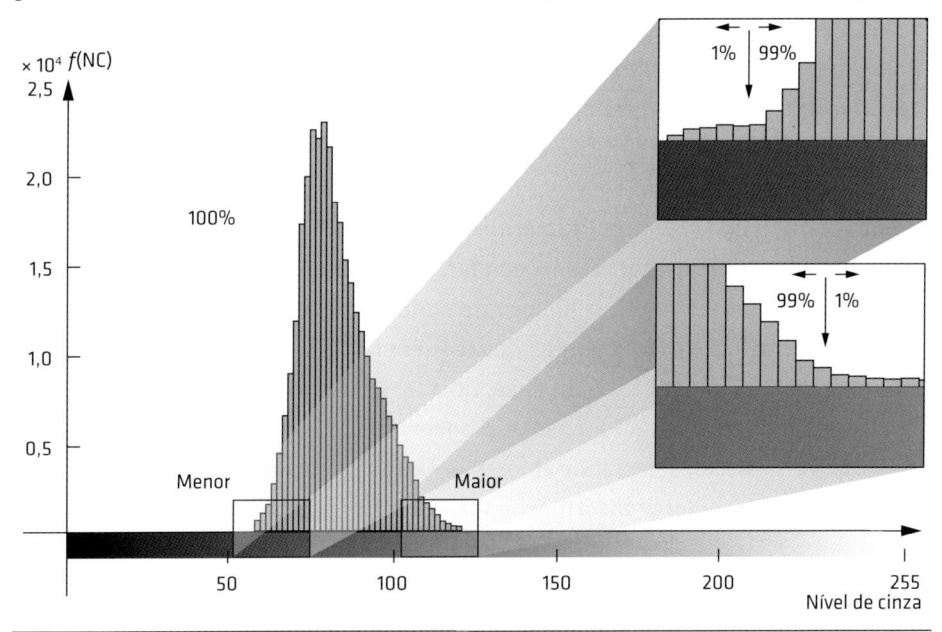

Fig. 3.4 Processo de definição automática dos parâmetros de brilho *menor* e *maior* para posterior operação de contraste linear (Eq. 3.1). No exemplo, os limiares são posicionados de forma a discriminar 1% dos *pixels* de cada lado das caudas

3.2.3 Equalização de histogramas

As operações de contraste linear, apesar de úteis, nem sempre produzem resultados satisfatórios em imagens de sensoriamento remoto. Observar que a operação apenas redistribui as colunas do histograma a fim de obter um melhor aproveitamento da paleta de cores. Ocorre que nem sempre a aplicação de uma separação uniforme das colunas é desejada pelo analista. Em algumas situações onde o histograma se apresenta mais espalhado ao longo da paleta de cores e, ao mesmo tempo, possui picos representativos de concentração de níveis de cinza, a aplicação do contraste linear não é capaz de produzir um contraste satisfatório. Nesses casos, é possível adotar um tipo de operação que realiza o realce de forma não linear ao longo do histograma, empregando contrastes mais significativos em regiões que apresentam altas concentrações de níveis de cinza. Essa operação é conhecida como *equalização de histogramas* e visa a obtenção de um resultado que otimize a utilização dos níveis de cinza na imagem.

O termo *equalização* se refere à tentativa de uniformizar a altura das colunas, equilibrando a distribuição dos níveis de cinza na imagem resultante. Matematicamente, o resultado maximiza a variância do histograma de entrada, conferindo uma redistribuição condicionada à altura das colunas: quanto maior for a altura da coluna, maior será sua distância para as colunas vizinhas no histograma de saída. Por outro lado, colunas muito baixas no histograma original podem ser destinadas a ocupar o mesmo nível de cinza no histograma de saída, por meio de seu empilhamento.

A fim de melhor compreender as vantagens desse procedimento, assuma-se como exemplo o histograma mostrado na Fig. 3.5A. Ele apresenta razoável distribuição das colunas de frequência para os níveis de cinza, porém há um grande desequilíbrio em suas alturas. Uma operação de contraste linear que operasse considerando o *menor* e o *maior* valor significativo do histograma deveria, nesse caso, selecionar valores próximos a zero e 200, respectivamente, para não desconsiderar informações eventualmente importantes na imagem; no entanto, o contraste não surtiria efeito visual consistente na imagem resultante. Por outro lado, o ajuste dos parâmetros *menor* e *maior* mais afastados das extremidades resultaria em um aumento de contraste para aqueles *pixels* com níveis de cinza intermediários, mas provocaria a saturação para o preto de *pixels* mais escuros e a saturação para o branco de *pixels* mais claros, ocasionando a perda substancial de informações da imagem.

A operação de equalização é capaz de contornar esses problemas, aumentando o contraste entre todos os pixels da imagem sem provocar a saturação dos pixels das extremidades. Dessa forma, o analista não corre o risco de perder o contraste em alvos muito escuros ou muito claros da imagem, que podem ser significativos para a análise visual. A Fig. 3.5B mostra o resultado da equalização executada sobre o histograma da Fig. 3.5A. Observa-se que há variações na altura das colunas de forma a equilibrar as quantidades sobre os diversos níveis de cinza disponíveis na paleta. Entretanto, pode haver perda de contraste (contração do histograma) em objetos pequenos da imagem, o que ocorre em virtude do aumento de contraste para os alvos de dimensões maiores.

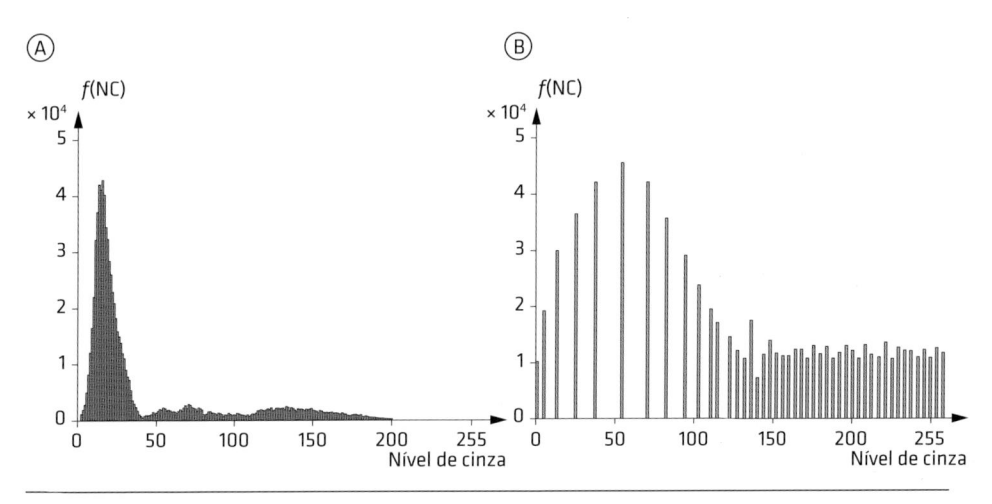

Fig. 3.5 Processo de equalização de histogramas. Em (A), o histograma original, e em (B), o histograma equalizado

O ponto de partida da operação de equalização é a construção do *histograma cumulativo* $H(x)$, que corresponde a uma contagem do número cumulativo de observações $h(x)$ em todos os níveis de cinza (x), indo do zero ao nível de cinza máximo da paleta, sendo definido como:

$$H(x) = \sum_{x=0}^{máx(x)} x \quad (3.3)$$

O histograma cumulativo é representado da mesma maneira que os histogramas tradicionais, porém apresenta colunas monotonicamente crescentes, ou seja, que podem apenas aumentar de tamanho, nunca diminuir. Para o pequeno fragmento de imagem assumido como exemplo (Fig. 3.6A), cujo histograma é mostrado na Fig. 3.6B, o correspondente histograma cumulativo ganha a forma apresentada na Fig. 3.6C. Como pode ser observado, sua construção é feita, na prática, pelo "empilhamento" consecutivo de todas as colunas a partir do zero.

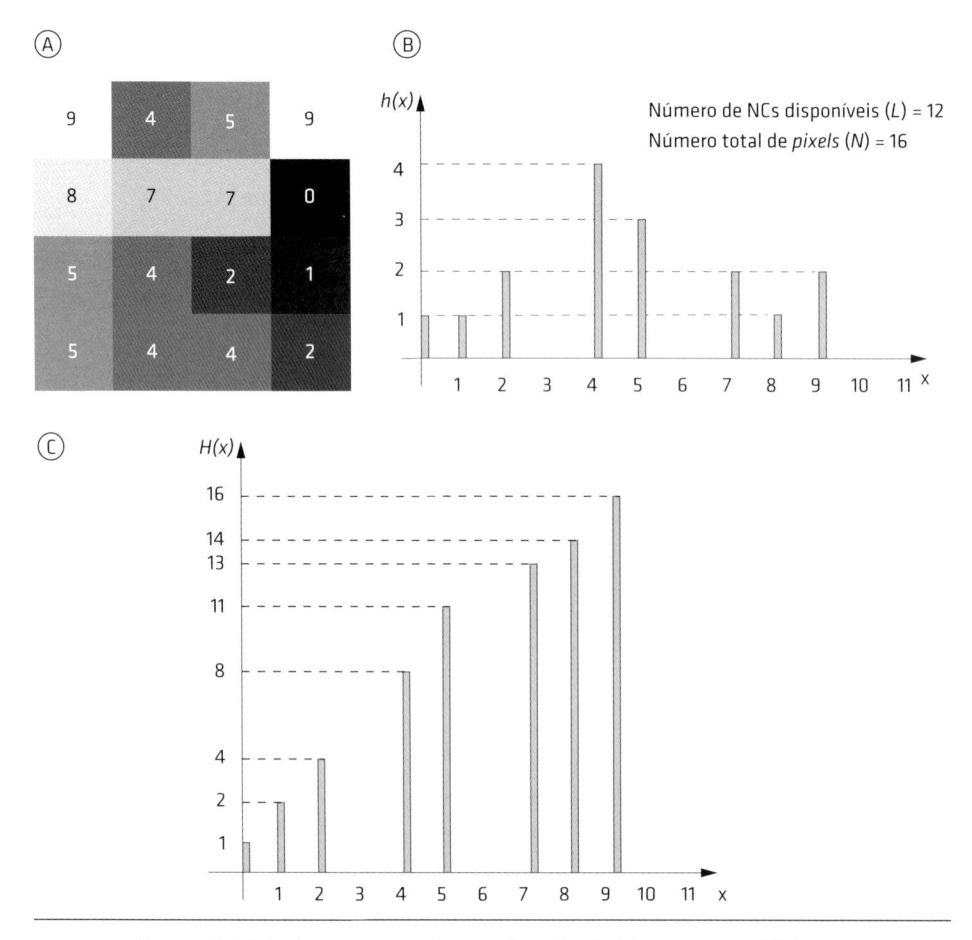

Fig. 3.6 Etapas iniciais do processo de equalização de histogramas: (A) imagem-exemplo com 4 × 4 *pixels*; (B) histograma original; e (C) histograma cumulativo correspondente

Os novos níveis de cinza da imagem são calculados com o auxílio dos valores encontrados no histograma cumulativo e da seguinte equação de ajuste:

$$y(x) = \frac{L-1}{N} H(x) \quad \text{(3.4)}$$

em que y(x) é o novo nível de cinza a ser adotado pelo *pixel*, L é o número de níveis de cinza disponíveis na imagem (nesse caso, 12), e N é o número total de *pixels*. O valor de N deve coincidir com a quantidade de *pixels* registrados na última coluna do histograma cumulativo (nesse caso, 16).

Essa equação de ajuste deve ser aplicada a todos os níveis de cinza da imagem original, sendo anotados os valores resultantes. Por fim, cada valor ajustado deve ser arredondado para o inteiro mais próximo. Assim como no processo aplicado ao contraste linear, os passos realizados na equalização de um histograma podem ser seguidos a partir de uma tabela de apoio, tal como a Tab. 3.1. Nessa tabela, o analista deve anotar na primeira coluna todos os níveis de cinza disponíveis na cena (x), depois as frequências correspondentes de acordo com o histograma original h(x), seguido pelos respectivos valores do histograma cumulativo H(x), da equação de ajuste y(x) e do valor final arredondado [y(x)].

Tab. 3.1 Apoio para operação de equalização de histogramas

x	h(x)	H(x)	y(x)	[y(x)]
0	1	1	0,68	1
1	1	2	1,36	1
2	2	4	2,75	3
3	0	4	2,75	3
4	4	8	5,5	5
5	3	11	7,56	8
6	0	11	7,56	8
7	2	13	8,93	9
8	1	14	9,62	10
9	2	16	11,00	11
10	0	16	11,00	11
11	0	16	11,00	11

No estabelecimento da relação entre as imagens de entrada e de saída, o analista deve comparar o valor de x com o valor final [y(x)] (primeira e última colunas da tabela). Para o exemplo utilizado, os *pixels* de brilho 0 na imagem original devem agora ter brilho 1. Na sequência, os *pixels* com brilho 1 continuam com o mesmo valor, *pixels* com brilho 2 devem ter brilho 3, e assim por diante para as demais linhas da tabela, sempre comparando a primeira com a última coluna, até o último valor de NC com *pixels* registrados, nesse caso o 9, que deve agora ser 11. Os brilhos 10 e 11 não possuíam *pixels* na imagem original, portanto não são considerados no balanço final. Deve-se observar que, para valores repetidos, como ocorre em 0 e 1, há um empilhamento de colunas em comparação com a imagem original. Sempre que essa situação ocorrer, ou seja, sempre que houver repetição de valores finais para dois ou mais valores de brilho originais, estes devem ser agrupados ("empilhados") no histograma resultante. O histograma da imagem de saída, construído com base na tabela de apoio, é mostrado na Fig. 3.7.

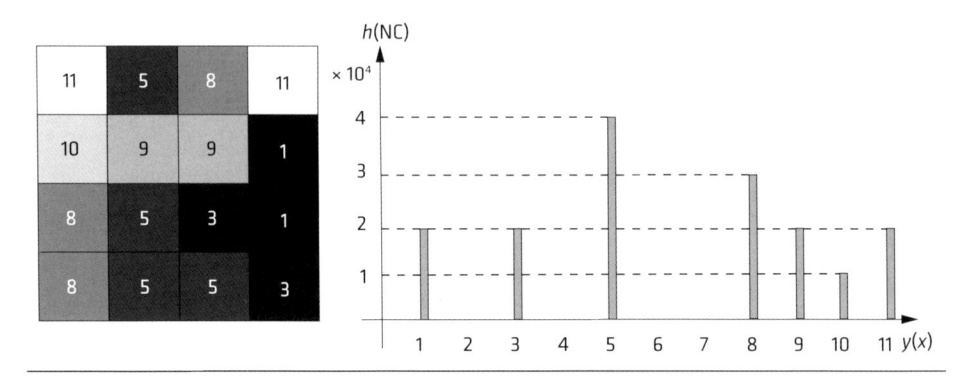

Fig. 3.7 Resultado final do processo de equalização de histogramas aplicado no exemplo

3.3 Casamento de histogramas (*histogram matching*)

Em algumas aplicações, é necessário fazer com que o aspecto visual de uma imagem seja muito próximo ao de outra, principalmente em termos de brilho e contraste. Um exemplo é quando um conjunto de imagens deve ser unido a fim de obter um mosaico fotogramétrico. Diferenças de iluminação ou de sensibilidade dos sensores podem resultar em imagens dissonantes que prejudicam a apresentação estética da cena, atrapalhando interpretações visuais. O processo conhecido como *casamento de histogramas* faz com que o histograma de uma imagem seja usado como referência para modificar outra imagem, obrigando a distribuição dos valores de brilho a ser o mais similar possível em ambas.

Matematicamente, o processo é bastante parecido com aquele realizado em uma equalização de histogramas. Como exemplo, assuma-se a existência de duas imagens, uma de entrada e outra de referência. Elas não precisam ter o mesmo número de *pixels*. Em primeiro lugar, constroem-se os histogramas de ambas as imagens e os respectivos histogramas cumulativos, como mostrado na Fig. 3.8. O processo de casamento de histogramas pode ser visto como um procedimento gráfico em que um determinado valor de brilho na imagem original

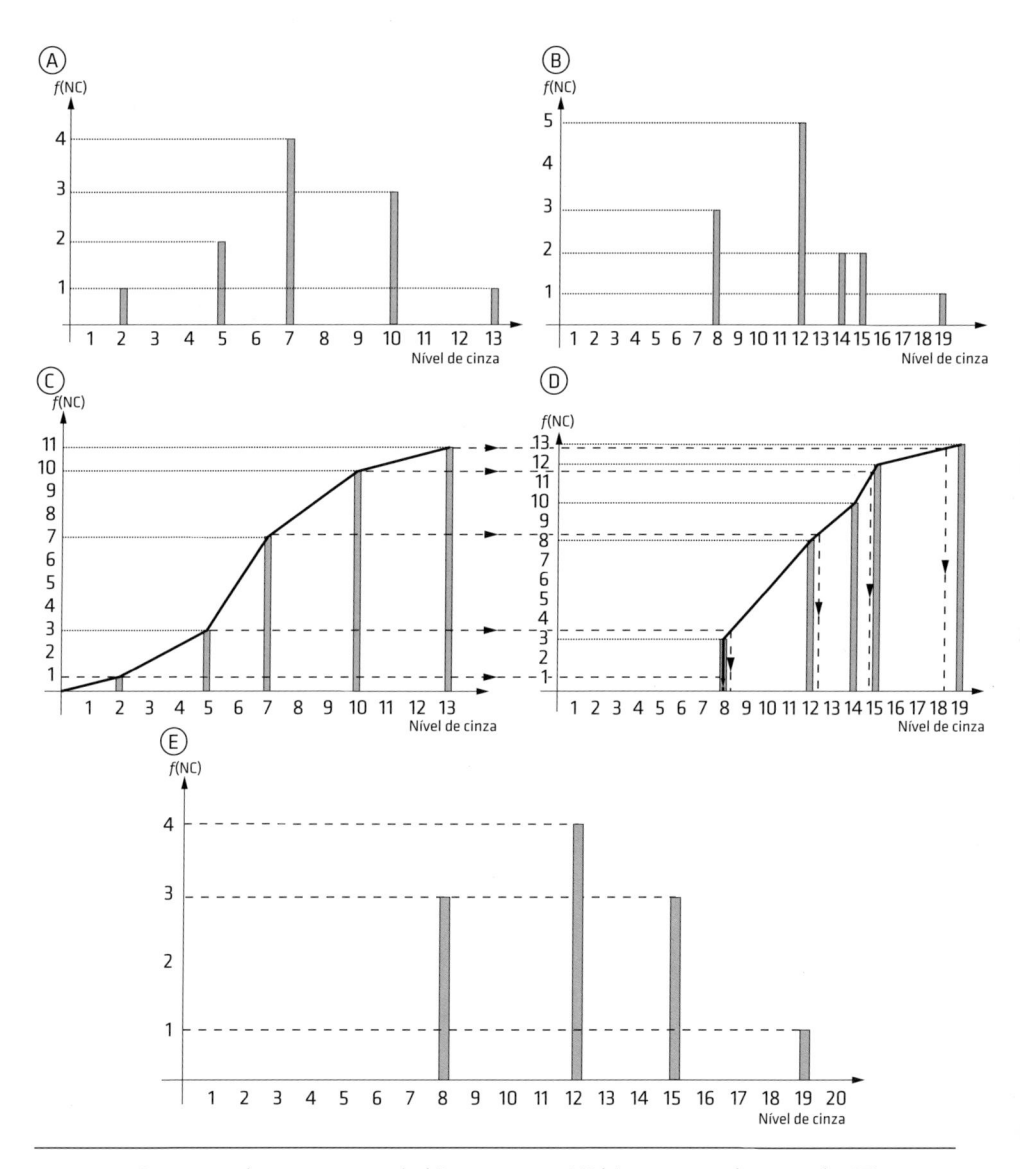

Fig. 3.8 Processo de casamento de histogramas: (A) histograma de entrada; (B) histograma de referência; (C) histograma cumulativo de A; (D) histograma cumulativo de B; e (E) histograma A modificado

tem seu novo valor definido após rebater-se o valor no histograma cumulativo da Fig. 3.8C e procurar-se a altura correspondente no histograma de referência (da Fig. 3.8D). O valor na Fig. 3.8D corresponde ao novo valor de nível de cinza do *pixel*. É provável que esse valor resulte em um número fracionário, mas basta arredondá-lo para o inteiro mais próximo para determinar o valor final.

3.4 Fatiamento de histogramas (*density slicing*)

Outra operação frequentemente utilizada no tratamento de dados de sensoriamento remoto é a atribuição de tons de cinza a determinados intervalos de brilho, no procedimento conhecido como *fatiamento de histogramas*. Dessa forma, a interpretação visual da cena é facilitada, pois permite que o analista identifique os limites entre alvos e componentes na imagem de maneira mais objetiva. Essa técnica é bastante utilizada na interpretação de mapas batimétricos ou mapas de temperatura, em que não é possível identificar com facilidade as concentrações de determinadas classes de valores. Ela pode ainda ser usada para a produção de mapas de mudanças a partir de uma imagem de diferenças, com uma fatia associada a mudanças sofridas no terreno e outra fatia associada à não mudança.

A atribuição de intervalos limitados para os níveis de cinza resulta em uma perda de informação, mas ao mesmo tempo pode reduzir os efeitos de eventuais ruídos na cena pela segmentação da paleta de cores em algumas faixas de cores únicas. Esse procedimento é executado em uma única camada de informação (uma banda, por exemplo) e pode se dar apenas por tons de cinza ou também por cores diversas escolhidas pelo analista. A opção por cores auxilia ainda mais no contraste dos objetos presentes na cena, uma vez que amplia as possibilidades de diferenciação radiométrica pelo analista.

Na Fig. 3.9, pode-se observar a quantidade de níveis de cinza diferentes e a mudança gradativa dos valores ao longo de uma imagem de temperatura da água tomada sobre a Lagoa dos Patos (RS) pelo sensor AVHRR/NOAA. A heterogeneidade dos alvos presentes impede que seus limites sejam adequadamente identificados. A imagem possui um histograma que concentra a maior quantidade de *pixels* entre os níveis de cinza 100 e 255. A repartição do histograma em cinco faixas diferentes, cada uma compreendendo uma tonalidade, agrupa algumas classes de temperatura presentes na imagem, auxiliando na interpretação dos fenômenos envolvidos.

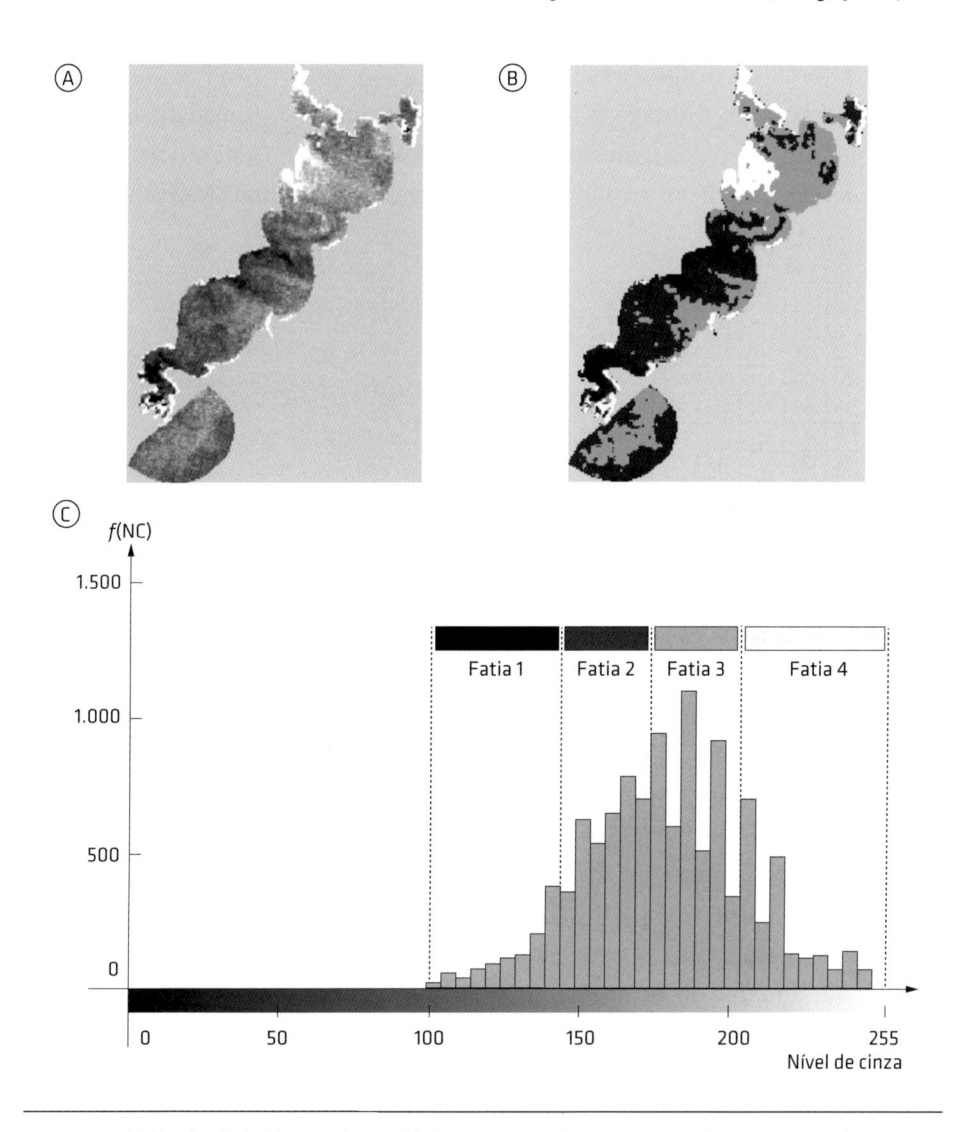

Fig. 3.9 Método de fatiamento de histogramas: (A) imagem de temperatura da Lagoa dos Patos (RS), em que tons mais claros correspondem a temperaturas maiores; (B) imagem resultante do fatiamento do histograma; e (C) histograma da imagem original e esquema proposto de fatiamento

As subdivisões escolhidas no histograma para cada fatia são arbitrárias, mas em geral levam em conta a quantidade de *pixels* em cada fatia, procurando sempre uma distribuição equilibrada, a fim de obter um melhor aproveitamento das cores disponíveis.

3.5 Exercícios propostos

1) Descrever as vantagens associadas a operações de contraste de imagens na utilização dos dados para visualização em tela. Qual problema é associado à utilização do dado resultante em análises quantitativas?

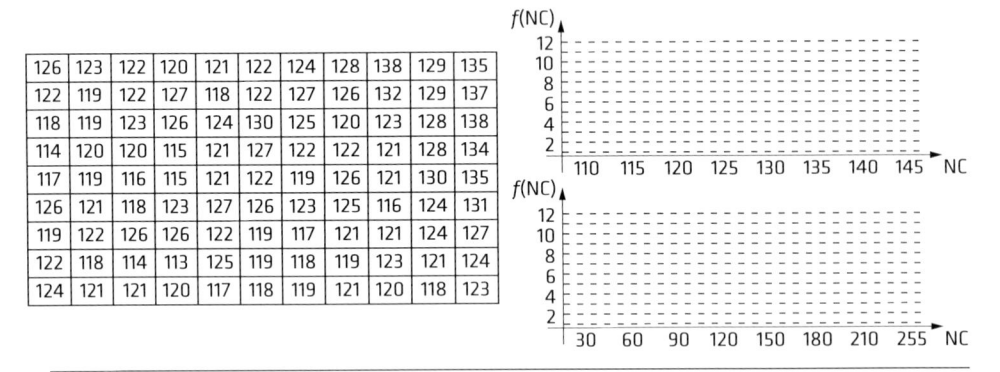

126	123	122	120	121	122	124	128	138	129	135
122	119	122	127	118	122	127	126	132	129	137
118	119	123	126	124	130	125	120	123	128	138
114	120	120	115	121	127	122	122	121	128	134
117	119	116	115	121	122	119	126	121	130	135
126	121	118	123	127	126	123	125	116	124	131
119	122	126	126	122	119	117	121	121	124	127
122	118	114	113	125	119	118	119	123	121	124
124	121	121	120	117	118	119	121	120	118	123

Fig. 3.10 Imagem de 8 *bits* correspondente ao exercício 2

2) Construir o histograma da Fig. 3.10 de 8 *bits* e seu correspondente contraste linear.

3) Para o histograma do exercício anterior, determinar os valores de contraste linear *maior* e *menor*, assumindo que eles devem ser definidos automaticamente de forma a descartar 10% dos *pixels* da imagem, sendo 5% à esquerda e 5% à direita do histograma original.

   Observação: Essa regra é utilizada na inicialização do ENVI e do ERDAS, com limiares de 2% (1% para cada lado).

4) Uma determinada banda de uma imagem de 10 *bits* (0-1.023) possui valores mínimo e máximo de seu histograma iguais a 57 e 105, respectivamente. Depois de realizada uma operação de contraste linear de histogramas, qual será o novo nível de cinza correspondente ao valor 93 da imagem original?

5) Seja uma imagem x, codificada em 8 *bits*, definida como mostrado na Fig. 3.11.

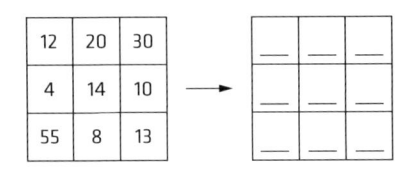

Fig. 3.11 Imagem com nove valores de *pixel*

Da análise do histograma, obtêm-se $x_{menor} = 4$ e $x_{maior} = 55$. Determinar os novos valores dos *pixels* de x após uma operação de contraste linear.

6) Uma banda de uma imagem CCD/CBERS em formato de 8 *bits* possui valores mínimo e máximo de seu histograma iguais a 90 e 155, respectivamente. Depois de realizada uma operação de contraste linear de histogramas, um *pixel* que continha nível de cinza x passa a assumir o valor de 233. Determinar x.

7) Determinar o histograma equalizado (tabela e gráfico final) de uma imagem cujo histograma é mostrado na Fig. 3.12.

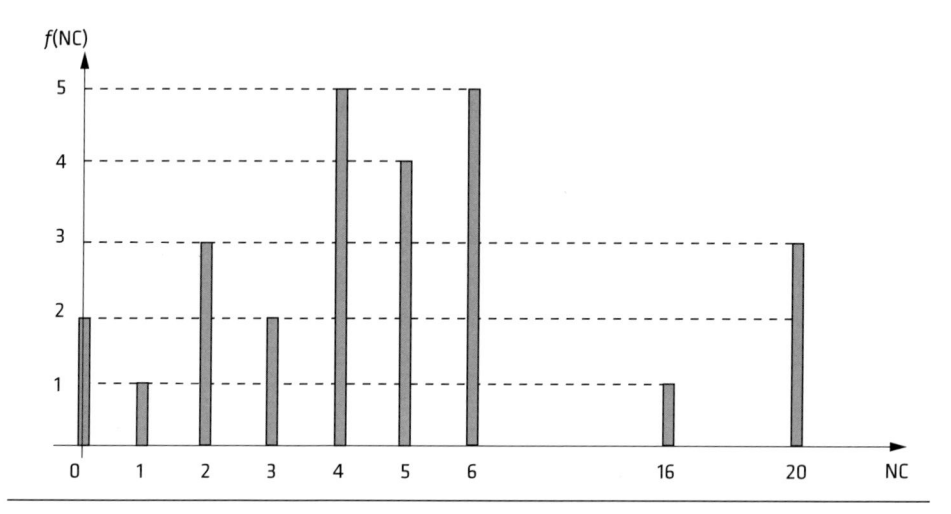

Fig. 3.12 Histograma do exercício 7

8) Considere-se o histograma de uma imagem de 4 *bits* de resolução apresentado na Fig. 3.13.
   Realizar operações de contraste por:
   a) Contraste linear simples.
   b) Equalização de histogramas.

9) Considerar uma imagem modificada por (I) contraste linear simples e (II) equalização de histogramas e que se tem disponível a imagem original utilizada nessas operações. Inspecionando as imagens (ou seus respectivos histogramas), descrever como se poderia determinar qual técnica foi utilizada em cada caso.

10) Procedimentos de realce são adotados para melhorar a nitidez de uma imagem para visualização. Normalmente são realizados em etapas preliminares, e seus resultados não devem ser usados posteriormente em

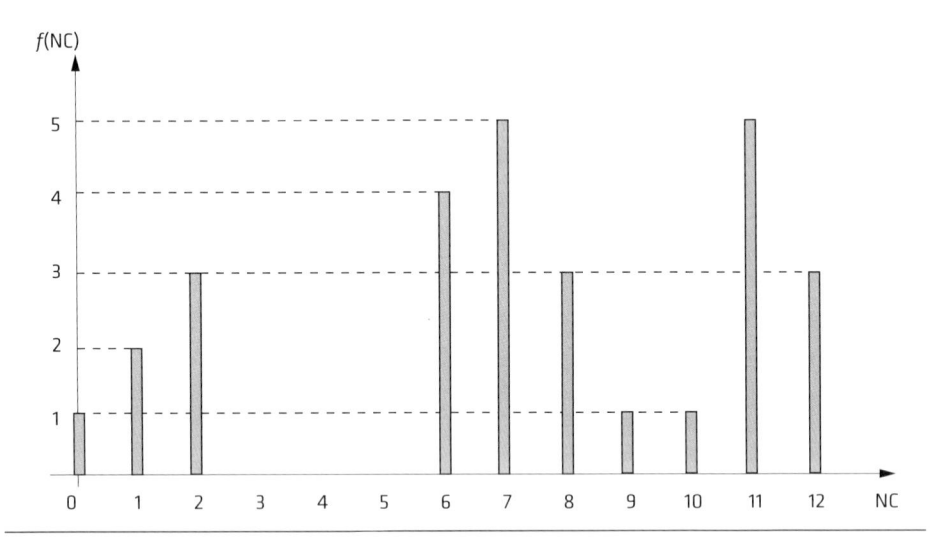

Fig. 3.13 Histograma do exercício 8

análises quantitativas. Com base na composição dos histogramas original e resultante, explicar por que o processo de equalização de histogramas é tido como um procedimento que otimiza a visualização de uma imagem qualquer.

Transformações espectrais e modelos de mistura espectral 4

Imagens multi e hiperespectrais possuem informações importantes acerca do comportamento espectral dos alvos. Costuma-se denominar de *espaço original de feições* o conjunto original de bandas em que a imagem foi adquirida. Entretanto, é possível modificar esse espaço pela criação de novas feições, de acordo com uma aplicação particular. Essas feições representam uma descrição alternativa dos *pixels* e se relacionam com os valores originais de nível de cinza (NC) por meio de operações lineares ou não lineares. As imagens resultantes são capazes de evidenciar certas características dos alvos que normalmente estão ocultas no conjunto de feições original e, ao mesmo tempo, concentrar o conteúdo essencial da imagem em um número reduzido de dimensões. Por exemplo, sabe-se que é possível visualizar no monitor apenas três bandas espectrais simultaneamente, uma vez que nesse aparelho existem somente três canais de cores (vermelho, verde e azul). Essa limitação faz com que informações adicionais sobre o dado existentes em outras bandas da imagem fiquem de fora da análise visual. Entretanto, ao transformar a imagem original em um conjunto de dados que comporta as informações mais importantes em um número menor de dimensões, torna-se possível acessar simultaneamente um volume maior de informações.

Neste capítulo serão abordados métodos de transformação espectral capazes de otimizar o uso das imagens de satélite para determinadas aplicações, seja por extrair informações importantes contidas nas imagens (em inglês, *feature extraction*), seja por concentrar as informações igualmente distribuídas nas bandas originais em um número menor de dimensões (em inglês, *feature reduction*). Especificamente, será estudada (I) a análise por componentes principais (ACP), técnica clássica de análise de dados de sensoriamento remoto que visa tanto a extração de feições quanto a redução, sem maiores prejuízos, do volume total de dados; (II) a transformação *tasseled cap*, que é semelhante à ACP, mas com aplicação específica em estudos agrícolas; (III) a conversão do espaço de cores RGB em HSI, técnica tradicional de análise cromática; e, por fim, (IV) os modelos de mistura espectral, técnica de análise de imagens de sensoriamento remoto muito utilizada, em especial, por usuários e pesquisadores brasileiros.

4.1 Análise por componentes principais (ACP)

Proposta originalmente por Pearson (1901), a análise por componentes principais (ACP) é uma ferramenta de análise exploratória de dados que utiliza uma transformação matemática ortogonal para converter um conjunto de dados possivelmente correlacionados em novas componentes não correlacionadas, conhecidas como componentes principais. Sua aplicação é tida como uma forma simples e eficaz de reunir as informações mais importantes da imagem em um conjunto mais enxuto, contendo um volume menor de dados para análise. O número de componentes principais resultante é sempre inferior ou igual à quantidade de bandas de entrada. A transformação é definida de forma que a primeira componente principal seja posicionada na direção da maior variância possível dos dados (ou seja, é responsável pelo máximo de variabilidade). As demais componentes seguem apresentando variância decrescente, sempre com a restrição de ter direção ortogonal em relação às componentes anteriores (isto é, não ser correlacionada com as anteriores). A ACP é também conhecida como *transformada de Karhunen-Loève* (TKL) *discreta* e *transformada de Hotelling* (TH). A seguir, será visto em detalhe como as componentes são definidas e também as principais características dos dados resultantes.

4.1.1 Correlação em imagens multiespectrais

Para uma melhor compreensão da utilidade da ACP e dos procedimentos envolvidos em sua realização, é importante entender como as diferentes bandas de uma imagem multiespectral se relacionam estatisticamente. Para tanto, costuma-se confrontar pares de bandas de modo a produzir *gráficos de espalhamento* (em inglês, *scatterplots* ou *scattergrams*), os quais demonstram o comportamento conjunto dos *pixels* nas duas bandas analisadas em coordenadas cartesianas. Os dados são exibidos como uma coleção de pontos, cada um com o valor de um *pixel* em duas bandas particulares, como mostrado no diagrama simplificado da Fig. 4.1.

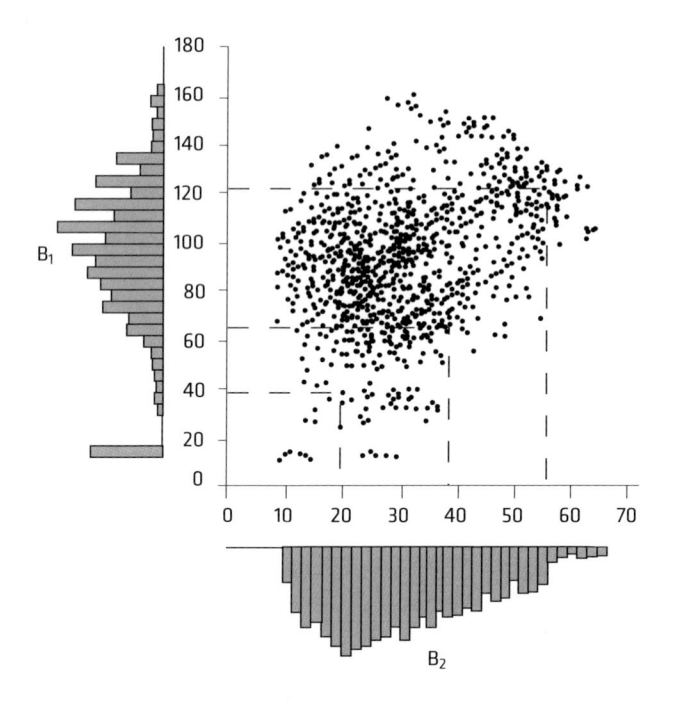

Fig. 4.1 Representação do nível de cinza de um *pixel* em duas bandas espectrais em coordenadas cartesianas, com os respectivos histogramas

Para fins de exemplificação, será utilizada uma imagem do sensor OLI/Landsat-8 tomada sobre uma zona de desmatamento florestal no Estado de Rondônia (Fig. 4.2). São adotados diretamente os níveis de cinza originais da imagem para a construção dos gráficos. Observar que algumas bandas, principalmente as três primeiras, apresentam um comportamento tão parecido que a nuvem de pontos nos gráficos de espalhamento ganha formas achatadas, lembrando uma elipse inclinada. Esse comportamento é oriundo da grande similaridade observada nos níveis de cinza das bandas selecionadas. *Pixels* com alto brilho em uma banda também apresentam alto brilho na outra, enquanto alvos escuros têm baixo brilho em ambas. Em geral, esse comportamento é provocado pelo sombreamento topográfico (que afeta todas as bandas da mesma maneira), pelo comportamento espectral semelhante de alguns alvos nas diferentes bandas, ou ainda por uma inevitável sobreposição parcial das bandas no sensor. Pares de bandas com esse comportamento são ditas *estatisticamente correlacionadas*, uma vez que é possível prever o nível de cinza de um *pixel* em uma banda por meio do nível de cinza desse *pixel* em outra. Por vezes, essa relação pode ainda ser inversa, ou seja, um valor alto em uma banda tende a corresponder a um valor baixo em outra, e vice-versa. Essa característica conjunta de um par de bandas selecionadas acarreta a chamada *redundância de informação*, em que pouca ou nenhuma informação pode ser acrescentada ao problema com a inclusão da segunda banda.

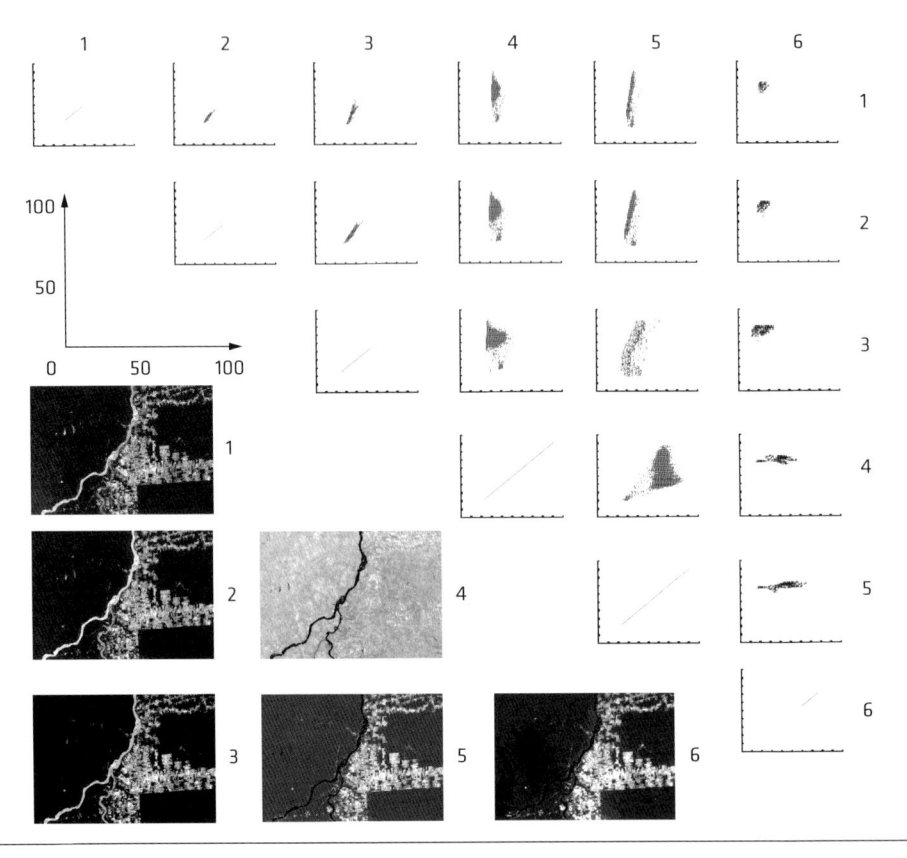

Fig. 4.2 Gráficos de espalhamento bidimensionais confrontando, duas a duas, seis bandas refletivas do sensor OLI/Landsat-8 tomadas sobre uma área de desmatamento florestal em Rondônia

Por outro lado, *bandas não correlacionadas* ou *descorrelacionadas* apresentam valores de brilho consideravelmente diferentes para os mesmos *pixels*. Em geral, os gráficos de espalhamento derivados de bandas sem correlação exibem uma dispersão circular ou então alinhada com a direção vertical ou horizontal, sendo impossível prever o comportamento de um *pixel* em uma banda com base no seu comportamento em outra. Dessa forma, um *pixel* escuro em uma banda pode ser correspondente tanto a um *pixel* escuro quanto a um *pixel* claro em outra banda, e vice-versa. A banda 4 (infravermelho próximo), quando confrontada nos gráficos de espalhamento com a banda 1 (azul), 2 (verde) ou 3 (vermelho), demonstra esse comportamento. Ou seja, um valor alto na banda 4 não equivale necessariamente a um valor alto na banda 1, 2 ou 3.

As bandas descorrelacionadas são justamente as mais importantes para análises com imagens de satélite, pois não apresentam redundância de informações. Enquanto bandas muito similares não enriquecem a análise com informações adicionais sobre os alvos, bandas em que os alvos possuem comportamentos espectrais distintos trazem informações importantes que podem ser usadas para descrever com maior clareza os diferentes aspectos da cena.

A correlação entre duas bandas pode ser medida quantitativamente pelo *coeficiente de correlação*, também chamado de *coeficiente de correlação de Pearson*, geralmente representado por R. Esse coeficiente mede a dependência (positiva ou negativa) entre duas variáveis quaisquer. Por exemplo, a venda de sorvetes em dias quentes costuma ser maior do que em dias frios. Nesse caso, pode-se dizer que a quantidade de sorvetes vendidos apresenta forte índice de correlação R com a temperatura do dia. Da mesma forma, duas bandas podem exibir uma razoável correlação $R_{B1,B2}$ se seus níveis de cinza em cada *pixel* apresentarem certa regularidade. O coeficiente de correlação entre duas bandas B_1 e B_2 pode ser calculado por meio da divisão da covariância estatística entre as bandas pelo produto de seus desvios-padrão:

$$R_{B1,B2} = \frac{\text{cov}(B_1, B_2)}{\sigma_{B1} \cdot \sigma_{B2}} \qquad (4.1)$$

em que $\text{cov}(B_1, B_2)$ é a covariância e σ_{B1} e σ_{B2} são os desvios-padrão medidos para as bandas.

A covariância entre duas variáveis aleatórias é uma medida absoluta de como elas variam conjuntamente. É possível calculá-la a partir do somatório das diferenças conjuntas entre cada um dos n *pixels* i e as médias μ das respectivas bandas B_1 e B_2:

$$\text{cov}(B_1, B_2) = \frac{\sum_{i=1}^{n}(B_{1i} - \mu_{B1}) \cdot (B_{2i} - \mu_{B2})}{n-1} \qquad (4.2)$$

Já os desvios-padrão por banda são calculados por:

$$\sigma = \sqrt{\frac{\sum_{i=1}^{n}(B_{1i} - \mu_{B1})^2}{n-1}} \qquad (4.3)$$

Complementando, a média μ_B de cada banda pode ser calculada pelo somatório de todos os *pixels* da banda dividido pelo total de *pixels*:

$$\mu_B = \frac{\sum_{i=1}^{n} B_i}{n} \tag{4.4}$$

Percebe-se que o coeficiente de correlação $R_{B1,B2}$ é uma medida normalizada que pode variar desde –1 até 1. Valores positivos indicam uma correlação positiva entre as variáveis (o aumento de uma indica o aumento da outra), valores próximos de zero indicam pouca ou nenhuma correlação (não há dependência entre as variáveis), e valores negativos indicam uma correlação negativa (o aumento de uma corresponde à diminuição da outra). A Fig. 4.3 mostra alguns comportamentos possíveis assumidos pela nuvem de pontos dos gráficos de espalhamento como resultado do confronto entre duas bandas quaisquer. Em geral, para apresentar alguma correlação entre as variáveis, a nuvem de pontos deve estar alongada e inclinada, sem alinhamento com a direção horizontal ou vertical. Um exemplo clássico de dados não correlacionados é a nuvem de pontos em forma de círculo, em que é possível que tanto valores baixos quanto valores altos em uma variável sejam equivalentes também a valores altos ou baixos na variável de comparação.

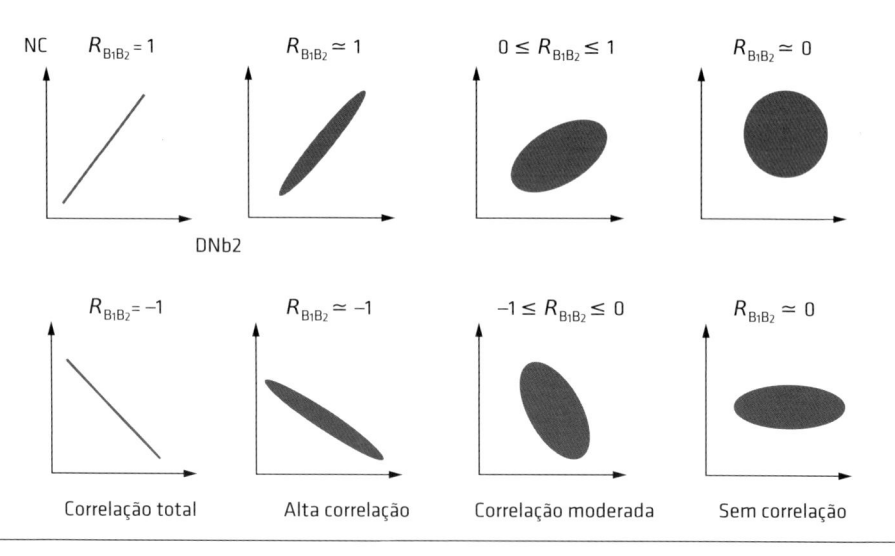

Fig. 4.3 Índices de correlação verificados para cada padrão assumido pela nuvem de pontos dos gráficos de espalhamento como resultado do confronto entre duas bandas

4.1.2 Autovetores e autovalores

Devido à habitual semelhança entre as bandas espectrais de uma imagem, principalmente entre aquelas cujas faixas são muito próximas, é comum que gráficos de espalhamento se apresentem com forte correlação. Um dos objetivos da ACP é produzir novas componentes que, quando confrontadas, não apresentem correlação alguma, para que sua informação seja inédita e contribua originalmente para a análise. A construção das componentes principais se inicia com a extração dos *autovetores* e dos *autovalores* dos dados originais. Cada componente principal gerada terá um autovetor correspondente e um autovalor associado. Considere-se, como exemplo, um conjunto de dados com três bandas (Fig. 4.4). O autovetor V_1, associado à primeira componente, é uma direção determinada a partir do sistema de coordenadas originais e aponta para o sentido da máxima variação dos dados. O autovetor V_2, associado à segunda componente, precisa ser ortogonal ao primeiro e apontar para a segunda direção de maior variação dos dados. Já o autovetor V_3, associado à terceira componente, deve ser ortogonal aos dois primeiros e estar alinhado com a direção da terceira maior variação dos dados. Por fim, os autovalores (Val_1, Val_2, Val_3) são as variâncias (Var_1, Var_2, Var_3) medidas em cada uma das direções ocupadas pelas componentes principais produzidas (CP_1, CP_2, CP_3).

Os autovetores são vetores unitários (também conhecidos como versores) que apresentam módulo igual a 1 e servem apenas como apoio para informar

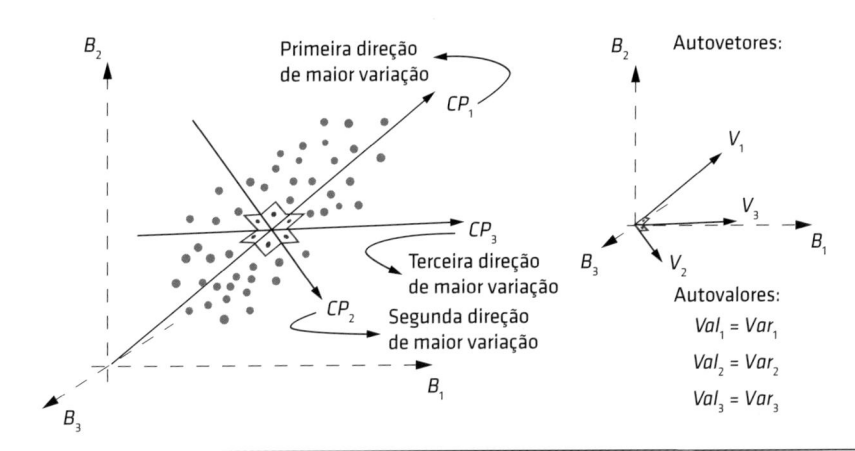

Fig. 4.4 Posicionamento de três componentes principais (CP_1, CP_2 e CP_3) derivadas para um conjunto de dados dispostos em três bandas espectrais (B_1, B_2 e B_3). As três direções são ortogonais entre si (formam um ângulo de 90°) e representam, em ordem crescente, as três primeiras direções de maior variabilidade dos dados. No detalhe à direita são mostrados o posicionamento dos correspondentes autovetores (V_1, V_2 e V_3) e o valor dos autovalores (Val_1, Val_2 e Val_3).

qual direção deve ser assumida pela componente principal. Suas direções são definidas pelas coordenadas em cada um dos eixos originais das bandas. Cada autovetor apresenta uma projeção ortogonal sobre os eixos do sistema de coordenadas cartesianas, que será posteriormente utilizada na definição de cada *pixel* no novo sistema de coordenadas representado pelas componentes principais.

Em termos gerais, a definição dos autovetores é realizada por meio de processos matemáticos específicos aplicados sobre o conjunto de dados que procuram a direção de maior variância. Uma vez encontrada, a primeira componente principal é definida nessa direção. As próximas componentes são encontradas de forma semelhante, mas respeitando o princípio de ortogonalidade com relação às anteriores, o que garante que os dados de saída não apresentem correlação entre si. A transformação pode ainda ser vista como uma rotação dos eixos originais de coordenadas a fim de coincidir com as direções de máxima variância dos dados.

4.1.3 Cálculo das componentes

A materialização das componentes principais propriamente ditas, ou seja, das imagens resultantes do processo, envolve uma transformação linear que reprojeta o conjunto original dos dados em cada uma das direções das componentes. Cada ponto no gráfico será projetado ortogonalmente na direção de cada componente, definindo seu valor na imagem da respectiva componente (Fig. 4.5A). Considerem-se as coordenadas cartesianas calculadas para os autovetores do exemplo da Fig. 4.2, dadas pela Tab. 4.1.

Tab. 4.1 Coordenadas cartesianas dos autovetores calculadas para a imagem de seis bandas utilizada como exemplo na Fig. 4.2

	V_1	V_2	V_3	V_4	V_5	V_6
B_1	0,11	−0,09	0,29	0,16	0,76	−0,54
B_2	0,17	−0,17	0,28	0,42	0,31	0,77
B_3	0,28	−0,34	0,23	0,60	−0,53	−0,33
B_4	0,19	0,92	0,11	0,32	−0,05	−0,03
B_5	0,88	−0,05	−0,41	−0,20	0,08	0,03
B_6	0,26	0,03	0,78	−0,54	−0,19	0,04

O valor de cada *pixel* nas componentes principais pode ser calculado por meio da seguinte relação:

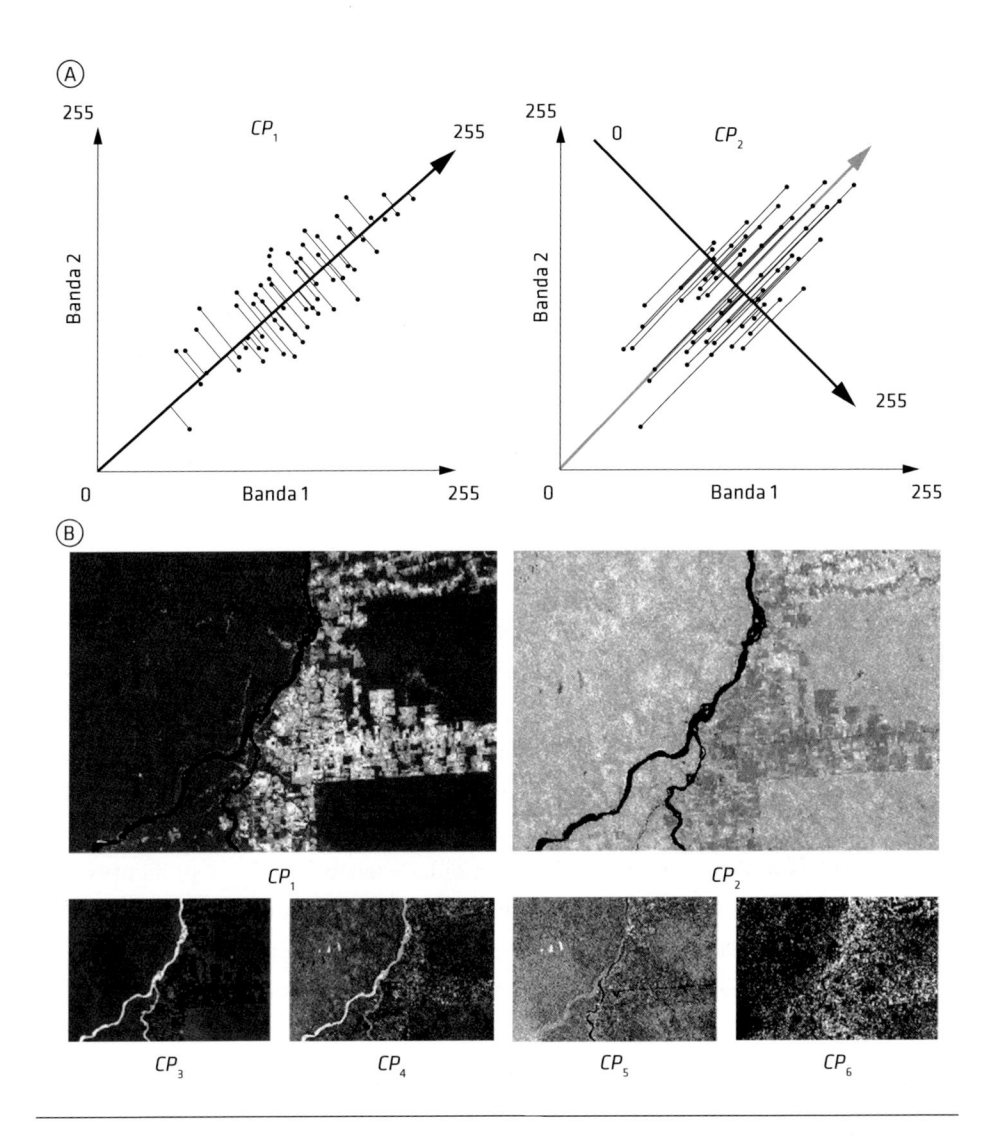

Fig. 4.5 Obtenção das imagens para as componentes: (A) procedimento gráfico para a composição da primeira e da segunda componente principal e (B) imagens resultantes das seis componentes principais geradas – para melhor visualização, as imagens estão apresentadas por um contraste linear

$$CP_n = \sum_{m=1}^{k} V_{n,m} \cdot NC_m \qquad (4.5)$$

em que CP_n corresponde ao valor final do *pixel* na componente n, $V_{n,m}$ é o valor do autovetor n na banda m, k é o número de bandas da imagem, e NC_m indica o valor original do *pixel* na banda m.

Seguindo o exemplo sugerido, o cálculo de um *pixel* da primeira componente seria igual a:

$$CP_1 = 0,11CD_1 + 0,17CD_2 + 0,28CD_3 + 0,19CD_4 + 0,88CD_5 + 0,26CD_6 \qquad (4.6)$$

Como se pode observar, a imagem da primeira componente (Fig. 4.5B) será aquela com o maior contraste entre os alvos na imagem, uma vez que é a de maior variância. Essa figura apresenta ainda as demais componentes resultantes da transformação. As duas últimas componentes geradas pelo processo (CP_5 e CP_6) são as que menos contribuem com informações sobre a cena, revelando apenas ruídos e outros aspectos indesejados. As componentes principais geradas são completamente descorrelacionadas, ou seja, apresentam $R_{B1,B2} = 0$, eliminando a redundância de informações originalmente existente entre as bandas da imagem.

Costuma-se medir a quantidade de informações disponibilizadas por um dado a partir do valor de sua variância. Uma imagem com tons homogêneos, por exemplo, não apresenta contraste entre os diferentes alvos e é difícil identificar seus limites, ou seja, é uma imagem com pouca informação agregada. Sua variância é baixa, já que os valores de nível de cinza estão todos muito próximos da média. Por outro lado, uma imagem com níveis de cinza muito diferentes, mostrando grande heterogeneidade entre os alvos presentes, traz um volume maior de informações sobre os alvos. Sua variância é alta, uma vez que os valores de nível de cinza são bastante variáveis e distantes da média. As imagens originalmente tomadas pelos sensores possuem carga de informações aproximadamente equilibradas entre cada uma das bandas disponíveis, de modo que a exclusão de qualquer uma pode ser crítica para a análise efetiva dos dados. Observar na Tab. 4.2, por exemplo, como se distribuem as variâncias das seis bandas mostradas na Fig. 4.2. Assumindo que as variâncias são medidas da carga de informações presente na cena, pode-se estimar o percentual de explicação das bandas ao dividir a variância de cada banda pelo somatório das demais. Percebe-se que a banda 5 dessa imagem apresenta a maior variância (130,2) e, portanto, carrega a maior carga de informações (53,6%) quando comparada com as demais.

A Tab. 4.3 exibe a nova distribuição das variâncias ao considerar as seis componentes principais calculadas para a imagem original. Não há perda ou ganho de informação no processo, o que pode ser verificado pela igualdade entre o somatório das variâncias das componentes e o somatório das variâncias das

Tab. 4.2 Variância por banda da imagem original e percentual de explicação incluído em cada uma

	B_1	B_2	B_3	B_4	B_5	B_6	Somatório
Variância	4,2	8,1	21,6	57,3	130,2	21,8	243,2
Percentual de explicação da cena	1,7%	3,3%	8,9%	23,6%	53,6%	8,9%	100%

Tab. 4.3 Variância por componente principal resultante e percentual de explicação incluído em cada uma

	CP_1	CP_2	CP_3	CP_4	CP_5	CP_6	Somatório
Variância	163,0	60,6	16,1	3,1	0,2	0,1	243,1
Percentual de explicação da cena	67,1%	24,9%	6,6%	1,3%	0,1%	0,0%	100%

bandas originais. No entanto, a primeira componente principal acumula uma variância igual a 163,0, correspondendo a quase 70% da carga total de informações da imagem original. Juntas, as três primeiras componentes agregam o equivalente a 98,6% da carga de informações contida na imagem. Seguindo a lógica de que a variância é uma medida indireta do grau de explicação dos dados, uma composição colorida a partir dessas três componentes seria suficiente para representar quase a totalidade dos dados presentes.

Imagens de satélite costumam contar não apenas com uma grande quantidade de *pixels*, mas também com alta dimensionalidade (muitas bandas). Considerada uma forma bastante conveniente de reduzir a dimensionalidade dos dados sem modificar substancialmente a quantidade de informações agregadas, a ACP é frequentemente utilizada como dado de entrada em um processo de classificação temática. A ausência de informações redundantes das componentes e a pequena quantidade de feições de entrada são muito desejáveis em processos de classificação. Além disso, por ser semelhante a uma vista pancromática da cena, a primeira componente principal pode ser usada em operações de fusão de imagens que serão estudadas neste capítulo.

Apesar de as últimas componentes não contarem com quantidades significativas de variância, elas costumam carregar informações importantes sobre a qualidade da imagem, pois são capazes de estimar a intensidade do ruído que a afeta. Como o ruído ocorre de maneira aleatória (não correlacionada) nas bandas da imagem, é possível utilizar as últimas componentes principais para ter noção de sua amplitude e do consequente grau de comprometimento da cena. Imagens de boa qualidade costumam apresentar variâncias (autovalores) muito baixas nas últimas componentes principais.

4.2 Transformação *tasseled cap*

Como visto, a transformação por componentes principais é baseada na distribuição original dos dados multiespectrais. Cada conjunto de dados responde com uma combinação diferente de autovetores, os quais norteiam a produção das componentes. Logo, embora esse recurso seja capaz de se adaptar a qualquer tipo de dados apresentados pelo usuário, a comparação de resultados alcançados para imagens diferentes é prejudicada.

A transformação *tasseled cap* foi desenvolvida com a finalidade de acompanhar o desenvolvimento de culturas agrícolas aplicando um tipo de transformação semelhante ao que é feito pelas componentes principais, mas por meio de um conjunto fixo de eixos, o que permite a comparação entre resultados apresentados por diferentes imagens. Originalmente proposta por Kauth e Thomas (1976), essa transformação foi planejada para monitorar plantações de trigo na região centro-oeste dos Estados Unidos por imagens multitemporais do sensor MSS/Landsat. Esses autores perceberam que os gráficos de espalhamento das cenas agrícolas apresentavam propriedades constantes quando envolviam as bandas do verde, do vermelho e do infravermelho próximo. A trajetória assumida pelos *pixels* verificada pelas imagens periódicas lembrava muito a de um chapéu com cordas penduradas em seu topo (*tasseled cap*), como mostra a Fig. 4.6. Por meio de análises de uma coleção de imagens tomadas em períodos diferentes, concluiu-se que *pixels* que representavam o solo localizavam-se na parte inferior do gráfico, mas se deslocavam para as partes superiores à medida que algum tipo de cultivo aflorava e crescia. O comportamento inverso era observado no estágio de senescência da planta (final do ciclo de vida), com os *pixels* que representavam o fechamento do ciclo agrícola encaminhando-se novamente para a parte inferior do gráfico.

Com base nessa percepção, Kauth e Thomas (1976) derivaram uma transformação linear padronizada com as bandas do sensor MSS/Landsat que reprojetava os dados em três eixos fixos e ortogonais, denominados *brightness*, *greenness*, e *yellow stuff* (ou *wetness*, a depender do sensor utilizado). O primeiro eixo (*brightness*), que corresponde ao brilho, é capaz de indicar o tipo de solo, desde o mais claro até aquele mais escuro. Na concepção dos autores, essa

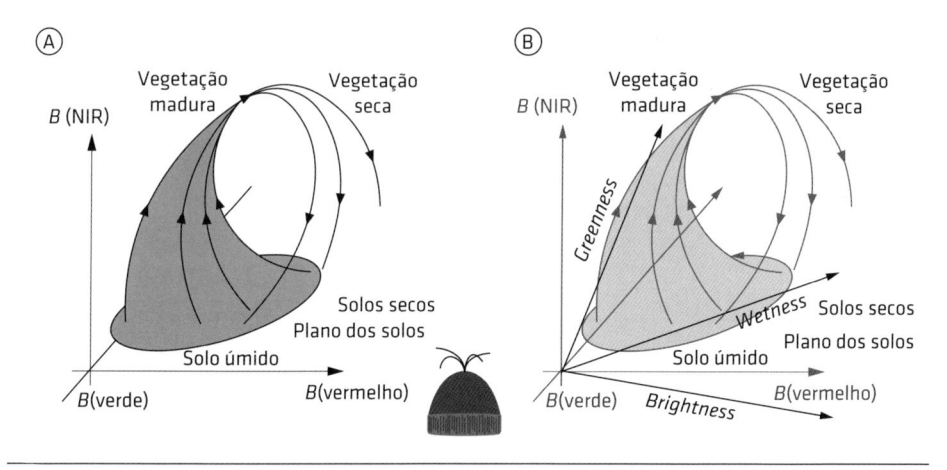

Fig. 4.6 (A) Gráfico de espalhamento para as bandas do verde, do vermelho e do infravermelho próximo e trajetórias assumidas pelos *pixels* de zonas de plantio à medida que o cultivo evolui e (B) posicionamento dos eixos *tasseled cap* concebidos pela análise das trajetórias dos *pixels*, as quais lembram o desenho de um chapéu com cordas em seu topo

região do gráfico representa os diferentes tipos de solo onde crescem as culturas agrícolas. O segundo eixo (*greenness*), ortogonal ao primeiro, corresponde ao teor vegetativo do *pixel*, registrando maiores valores à medida que a quantidade de biomassa aumenta e o solo não é mais exposto. Independentemente do tipo de solo que originou o plantio, a tendência é que o estágio maduro do cultivo se direcione para um ponto comum, onde se registra o valor máximo da componente *greenness*. Em seguida, a planta entra em estágio senescente, quando as folhas ficam amareladas, sendo possível observar em seguida uma redução gradativa dos valores dessa componente, até que chegue a colheita e o *pixel* registre apenas o solo exposto novamente, fechando o ciclo fenológico da planta. A trajetória cíclica desde a saída até o retorno para o solo pode assumir alguns rumos diferentes, em função do tipo de solo e do cultivo. Dependendo do sensor considerado, ainda há a possibilidade de existirem outros eixos ortogonais adicionais. *Yellow stuff*, que corresponde ao terceiro eixo, pode ser extraído de imagens do sensor MSS/Landsat, atuando na direção das folhas amarelas em plantios maduros. Por outro lado, os sensores TM, ETM+ e OLI, dos satélites Landsat posteriores, que corresponde ao terceiro eixo, um eixo denominado *wetness*, capaz de indicar a umidade do solo ou do plantio. Outras componentes ortogonais também podem ser geradas dependendo da abordagem do estudo. A exigência é que os eixos criados sejam sempre ortogonais para garantir a independência natural das componentes (sem correlação). As Tabs. 4.4 e 4.5 apresentam os coeficientes utilizados para derivar as componentes *tasseled cap* (TC) para os sensores TM e OLI.

Tab. 4.4 Coeficientes fixos da transformação *tasseled cap* para as bandas de reflectância do sensor TM/Landsat-5

	TM-1	TM-2	TM-3	TM-4	TM-5	TM-7
Brightness	0,2043	0,4158	0,5524	0,5741	0,3124	0,2303
Greenness	-0,1603	-0,2819	-0,4934	0,794	-0,0002	-0,1446
Wetness	0,0315	0,2021	0,3102	0,1594	-0,6806	-0,6109
TC_4	-0,2117	-0,0284	0,1302	-0,1007	0,6329	-0,7078
TC_5	-0,8669	-0,1835	0,3856	0,0408	-0,1132	0,2272
TC_6	0,3677	-0,8200	0,4354	0,0518	-0,0066	-0,0104

Tab. 4.5 Coeficientes fixos da transformação *tasseled cap* para as bandas de reflectância do sensor OLI/Landsat-8

	(Azul) Banda 2	(Verde) Banda 3	(Vermelho) Banda 4	Banda 5	Banda 6	(SWIR2) Banda 7
Brightness	0,3029	0,2786	0,4733	0,5599	0,508	0,1872
Greenness	-0,2941	-0,243	-0,5424	0,7276	0,0713	-0,1608
Wetness	0,1511	0,1973	0,3283	0,3407	-0,7117	-0,4559
TC_4	-0,8239	0,0849	0,4396	-0,058	0,2013	-0,2773
TC_5	-0,3294	0,0557	0,1056	0,1855	-0,4349	0,8085
TC_6	0,1079	-0,9023	0,4119	0,0575	-0,0259	0,0252

Considere-se um exemplo prático de utilização da transformação *tasseled cap* para uma imagem TM/Landsat-5 tomada sobre uma zona de cultivo em diferentes estágios, com a presença de solos claros e escuros. As bandas refletivas 2 (verde), 3 (vermelho) e 4 (infravermelho próximo) são mostradas na Fig. 4.7A. Por sua vez, o gráfico de espalhamento tridimensional envolvendo essas três variáveis é exibido na Fig. 4.7B. É possível notar que, por existirem nessa cena diferentes tipos de vegetação, estágios agrícolas e também tipos de solo, a apresentação da imagem no gráfico de espalhamento aproxima-se consideravelmente da forma de chapéu característica da transformação *tasseled cap*. A transformação para os dados Landsat-5 foi capaz de produzir três componentes ortogonais (*brightness, greenness* e *wetness*), que são mostradas na Fig. 4.7C.

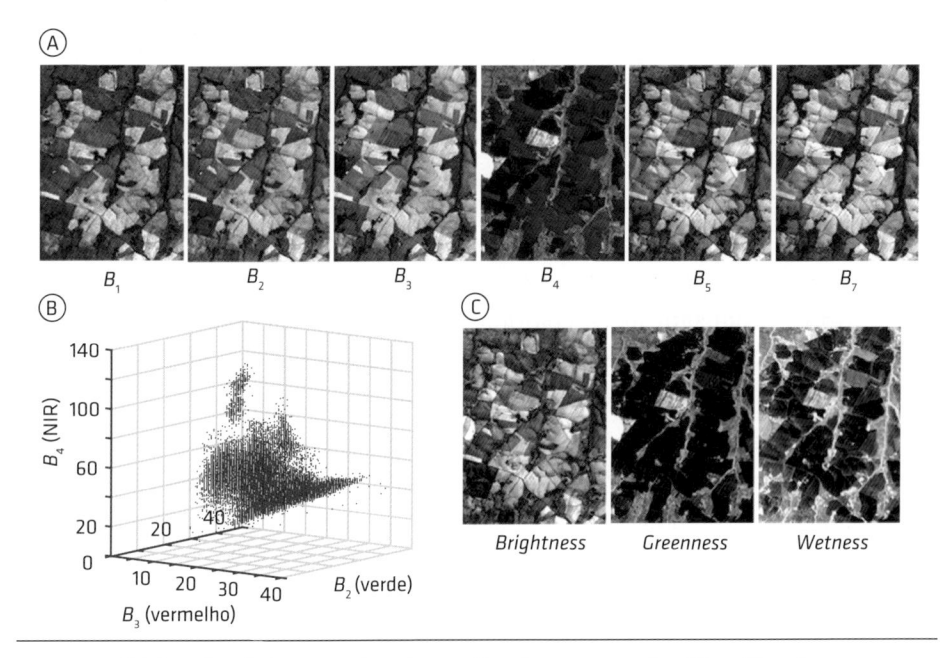

Fig. 4.7 (A) Bandas da imagem Landsat utilizada no exemplo; (B) gráfico de espalhamento construído com as bandas do verde, do vermelho e do infravermelho (NIR); e (C) resultado da transformação *tasseled cap*

Nota-se que a segunda componente (*greenness*) se assemelha à resposta espectral da banda 4 da imagem original. Isso ocorre porque a banda 4 do sensor TM/Landsat-5 corresponde ao canal do infravermelho próximo, muito sensível à vegetação verde e sadia. A componente *brightness* se assemelha a uma visão pancromática da cena e é capaz de caracterizar as condições do solo, enquanto a componente *wetness* revela as áreas mais úmidas. Juntas, as componentes são consideradas uma ferramenta útil para o monitoramento de cultivos agrícolas.

4.3 Transformação RGB-HSI

O uso de cores na exibição de imagens de sensoriamento remoto é um aspecto importante do processamento de imagens. Pode-se representar as imagens através das *cores verdadeiras*, escolhendo as bandas do vermelho, do verde e do azul para os correspondentes canais RGB do monitor, ou mostrar as outras bandas fora da faixa do visível, em composições de *falsa cor*. É possível ainda extrair informações visuais relacionadas à cor dos objetos por meio de técnicas de conversão do espaço tradicional RGB para o espaço *hue* (matiz), *saturation* (saturação) e *intensity* (intensidade), conhecido como HSI.

4.3.1 Conceito

O espaço RGB se refere ao sistema aditivo de cores primárias em que as luzes vermelha (*red*), verde (*green*) e azul (*blue*) são combinadas de várias formas para reproduzir um largo espectro de cores possíveis. Trata-se do espaço original de representação das cores, inspirado no próprio sistema visual humano, o qual possui receptores primários nas cores vermelha, verde e azul. A maioria dos televisores, monitores de computador e projetores produzem luzes coloridas por meio de combinações dessas três cores. No entanto, a procura por uma determinada cor através de ajustes nas intensidades das cores primárias é uma tarefa complicada, especialmente para usuários familiarizados com mistura de cores.

O espaço HSI é uma representação alternativa das cores resultante de uma transformação não linear do espaço de cores RGB e que origina as componentes matiz, saturação e intensidade. Esse sistema foi inventado em 1938 pelo engenheiro de telecomunicações Georges Valensi com a finalidade de codificar sinais de televisão coloridos de forma que pudessem ser recebidos tanto por aparelhos em cores quanto por aparelhos monocromáticos (em preto e branco). Assim como no espaço RGB, cada cor existente pode ser representada pela combinação das três componentes. A procura por uma cor específica no espaço HSI é intuitiva, uma vez que as modificações causadas por cada componente são associadas a características objetivas da cor. Existem também algumas variações da transformação HSI, como a HSB (*hue, saturation* e *brightness* – matiz, saturação e brilho) e a HSV (*hue, saturation* e *value* – matiz, saturação e valor). A seguir é explicada cada uma das componentes que formam o sistema HSI:

- *Matiz (tonalidade)*: verifica a cor dominante, abrangendo todas as cores do espectro, desde o vermelho até o violeta (as cores puras do arco-íris).
- *Saturação (pureza)*: também chamado de pureza da cor. Quanto menor for esse valor, mais misturada a cor será com as outras, puxando para tons mais acinzentados. Cores saturadas são popularmente conhecidas como *cores vivas*, enquanto cores pouco saturadas são chamadas de *tons pastéis*.
- *Intensidade (luminosidade)*: define o brilho da cor. Quanto menor for o brilho, mais escura será a cor. Essa componente pode ser pensada como a quantidade de luz iluminando o objeto colorido.

O espaço RGB é frequentemente representado pelo sistema de coordenadas cartesianas, com cada cor primária sendo mensurada em um dos três eixos ortogonais (Fig. 4.8A). O espaço HSI, por outro lado, é representado por um duplo cone que tem em seu ponto médio um disco identificando os valores de matiz e saturação; por sua vez, enquanto a direção vertical define a intensidade (Fig. 4.8B). No disco, quanto mais próxima das bordas está a cor, maior é a saturação; quanto mais próxima está do centro, maior é a mistura das cores e menor é a saturação. A intensidade é determinada pela altura do cone e define o nível de luminosidade da cor escolhida nas etapas anteriores.

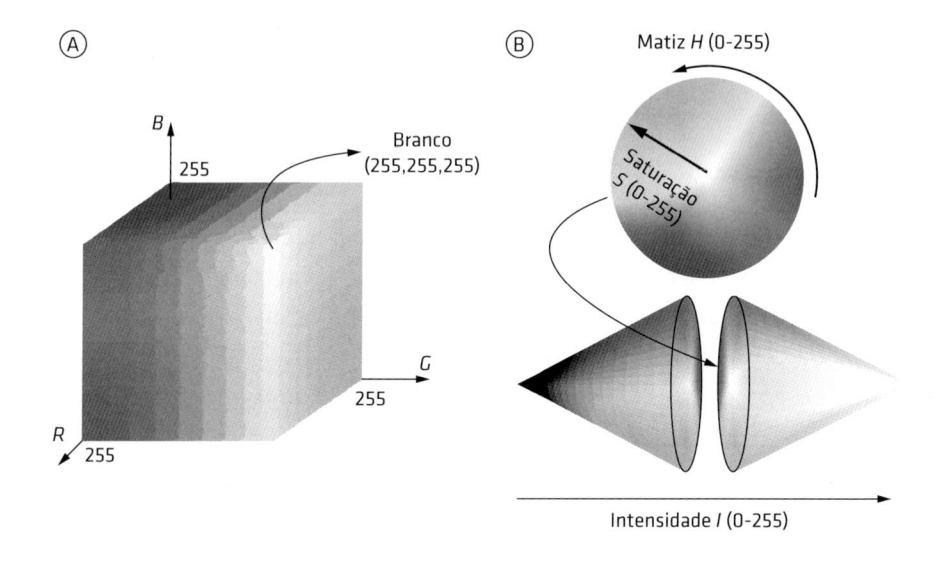

Fig. 4.8 (A) Espaço de cores RGB, também conhecido como *cubo colorido*, é capaz de identificar qualquer cor através de coordenadas cartesianas dos eixos com as cores primárias do sistema aditivo vermelha, verde e azul, e (B) espaço de cores HSI, composto de um cone que identifica a matiz e a saturação com coordenadas polares e a intensidade por um eixo vertical ligando o vértice ao topo do cone

4.3.2 Conversão entre sistemas

Existem algumas alternativas para realizar a conversão entre os espaços RGB e HSI. Apresenta-se a seguir uma opção de conversão que parte dos valores RGB no formato *byte* (0-255) e resulta em componentes HSI normalizadas no mesmo intervalo. Inicialmente é preciso verificar, para cada *pixel*, qual é o maior (*Máx*) e o menor valor (*Mín*) entre os três canais

RGB. Em seguida, esses dois valores, acompanhados dos demais, são inseridos nas seguintes relações:

$$H[0\text{-}255] = \frac{85}{2} \cdot \left(\frac{G-B}{M\acute{a}x - M\acute{\imath}n} + 0\right) \to \text{Se M\'ax} = R \text{ e } G \geq B$$

$$H[0\text{-}255] = \frac{85}{2} \cdot \left(\frac{G-B}{M\acute{a}x - M\acute{\imath}n} + 4\right) \to \text{Se M\'ax} = R \text{ e } G < B$$

$$H[0\text{-}255] = \frac{85}{2} \cdot \left(\frac{B-R}{M\acute{a}x - M\acute{\imath}n} + 2\right) \to \text{Se M\'ax} = G \qquad (4.7)$$

$$H[0\text{-}255] = \frac{85}{2} \cdot \left(\frac{R-G}{M\acute{a}x - M\acute{\imath}n} + 4\right) \to \text{Se M\'ax} = B$$

$$S[0\text{-}255] = \left(1 - \frac{M\acute{\imath}n}{I}\right) \cdot 255$$

$$I[0\text{-}255] = \frac{R+G+B}{3}$$

em que H corresponde ao matiz, S à saturação e I à intensidade, todos variando entre zero e 255. Observe-se que H pode ser calculado de quatro maneiras distintas dependendo das quantidades registradas inicialmente nos canais RGB. Como exemplo, a cor bege, que por convenção é dada por R = 245 e G = 245, B = 220, resulta, no espaço HSI, em quantidades de matiz H = 42,5, saturação S = 18 e intensidade I = 237.

A conversão entre espaços de cores aplicada a imagens de satélite pode ocorrer da maneira tradicional, ou seja, utilizando como dados de entrada os canais vermelho, verde e azul, ou também selecionando outras bandas que descrevam os alvos de interesse com maior propriedade. Considere-se o exemplo prático a seguir, com uma imagem TM/Landsat-5 em composição de falsa cor 5(R)4(G)3(B) que pode ser usada para a identificação visual de áreas desmatadas na Amazônia (Fig. 4.9). Nessa composição, os tons magenta e verde--claro correspondem a áreas desmatadas, enquanto os tons verde-escuros correspondem à floresta nativa. Um intérprete bem treinado é capaz de reconhecer as áreas desmatadas com precisão, vinculando a elas os mais variados tons de magenta (solo exposto) e verde-claro (vegetação rasteira). Ele realiza esses julgamentos de modo subjetivo visualizando a imagem diretamente no espaço RGB. Entretanto, a descrição objetiva das regras adotadas é complexa e difícil nesse espaço. Isso porque as diferenças de cor em cada classe (solo exposto, vegetação rasa e floresta nativa) envolvem variações simultâneas nas três componentes RGB, o que não ocorre ao utilizar o espaço HSI. É possível observar que, independentemente das variações de saturação ou intensidade mostradas pelos tons de magenta, os *pixels* de solo exposto preservam razoavelmente o mesmo matiz (*pixels* escuros na componente de matiz da Fig. 4.9). Por outro lado, os *pixels* de vegetação rasteira e floresta nativa possuem aproximadamente a mesma matiz verde, mas podem ser diferenciados com facilidade por seu brilho na componente intensidade. Aqueles fracamente iluminados correspondem à floresta nativa, enquanto os fortemente iluminados são ligados à vegetação rasteira (ver componente de intensidade da Fig. 4.9).

Observa-se, portanto, que embora a visão humana seja baseada em receptores individuais para as cores vermelha, verde e azul, a descrição objetiva das diversas tonalidades de cores é facilitada com a utilização do sistema alternativo HSI. Não por acaso, muitos trabalhos de computação gráfica que envolvem aprendizado computacional dão preferência ao espaço HSI em detrimento do original RGB.

Assim como esta, outras aplicações também costumam se beneficiar da transformação RGB para HSI, com a fusão de imagens de diferentes sensores. A seguir, será abordada uma dessas aplicações de fusão, voltada para o aprimoramento da resolução espacial em imagens multiespectrais.

4.4 *Pansharpening*

Pansharpening é um processo de fusão de imagens multiespectrais de baixa resolução espacial com imagens pancromáticas de alta resolução espacial para criar uma única imagem colorida de alta resolução. O GoogleMaps, assim como empresas desenvolvedoras de mapas urbanos, usa essa técnica para aumentar a qualidade das imagens disponíveis. Tais combinações de bandas são comumente realizadas em conjuntos de dados de satélite ou fotografias aéreas de câmeras especiais.

Dificuldades técnicas impedem que sensores orbitais com muitas bandas espectrais possuam elevada resolução espacial. Ainda assim, é possível adquirir em paralelo uma imagem compreendendo simultaneamente toda a faixa do visível e com resolução espacial melhorada, mas mostrando apenas intensidades de brilho dos materiais, similar a uma componente de intensidade (I) no espaço HSI. De fato, um intervalo que compreenda toda a faixa do visível registra simultaneamente energias na faixa do vermelho, do verde e do azul, obtendo como resultado um nível de cinza médio decorrente das contribuições individuais dos três canais coloridos. De forma similar, a componente intensidade (I) da transformação HSI é calculada pela média aritmética entre os valores registra-

B_3　　　　　　　B_4　　　　　　　B_5

5(R) 4(G) 3(B)

Matiz (H)　　　　　　Saturação (S)　　　　　　Intensidade (I)

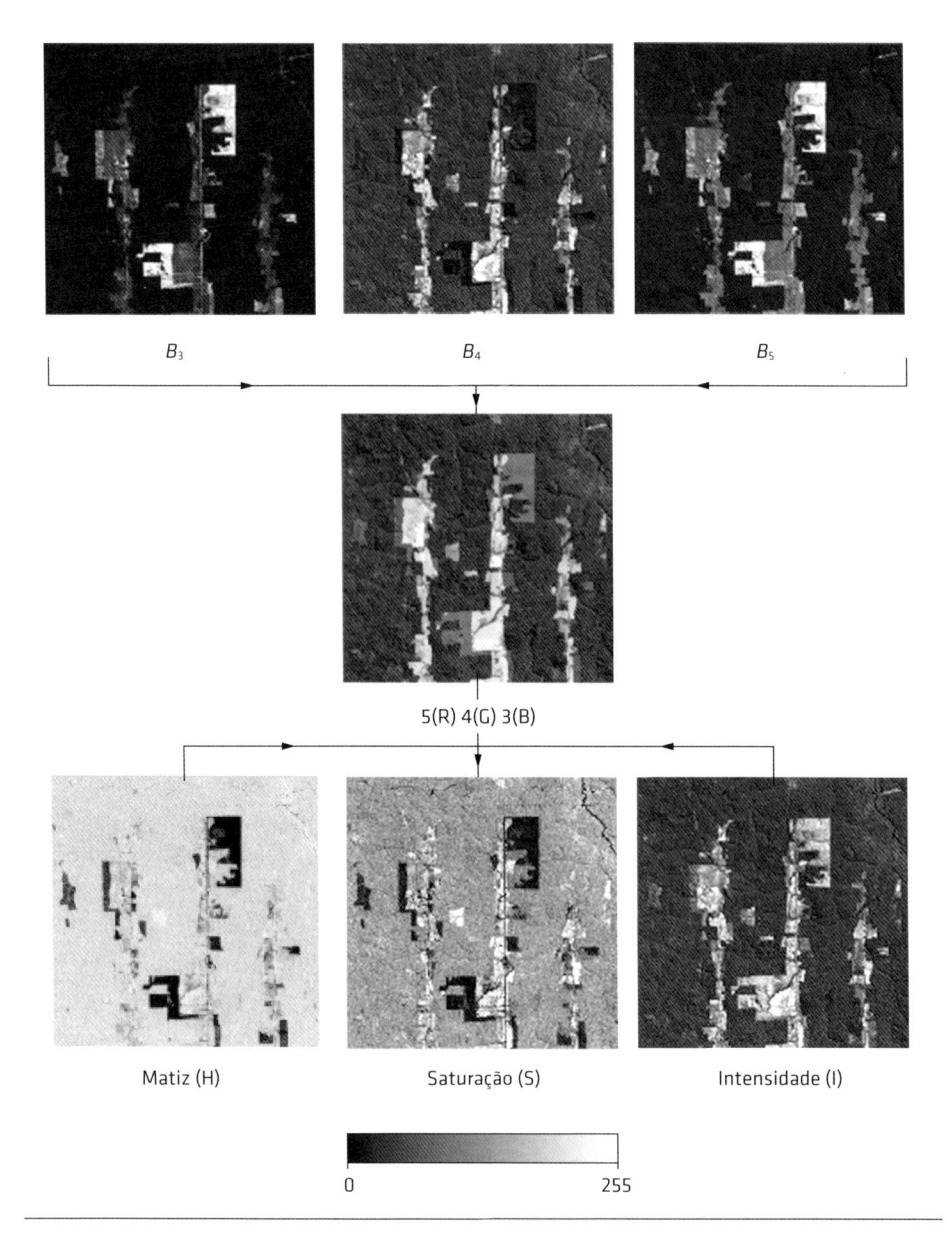

0　　　　255

Fig. 4.9 Exemplo prático de conversão entre os espaços RGB e HSI em três bandas de uma imagem TM/Landsat-5 cobrindo uma região de desmatamento na Amazônia brasileira. A conversão não precisa necessariamente ser feita a partir de composições nas três cores verdadeiras, podendo, de acordo com a conveniência para a aplicação, ser realizada a partir das demais bandas do sensor, como no presente exemplo, em que se utilizaram as bandas 3, 4 e 5

dos pelas bandas do vermelho, do verde e do azul. Essas bandas são conhecidas como *pancromáticas* e têm se mostrado muito úteis para o mapeamento de zonas urbanas em alta resolução espacial. Por exemplo, o Landsat-8 inclui bandas multiespectrais com resolução de 30 m e uma banda pancromática com resolução de 15 m. Os pacotes de dados comerciais, como Spot, GeoEye e WorldView, também incluem bandas multiespectrais de menor resolução e uma banda pancromática que possibilite a operação de *pansharpening*.

Um dos algoritmos mais comuns de *pansharpening* é baseado na substituição de componentes resultantes da transformação RGB para HSI. Basicamente, o procedimento consiste em:

- Registrar espacialmente as bandas multiespectrais com a banda pancromática disponível.
- Calcular os componentes HSI a partir de três bandas multiespectrais selecionadas.
- Reamostrar as componentes H e S para a mesma quantidade de *pixels* da imagem pancromática disponível.
- Substituir a componente I da composição pela banda pancromática.
- Aplicar a transformação inversa, de HSI para RGB.

Após a transformação, a imagem será colorida e terá a resolução espacial da banda pancromática.

Considere-se o exemplo de um procedimento realizado com dados WorldView-3. A Fig. 4.10 mostra os três canais coloridos (vermelho, verde e azul), com resolução espacial de 1,24 m, e a banda pancromática, com resolução espacial de 0,31 m, adquiridos sobre uma área urbana. Realiza-se a transformação do espaço RGB para HSI, e apenas as componentes matiz (H) e saturação (S) são aproveitadas e reamostradas para a resolução compatível com a banda pancromática (0,31 m). Logo depois, substitui-se a componente intensidade (I) pela banda pancromática, o que resulta em uma composição H + S + banda pancromática, todas com resolução espacial de 0,31 m. Finalmente, é realizado um retorno do espaço HSI para RGB.

O resultado do procedimento pode ser verificado na Fig. 4.11 pela comparação dos dados originais em 1,24 m com a imagem resultante em 0,31 m. É possível notar um pequeno efeito de "borramento" na borda dos objetos, fruto da redução do tamanho do *pixel* nas componentes H e S pela simples divisão do *pixel* original.

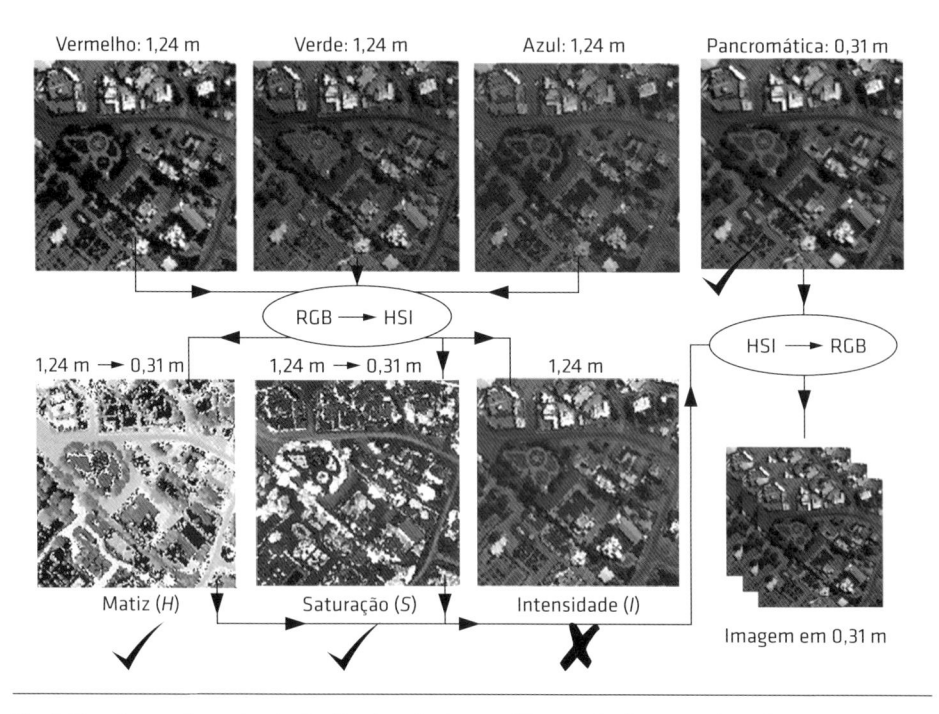

Fig. 4.10 Procedimento de fusão dos dados multiespectrais com a banda pancromática utilizando transformação HSI, para uma imagem de alta resolução do satélite WorldView-3
Fonte: imagens cedidas pela DigitalGlobe Foundation.

Observe-se que apenas a componente intensidade (I) é que possui resolução efetiva de 0,31 m, sendo as demais reduzidas de 1,24 m para 0,31 m por reamostragem. Logo, o resultado alcançado pelo procedimento é apenas visual, não correspondendo exatamente ao que seria uma imagem tomada efetivamente com *pixels* de 0,31 m. Portanto, dados desse tipo não devem ser utilizados como entrada em análises quantitativas como cálculo de índices físicos, classificação de imagens, ou em modelos de mistura espectral.

Uma forma alternativa para realizar esse procedimento de fusão de imagens é através da análise por componentes principais (ACP), vista neste capítulo. Nesse caso, realiza-se a transformação a partir das três bandas do visível. Como a primeira componente principal é, geralmente, muito semelhante a uma vista pancromática da cena, substitui-se essa componente pela banda pancromática e realiza-se a reamostragem das duas componentes restantes para a resolução espacial compatível. Em seguida, utilizam-se os autovetores originais para desenvolver uma transformação inversa, retornando para o espaço original dos dados.

1,24 m	0,31 m
Composição de cores verdadeiras (WorldView-3)	Resultado do *pansharpenning*

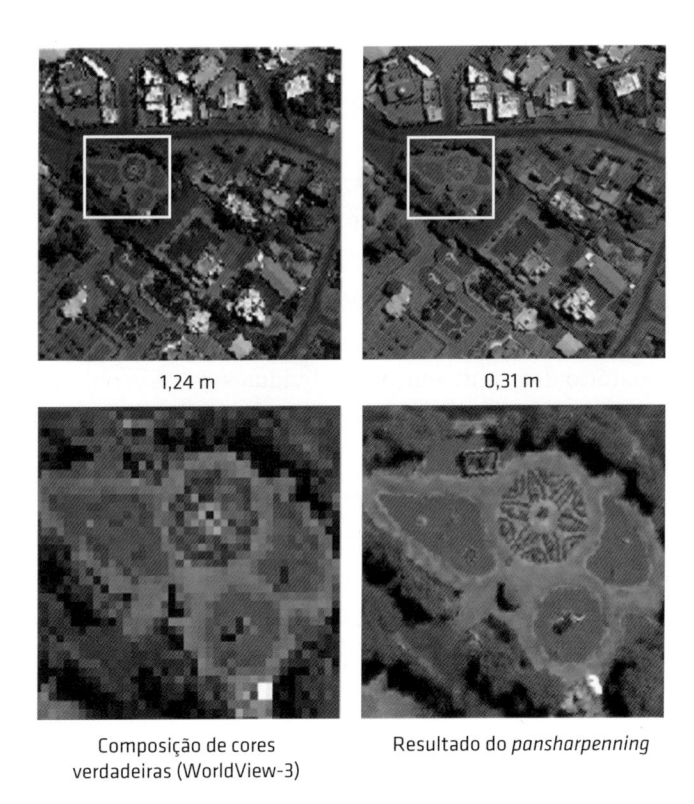

Fig. 4.11 Resultado do *pansharpening*. À esquerda, apresenta-se uma composição em cores verdadeiras da imagem original, e, à direita, é mostrado o resultado da fusão dos dados multiespectrais com a banda pancromática. Nos detalhes, é possível notar o benefício agregado em resolução espacial na imagem resultante. Porém, percebe-se também um pouco de "borramento" na borda dos objetos
Fonte: imagens cedidas pela DigitalGlobe Foundation.

O sucesso de procedimentos desse tipo depende do grau de correlação radiométrica entre os dados disponíveis, isto é, deve haver uma similaridade razoável entre a banda pancromática e a componente intensidade (I) ou a primeira componente principal. Um problema para alguns sensores é a falta de cobertura do azul ou do infravermelho próximo pela banda pancromática. Sabe-se, por exemplo, que a banda pancromática de 15 m do sensor OLI/Landsat-8 tem problemas nesse sentido. Artefatos nesse tipo de procedimento surgem também caso a banda pancromática seja proveniente de um segundo sensor, exigindo, assim, registro espacial preciso entre os dados para garantir a qualidade do resultado. É importante destacar que atualmente existem métodos mais avançados de *pansharpening* que são capazes de preservar a informação das bandas multiespectrais, como, por exemplo, o método Gram-Schmidt (Aiazzi et al., 2009).

4.5 Modelos de mistura espectral

Na análise e na interpretação de dados de sensoriamento remoto, um dos desafios enfrentados é a classificação de *pixels* não uniformes, com mistura de componentes como solo, vegetação, rocha e água. Conforme abordado no Cap. 1, a radiância que dá origem ao nível de cinza de um *pixel* é resultado do somatório das contribuições individuais de cada objeto contido dentro do IFOV do sensor. Assim, a resposta espectral em cada banda depende tanto da natureza química e física dos objetos quanto da quantidade com que se apresentam dentro do *pixel*. Esse processo de composição do sinal registrado pelo detector a partir da integração dos materiais contidos em uma área predefinida da superfície é conhecido como *mistura espectral*.

Em princípio, uma vez "diluídas" as radiâncias oriundas de cada área da superfície na formação de um *pixel*, seria impossível revelar a configuração original dos objetos a partir do nível de cinza do *pixel*. Felizmente, ainda que não seja possível descobrir a posição dos objetos, a estimação da quantidade dos materiais no interior do *pixel* é possível por modelos de regressão conhecidos como *unmixing* (modelos de "desmistura").

Para melhorar a compreensão, será utilizada a seguinte analogia com tintas primárias do sistema subtrativo: amarelo, ciano e magenta. Considerando uma aquarela com uma porção de 3 g de tinta amarela, 5 g de tinta ciano e mais 2 g de tinta magenta, ao misturar as três tintas é produzida uma cor única que só pode ser alcançada quando se incluem 30% de cor amarela, 50% de cor ciano e 20% de cor magenta. Logo, a partir dessa cor, é possível descobrir quais eram as proporções originais das cores primárias. No entanto, não há como descobrir de que maneira elas estavam distribuídas inicialmente na aquarela. Assim funcionam os *modelos de mistura espectral* aplicados a imagens de sensoriamento remoto. As componentes da mistura são os materiais que estão presentes na superfície (tipos de vegetação, solos, rochas, água, sombra etc.), e parte-se do valor registrado pelo *pixel* em cada banda da imagem para estimar as quantidades percentuais que cada objeto apresentava no terreno relativamente a esse *pixel*.

Os modelos de mistura espectral passaram a ser estudados na década de 1970, juntamente com o lançamento dos satélites Landsat, por autores como Horwitz et al. (1971), Detchmendy e Pace (1972), Adams e Adams (1984) e Shimabukuro e Smith (1991). Este último trabalho, que foi protagonizado por um pesquisador brasileiro, encontrou grande aceitação na comunidade científica internacional e se tornou referência para vários estudos envolvendo modelos de mistura espectral. A grande vantagem da utilização dos modelos de mistura reside na possibilidade de fazer uma leitura da imagem em nível de *subpixel*, ou seja, rompendo com a limitação imposta pela resolução espacial do *pixel*, sendo possível informar a quantidade com que diferentes materiais se apresentam dentro dele. Em classificação de imagens, em geral, um *pixel* recebe um único rótulo (classe) que depende de suas características espectrais, podendo ser vegetação, solo, água, rocha etc., mas nunca uma combinação das componentes disponíveis. Já nos modelos de mistura, é possível estimar a proporção de ocupação dos materiais dentro de cada *pixel* da imagem. Importantes exemplos nacionais de aplicação dos modelos de mistura espectral são os projetos de monitoramento de áreas de desmatamento e queimadas na Amazônia Legal.

4.5.1 Modelo linear de mistura espectral (MLME)

No exemplo da Fig. 4.12, o quadro da esquerda apresenta uma proporção de 50% de vegetação, 10% de água e 40% de solo. Como cada material apresenta um comportamento espectral característico, serão verificados três tipos de interação diferente com a radiação incidente. No *modelo*

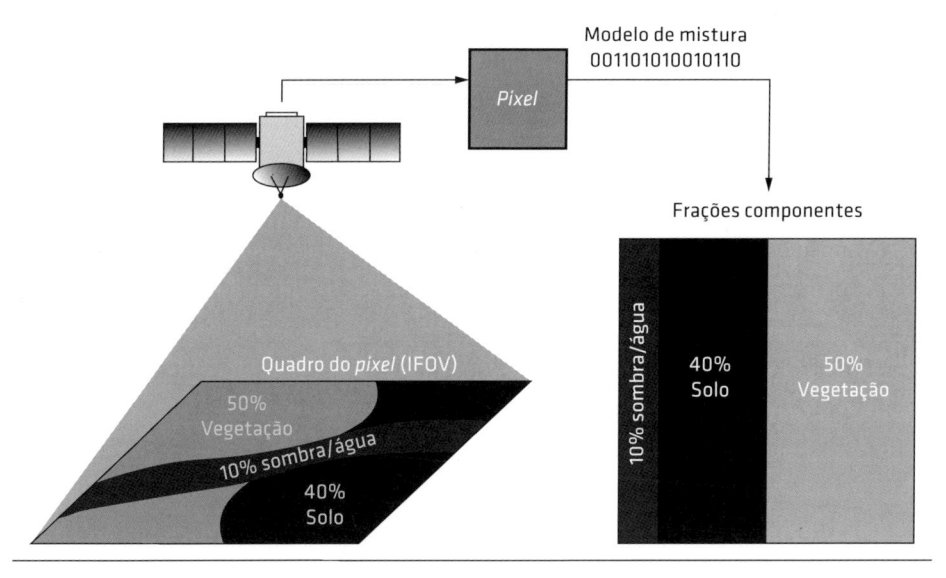

Fig. 4.12 Representação da integração resultante da contribuição de diferentes materiais para a formação do *pixel*, e respectiva aplicação do modelo de mistura espectral recuperando as frações originais das componentes, sem, porém, determinar sua real configuração no *pixel*

linear de mistura espectral (MLME), o nível de cinza registrado pelo *pixel* será definido pela combinação linear de cada uma dessas três componentes puras, que nesse contexto são chamadas de *endmembers*. Os *endmembers* possuem um comportamento espectral fixo para cada banda na imagem, que é característico da componente envolvida no problema (vegetação, solo, água etc.). Esses valores são importantes para o modelo de mistura e correspondem ao que seria registrado pelo sensor caso o *pixel* fosse ocupado apenas pela componente em questão. Podem, inclusive, ser definidos por inspeção direta na imagem à procura de *pixels* contendo apenas um tipo de material, sendo esses chamados de pixels *puros*. Alternativamente, é possível encontrar a resposta dos *endmembers* em cada banda a partir de *bibliotecas espectrais* disponibilizadas por alguns *softwares*, ou através de modelos gráficos, como o *simplex*.

Matematicamente, o MLME prevê que a resposta espectral r_k de cada *pixel* na banda k é dada pelo somatório da resposta espectral de cada um dos n *endmembers* $s_{k1}, s_{k2}, ..., s_{kn}$, ponderado pela fração ocupada pelo respectivo *endmember* no *pixel* $f_1, f_2, ..., f_n$:

$$r_k = s_{k1}f_1 + s_{k2}f_2 + ... + s_{kn}f_n \qquad (4.8)$$

Essa equação descreve analiticamente a tarefa realizada pelo detector ao receber a radiação oriunda dos diferentes alvos do *pixel* compondo o valor final do nível de cinza, obedecendo as proporções de cada componente. Imagens multiespectrais contendo várias bandas espectrais produzirão um conjunto de equações lineares desse tipo com n incógnitas associadas com cada *endmember*. Observe-se que o número de equações produzidas para cada *pixel* corresponde à quantidade p de bandas na imagem. Cada uma das equações produzidas deve ainda obedecer duas restrições matemáticas impostas pela realidade do problema: (I) nenhuma fração estimada pelo modelo pode ser menor que 0% ou maior que 100%, e (II) o somatório das frações f_n das n componentes em cada *pixel* deve ser igual a 100%. Essas restrições podem ser representadas pelas seguintes relações:

$$0 \leq f_n \leq 100\%$$
$$\sum_{1}^{n} f_n = 100\% \qquad (4.9)$$

A seguir, é apresentado um exemplo prático de aplicação do modelo a fim de estimar a radiância por banda de um *pixel* coberto por 50% de vegetação,

10% de água e 40% de solo. As frações desse *pixel* seriam, então, $f_1 = 0,5$, $f_2 = 0,1$ e $f_3 = 0,4$, identificando vegetação, água e solo como 1, 2 e 3, respectivamente. Assumindo as assinaturas espectrais de cada componente como as apresentadas no gráfico da Fig. 4.13, e o posicionamento das seis bandas refletivas de um sensor arbitrário, o espectro de cada componente pura (*endmember*) terá os valores mostrados na Tab. 4.6. Deve-se observar que essas quantidades foram estimadas com base no valor médio de cada linha no intervalo compreendido para a banda em questão. Esse é um exemplo de como os *endmembers* podem ser estimados com base em uma biblioteca de assinaturas espectrais.

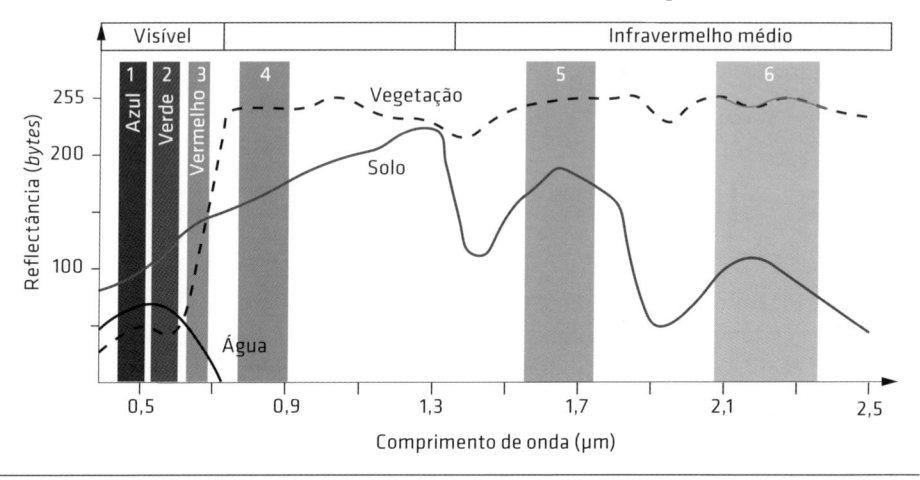

Fig. 4.13 Assinaturas espectrais dos alvos vegetação, solo e água, juntamente com o posicionamento das bandas do sensor tomado como exemplo

Tab. 4.6 Espectro de *pixels* puros (*endmembers*) para as componentes vegetação, água e solo

	B_1	B_2	B_3	B_4	B_5	B_6
Vegetação	60	40	83	205	160	155
Água	65	70	51	02	03	01
Solo	75	80	110	170	210	220

A aplicação da Eq. 4.8 nesse *pixel*, para cada banda, resulta no que é mostrado pelo diagrama da Fig. 4.14. Nessas condições, o *pixel* terá um nível de cinza com os seguintes valores: banda 1 = 66, banda 2 = 59, banda 3 = 91, banda 4 = 171, banda 5 = 164 e banda 6 = 166.

Não se está, no entanto, à procura dos valores radiométricos registrados para os *pixels*. A imagem revela as respostas espectrais r_k em cada banda, e

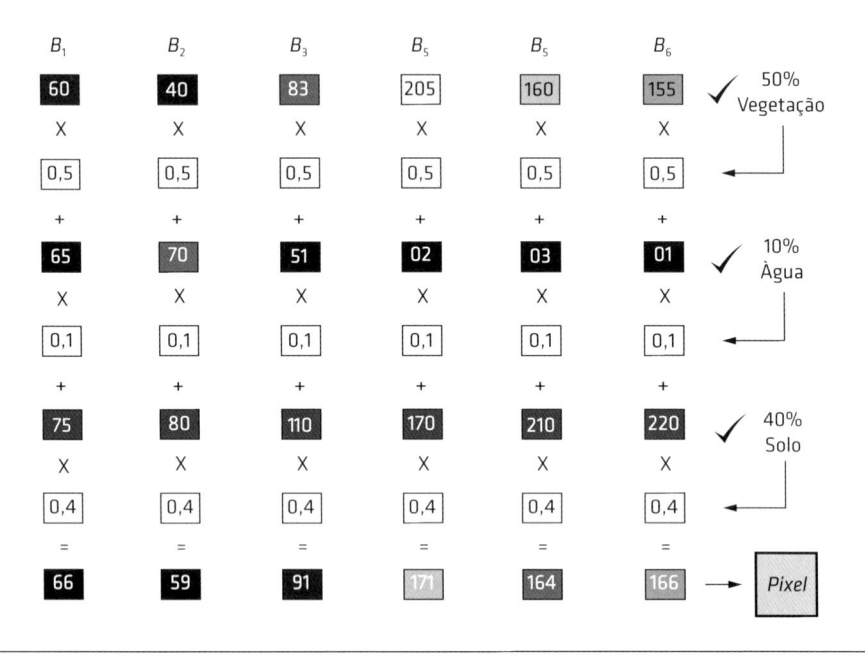

	B_1	B_2	B_3	B_4	B_5	B_6	
	60	40	83	205	160	155	✓ 50% Vegetação
	X	X	X	X	X	X	
	0,5	0,5	0,5	0,5	0,5	0,5	
	+	+	+	+	+	+	
	65	70	51	02	03	01	✓ 10% Água
	X	X	X	X	X	X	
	0,1	0,1	0,1	0,1	0,1	0,1	
	+	+	+	+	+	+	
	75	80	110	170	210	220	✓ 40% Solo
	X	X	X	X	X	X	
	0,4	0,4	0,4	0,4	0,4	0,4	
	=	=	=	=	=	=	
	66	59	91	171	164	166	→ Pixel

Fig. 4.14 Diagrama analítico representando o cálculo de níveis de cinza registrados por um *pixel* em seis bandas refletivas através das contribuições lineares e proporcionais das componentes vegetação, água e solo existentes em seu interior

também é possível encontrar o espectro dos *endmembers* $s_{k1}, s_{k2},..., s_{kn}$ sem dificuldade. O objetivo do MLME é obter as frações com que cada *endmember* ocorre dentro dos *pixels*, portanto os valores de $f_1, f_2,..., f_n$ são incógnitas. Têm-se então n incógnitas e p equações, uma para cada uma das k bandas. Pode-se estimar as frações utilizando métodos numéricos, como o método dos mínimos quadrados (MMQ). Esse método funciona como se fossem determinadas para cada *pixel* numerosas combinações possíveis de frações, sendo em seguida escolhida aquela que remonta ao valor que mais se aproxima do registrado pelo *pixel*, dados os valores fixos dos *endmembers*. Deve-se, portanto, encontrar a combinação em que a diferença por banda entre o valor estimado (modelo) e o valor observado (registrado pelo *pixel*), chamada nesse contexto de resíduo v, seja a menor possível. O MMQ atua na procura daquela combinação de frações que minimiza os resíduos ou, em termos matemáticos, que minimiza o somatório dos quadrados dos resíduos (mín $\sum v^2$). Na prática, esse problema de otimização pode ser visualizado por um gráfico confrontando todas as possíveis combinações e seus respectivos resíduos (Fig. 4.15). A combinação de frações selecionadas será aquela que for capaz de reduzir ao máximo o valor dos resíduos, mas sempre

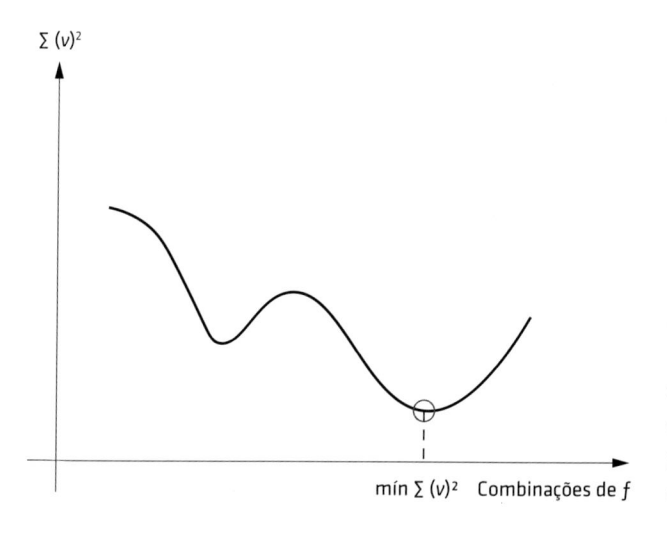

Fig. 4.15 Método dos mínimos quadrados (MMQ). No detalhe, combinação que minimiza o somatório dos quadrados dos resíduos

respeitando as restrições ordinárias da Eq. 4.9 impostas pelo modelo. Os modelos de mistura são capazes de fornecer imagens de resíduo por *pixel* juntamente com os resultados de saída das frações. Esses dados são importantes indicadores da qualidade das estimativas e do desempenho geral do modelo.

Considere-se um exemplo prático com a utilização de uma imagem do sensor MUX/CBERS-4 cobrindo uma área do pantanal sul-mato-grossense. O sensor tem quatro bandas espectrais: vermelho, verde, azul e infravermelho próximo. A Fig. 4.16 mostra uma composição em falsa cor $R(3)G(4)B(1)$ da imagem que contém áreas de vegetação, solo exposto e corpos d'água. Foram selecionados *pixels* puros representando os três *endmembers* diretamente na imagem multiespectral. Nessa figura é mostrada também uma imagem de resíduos por *pixel* produzida pelo somatório dos valores absolutos dos resíduos por banda, dados em nível de cinza. Os locais que concentram a maior quantidade de resíduos são aqueles que apresentaram o maior erro no modelo. São, portanto, *pixels* cuja estimativa de fração produzida pelo modelo de mistura tende a não ser muito precisa. Pode-se explicar esses erros pela seleção incorreta de um *pixel* puro para o problema ou pela falta de algum *endmember* na entrada do modelo de mistura. No caso desse experimento, foi propositalmente escolhido um *pixel* de água que não era puro, localizado na margem do rio e com traços leves de mistura com o solo.

4.5.2 Seleção de *endmembers*

Apesar de parecer uma tarefa simples, a seleção de *endmembers* em um dado problema de mistura espectral deve ser conduzida com alguns

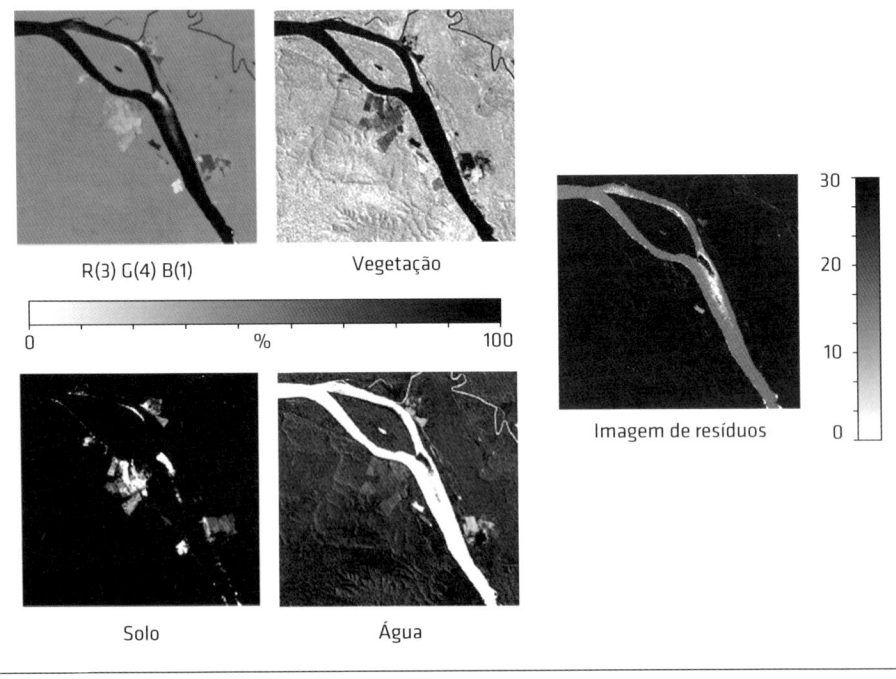

Fig. 4.16 Exemplo de aplicação do MLME para uma imagem MUX/CBERS-4 do pantanal sul-mato-grossense. Composição multiespectral em falsa cor juntamente com as frações de vegetação, solo e água. A imagem de resíduos oriunda do modelo descreve em quais *pixels* o modelo apresentou mais dificuldade na obtenção das estimativas

cuidados. Para se ter uma ideia, a simples extração de *endmembers* em um modelo de mistura é o tema principal de análise em diversos artigos científicos. Considere-se um exemplo prático em que o comportamento espectral da água é muito semelhante ao da sombra em imagens de satélite, ou seja, apresenta valores baixos de radiância em todas as bandas. Nesse caso, não há como separar essas duas componentes no modelo de mistura espectral, pois ambas correspondem a um único *endmember*, denominado *água-sombra*. Assim, deve-se interpretar os percentuais da imagem-fração água como percentuais de água e/ou sombra. Na Fig. 4.16, obviamente a imagem-fração água apresenta valores muito altos ao longo do rio que corta a cena, porém os percentuais não são nulos nas demais regiões. Isso ocorre porque, principalmente nos *pixels* de floresta, existe uma quantidade grande de sombra entre as copas das árvores, sombra projetada no solo, e a sombra é espectralmente parecida com a água. Esse fato reforça a necessidade de selecionar os *endmembers* com certa moderação, observando sempre o comportamento espectral da componente selecionada.

A ideia física por trás de um *endmember* é que este corresponda a uma componente pura no terreno (assinatura espectral pura) e possa ser usado para descrever o comportamento de *pixels* não puros através de combinações lineares com outros *endmembers*. Não deve haver semelhanças espectrais significativas entre diferentes *endmembers*, o que equivale a dizer que materiais selecionados como *endmembers* devem ter composições químicas notadamente distintas. É importante considerar também que um *endmember* que funcione em um problema não necessariamente poderá ser utilizado em outros. Por exemplo, em uma imagem que contenha unicamente componentes como plantação de soja, solo exposto e água-sombra, é possível considerá-las *endmembers*. Porém, se houvesse um tipo de plantio adicional, como trigo, não seria possível utilizar a soja e o trigo como diferentes *endmembers*, uma vez que são espectralmente similares. Nesse caso, a melhor solução seria unificar essas duas componentes em um *endmember* chamado *vegetação*. Da mesma forma, se a imagem incluir mais de uma qualidade de solo e eles forem similares espectralmente, deve-se selecionar um único *endmember* que represente simultaneamente os diferentes tipos de solo presentes. Esse fato expõe uma limitação importante dos modelos de mistura espectral que deve ser sempre levada em consideração no planejamento de um estudo.

Uma forma conveniente de selecionar *endmembers* em um problema de mistura espectral é através da análise realizada por gráficos de espalhamento, assim como foi feito na ACP. Um problema simples de mistura espectral baseado em três *endmembers* tem a interpretação geométrica de um triângulo cujos vértices são os *endmembers* (Fig. 4.17A). As frações de cada *pixel* são determinadas pela posição dos pontos dentro do triângulo.

Sistemas desse tipo são conhecidos como *simplex* e podem aceitar um maior número de *endmembers*, sempre localizados nos vértices, à medida que a dimensionalidade dos dados de entrada aumenta (número maior de bandas na imagem). Os *endmembers* estarão sempre localizados nas extremidades da nuvem de pontos, mas nunca no meio do caminho entre dois previamente selecionados. Regiões intermediárias correspondem a frações de mistura entre *endmembers*. É possível, por exemplo, inspecionar vários gráficos de espalhamento produzidos com as bandas da imagem em busca dos *endmembers* mais apropriados localizados nos eventuais vértices da nuvem de pontos. No exemplo utilizado neste capítulo, as componentes de vegetação,

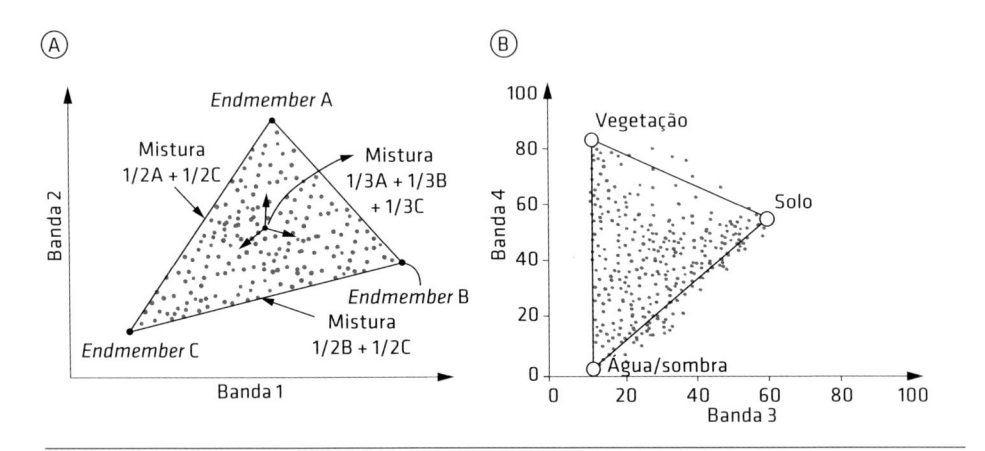

Fig. 4.17 (A) Modelo *simplex* para seleção de *endmembers* e (B) exemplo real de aplicação do *simplex* nos dados do experimento sugerido nesta seção

solo e água-sombra podem ser facilmente identificadas nos vértices do triângulo circunscrito aos pontos formados pelo gráfico de espalhamento entre as bandas 3 e 4 (Fig. 4.17B).

Além dos métodos citados, muitos outros já foram propostos para a extração de *endmembers* (Bioucas-Dias et al., 2012). Entretanto, sua descrição detalhada e exemplos de sua utilização fogem aos objetivos deste livro.

4.5.3 Modelos não lineares de mistura espectral

A presença de mais de um tipo de material dentro da área coberta por um *pixel* é a causa da mistura espectral. A mistura pode ser simplesmente aditiva, quando os elementos estão dispersos em regiões fragmentadas, em uma mistura macroscópica (Fig. 4.18A), sendo, o modelo linear, nesse caso, o mais adequado para efetuar o processo de fracionamento. Em outros casos, a mistura pode ser subtrativa, quando os elementos se encontram dissolvidos dentro do *pixel*, em uma mistura homogênea (Fig. 4.18B), ou quando há diferença acentuada de nível entre os objetos no *pixel* (Fig. 4.18C), sendo necessária, nessa situação, a aplicação de um modelo *não linear* de mistura espectral.

No caso linear, a radiação eletromagnética incidente na superfície sofre interação apenas com um tipo de material, retornando em seguida para a direção do sensor. Quando isso ocorre, cada material que compõe a mistura contribui aditivamente para o valor final do *pixel*. São exemplos desse tipo de situação a mistura entre floresta, solo, água-sombra, rocha etc. Nos casos não lineares,

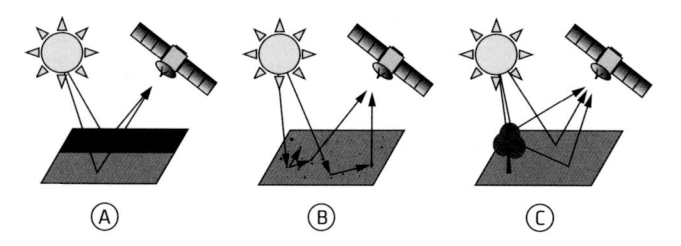

Fig. 4.18 Exemplos de alvos que apresentam mistura espectral linear e não linear: (A) alvos com mistura macroscópica tendem a apresentar reflexão única da radiação incidente; (B) alvos intimamente misturados podem apresentar múltiplas reflexões, provocando eventuais reflexões seguidas de absorção, impedindo uma aproximação linear da mistura; e (C) alvos com diferentes alturas também são candidatos a apresentar múltiplas reflexões, eventualmente resultando em misturas espectrais não lineares

a proximidade microscópica dos materiais em uma mistura homogênea (ou mistura íntima) pode provocar múltiplas reflexões, principalmente nas faixas do infravermelho, onde a radiação incidente pode interagir não só com um tipo de material, mas também com outros elementos da mistura antes de retornar ao espaço. Nesse caso, a radiação refletida por um material pode, em seguida, sofrer absorção pelos outros componentes da mistura, daí a denominação *subtrativa*. Se esse for o caso, modelos lineares baseados na combinação linear das respostas espectrais de diferentes materiais tendem a falhar, produzindo proporções incorretas para as diferentes componentes dentro do *pixel*. Exemplos de ambientes que se encaixam nessas condições são água com sedimentos em suspensão, mistura homogênea de diferentes tipos de solo, vegetação rasteira permeada de solo, alvos urbanos com geometrias variadas etc. A solução, no entanto, ainda é possível e exige que modelos envolvendo termos não lineares (segundo grau, terceiro grau etc.) sejam implementados para situações específicas. O tipo de modelo vai depender tanto dos materiais envolvidos na mistura quanto das faixas espectrais empregadas no sensor. Essa solução agrega um grau de complexidade ao problema que acaba por impedir sua utilização simples e genérica, como ocorre no modelo linear tradicional de mistura. Cabe observar que mesmo a seleção dos *endmembers* da mistura pode ser feita somente a partir de bibliotecas espectrais, uma vez que dificilmente existirão *pixels* puros disponíveis na cena. Dada a vasta gama de possibilidades assumidas nos modelos não lineares de mistura espectral e sua demasiada complexidade, não serão abordados exemplos práticos dessa utilização.

4.6 Exercícios propostos

1) Construir um gráfico de espalhamento (*scatterplot*) com os seguintes valores para as variáveis x e y. Calcular a média (μ), o desvio-padrão (σ) e a variância (*Var*) para cada variável, assim como a covariância (cov) e o índice de correlação (R) entre x e y.

Tab. 4.7   Coordenadas para os valores em *x* e *y*

x	13	26	112	58	32	05	210	28	95	187
y	50	32	95	43	150	20	255	75	221	235

2) Considerando os valores de alguns *pixels* por banda apresentados na Tab. 4.8, determinar a média, o desvio-padrão, a variância e a covariância para cada banda e definir o índice de correlação entre cada uma delas. Qual banda é mais similar à banda 3?

Tab. 4.8   Espectro de valores para cinco *pixels* em uma imagem com quatro bandas

	B_1	B_2	B_3	B_4
P × 1	36	20	34	97
P × 2	47	65	92	23
P × 3	39	12	37	14
P × 4	47	65	98	35
P × 5	71	55	48	35

3) Descrever a natureza das correlações entre as variáveis apresentadas por cada um dos diagramas da Fig. 4.19.

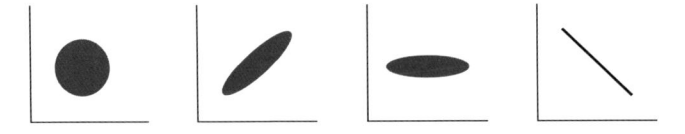

Fig. 4.19   Representações geométricas para diferentes tipos de correlação entre duas variáveis

4) Dado o gráfico da Fig. 4.20 representando as vendas de uma sorveteria de acordo com a temperatura do dia, determinar o índice de correlação (R).

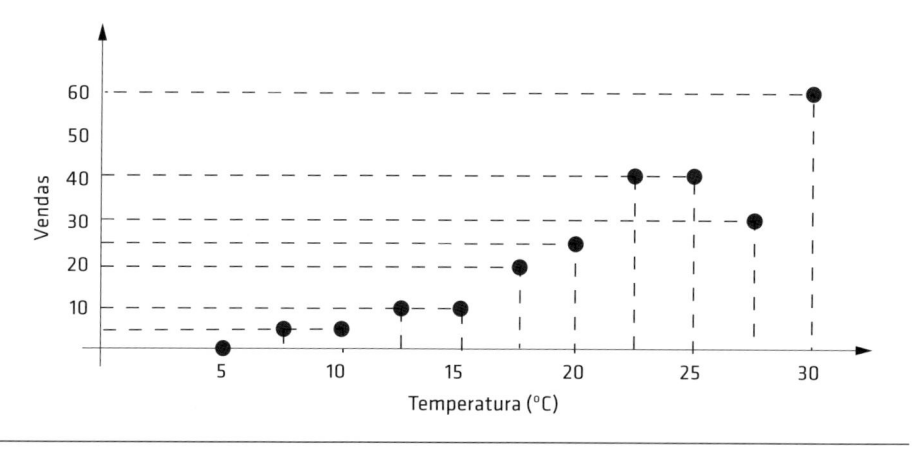

Fig. 4.20 Número de vendas de sorvete em função da temperatura do dia

5) Na Tab. 4.9, são apresentados os autovetores para quatro bandas de uma ACP para um determinado conjunto de dados na primeira componente.

Tab. 4.9 Autovetores correspondentes a uma transformação por componentes principais envolvendo bandas espectrais

B_1	B_2	B_3	B_4
0,32	−0,12	0,63	0,25

Para os *pixels* listados na Tab. 4.10, quais seriam os valores da primeira componente?

Tab. 4.10 Valores correspondentes a dois *pixels* em uma imagem com quatro bandas

	B_1	B_2	B_3	B_4
$P \times 1$	36	20	214	97
$P \times 2$	47	65	98	152

6) Dadas as variâncias apresentadas na Tab. 4.11, referentes às bandas originais e às componentes principais, determinar o percentual de variância que explica cada banda da imagem original e cada componente principal resultante. Quantas componentes principais são necessárias para explicar pelo menos 95% da variância dos dados originais?

Tab. 4.11 Valores de um *pixel* em quatro bandas espectrais e das quatro componentes principais resultantes

Bandas			
B_1	B_2	B_3	B_4
34,8	28,5	168,0	273,1
Componentes			
CP_1	CP_2	CP_3	CP_4
278,9	220,9	3,5	1,1

7) A transformação *tasseled cap* é a conversão das bandas originais de uma imagem em um novo conjunto de dados com interpretações definidas que são úteis para o mapeamento da vegetação. Qual é a maior limitação dessa transformação?

8) Diferenciar a transformação *tasseled cap* da análise por componentes principais (ACP). Quais as vantagens e as desvantagens de cada uma?

9) Considerar os valores da Tab. 4.12, relativos às bandas de um *pixel* de uma imagem TM/Landsat-5.

Tab. 4.12 Espectro de valores para um *pixel* em uma imagem TM/Landsat-5

B_1	B_2	B_3	B_4	B_5	B_7
36	20	34	97	125	132

De acordo com a Tab. 4.13, que apresenta os coeficientes *tasseled cap*, determinar os valores de *greenness*, *wetness* e *brightness*.

Tab. 4.13 Coeficientes *brightness*, *greenness* e *wetness* para uma transformação *tasseled cap* em uma imagem TM/Landsat-5

Componente	B_1	B_2	B_3	B_4	B_5	B_7
Brightness	0,3037	0,2793	0,4343	0,5585	0,5082	0,1863
Greenness	−0,2848	−0,2435	−0,5436	0,7243	0,0840	−0,1800
Wetness	0,1509	0,1793	0,3299	0,3406	−0,7112	−0,4572

10) Explicar a necessidade das duas restrições matemáticas impostas pelo modelo linear de mistura espectral.

11) Descrever as três formas possíveis de adquirir os *pixels* puros para a aplicação nos modelos de mistura espectral.

12) O modelo linear de mistura espectral tem sido muito utilizado em estudos ambientais no Brasil desde sua introdução, em 1991. Durante mais de uma década, o MLME foi usado pelo programa oficial de detecção de desmatamento na Amazônia (Prodes) no monitoramento anual das taxas de desmatamento. Uma vez que as áreas desmatadas apresentam solo exposto, quais *endmembers* (*pixels* puros) deveriam ser escolhidos na análise que produz os mapas de desmatamento? Como as imagens de fração seriam utilizadas para detectar o desmatamento?

13) Explicar a origem do "resíduo" em uma análise de mistura espectral.

14) Supor três *pixels* puros correspondentes a três componentes do terreno (A, B e C) e considerar que uma imagem TM/Landsat-5 possui seis bandas refletivas, iguais a 15, 96, 210, 150, 125 e 50 para a componente A; 25, 38, 42, 140, 63 e 95 para a componente B; e 55, 187, 65, 85, 32 e 21 para a componente C. Para um *pixel* com 30% de A, 25% de B e 45% de C, qual deve ser o valor do nível de cinza (NC) registrado por cada banda?

15) Supor os mesmos três *pixels* puros da questão anterior. Para um *pixel* com $B_1 = 50$, $B_2 = 76$, $B_3 = 200$, $B_4 = 142$, $B_5 = 142$ e valores estimados de 70% de A, 15% de B e 15% de C, determinar os resíduos para cada banda.

16) Uma imagem OLI/Landsat-8 1.256 × 1.256 possui sete bandas refletivas. Uma análise de mistura espectral deriva frações de cinco componentes existentes no terreno. Determinar o resultado de uma operação que exerce um somatório *pixel* a *pixel* na terceira dimensão das matrizes de todas as componentes resultantes do MLME, de forma que, por exemplo, o *pixel* 1 da componente 1 seja somado com o *pixel* 1 da componente 2, e assim por diante até a última componente. Posteriormente, com base nesse resultado, realizar um somatório dos *pixels* de todas as linhas e todas as colunas, obtendo um único valor. Qual é esse valor?

17) Diferenciar o modelo linear de mistura espectral dos modelos não lineares. Em que situações os modelos não lineares devem ser utilizados?

Operações aritméticas 5

Uma série de operações aritméticas pode ser realizada com imagens de satélite, visando ao realce ou à detecção de diversos alvos. Essas operações podem envolver bandas de imagens multiespectrais ou cenas adquiridas sobre um mesmo local, sendo necessário, nesse caso, que as imagens estejam registradas espacialmente, ou seja, seus *pixels* devem representar aproximadamente a mesma área no terreno. Considerando a estrutura matricial das imagens de sensoriamento remoto (Fig. 1.24), operações aritméticas como adição, subtração, multiplicação e divisão são realizadas *pixel* a *pixel*. Dadas duas imagens A e B compostas de i × j *pixels* que variam no intervalo [0...255], uma terceira imagem C pode ser obtida efetuando-se uma das quatro operações aritméticas entre os *pixels* de A e B:

$$C_{adição(i;j)} = A_{(i;j)} + B_{(i;j)} \tag{5.1}$$

$$C_{subtração(i;j)} = A_{(i;j)} - B_{(i;j)} \tag{5.2}$$

$$C_{multiplicação(i;j)} = A_{(i;j)} \cdot B_{(i;j)} \tag{5.3}$$

$$C_{divisão(i;j)} = A_{(i;j)} / B_{(i;j)} \tag{5.4}$$

A seguir, cada uma das operações aritméticas será detalhada e alguns exemplos de aplicação em imagens de sensoriamento remoto serão apresentados.

5.1 Adição

A adição consiste na soma dos níveis de cinza de duas imagens. A Fig. 5.1 mostra um exemplo em que os *pixels* das imagens A e B foram somados para formar a imagem C. Como A e B variam entre [0...255], a imagem resultante possui *pixels* no intervalo [0...510]. Sendo assim, para que C possa ser visualizada com uma resolução de 8 bits, é necessário que a soma de A e B seja dividida por 2:

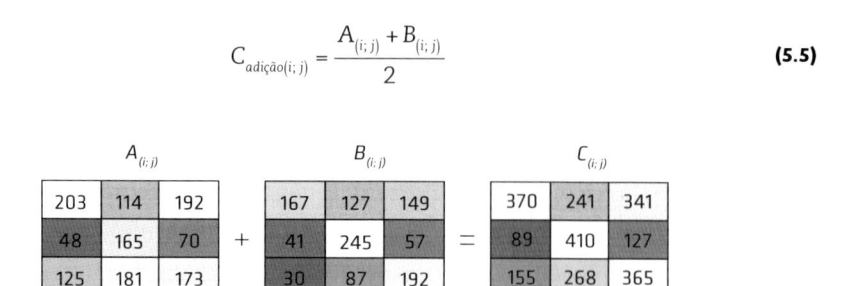

$$C_{adição(i;j)} = \frac{A_{(i;j)} + B_{(i;j)}}{2}$$ (5.5)

$A_{(i;j)}$

203	114	192
48	165	70
125	181	173

+

$B_{(i;j)}$

167	127	149
41	245	57
30	87	192

=

$C_{(i;j)}$

370	241	341
89	410	127
155	268	365

Fig. 5.1 Exemplo do resultado da adição entre as imagens $A_{(i;j)}$ e $B_{(i;j)}$, originando $C_{(i;j)}$

Nota-se que essa equação descreve, na realidade, a média entre A e B. Essa propriedade faz com que a adição seja útil na remoção de ruídos em imagens de satélite. Supondo que se deseje comparar duas imagens coletadas de um mesmo local em épocas distintas e que uma delas apresente um ruído que comprometa aleatoriamente seus *pixels*, ao realizar a média entre essas imagens obtém-se uma redução significativa do ruído, como mostra a Fig. 5.2. Isso ocorre porque os *pixels* ruidosos (Fig. 5.2B) apresentam uma distribuição aleatória, e, ao combiná-los com *pixels* não ruidosos, o resultado é um aumento da relação sinal-ruído, atenuando os efeitos dos *pixels* espúrios na cena.

Outra aplicação importante da adição se refere à combinação da imagem original com o resultado de algum tipo de processamento. Por exemplo, uma

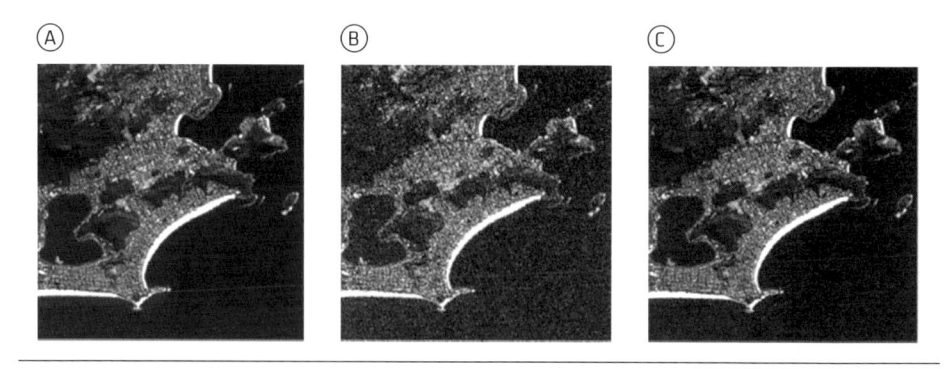

Fig. 5.2 Exemplo do resultado da adição entre imagens: (A) imagem da banda pancromática do satélite Landsat-8 adquirida em 20/04/2016; (B) imagem A após a inclusão de um ruído aleatório; e (C) resultado da média a imagem ruidosa em B e a imagem não ruidosa em A

determinada banda pode ser somada à sua versão submetida a um filtro passa-
-altas (Cap. 6), de modo a formar uma imagem com as bordas realçadas (Fig. 5.3).
Essa imagem, por sua vez, é utilizada em composições coloridas para o realce de
bordas, permitindo uma melhor visualização de detalhes.

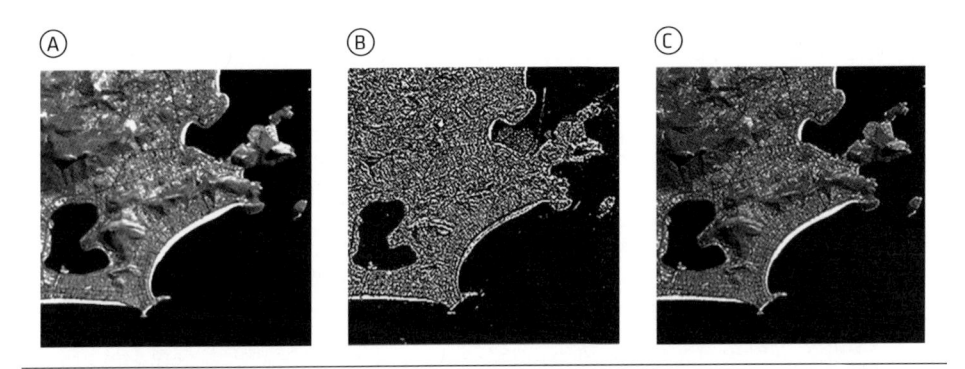

Fig. 5.3 Exemplo da adição entre imagens para o realce de bordas: (A) banda do satélite Landsat-8 centrada na região do infravermelho de ondas curtas (1.608 nm) e adquirida em 20/4/2016; (B) resultado de um filtro passa-altas realizado em A; e (C) resultado da soma entre A e B

5.2 Subtração

A subtração é normalmente utilizada para detectar diferenças entre imagens adquiridas sobre um mesmo local, mas em datas distintas. A Fig. 5.4 mostra o resultado da subtração entre os níveis de cinza de A e B, formando C. Verifica-se que valores negativos são gerados nos casos em que B é maior do que A.

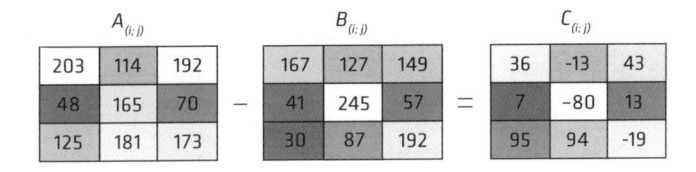

$A_{(i;j)}$

203	114	192
48	165	70
125	181	173

$B_{(i;j)}$

167	127	149
41	245	57
30	87	192

$C_{(i;j)}$

36	-13	43
7	-80	13
95	94	-19

Fig. 5.4 Exemplo do resultado da subtração entre as imagens $A_{(i;j)}$ e $B_{(i;j)}$, originando $C_{(i;j)}$

Na realidade, se os *pixels* das imagens a serem subtraídas variarem no intervalo [0...255], os níveis de cinza da imagem resultante estarão entre [−255...255]. É necessário, portanto, realizar a transformação mostrada na equação a seguir para que o resultado esteja entre [0...255]:

$$C_{subtração(i;j)} = \frac{\left(A_{(i;j)} - B_{(i;j)}\right) + 255}{2}$$ (5.6)

A Fig. 5.5 apresenta o resultado da subtração de duas imagens do TM/Landsat-5 obtidas em datas distintas em uma área de plantações florestais no interior do Estado de São Paulo. A dinâmica da cobertura da terra, caracterizada por supressão e incremento de reflorestamentos, pode ser visualizada na imagem--diferença resultante da subtração das bandas do infravermelho próximo.

Fig. 5.5 (A) Banda do infravermelho próximo (840 nm) do TM/Landsat-5 de 2/5/1995; (B) banda do infravermelho próximo (840 nm) do TM/Landsat-5 de 4/4/2005; e (C) resultado da subtração de A e B. As áreas em branco e cinza representam, respectivamente, o incremento (crescimento) e a supressão (corte) de áreas de reflorestamento, enquanto as áreas em preto não tiveram mudanças significativas

Vale lembrar que, em estudos de detecção de mudanças, a imagem resultante da subtração não costuma ser utilizada diretamente como mapa de mudanças, uma vez que conta com quantidades contínuas dentro do intervalo especificado [–255...255]. Geralmente, técnicas de classificação são aplicadas à imagem-diferença, estabelecendo uma estratégia para definir de forma binária (0 ou 1) quais *pixels* serão considerados alterados e quais serão considerados não alterados.

5.3 Multiplicação

A multiplicação entre duas bandas multiespectrais raramente é feita em aplicações com imagens de satélite. Esse tipo de operação, quando realizado entre imagens de 8 *bits*, produz valores extremamente fora do intervalo [0...255], como pode ser observado na Fig. 5.6. Dessa forma, assim como em outras operações aritméticas, é necessário converter os valores dos *pixels* da imagem-produto, o que pode ser feito pela divisão do valor de cada *pixel* por 255.

$A_{(i;j)}$

203	114	192
48	165	70
125	181	173

×

$B_{(i;j)}$

167	127	149
41	245	57
30	87	192

=

$C_{(i;j)}$

33.901	14.478	28.608
1.968	40.425	3.990
3.750	15.747	33.216

Fig. 5.6 Exemplo do resultado da multiplicação entre as imagens $A_{(i;j)}$ e $B_{(i;j)}$, originando $C_{(i;j)}$

Na prática, a multiplicação é amplamente utilizada para mascarar áreas de interesse ou afetadas por nuvens. A Fig. 5.7 traz um exemplo de aplicação dessa operação para mascarar nuvens em uma imagem do satélite WorldView-3. Uma máscara é uma imagem binária em que os pixels com valor zero são eliminados na imagem resultante da multiplicação. Uma máscara de nuvens pode ser construída de várias maneiras, e no caso da Fig. 5.7B foi obtida pela aplicação de um limiar na banda do amarelo (centrada em 605 nm) do satélite WorldView-3.

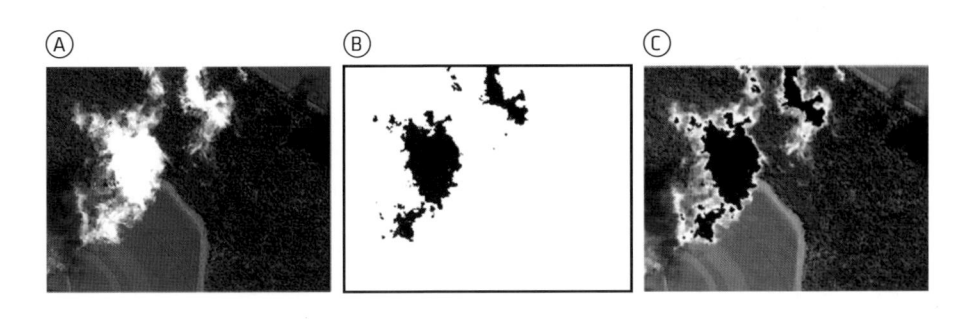

Fig. 5.7 (A) Composição colorida em cor verdadeira (*R* = 660 nm; *G* = 545 nm; *B* = 480 nm) do satélite WorldView-3 contaminada por nuvens; (B) máscara binária de nuvens obtida pela aplicação de um limiar na banda do amarelo (605 nm); e (C) resultado da multiplicação entre A e B
Fonte: imagem WorldView-3 cedida pela DigitalGlobe Foundation.

5.4 Divisão

A divisão, também conhecida como *razão de bandas*, é uma das operações mais utilizadas em aplicações com imagens de satélite. Um exemplo do resultado da divisão de duas imagens, A e B, é mostrado na Fig. 5.8. Nota-se que os valores dos *pixels* da imagem C se encontram fora da Fig. 5.8. Ao contrário da multiplicação, os resultados da divisão normalmente não são convertidos para [0...255], pois isso resultaria em perda significativa de informação, como pode ser visto na transformação de C em C* na Fig. 5.8. A divisão *pixel* a *pixel* de duas bandas de uma mesma imagem é capaz de realçar alvos específicos contidos nela. Normalmente, são selecionadas as bandas que apresentam maior e menor reflectância do alvo de interesse com base na inspeção de sua curva de assinatura espectral. Por exemplo, minerais de argila podem ser realçados ao dividir a banda do vermelho (alta reflectância para a argila) pela banda do azul (baixa reflectância para a argila). Por outro lado, uma operação de divisão que realce a vegetação pode utilizar a divisão da banda do infravermelho próximo (alta reflectância para vegetação) pela banda do vermelho (baixa reflectância para vegetação).

$A_{(i;j)}$				$B_{(i;j)}$				$C_{(i;j)}$				$C^*_{(i;j)}$		
203	114	192		167	127	149		1,22	0,90	1,29		255	230	255
48	165	70	÷	41	245	57	=	1,17	0,67	1,23	→	255	172	255
125	181	173		30	87	192		4,17	2,08	0,90		255	255	230

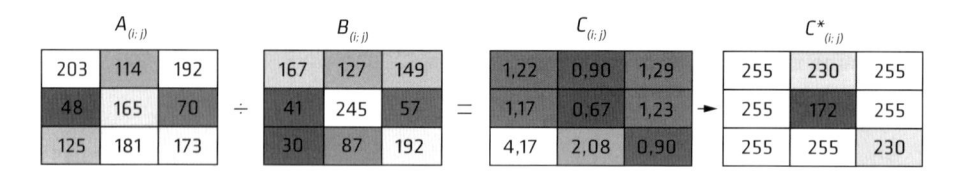

Fig. 5.8 Exemplo do resultado da divisão entre as imagens $A_{(i;j)}$ e $B_{(i;j)}$, originando $C_{(i;j)}$ e $C^*_{(i;j)}$. $C^*_{(i;j)}$ representa a conversão dos *pixels* da imagem $C_{(i;j)}$ para o intervalo [0...255], o que gera uma substancial perda de informação

Uma aplicação importante da razão de bandas é a atenuação dos efeitos topográficos que causam sombras e perda de informação nas imagens. A Fig. 5.9 mostra uma comparação da subtração e da razão entre as bandas do infravermelho próximo (NIR) e do vermelho (RED) do satélite Landsat-5 de um mesmo alvo, mas em condições distintas de iluminação em virtude do sombreamento topográfico. É possível perceber que os valores das subtrações são bastante diferentes, embora se trate do mesmo alvo, ou seja, com resposta espectral parecida. Essa diferença é devida à sombra causada pelo relevo, que reduz a reflectância das bandas do vermelho e do infravermelho próximo do alvo B. No entanto, a razão entre essas bandas é praticamente a mesma para ambos os alvos.

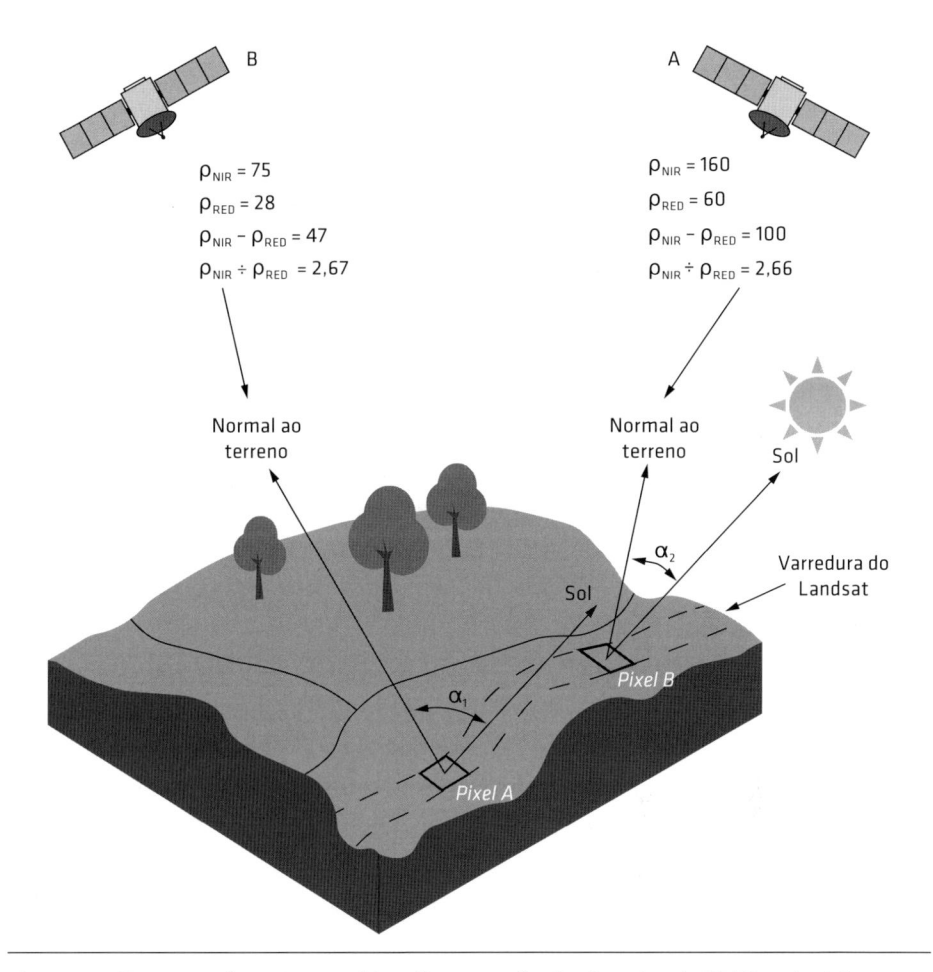

Fig. 5.9 Comparação entre a subtração e a razão das bandas do TM/Landsat-5 centradas no vermelho (RED, 660 nm) e no infravermelho próximo (NIR, 840 nm) de um mesmo alvo em condições diferentes de iluminação em virtude do relevo. Os ângulos α_1 e α_2 são os ângulos formados entre a normal ao terreno e o sol, conhecidos como ângulo zenital de iluminação

5.5 Índices físicos
5.5.1 Índices de vegetação

Os índices de vegetação consistem de operações aritméticas realizadas entre as bandas de uma imagem. Esses índices buscam explorar o comportamento espectral da vegetação para realçar determinadas características das plantas, sendo inclusive utilizados para extrair parâmetros bioquímicos e biofísicos de folhas e dosséis vegetais. Eles são normalmente divididos de acordo com a resolução espectral do dado de sensoriamento remoto utilizado para seu cálculo. Dessa forma, existem os índices de bandas largas, que utilizam dados multiespectrais, e os de bandas estreitas, que empregam dados hiperespectrais. Vale relembrar que os dados hiperespectrais são adquiridos por sensores capazes de coletar centenas de bandas estreitas de forma contínua ao longo do espectro eletromagnético (ver Fig. 1.25B) e, assim, proporcionam uma melhor caracterização espectral dos alvos.

Antes de apresentar a formulação matemática dos índices de vegetação e algumas aplicações, serão brevemente abordadas as propriedades ópticas de folhas e dosséis vegetais e os fatores que influenciam a interação da radiação eletromagnética (REM) com as plantas.

Propriedades ópticas de folhas e dosséis vegetais

O processo de interação da REM com a superfície vegetal pode trazer importantes informações sobre seus parâmetros biofísicos e bioquímicos. Para entender esse processo no nível foliar, é necessário conhecer a estrutura interna de uma folha (Fig. 1.8). Na face ventral, encontra-se a epiderme superior, precedida por uma camada de tricomas e ceras conhecida como cutícula. Na sequência, está localizado o parênquima, ou tecido fundamental, onde ocorrem os processos de fotossíntese, respiração e transpiração. O parênquima pode ser dividido em paliçádico, composto de células ricas em cloroplastos (organelas fotossintetizantes) dispostas perpendicularmente à superfície foliar, e esponjoso, constituído de células com formato irregular sem uma organização definida. Por fim, seguindo em direção à face dorsal, surge mais uma camada de cutícula e os estômatos, estruturas responsáveis por realizar as trocas gasosas entre a folha e a superfície exterior.

Reflexão, transmissão e absorção são os três principais fenômenos que descrevem a interação da REM com a folha. Um feixe de radiação monocromático referente à região do visível (0,4-0,7 µm), ao atingir a superfície adaxial, dependendo do comprimento de onda, pode ser absorvido e participar do processo de fotossíntese ou então ser refletido, atribuindo à folha sua cor característica. Caso esse feixe pertença à região do infravermelho próximo (0,7-1,1 µm), ele não será absorvido por organelas fotossintetizantes e seguirá em direção ao parênquima esponjoso, onde sofrerá espalhamento múltiplo e deixará o interior da folha.

Caso o feixe seja referente ao infravermelho médio (1,1-2,5 μm), sua interação será dominada pela absorção decorrente da água líquida existente no interior das células ou em espaços intracelulares. Nessa região do espectro eletromagnético, substâncias encontradas nas paredes celulares, como celulose e lignina, que são responsáveis pela estrutura da célula, também influenciam o comportamento espectral. Entretanto, essa influência é mascarada pela forte absorção da água, principalmente em folhas verdes e saudáveis. Embora haja variações na concentração de pigmentos e de água e na estrutura de folhas de diferentes espécies de plantas, a assinatura espectral de uma folha verde segue um padrão bem definido (Fig. 5.10).

Além do efeito das próprias folhas, no nível de dossel o processo de interação da REM com a vegetação é influenciado por outros fatores. Entende-se por dossel o conjunto de elementos da vegetação (folhas e galhos) que formam o estrato superior das plantas. Vários fatores influenciam seu comportamento espectral, regido pela função de distribuição da reflectância bidirecional (*bidi-*

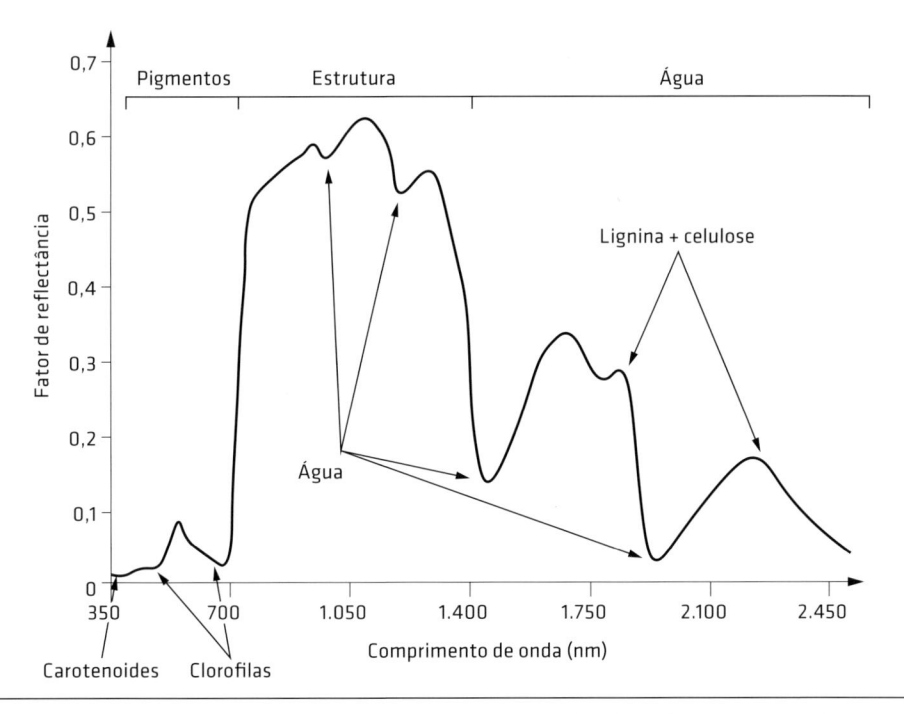

Fig. 5.10 Comportamento espectral de uma folha saudável (verde). As setas indicam os principais compostos químicos que influenciam o comportamento espectral. As chaves na parte superior referem-se aos três principais elementos que controlam a interação da REM com a folha

rectional reflectance distribution function – BRDF). Entre eles, destacam-se o *índice de área foliar* (IAF), a *distribuição angular de folhas* (DAF), a reflectância do substrato e os efeitos geométricos (iluminação e visada).

Ao estudar o comportamento espectral dos dosséis, é preciso ter em mente que a reflexão da REM depende do comprimento de onda, dos ângulos de incidência e iluminação, da polarização da onda, das propriedades elétricas do alvo (índice de refração) e da rugosidade da superfície. O IAF, dado pela razão entre a área foliar integrada de todas as folhas de uma planta e a área da superfície projetada que elas ocupam, é um importante parâmetro biofísico e está relacionado à evapotranspiração, ao crescimento e à produção de biomassa. Já a DAF é descrita pela função de densidade de distribuição dos ângulos de inclinação (em relação ao horizonte) e azimutal (em relação ao norte) das folhas. Segundo De Wit (1965), pela DAF os dosséis podem ser classificados em planófilos, erectófilos, plagiófilos, extremófilos, uniformes e esféricos. Em cada um desses casos, o heliotropismo das espécies influencia a DAF. O substrato contribui significativamente na resposta espectral dos dosséis. Por mais que a vegetação cubra totalmente o solo, ao atingi-lo a radiação incidente sofre os mesmos processos de interação já mencionados para o interior das folhas. A intensidade dessa influência depende da composição físico-química, da textura e da cobertura do solo (vegetação não fotossinteticamente ativa). Além dos fatores descritos, as geometrias de iluminação e visada também podem interferir na reflectância dos dosséis. Estes, por serem naturalmente anisotrópicos, ou seja, por não refletirem a radiação incidente de forma homogênea ao longo de todo o hemisfério, são altamente afetados por efeitos direcionais.

Índices de vegetação de bandas largas

Índices de vegetação de bandas largas são calculados com bandas de sensores multiespectrais. Diversos índices foram propostos na literatura com o objetivo de explorar as propriedades espectrais da vegetação, especialmente nas regiões do visível e do infravermelho próximo. Esses índices minimizam os efeitos de fatores externos sobre os dados espectrais e permitem a inferência de características da vegetação. Os mais comuns são a *razão simples* (*simple ratio* – SR) e o *índice de vegetação por diferença normalizada* (*normalized difference vegetation index* – NDVI).

Segundo Jordan (1969), a SR entre o valor de reflectância na faixa do infravermelho próximo (NIR) e o valor correspondente à faixa do vermelho (RED) foi o primeiro índice de vegetação a ser utilizado:

$$SR = \frac{NIR}{RED} \quad (5.7)$$

A SR é bastante efetiva no realce da vegetação por explorar a grande diferença existente entre os valores de reflectância nas bandas do vermelho e do infravermelho próximo. Entretanto, ao realizá-la, os valores dos *pixels* variarão em intervalos diferentes entre imagens, dependendo da data de aquisição e do sensor utilizado, entre outros fatores. A Fig. 5.11 mostra a SR realizada em uma cena do satélite Landsat-5 adquirida sobre a cidade de Porto Alegre (RS) no dia 5/5/2011. Pode-se notar que os valores mais claros correspondem a áreas com maior quantidade de vegetação na imagem. A razão simples é mais apropriada para análises absolutas em uma imagem.

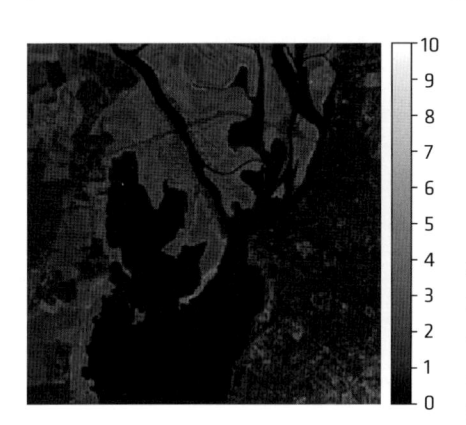

Fig. 5.11 Razão simples (SR) entre as bandas do infravermelho próximo (NIR, 830 nm) e do vermelho (RED, 660 nm) do TM/Landsat-5 adquiridas sobre a cidade de Porto Alegre (RS) no dia 5/5/2011

A fim de possibilitar a comparação relativa entre cenas multitemporais, Rouse et al. (1973) normalizaram a SR para o intervalo de –1 a +1, propondo o NDVI (Fig. 5.12):

$$NDVI = \frac{NIR - RED}{NIR + RED} \quad (5.8)$$

Os índices SR e NDVI realçam o contraste entre solo e vegetação e minimizam os efeitos das condições de iluminação da cena. Porém, são sensíveis a propriedades ópticas da linha do solo, que é um limite abaixo do qual a reflectância refere-se ao solo exposto. O NDVI também apresenta rápida saturação, ou seja, o índice estabiliza em um patamar que o torna insensível ao aumento de biomassa vegetal a partir de determinado estágio de desenvolvimento.

É importante apontar ainda que o NDVI, como qualquer outro índice, não deve ser utilizado em comparações entre imagens de sensores diferentes, mesmo se tratando de uma diferença normalizada.

Tais limitações do NDVI motivaram o surgimento de novas formulações, como o *índice de vegetação melhorado* (*enhanced vegetation index* – EVI), proposto por Huete et al. (2002) para a geração de produtos oriundos do sensor Modis e que inclui a banda do azul (BLUE):

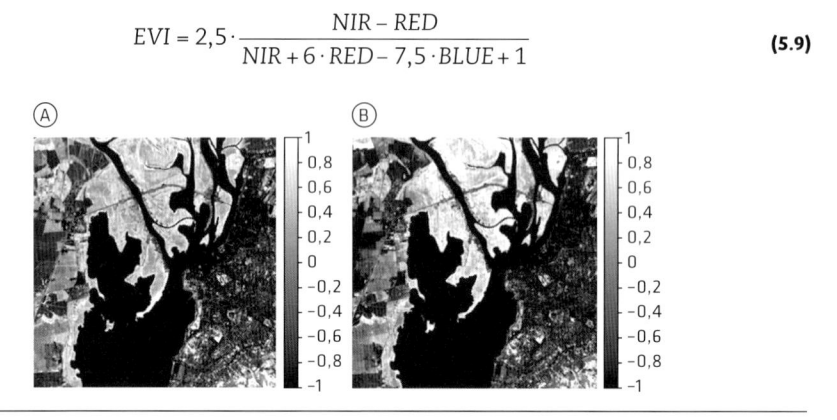

$$EVI = 2{,}5 \cdot \frac{NIR - RED}{NIR + 6 \cdot RED - 7{,}5 \cdot BLUE + 1} \quad (5.9)$$

Fig. 5.12 Índice de vegetação por diferença normalizada (NDVI) efetuado com as bandas do sensor TM/Landsat-5 centradas no vermelho (RED, 660 nm) e no infravermelho próximo (NIR, 830 nm) e obtidas sobre a cidade de Porto Alegre (RS) nos dias (A) 5/5/2011 e (B) 28/10/2011

O EVI provou ser mais sensível a mudanças estruturais no dossel (diferenças no IAF) e também menos suscetível à saturação em condições de elevada biomassa.

Outro índice importante derivado do NDVI é o *índice de vegetação ajustado ao solo* (*soil-adjusted vegetation index* – SAVI). Proposto por Huete (1988), o SAVI busca minimizar a contribuição do solo e, assim, destacar a resposta da vegetação. Para tanto, o autor do índice sugere a inserção de uma constante L à equação do NDVI:

$$SAVI = \frac{(NIR - RED) \cdot (1 + L)}{(NIR + RED + L)} \quad (5.10)$$

em que L tem a função de minimizar as influências do brilho do solo nos dados espectrais e permitir uma melhor caracterização da resposta espectral da vegetação, principalmente em condições de baixo IAF. Huete (1988) sugere $L = 1$ para dosséis de baixa densidade (IAF entre 0 e 0,5) e L = 0,75 para dosséis mais densos (IAF = 1). De forma geral, um aumento no IAF deve ser seguido por uma diminuição de L, e quando L = 0 a influência do solo é nula e o SAVI torna-se igual ao NDVI.

O *índice de vegetação resistente à atmosfera* (*atmospherically resistant vegetation index* – ARVI) foi proposto por Kaufman e Tanré (1992) com o objetivo de reduzir a influência da atmosfera por meio da inclusão da banda centrada no azul (BLUE) e de uma constante γ que compensa a presença de aerossóis atmosféricos. Seu cálculo é realizado pela seguinte equação:

$$ARVI = \frac{\left(NIR - \left[RED - \gamma \cdot \{BLUE - RED\}\right]\right)}{\left(NIR + \left[RED - \gamma \cdot \{BLUE - RED\}\right]\right)} \quad (5.11)$$

Kaufman e Tanré (1992) demonstraram que, com $\gamma = 1$, ARVI é quatro vezes menos sensível ao efeito da turbidez atmosférica do que o NDVI. Entretanto, os mesmos autores mostraram que a eficácia do ARVI é dependente da cobertura do solo, sendo mais eficaz em regiões de maior cobertura vegetal.

Índices de vegetação de bandas estreitas

Índices de vegetação de bandas estreitas são calculados exclusivamente com imagens obtidas por sensores hiperespectrais. Tais sensores são capazes de amostrar continuamente o espectro eletromagnético em um determinado intervalo de comprimento de onda, normalmente do visível ao infravermelho de ondas curtas (*shortwave infrared* – SWIR), entre 350 nm e 2.500 nm. Dados hiperespectrais permitem a detecção de variações sutis na resposta espectral da vegetação e, por isso, são utilizados inclusive para a detecção de espécies de plantas. Além disso, os índices de bandas estreitas possuem alta correlação com parâmetros bioquímicos (por exemplo, concentração de clorofila e água) e biofísicos (por exemplo, IAF e DAF), sendo utilizados, portanto, para estimativas desses parâmetros em escalas locais e regionais. Os índices de vegetação de bandas estreitas podem ser organizados em categorias de acordo com as características da vegetação que foram desenvolvidos para estimar, conforme apresentado na Tab. 5.1.

5.5.2 Índices de minerais

A razão de bandas também pode ser realizada para a detecção de minerais cuja composição química produza feições de absorção ou picos de reflec-

Tab. 5.1 Índices de vegetação utilizados para extrair atributos químicos da vegetação, juntamente com suas respectivas fórmulas e referências bibliográficas, classificados de acordo com Roberts, Roth e Perroy (2011). Os comprimentos de onda presentes na tabela podem variar em função do sensor utilizado

Índice	Equação	Referência bibliográfica
Bioquímica		
Pigmentos		
Structurally insensitive pigment index (SIPI)	$(\rho 802 - \rho 465)/(\rho 802 + \rho 681)$	Peñuelas, Baret e Filella (1995)
Pigment sensitive normalized difference (PSND)	$(\rho 802 - \rho 676)/(\rho 800 + \rho 676)$	Blackburn (1998)
Plant senescence reflectance index (PSRI)	$(\rho 681 - \rho 502)/\rho 753$	Merzlyak et al. (1999)
Clorofila		
Chlorophyll absorption reflectance index (CARI)	$[(\rho 700 - \rho 672) - 0{,}2 \times (\rho 700 - \rho 553)]$	Kim (1994)
Modified CARI (MCARI)	$[(\rho 700 - \rho 672) - 0{,}2 \times (\rho 700 - \rho 553)] \times (\rho 700/\rho 672)$	Daughtry et al. (2000)
Red edge normalized difference vegetation index (RENDVI)	$(\rho 753 - \rho 700)/(\rho 753 + \rho 700)$	Gitelson, Merzlyak e Lichtenthaler (1996)
Antocianinas		
Anthocyanin reflectance index (ARI)	$(1/\rho 553) - (1/\rho 700)$	Gitelson, Merzlyak e Chivkunova (2001)
Simple ratio red/green ($SR_{Red/Green}$)	$Red/Green^a$	Gamon e Surfus (1999)
Carotenoides		
Carotenoid reflectance index 1 (CRI-1)	$(1/\rho 511) - (1/\rho 553)$	Gitelson et al. (2002)
Carotenoid reflectance index 2 (CRI-2)	$(1/\rho 511) - (1/\rho 700)$	Gitelson et al. (2002)
Água		
Normalized difference water index (NDWI)	$(\rho 860 - \rho 1247)/(\rho 860 + \rho 1247)$	Gao (1996)
Normalized difference infrared index (NDII)	$(\rho 821 - \rho 1647)/(\rho 821 + \rho 1647)$	Hunt e Rock (1989)

Tab. 5.1   (continuação)

Índice	Equação	Referência bibliográfica
Bioquímica		
Lignina		
Normalized difference lignin index (NDLI)	[log(1/ρ1754) − log(1/ρ1680)]/[log(1/ρ1754) + log(1/ρ1680)]	Serrano, Peñuelas e Ustin (2002)
Nitrogênio		
Normalized difference nitrogen index (NDNI)	[log(1/ρ1510) − log(1/ρ1679)]/[log(1/ρ1510) + log(1/ρ1679)]	Serrano, Peñuelas e Ustin (2002)
Fisiologia		
Eficiência do uso da luz		
Photochemical reflectance index (PRI)	(ρ534 − ρ572)/(ρ534 + ρ572)	Gamon, Serrano e Surfus (1997)
Estresse		
Red edge position (REP)	(Máxima da primeira derivada: 680-750 nm)	Horler, Dockray e Barber (1983)

[a]Red e Green se referem à média de todas as bandas na região do vermelho (600-699 nm) e do verde (500-599 nm), respectivamente.

tância ao longo do espectro eletromagnético. Na região óptica (0,4 µm a 2,5 µm), muitos minerais e rochas possuem feições de absorção no infravermelho de ondas curtas entre 1 µm e 2,5 µm. Essas feições costumam ser estreitas, sendo normalmente passíveis de detecção apenas com dados hiperespectrais. Entretanto, sensores como o Aster e o WorldView-3 possuem bandas centradas no infravermelho de ondas curtas com as características necessárias para esse tipo de aplicação. A Fig. 5.13 traz um exemplo que mostra a importância da resolução espectral para a detecção de dois minerais, a magnesita ($MgCO_3$) e a calcita ($CaCO_3$). Esses minerais apresentam elevada reflectância na região do visível entre 0,4 µm e 0,7 µm, resultando em sua coloração esbranquiçada. Suas respostas espectrais são consideravelmente parecidas de 0,4 µm a 1,3 µm, apresentando as maiores diferenças no infravermelho de ondas curtas a partir de 2,2 µm. É importante destacar que as curvas espectrais mostradas na Fig. 5.13 foram adquiridas em laboratório, por isso não apresentam o efeito de absorção atmosférica ao redor de 1,4 µm e 1,9 µm.

Nota-se que a magnesita possui uma feição de absorção profunda ao redor de 2,3 µm, abrangendo a banda 7 do sensor Aster, ao passo que a calcita

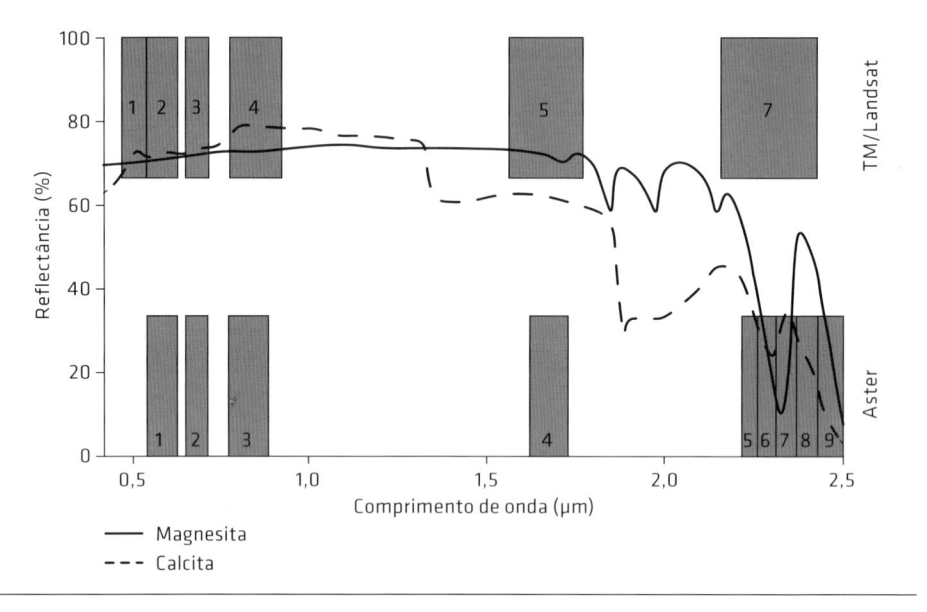

Fig. 5.13 Resposta espectral dos minerais magnesita e calcita com as bandas dos sensores TM/Landsat-5 e Aster sobrepostas

apresenta um pico de reflectância nessa região espectral. Sendo assim, esses dois minerais possivelmente podem ser separados utilizando dados de reflectância no infravermelho de ondas curtas do sensor Aster. Pode-se reparar que as feições de absorção da magnesita e da calcita são muito estreitas para serem detectadas com a banda 7 do Landsat-5.

Imagens Landsat-5 podem ser utilizadas para a detecção de óxidos de ferro, presentes em abundância no ambiente natural. Normalmente, utiliza-se a diferença normalizada entre as bandas centradas no azul e no vermelho, visto que tais óxidos possuem alta reflectância na região do vermelho e baixa reflectância na região do azul. É importante destacar que, em ambientes tropicais, a detecção de minerais por imagens de satélite é muito afetada pela cobertura de vegetação. Em locais áridos como desertos, por exemplo, onde a vegetação é esparsa e pouco densa, os minerais ficam expostos à radiação solar, o que favorece o registro de sua radiância pelos sensores remotos.

5.6 Exercícios propostos

1) O gráfico da Fig. 5.14 mostra a assinatura espectral de alguns materiais encontrados em uma zona de mineração.

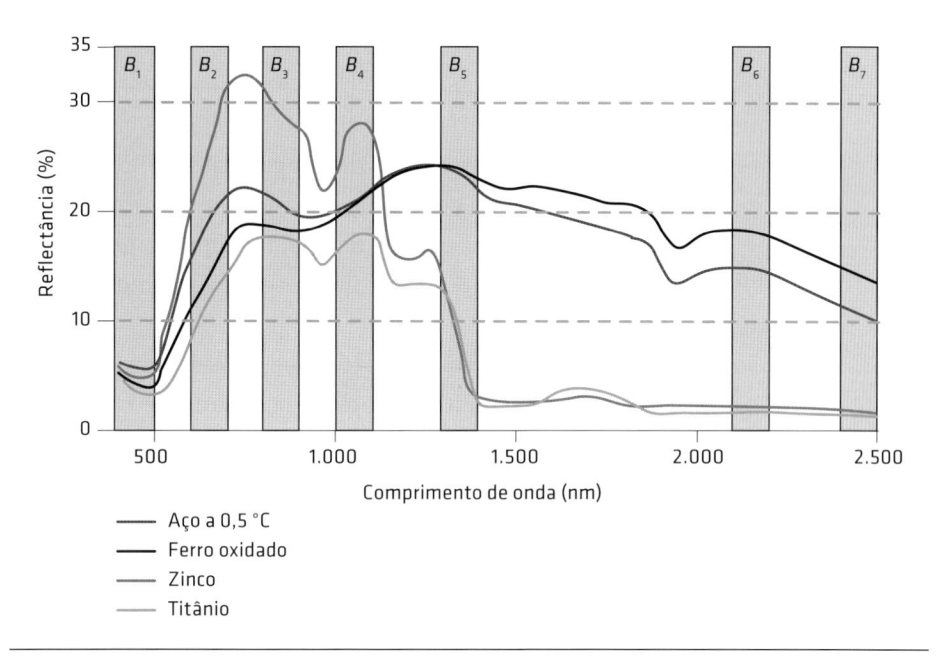

Fig. 5.14 Curvas de reflectância de aço a 0,5 °C, ferro oxidado, zinco e titânio. Os retângulos cinza representam as bandas do satélite Landsat-5 em suas respectivas posições ao longo do espectro eletromagnético

Responder:

a) Quais bandas apresentam com maior realce a diferença do aço e do ferro frente ao zinco e ao titânio?

b) Que par de bandas seria mais adequado em uma razão que tivesse como objetivo realçar o aço com 0,5% de carbono?

c) A razão de bandas de (b) seria também a mais adequada para realçar qual outro alvo?

d) No caso de imagens que apresentam tanto aço 0,5 °C quanto ferro oxidado, haveria uma confusão na caracterização desses materiais quando analisados por B_5/B_1? Explicar.

e) Dos quatro materiais disponíveis, qual deles receberia o melhor realce possível por razão de bandas? Quais bandas fariam parte da razão?

2) Explicar como é possível o resultado de uma operação de razão de bandas entre duas bandas quaisquer apresentar eliminação dos efeitos de sombreamento na imagem.

3) Um determinado sensor de satélite foi projetado para operar com 12 bandas espectrais, sendo a banda 3 referente à cor vermelha, e a banda 10, ao infravermelho próximo. Determinar os índices NDVI e EVI para

um *pixel* que apresente resposta espectral de 144 e 50 nas bandas 3 e 10, respectivamente.

4) Supor que seu objetivo seja estimar a concentração de água no dossel de uma floresta utilizando a razão de bandas de imagens de satélite. Em quais comprimentos de onda estariam centradas as bandas mais propícias para esse tipo de aplicação? Discorrer sobre a necessidade de correção atmosférica das imagens e como o vapor de água presente na atmosfera pode interferir em sua análise.

5) Quais são os índices de vegetação mais propícios para detectar a quantidade de vegetação não fotossinteticamente ativa, visando à obtenção de um grau de susceptibilidade a incêndios?

6) Quais são os principais parâmetros biofísicos e bioquímicos que regem o comportamento espectral da vegetação no nível de folhas e dosséis?

Filtragem no domínio espacial e no domínio das frequências 6

A filtragem de imagens de satélite possui várias aplicações e também é uma linha de pesquisa em constante desenvolvimento. Nas técnicas de filtragem, sempre é considerado o contexto espacial de forma local, ou seja, em uma pequena porção da imagem (janelas móveis), ou no contexto global (transformada de Fourier). É pertinente introduzir alguns conceitos básicos para o melhor entendimento da filtragem. Primeiramente, deve-se entender o significado de frequência espacial. A definição mais comum de frequência está relacionada ao número de ocorrências de um determinado evento por unidade de tempo, o que é conhecido como frequência temporal. Ao extrapolar essa definição para o contexto espacial, tem-se a frequência espacial, que se refere a uma medida da quantidade de vezes que uma componente senoidal se repete por unidade de distância.

O leitor provavelmente deve estar se indagando sobre o significado do termo *componente senoidal*. Embora se trate do mesmo tipo de padrão ondulatório existente na radiação eletromagnética (Cap. 1), no contexto de filtragem de imagens a componente senoidal possui uma interpretação completamente diferente. Para entendê-la, deve-se considerar que a informação presente em uma imagem de satélite é composta de sinais de alta e baixa frequência. As altas frequências representam variações abruptas nos níveis de cinza (NCs), enquanto as baixas frequências se referem a padrões homogêneos. A Fig. 6.1 ilustra a variação dos níveis de cinza ao longo de uma linha horizontal em uma banda do satélite Landsat-8. As áreas urbanas e naturais possuem grande variação dos níveis de cinza, enquanto em áreas de água eles são mais uniformes. Desse modo, uma imagem de satélite pode ser representada como um conjunto de altas e baixas frequências que são descritas matematicamente por senoides de diferentes amplitudes e comprimentos de onda. A decomposição em componentes senoidais é realizada pela transformada de Fourier, que será abordada nas próximas seções. De maneira genérica, uma imagem $I_{(x;y)}$ é a soma de uma componente de baixas frequências $BF_{(x;y)}$ com uma componente de altas frequências $AF_{(x;y)}$:

$$I_{(x;y)} = BF_{(x;y)} + AF_{(x;y)} \qquad (6.1)$$

Os processos de filtragem no domínio espacial correspondem a operações de vizinhança executadas a partir de uma janela que se desloca sobre todos os *pixels* da imagem, definindo novos valores para eles. Dependendo dos elementos contidos na janela, os filtros podem ser considerados passa-baixas ou passa-altas. Existem vários tipos de janelas móveis, e a seu movimento dá-se o nome de operação de convolução ou vizinhança. A seguir, serão discutidos em

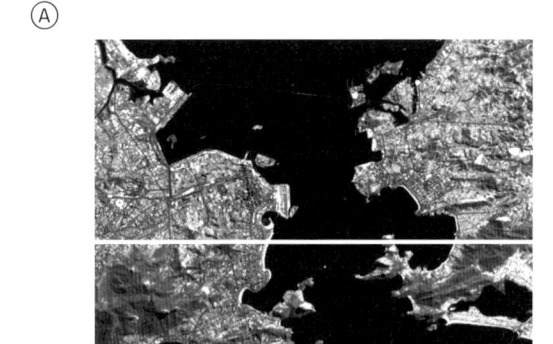

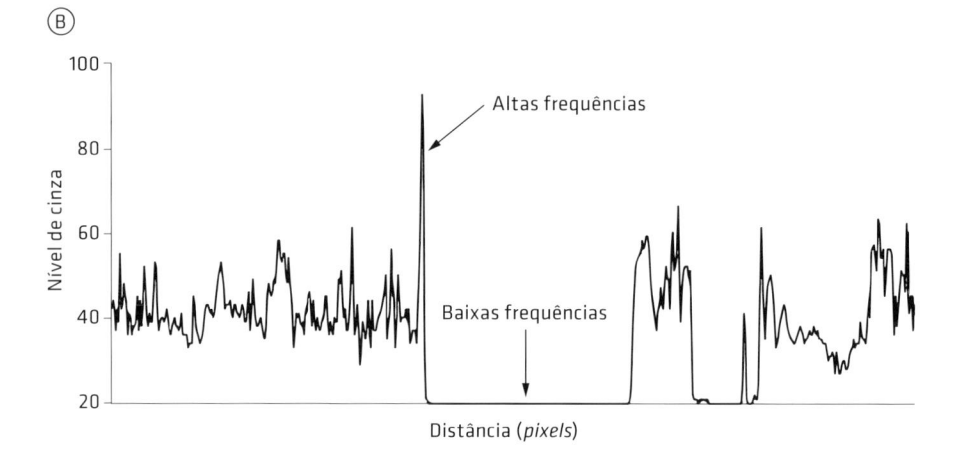

Fig. 6.1 (A) Banda do satélite Landsat-8 centrada na região do infravermelho de ondas curtas (1.608 nm), adquirida em 20/4/2016 sobre a cidade do Rio de Janeiro (RJ), e (B) variação dos níveis de cinza ao longo de uma linha horizontal (linha branca em A). As setas indicam áreas de alta e baixa frequência

detalhe os principais operadores de vizinhança e suas aplicações em imagens de satélite. Por fim, a filtragem no domínio das frequências será apresentada juntamente com seu principal operador matemático: a transformada de Fourier.

6.1 Filtragem no domínio espacial

6.1.1 Operações de convolução com janelas móveis

A filtragem no domínio espacial é normalmente realizada por janelas quadradas móveis que percorrem toda a extensão da imagem. O tipo de filtro irá depender essencialmente dos pesos (valores) contidos na janela. Em uma operação de convolução, o tamanho da janela móvel sempre será ímpar, de modo que haja um *pixel* central, conforme exemplificado na Fig. 6.2. Os níveis de cinza da imagem I serão multiplicados pelos valores da janela J, os valores dessa multiplicação serão somados e, então, o resultado será inserido na posição correspondente ao *pixel* central da janela, formando a imagem filtrada F. Vale destacar que a janela pode possuir vários tamanhos, inclusive com números distintos de linhas e colunas. Esse processo deve ser executado banda por banda da imagem, separadamente. *Pixels* localizados nas bordas da cena não possuem todos os vizinhos, permanecendo, dessa forma, inalterados na imagem de saída, ou são modificados, mas apenas de acordo com os vizinhos disponíveis, dependendo da abordagem do *software*. É comum, ainda, atribuir o valor zero aos *pixels* das bordas para que a imagem filtrada possua o mesmo número de *pixels* da imagem original.

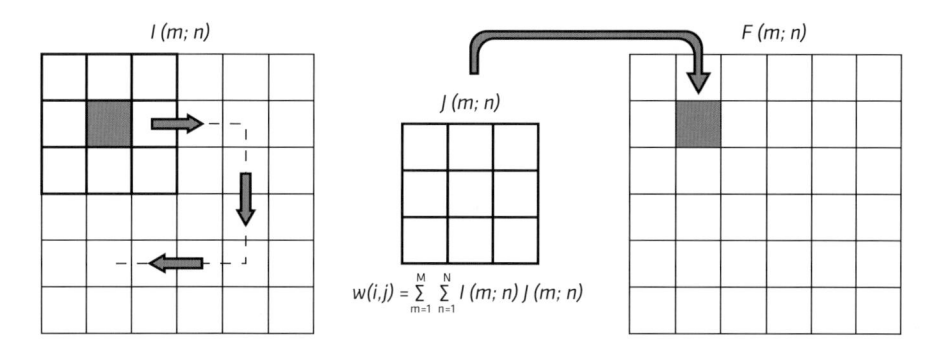

$$w(i,j) = \sum_{m=1}^{M} \sum_{n=1}^{N} I(m; n) J(m; n)$$

Fig. 6.2   Exemplo de operação de convolução em que o *pixel* central da janela 3 × 3 *pixels* w(i; j) (destacado em cinza) será substituído pela soma da multiplicação dos *pixels* da janela J pelos *pixels* da imagem I, formando a imagem F de forma sucessiva

6.1.2 Filtros passa-baixas

Os *filtros passa-baixas*, como o próprio nome sugere, permitem a passagem das baixas frequências, ou seja, são retidas as altas frequências ou variações abruptas nos níveis de cinza, promovendo a suavização da imagem. Os filtros de média, mediana e moda são exemplos de passa-baixas.

Filtro de médias

Os filtros de médias são compostos de janelas uniformes, ou seja, que possuem um único peso de valor 1. O valor atualizado do *pixel* central $w(i; j)$ de uma janela com dimensões $M \times N$ será a média aritmética simples dos *pixels* vizinhos nas posições $p(m; n)$:

$$w(i; j) = \frac{1}{MN} \sum_{m=1}^{M} \sum_{n=1}^{N} p(m; n) \qquad (6.2)$$

Os efeitos de um filtro de médias com uma janela móvel de 9 × 9 *pixels* em uma banda do satélite Landsat-8 podem ser verificados na Fig. 6.3. A maior indicação desse tipo de filtro é para atenuar ruídos contínuos em todos os

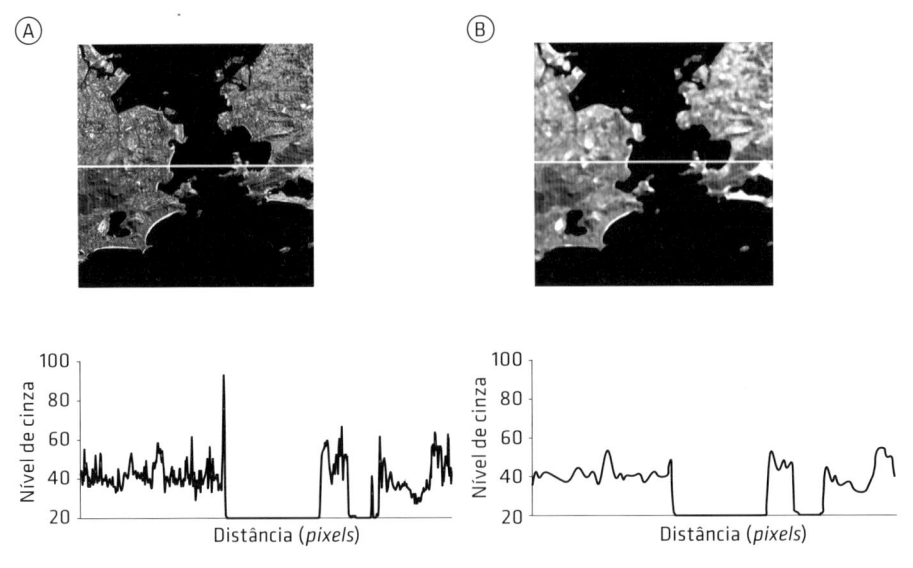

Fig. 6.3 (A) Banda do satélite Landsat-8 centrada na região do infravermelho de ondas curtas (1.608 nm), adquirida em 20/4/2016 sobre a cidade do Rio de Janeiro (RJ), e variação dos níveis de cinza ao longo de uma linha horizontal (linha branca na imagem); e (B) resultado de um filtro de médias com janela 9 × 9 e variação dos níveis de cinza na imagem filtrada

pixels e que apresentem distribuição gaussiana. Nota-se que o filtro suaviza a imagem, suprimindo as altas frequências e consequentemente seus detalhes. Isso também pode ser verificado nos gráficos que mostram o comportamento dos níveis de cinza ao longo de uma linha horizontal.

O grau de suavização de um filtro de médias é proporcional às dimensões da janela móvel. A Fig. 6.4 traz um exemplo da aplicação do filtro à banda pancromática do satélite Landsat-8 com janelas 5 × 5 e 7 × 7. Observar que a diferença entre a passagem das duas janelas se revela na intensidade da atenuação produzida sobre a imagem. É possível utilizar um filtro de maneira repetida sobre uma imagem. A passagem dupla de um filtro com janela 5 × 5, por exemplo, tende a gerar resultados semelhantes à passagem única de um filtro 7 × 7.

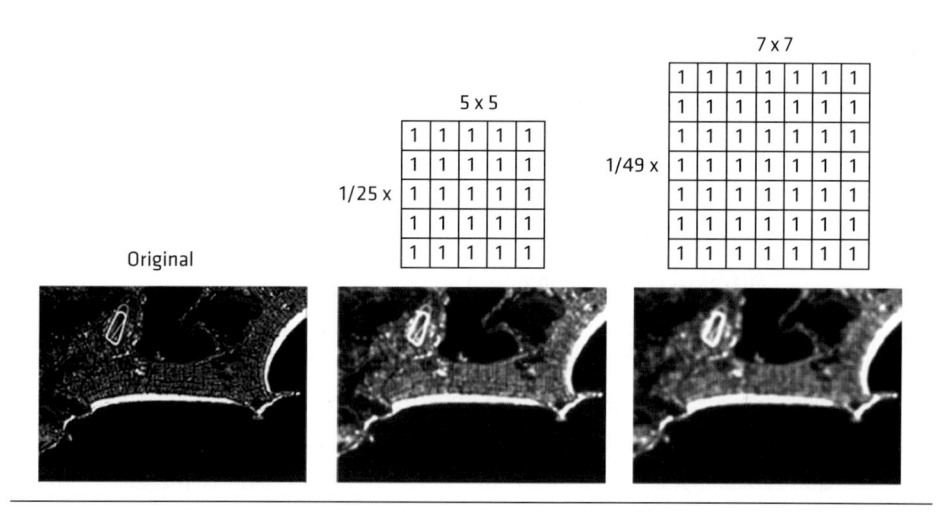

Fig. 6.4 Efeito do tamanho da janela no grau de suavização de um filtro de médias. A imagem utilizada se refere à banda pancromática (resolução espacial de 15 m) obtida pelo satélite Landsat-8 sobre a cidade do Rio de Janeiro (RJ) em 20/4/2016

Outra aplicação importante do filtro de médias é a eliminação de ruídos aleatórios em imagens de satélite. A Fig. 6.5 traz um exemplo de uma imagem corrompida por um ruído do tipo sal e pimenta (*salt and pepper*) e o resultado da aplicação de um filtro de médias, que ocasionou a diminuição dele. A presença desse tipo de ruído é rara em imagens reais, sendo mais comum em resultados de classificação (ver Cap. 8). O filtro de médias é parcialmente eficaz na remoção desse tipo de ruído, pois raramente todos os *pixels* da janela móvel estarão corrompidos e o sinal ruidoso será diluído pelo cômputo da média dos *pixels* que compõem a janela. A maior desvantagem em sua aplicação é a atenuação das bordas dos objetos, que passam a apresentar um efeito "desfocado".

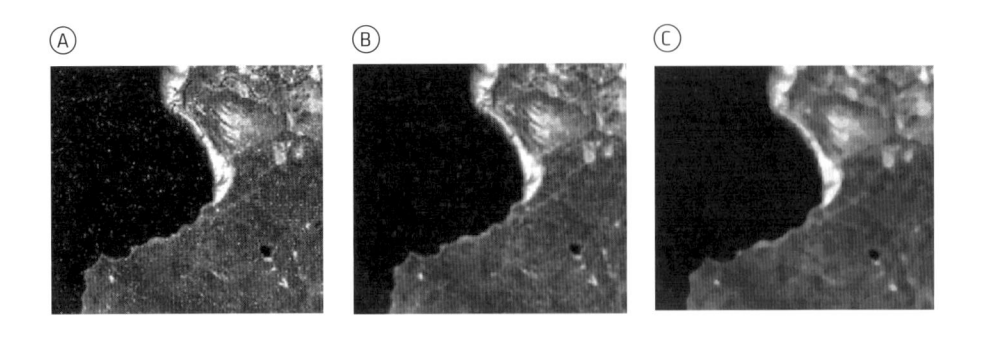

Fig. 6.5 (A) Banda do azul (400 nm – resolução espacial de 30 m) obtida em 2008 pelo sensor ETM+/Landsat-7 sobre a cidade de Salto da Santa Maria, em Ontário, no Canadá, corrompida por um ruído do tipo sal e pimenta; (B) resultado da aplicação de um filtro de médias (janela 3 × 3); (C) resultado da aplicação de um filtro de mediana (janela 3 × 3)

Filtros de moda e mediana

Também são considerados filtros passa-baixas outras operações estatísticas realizadas com janelas móveis, como o cálculo da *moda* e da *mediana*. A moda representa o valor mais frequente encontrado no interior da janela, enquanto a mediana é uma medida de tendência central que representa o valor capaz de separar ao meio a distribuição dos níveis de cinza da janela, quando posicionados em sequência crescente. Tanto a moda quanto a mediana produzem resultados semelhantes aos dos filtros de médias na remoção dos ruídos. A vantagem do filtro de mediana é que as bordas dos objetos são mais bem preservadas. Entretanto, observa-se o aparecimento de blocos de *pixels* com os mesmos níveis de cinza, o que se agrava à medida que o tamanho da janela de filtragem aumenta. O filtro de moda, por sua vez, pode apresentar problemas quando os níveis de cinza são bastante variáveis, não havendo a existência de *pixels* com valores repetidos, ou seja, de uma moda.

Filtros adaptativos

Os chamados filtros adaptativos preservam os detalhes (bordas) ao mesmo tempo que removem ou suavizam os ruídos. O termo *adaptativo* advém do fato de que, durante a operação de convolução, a dimensão da janela móvel não é fixa, alterando-se de acordo com certas condições de contexto espacial. Além disso, nos filtros adaptativos, ao contrário da versão tradicional dos filtros de medianas e médias, o valor do *pixel* central da janela será substituído apenas se for constatada a presença de um *pixel* ruidoso no interior da janela. Dessa forma, nem sempre haverá perda de detalhes (suavização de bordas) após a operação de convolução. Para mais detalhes acerca do funcionamento dos filtros adaptativos, recomenda-se a leitura de Gonzalez e Woods (2008). A Fig. 6.6 mostra um exemplo da aplicação do filtro adaptativo de medianas para a remoção do ruído do tipo sal e pimenta em uma imagem de alta resolução espacial do satélite WorldView-2. Como pode ser observado, o filtro de médias, embora seja efetivo na remoção de *pixels* espúrios, degrada consideravelmente a imagem e reduz o nível de detalhes (Fig. 6.6B). Já o filtro adaptativo de medianas, além de remover o ruído, preserva os detalhes e variações de altas frequências (Fig. 6.6C), motivo pelo qual é especialmente recomendado para imagens de elevada resolução espacial.

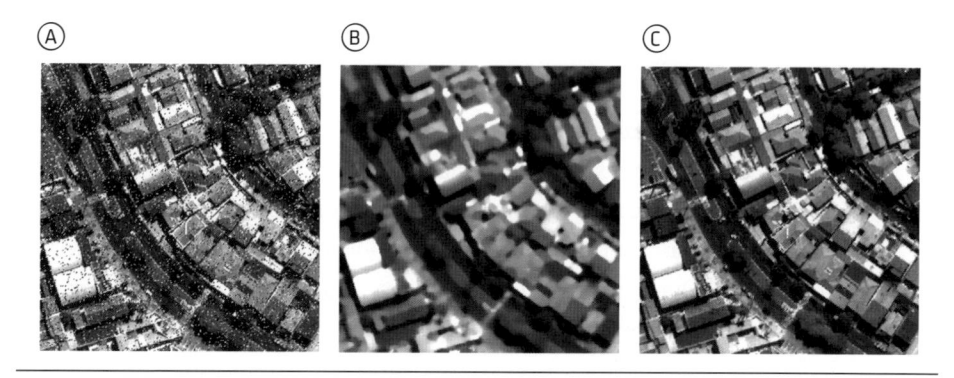

Fig. 6.6 (A) Banda pancromática (resolução espacial de 0,5 m) obtida pelo satélite WorldView-2 sobre a cidade de Campinas (SP) em 18/5/2012, corrompida por um ruído do tipo sal e pimenta; (B) resultado da aplicação de um filtro de médias (janela 7 × 7); (C) resultado da aplicação de um filtro adaptativo de medianas (janela 7 × 7)
Fonte: imagens cedidas pela DigitalGlobe Foundation.

6.1.3 Filtros passa-altas

Viu-se anteriormente que uma imagem de sensoriamento remoto pode ser descrita pela soma de uma componente de baixas frequências com outra de altas frequências (Eq. 6.1). Sendo assim, para extrair as componentes de altas frequências, basta subtrair a imagem original de sua componente de baixas frequências, conforme mostra a Fig. 6.7. Nota-se que a imagem $AF_{(x;y)}$ é formada pelas bordas, isto é, por variações abruptas nos níveis de cinza. Por esse motivo, os *detectores de bordas* são os tipos mais conhecidos de filtro passa-altas.

$$I_{(x;y)} - BF_{(x;y)} = AF_{(x;y)}$$

Fig. 6.7 (A) $I_{(x;y)}$ é a banda pancromática (resolução espacial de 0,3 m) adquirida pelo satélite WorldView-3 sobre a cidade de Campinas (SP) em 8/3/2016; (B) $BF_{(x;y)}$ representa a componente de baixas frequências obtida pela aplicação de um filtro de médias (janela 5 × 5); (C) $AF_{(x;y)}$ é o resultado da operação $I_{(x;y)} - BF_{(x;y)}$
Fonte: imagem WorldView-3 cedida pela DigitalGlobe Foundation.

Detectores de bordas

Para eliminar as baixas frequências, os pesos não podem ser uniformes ou unitários como nos filtros de médias. Normalmente esses pesos são compostos de números negativos, e o valor central deve sempre ser ajustado de modo a garantir que o somatório dos pesos na janela seja igual a 1. Isso impede que valores negativos sejam produzidos na imagem de saída unicamente por causa da divisão pelo somatório dos valores da janela. Um filtro com janela 3 × 3 *pixels* de valores unitários e negativos, mantendo o valor central igual a 9, é capaz de salientar as bordas dos objetos de uma imagem (Fig. 6.8B). Os detectores de bordas que utilizam janelas móveis podem também contar com uma disposição de pesos específica para destacar determinadas feições na imagem. Por exemplo, padrões verticais podem ser detectados com uma janela móvel em que os pesos estejam verticalmente alinhados. Já feições horizontais são destacadas se os elementos da janela estiverem posicionados horizontalmente. A Fig. 6.8 mostra o resultado da aplicação de um filtro passa-altas com janelas móveis que detectam feições verticais e horizontais em uma imagem pancromática do satélite WorldView-3 (resolução espacial de 0,3 m).

A Fig. 6.8 mostra que é possível realçar isoladamente componentes verticais e horizontais em uma imagem. Filtros direcionais, como os mostrados nessa figura, podem ocorrer também nas direções diagonais ou em outros ângulos diferentes, bastando apenas configurar o tamanho da janela e a assimetria dos valores de acordo com as necessidades do analista.

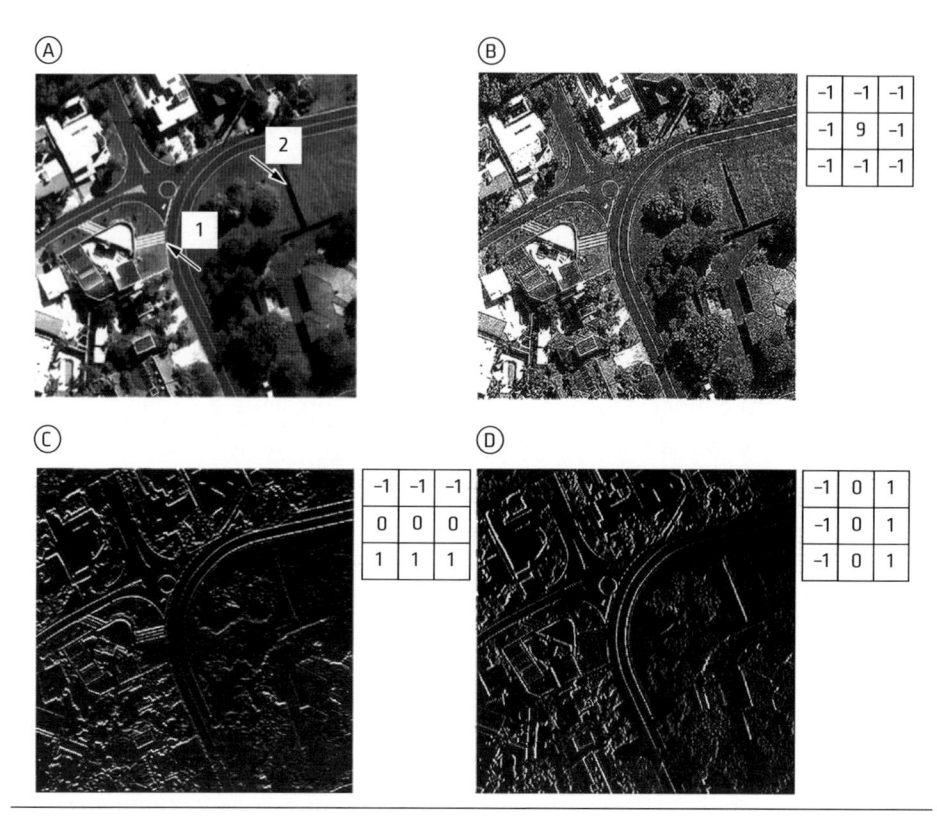

Fig. 6.8 (A) Imagem pancromática (resolução espacial de 0,3 m) adquirida pelo satélite WorldView-3 sobre a cidade de Campinas (SP) em 8/3/2016; (B) resultado de uma operação de convolução realizada com uma janela móvel em que os elementos estão dispostos para realçar as altas frequências; (C) resultado de uma operação de convolução realizada com uma janela móvel em que os elementos estão dispostos horizontalmente; (D) resultado de uma operação de convolução realizada com uma janela móvel em que os elementos estão dispostos verticalmente. As setas 1 e 2 indicam feições horizontais e verticais, respectivamente

Fonte: imagem WorldView-3 cedida pela DigitalGlobe Foundation.

Filtros derivativos

Os filtros derivativos são um caso especial de detectores de bordas que utilizam um processo de limiarização para detectar feições de alta frequência na imagem. Esses filtros se valem do conceito de derivada oriundo do cálculo diferencial. A derivada quantifica a variação dos níveis de cinza ao longo de três dimensões: horizontal, vertical e total (ou seja, em ambas as direções simultaneamente). Dessa forma, áreas homogêneas, em que a variação dos níveis de cinza é baixa, também apresentarão derivadas baixas. Já em variações abruptas (altas frequências), as derivadas tendem a ser elevadas. Na realidade, a derivada de uma imagem pode ser aproximada por meio de uma operação de convolução com janelas que contenham linhas ou colunas de zeros, como mostra a Fig. 6.8. De modo a reforçar esses conceitos, considere-se a imagem I, apresentada na Fig. 6.9. Visando realçar as feições verticais ou horizontais, pode-se realizar uma operação de convolução com janelas cujos pesos estejam vertical ou horizontalmente alinhados, originando as imagens filtradas G_x e G_y. É possível combinar essas duas componentes e obter a imagem G, também conhecida como gradiente, que representa a variação nos dois sentidos. As janelas apresentadas na Fig. 6.9 também são conhecidas como *operadores de Prewitt*. É importante destacar que, além do gradiente, a derivada permite calcular a direção de máxima variação dos níveis de cinza. Para tanto, calcula-se o arco tangente da razão G_y/G_x. Em termos práticos, a direção é utilizada para determinar o aspecto de vertentes em modelos digitais do terreno.

Nos filtros derivativos, é possível escolher um limiar de variação na imagem gradiente de tal modo que, abaixo de um determinado valor, atribui-se o zero ao *pixel* e, caso contrário, o número 1. Assim, as bordas são mais bem destacadas, como mostra a última imagem da Fig. 6.9. Pode-se também definir outros operadores para o cálculo da imagem gradiente, sendo os mais utilizados os de *Sobel* e *Roberts*:

$$G_x = \begin{bmatrix} +1 & 0 & -1 \\ +2 & 0 & -2 \\ +1 & 0 & -1 \end{bmatrix} * I \quad G_y = \begin{bmatrix} +1 & +2 & +1 \\ 0 & 0 & 0 \\ -1 & -2 & -1 \end{bmatrix} * I \quad G = \sqrt{G_x^2 + G_y^2} \quad \text{(Sobel)} \tag{6.3}$$

$$G_x = \begin{bmatrix} +1 & 0 \\ 0 & -1 \end{bmatrix} * I \quad G_y = \begin{bmatrix} 0 & +1 \\ -1 & 0 \end{bmatrix} * I \quad G = \sqrt{G_x^2 + G_y^2} \quad \text{(Roberts)} \tag{6.4}$$

em que G_x e G_y são os resultados da operação de convolução (representada por *) das janelas especificadas com a imagem *I* e representam, respectivamente, as variações verticais e horizontais, e *G* é a imagem gradiente que representa as variações nos níveis de cinza nos dois sentidos (ver Fig. 6.8 para um exemplo).

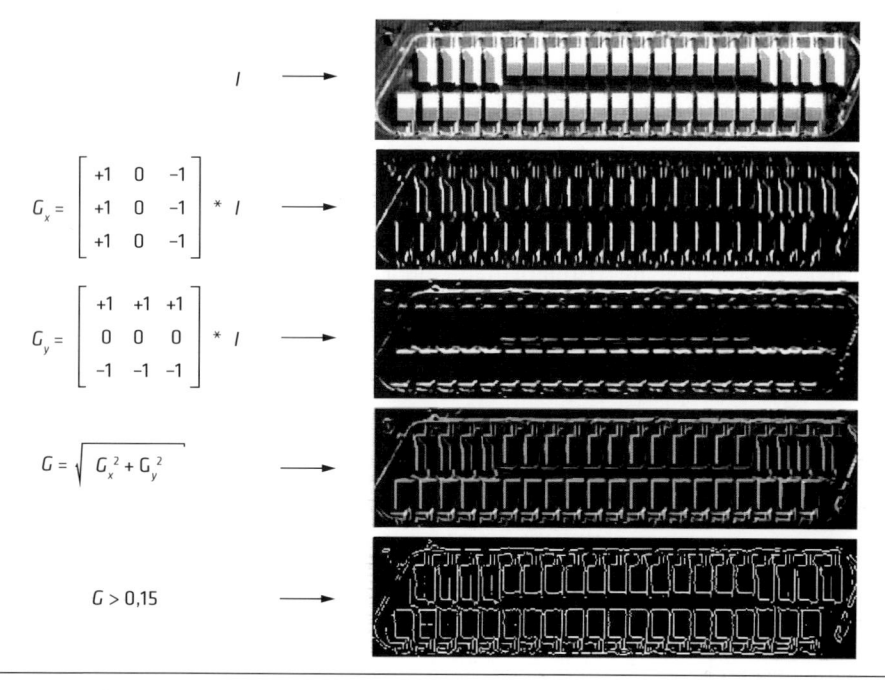

$$G_x = \begin{bmatrix} +1 & 0 & -1 \\ +1 & 0 & -1 \\ +1 & 0 & -1 \end{bmatrix} * I$$

$$G_y = \begin{bmatrix} +1 & +1 & +1 \\ 0 & 0 & 0 \\ -1 & -1 & -1 \end{bmatrix} * I$$

$$G = \sqrt{G_x^2 + G_y^2}$$

$$G > 0,15$$

Fig. 6.9 *I* é uma imagem pancromática (resolução espacial de 0,5 m) adquirida pelo satélite WorldView-2 sobre um conjunto de casas populares na cidade de Campinas (SP) em 11/12/2014. G_x é o resultado de uma operação de convolução, representada pelo sinal *, com uma janela móvel com pesos verticalmente alinhados. G_y é o resultado de uma operação de convolução com uma janela móvel com pesos horizontalmente alinhados. *G* representa a imagem gradiente que combina as variações horizontais e verticais. Na última imagem, foi aplicado um procedimento de limiarização em que apenas os *pixels* maiores do que 0,15 são mostrados
Fonte: imagens cedidas pela DigitalGlobe Foundation.

6.2 Filtragem no domínio das frequências

Imagens de sensoriamento remoto, como foi mencionado no início deste capítulo, são compostas de variações de alta e baixa frequência. As operações de convolução com janelas móveis possuem a capacidade de isolar tais conjuntos de frequências no domínio espacial, extraindo assim informações de interesse ou eliminando ruídos. Entretanto, a depender da modalidade do filtro, todas as altas ou baixas frequências são atenuadas sem exceções, o que, como visto anteriormente, pode corrigir alguns problemas na imagem, mas ao mesmo tempo criar outros. Essas operações são pouco efetivas na remoção de ruídos periódicos ou na detecção de padrões que se repetem em uma imagem, como ondas no oceano. A manipulação da imagem no domínio das frequências é uma alternativa poderosa para essas aplicações. Por meio da transformada de Fourier, é possível converter a imagem para o domínio das frequências e, assim, selecionar ou filtrar as frequências de interesse.

Está além do escopo deste capítulo descrever os procedimentos matemáticos envolvidos na transformada de Fourier. Para maiores informações, sugere-se a leitura de Richards e Jia (2006). Serão abordados aqui apenas conceitos básicos necessários para o entendimento da aplicação da técnica. Suponha-se que a Fig. 6.10A apresente a simulação de uma variação dos níveis de cinza ao longo de uma linha horizontal de *pixels* de uma imagem pancromática, similar ao que foi feito na Fig. 6.1. Por meio da técnica de Fourier, é possível decompor o sinal apresentado na Fig. 6.10A em senoides de diferentes amplitudes e frequências, representadas na Fig. 6.10C pelas letras X, Y e Z. O espectro de amplitude de Fourier (Fig. 6.10C) permite conhecer a amplitude e a frequência exata das senoides. Dessa forma, é possível afirmar que o sinal apresentado na Fig. 6.10A é a soma das senoides X, Y e Z, cujas frequências são iguais a 2 Hz, 10 Hz e 20 Hz e cujas amplitudes são iguais a 1, 2 e 3, respectivamente. Pode-se observar que, ao mesmo tempo que no domínio espacial as altas e as baixas frequências se manifestam, respectivamente, por variações abruptas e suaves de níveis de cinza na imagem, essas feições se manifestam como senoides de alta e baixa frequência no espectro de amplitude de Fourier.

A transformada de Fourier, ao contrário das transformações multiespectrais apresentadas no Cap. 4, é realizada apenas com uma única imagem, que pode ser das bandas individuais ou da banda pancromática. Após a aplicação da técnica de Fourier, duas componentes são geradas, a real e a imaginária. Essas componentes estão relacionadas por uma equação que envolve números complexos:

$$F_{(x;y)} = Re\left(F_{(x;y)}\right) + j\, Im\left(F_{(x;y)}\right) \tag{6.5}$$

em que $F_{(x;y)}$ é a imagem no domínio das frequências, $Re(F_{(x;y)})$ a componente real, $Im(F_{(x;y)})$ a componente imaginária, e j igual a $\sqrt{-1}$. A partir de $Re(F_{(x;y)})$ e $Im(F_{(x;y)})$, é possível obter a imagem da amplitude $A_{(x;y)}$:

$$A_{(x;y)} = \sqrt{\left[Re\left(F_{(x;y)}\right)\right]^2 + \left[Im\left(F_{(x;y)}\right)\right]^2} \quad (6.6)$$

e a fase $\phi_{(x;y)}$:

$$\phi_{(x;y)} = \operatorname{atan}\left[Im\left(F_{(x;y)}\right)/Re\left(F_{(x;y)}\right)\right] \quad (6.7)$$

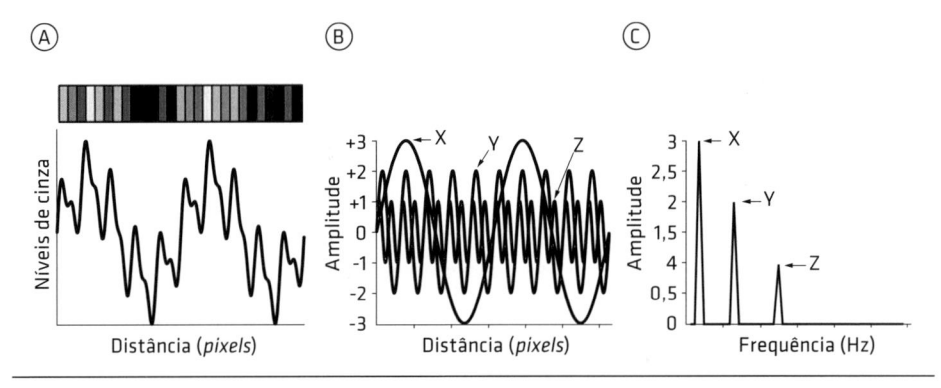

Fig. 6.10 (A) Representação artificial da variação dos níveis de cinza ao longo de uma imagem de sensoriamento remoto; (B) senoides de diferentes amplitudes e frequências, resultado da decomposição do sinal em A, sendo X uma senoide com amplitude de ±3 e frequência de 2 Hz, Y uma senoide com amplitude de ±2 e frequência de 10 Hz, e Z uma senoide com amplitude de ±1 e frequência de 20 Hz; (C) espectro de amplitude da transformada de Fourier (domínio das frequências) indicando a frequência e a amplitude das senoides apresentadas em B

Neste capítulo, será abordada apenas a componente amplitude, devido à sua ampla utilização na filtragem de imagens de satélite. A transformada de Fourier é usualmente realizada pelo algoritmo FFT (*fast Fourier transform*), que realiza a transformada discreta de Fourier DFT (*discrete Fourier transform*), disponível em vários *softwares* de processamento de imagens, como MATLAB, ENVI e ERDAS. O espectro de amplitude de Fourier reflete as características de uma imagem.

194 | Processamento de imagens de satélite

Na Fig. 6.11 são apresentados exemplos de imagens no domínio espacial e suas representações bidimensionais no domínio das frequências. A representação é a mesma do exemplo da Fig. 6.10, porém para um problema de duas dimensões, como é o caso das imagens digitais. A intensidade com que cada frequência específica ocorre na imagem se revela pela quantidade de brilho no espectro de frequências bidimensional. A Fig. 6.11A, por se tratar de um gramado, não possui padrões nítidos e isso se reflete em seu espectro de amplitude (Fig. 6.11B), onde as frequências estão distribuídas de forma relativamente homogênea. Já a imagem mostrada na Fig. 6.11C apresenta padrões claramente visíveis, como linhas verticais, horizontais e diagonais (bordas do telhado e ruas), que se refletem como linhas diagonais na imagem transformada para o domínio das frequências (Fig. 6.11D). A Fig. 6.11E descreve onde se concentram as altas (extremidades), médias (porção média) e baixas (porção interior) frequências no espectro de amplitude produzido pela transformada de Fourier. Como existem muito mais *pixels* com vizinhos similares em imagens comuns, ou seja, como poucos *pixels* representam as bordas dos objetos, é natural que existam muito mais baixas frequências do que altas frequências no espectro de amplitude (mapa de frequências). Por essa razão, é comum a presença de valores mais claros por volta da origem do sistema de coordenadas. É importante interpretar correta-

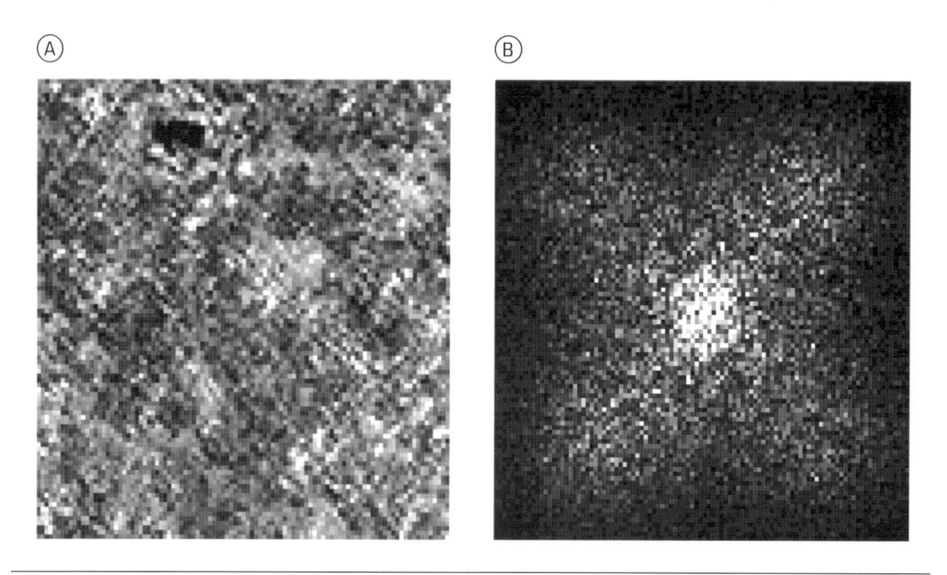

Fig. 6.11 (A) Imagem pancromática adquirida pelo satélite WorldView-3 (*pixel* = 0,3 m) de um gramado e (B) espectro de amplitude (mapa de frequências) que representa essa imagem no domínio das frequências

Fonte: imagens cedidas pela DigitalGlobe Foundation.

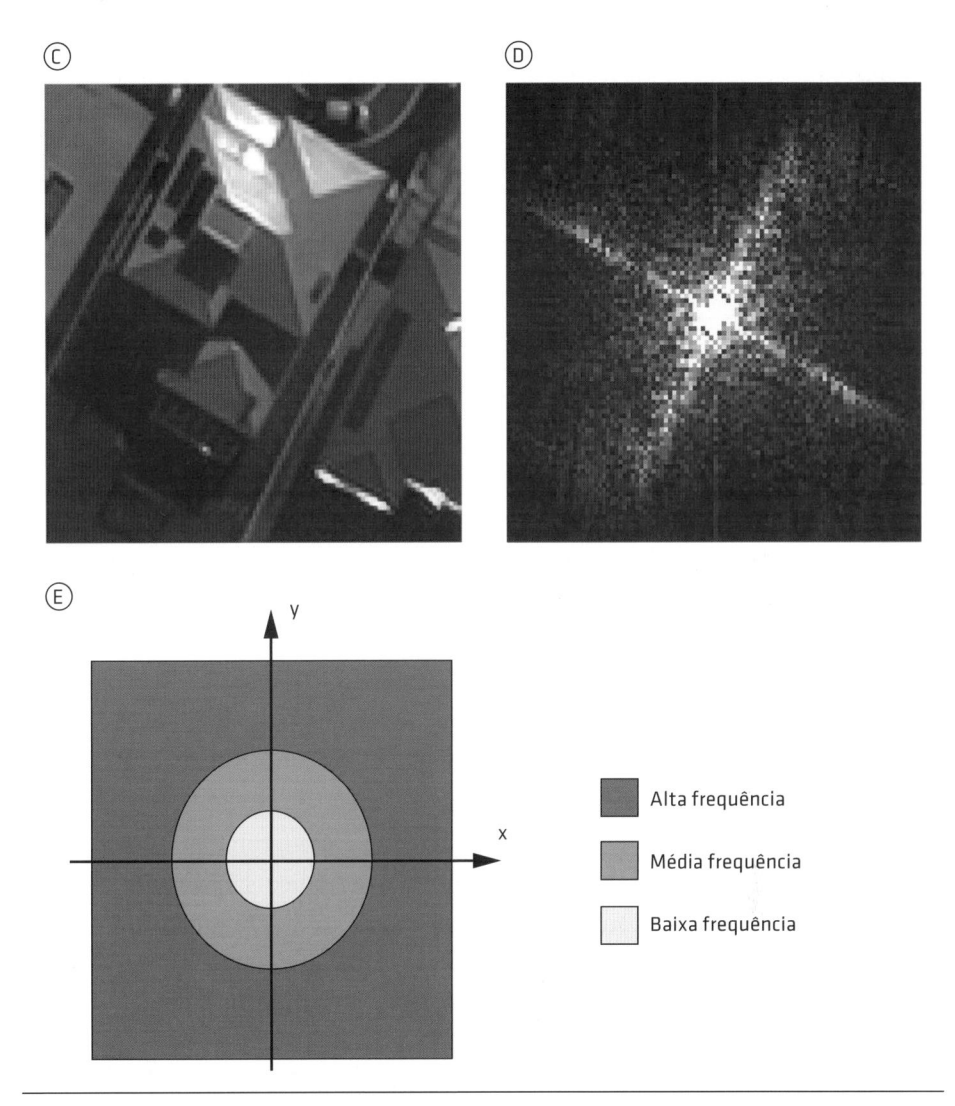

Fig. 6.11 (continuação) (C) Imagem pancromática adquirida pelo satélite WorldView-3 (*pixel* = 0,3 m) de uma casa e (D) espectro de amplitude (mapa de frequências) que representa essa imagem no domínio das frequências; (E) distribuição das frequências no espectro de amplitude
Fonte: imagens cedidas pela DigitalGlobe Foundation.

mente o espectro de amplitude e saber localizar as frequências de interesse para, então, eliminá-las ou preservá-las de acordo com a aplicação desejada.

A filtragem de imagens de sensoriamento remoto no domínio das frequências segue a sequência apresentada na Fig. 6.12. Primeiramente, a imagem original (*I*) é transformada pela DFT, obtendo-se o espectro de amplitude.

Em seguida, uma máscara é multiplicada diretamente no espectro de amplitude para selecionar quais frequências serão mantidas e quais serão eliminadas ou atenuadas do mapa de frequências. Finalmente, é aplicada a transformada inversa (DFT^{-1}) para retornar a imagem ao domínio espacial (I') com as devidas frequências alteradas.

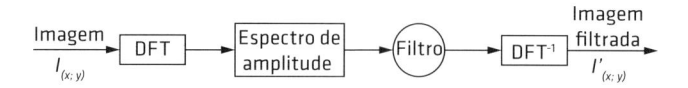

Fig. 6.12 Principais processos de filtragem de uma imagem no domínio das frequências. DFT se refere à transformada discreta de Fourier e DFT^{-1} é a transformada inversa de Fourier

A seguir serão apresentados dois exemplos da aplicação da transformada de Fourier em imagens de sensoriamento remoto. O primeiro exemplo trata da remoção de um ruído periódico em uma imagem óptica, enquanto o segundo aborda a detecção de ondas no oceano com uma imagem de radar. Como visto anteriormente, as operações de convolução com janelas móveis podem ser aplicadas para a remoção de ruídos aleatórios caracterizados pela presença de *pixels* espúrios (Fig. 6.5). Entretanto, essas operações são pouco efetivas na remoção de ruídos periódicos ou sistemáticos que comprometem grande parte da imagem. As causas mais comuns de ruído periódico são defeitos eletrônicos nos detectores de sensores *whiskbroom* e *pushbroom* que provocam falha no imageamento de certas linhas de varredura. A título de exemplo, foi inserido em uma imagem do satélite WorldView-3 (Fig. 6.13A) um ruído periódico caracterizado por linhas horizontais igualmente espaçadas (Fig. 6.13B), resultando na imagem da Fig. 6.13C. Ao transformar a imagem ruidosa para o domínio das frequências com a técnica de Fourier, picos de alta frequência se destacam no espectro de amplitude (Fig. 6.13D). Esses pontos com maior brilho no mapa de frequências correspondem exatamente às frequências responsáveis pelo ruído observado na imagem original. Portanto, podem ser removidos pela atuação de uma máscara apropriada (Fig. 6.13E) e a realização da transformada inversa para retornar a imagem ao domínio espacial (Fig. 6.13F), que apresenta uma redução significativa no ruído anteriormente agregado.

No exemplo da Fig. 6.13, a transformada de Fourier foi utilizada para a remoção de frequências indesejadas (ruído periódico ou sistemático). É possível também realizar o procedimento inverso, onde se seleciona apenas a frequência desejada. A Fig. 6.14 traz um exemplo da seleção de frequências no espectro de amplitude. Considere-se uma imagem do oceano obtida por um radar de

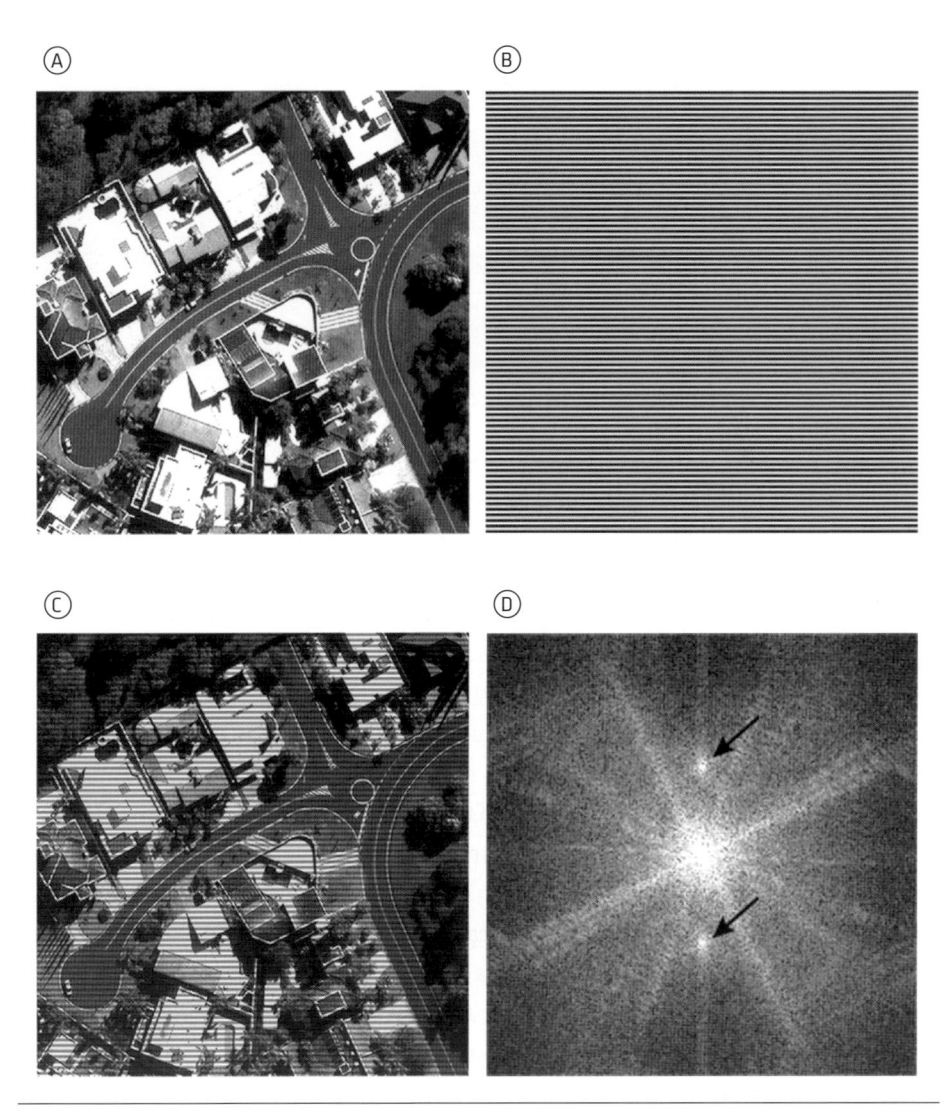

Fig. 6.13 (A) Imagem pancromática (resolução espacial de 0,3 m) adquirida pelo satélite WorldView-3 sobre a cidade de Campinas (SP) em 8/3/2016; (B) simulação de um ruído periódico caracterizado por linhas horizontais igualmente espaçadas; (C) imagem resultante da multiplicação de A por B, simulando a presença de um ruído periódico; (D) espectro de amplitude da imagem C, em que as setas indicam os picos de frequência que caracterizam o ruído
Fonte: imagens cedidas pela DigitalGlobe Foundation.

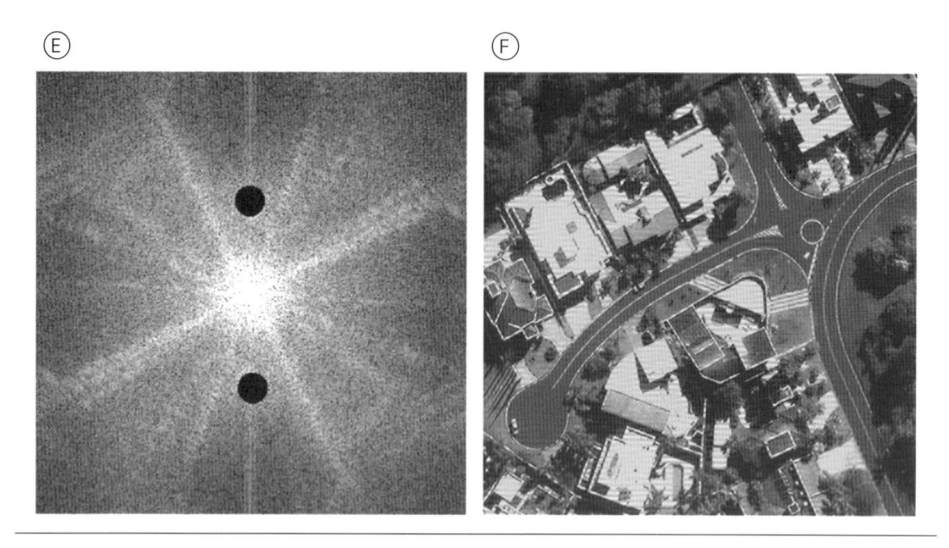

Fig. 6.13 (continuação) (E) Espectro de amplitude com os picos de ruído removidos; (F) resultado da transformada inversa, que teve como base o espectro de amplitude filtrado apresentado em E
Fonte: imagens cedidas pela DigitalGlobe Foundation.

abertura sintética (*synthetic aperture radar* – SAR) e que o objetivo seja detectar a direção preferencial da ondulação. As imagens de radar apresentam um tipo de ruído multiplicativo conhecido como *speckle*, ocasionado pela interferência construtiva e destrutiva das micro-ondas, inerente a todo sistema SAR. A presença do *speckle* causa um aspecto granuloso na imagem e produz variações aleatórias dos níveis de cinza, dificultando a extração de informação. Nota-se claramente na Fig. 6.14A o efeito do ruído *speckle*, que limita consideravelmente a identificação da superfície imageada. Após a transformação da imagem para o domínio das frequências, é possível perceber a existência de dois picos no espectro de amplitude (indicados por setas na Fig. 6.14B) que representam um padrão repetitivo na imagem. Ao selecionar apenas esses picos no espectro de amplitude, excluindo as frequências restantes (Fig. 6.14C), e ao realizar a transformada inversa, é possível detectar as ondas da superfície do mar, bem como a direção preferencial da ondulação (Fig. 6.14D).

Em comparação com a filtragem no domínio espacial, a filtragem no domínio das frequências apresenta a vantagem de permitir que o analista atue especificamente nas frequências que deseja modificar, preservando as demais. No caso da janela de convolução aplicada na filtragem no domínio espacial, um filtro passa-baixas, por exemplo, atua em todas as baixas frequências indiscri-

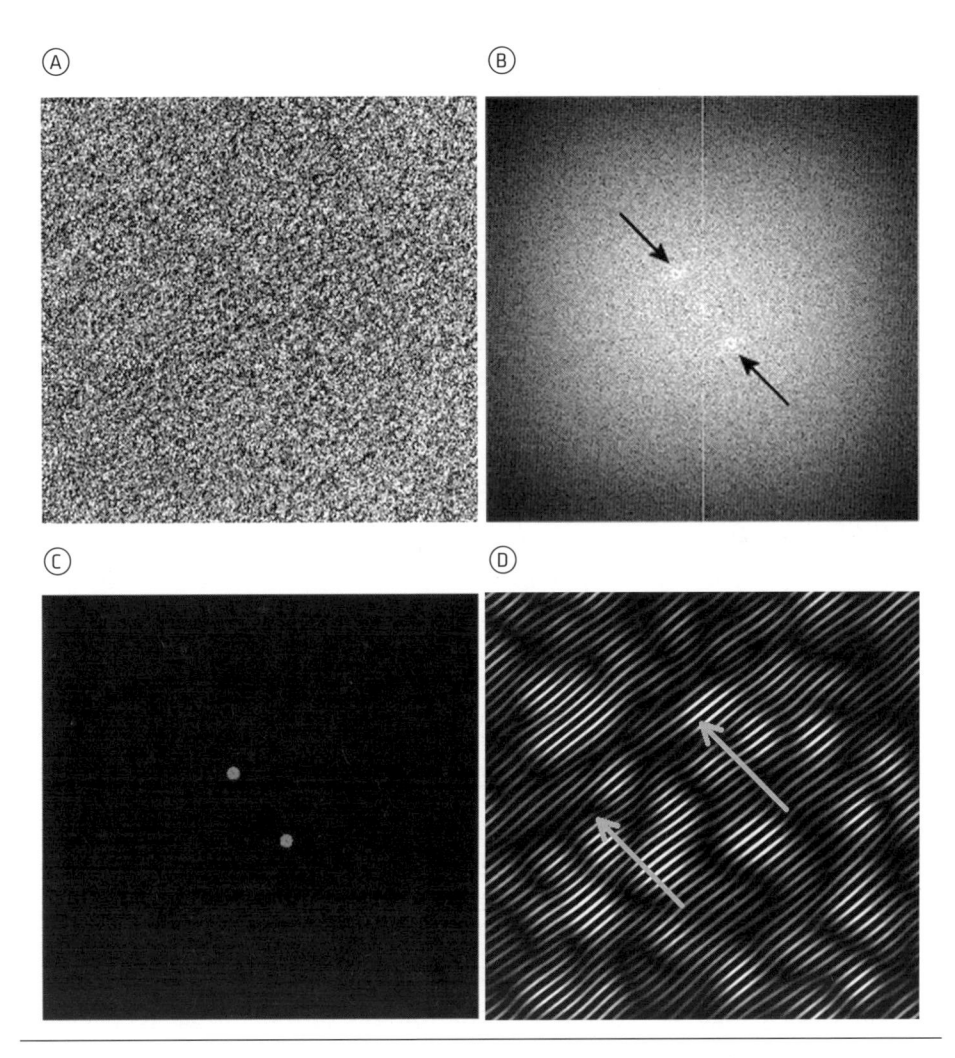

Fig. 6.14 (A) Imagem orbital do radar de abertura sintética adquirida sobre a superfície do mar; (B) espectro de amplitude que representa a imagem A no domínio das frequências, em que as setas indicam picos de alta frequência; (C) espectro de amplitude filtrado em que apenas as frequências de interesse foram selecionadas; (D) imagem resultante da transformada inversa de Fourier com base no espectro de amplitude apresentado em C, em que as setas indicam a direção preferencial da ondulação

minadamente (inclusive aquelas que eram desejadas na imagem), o que acaba por comprometer a qualidade do resultado final. O mesmo ocorre para um filtro passa-altas. Por outro lado, no domínio das frequências o analista nem sempre é capaz de reconhecer a frequência associada a um ruído ou outro aspecto indesejável na cena, sendo inviável alcançar resultados satisfatórios nessa modalidade de filtragem. Além disso, trabalhar no domínio das frequências exige um grau maior de conhecimento e experiência por parte do analista.

6.3 Exercícios propostos

1) Explicar o que significam baixas e altas frequências em imagens digitais de sensoriamento remoto. Utilizar em sua resposta uma explicação do ponto de vista da filtragem no domínio espacial e outra do ponto de vista da filtragem no domínio das frequências.
2) Qual é a principal vantagem e a principal desvantagem da passagem de um filtro passa-baixas em uma imagem com ruído espacial? Existe algum filtro alternativo que possa contornar a desvantagem? Qual?
3) Qual é a desvantagem da utilização de um filtro de moda em imagens digitais com janelas relativamente pequenas?
4) Qual é a diferença da aplicação de um filtro unitário de médias com janelas 3 × 3 e 5 × 5? Um resultado idêntico ao da passagem do filtro 5 × 5 poderia ser alcançado aplicando o filtro 3 × 3 duas vezes consecutivas?
5) A filtragem no domínio espacial é um procedimento comutativo? Ou seja, o processo pode ser revertido para a imagem original após ser realizado?
6) Citar algumas situações em que se aconselha a passagem do filtro passa-baixas e outras em que se aconselha a passagem do filtro passa-altas.
7) É possível realizar o procedimento de filtragem no domínio espacial de maneira seletiva ao longo da imagem? Ou seja, fazer com que ele amenize os ruídos enquanto preserva as bordas dos alvos?
8) A janela mostrada na Fig. 6.15 é às vezes utilizada na convolução de imagens digitais para fins de filtragem. Que tipo de filtragem essa operação executa?

0	-1	0
-1	5	-1
0	-1	0

Fig. 6.15 Janela móvel de 3 x 3 *pixels*

9) A Fig. 6.16 apresenta o fragmento de uma imagem digital.
Determinar o valor do *pixel* indicado (8) após a passagem dos filtros espaciais com as seguintes janelas:

6	32	3	34	35	1
7	1	27	28	**8**	30
19	14	16	15	23	24
18	20	22	21	17	13
25	29	10	9	25	12
36	5	33	4	2	31

Fig. 6.16 *Pixels* de uma imagem digital

a)
-1	-1	-1
-1	9	-1
-1	-1	-1

b)
1	1	1
1	1	1
1	1	1

c) Mediana com janela 3 × 3

10) Propor um filtro direcional (janela 5 × 5) que realize um realce de limites e bordas posicionadas na direção horizontal de uma imagem.

11) Uma imagem 8 × 8 produzida a partir da função $f_{(i;j)}$ tem seus níveis de cinza dados pela seguinte equação:

$$f_{(i;j)} = |i-j| \to i,j = 0,1,2,3,4,5,6,7$$

em que i é o índice das linhas e j é o índice das colunas.

Determinar a imagem resultante da aplicação de um filtro de mediana 3 × 3 na imagem $f_{(i;j)}$. Observar que os *pixels* de borda permanecem inalterados, enquanto o ruído é eliminado.

12) Considerar as imagens mostradas na Fig. 6.17, adquiridas por plataformas orbitais.

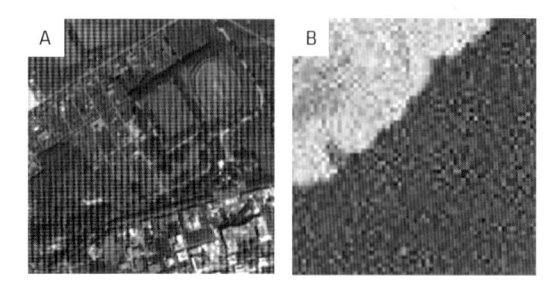

Fig. 6.17   Imagens em níveis de cinza adquiridas por diferentes sensores

Ambas as imagens possuem ruído espacialmente distribuído ao longo da cena. De que forma você filtraria a Fig. 6.17A? E a Fig. 6.17B? Para cada uma delas, explicar o motivo pelo qual você optou pelo filtro no domínio espacial ou no domínio das frequências.

13) Qual é a principal diferença entre a filtragem no domínio espacial e a filtragem no domínio das frequências? As duas poderiam ser ajustadas para produzir resultados idênticos?

14) Descrever e justificar os passos necessários para a filtragem no domínio das frequências.

Classificação não supervisionada

7.1 Considerações iniciais

Dados coletados por sensores remotos a bordo de satélites podem ser analisados em cenários em que o analista dispõe ou não de conhecimento da verdade de campo acerca da área imageada.

Em aplicações que requerem a classificação de imagens, a disponibilidade de amostras rotuladas (dados de treinamento) está intimamente associada à escolha que o analista fará para a extração de informações das imagens. Distinguem-se duas famílias de técnicas, ditas supervisionadas e não supervisionadas, de acordo com a presença ou a ausência de amostras rotuladas, respectivamente.

7.1.1 Disponibilidade de amostras rotuladas

No cenário supervisionado, utilizam-se dados rotulados para o treinamento de modelos que aprenderão tarefas específicas, como a classificação. Frequentemente, esses dados são um subconjunto dos *pixels* da imagem, selecionados a partir de informações sobre as coordenadas onde se encontram exemplos das classes de uso e cobertura do solo no campo. Em geral, o cenário supervisionado é o mais favorável para o analista, pois ele poderá valer-se de ambas as fontes de informação, remotas e de campo, para a interpretação dos dados coletados.

De posse de dados rotulados, o analista pode treinar modelos estatísticos preditivos que buscarão estabelecer a relação entre medidas que caracterizam a superfície observada, tais como a reflectância obtida por um sensor remoto, e as variações observadas no terreno para as variáveis de interesse.

Uma vez construído, o modelo poderá ser aplicado na análise de partes da imagem onde não se dispõe de informação prévia, sendo possível, assim, fazer inferências na totalidade da imagem. Essa é a ideia básica da aprendizagem supervisionada, sendo a classificação supervisionada e a regressão exemplos de possíveis abordagens para lidar com problemas em que a variável de interesse é discreta ou contínua, respectivamente.

No próximo capítulo serão apresentados alguns métodos clássicos que podem ser utilizados para a classificação supervisionada de imagens.

7.1.2 Ausência de amostras rotuladas

Em algumas situações específicas, dados rotulados com a verdade do terreno podem não estar disponíveis para a área a ser analisada, principalmente em um estágio inicial dos trabalhos de interpretação de imagens de satélite.

Vale notar que, em sensoriamento remoto, a aquisição de dados rotulados via de regra é onerosa, já que são necessárias visitas a campo para garantir a verdade no terreno, o que pressupõe a mobilização de equipes, com custos de logística e tempo associados.

Da mesma forma, frequentemente o analista se depara com cenas que não lhe são familiares, e poderia então interessar-se por métodos que fornecessem uma avaliação preliminar de uma imagem disponível, por exemplo, para planejar a amostragem de futuros dados de treinamento. Nesse cenário, torna-se conveniente a utilização de métodos de classificação não supervisionada.

Técnicas de classificação ditas não supervisionadas visam agrupar os *pixels* em subconjuntos segundo um critério de similaridade. O analista buscará fazer inferências para a área em questão sem exemplos de amostras rotuladas das classes de interesse. Neste capítulo, serão vistos alguns métodos clássicos que podem ser utilizados no contexto de aprendizagem não supervisionada, com foco em problemas de classificação.

7.2 Análise de agrupamentos (*clusters*)

Uma estratégia consagrada para a classificação não supervisionada consiste na análise de agrupamentos (*clusters*). Na sequência, será abordado o objetivo dessa técnica e alguns exemplos adicionais de possíveis aplicações. Os agrupamentos identificados devem representar as classes existentes na cena analisada.

7.2.1 Objetivo

A análise de agrupamentos consiste em particionar um conjunto de dados em subgrupos de tal forma que as observações alocadas em cada grupo sejam mais similares entre si do que as observações alocadas em outros grupos. Cada amostra de ingresso é descrita por uma série de atributos, por exemplo, os valores de reflectância medidos por sensores remotos em diferentes porções do espectro eletromagnético. A ideia-chave da análise de agrupamentos é a utilização do conceito de similaridade (ou dissimilaridade) entre amostras, o que requer a definição de uma medida de proximidade entre observações. Essa medida será explorada num processo de otimização visando à obtenção de agrupamentos cujas amostras compartilhem características similares entre si.

Por vezes, uma análise de agrupamentos visa também estabelecer uma representação natural dos dados em níveis hierárquicos. A tarefa envolve a formação sucessiva de agrupamentos. A estratégia é parecida com a do caso anterior, e os agrupamentos em cada grupo são mais similares entre si do que os de outros grupos. Ao fim, cada agrupamento identificado deve representar uma classe de materiais presentes na imagem analisada.

7.2.2 Exemplos de aplicação

A análise de agrupamentos é uma ferramenta importante para a análise estatística de dados em geral, com aplicações frequentes nas áreas de análise de imagens, reconhecimento de padrões e aprendizagem de máquina, entre outras. A análise de agrupamentos não se refere a um algoritmo específico, mas sim a uma tarefa a ser executada. Para um exemplo de dados e seu agrupamento em grupos, ver seção 7.3.2.

Frequentemente, essa análise serve como etapa preliminar numa sequência de processamentos para a extração de informações de um determinado conjunto de dados. A seguir serão apresentados alguns exemplos de aplicação.

Mapeamentos preliminares da cobertura do solo

No caso de classificação de imagens de satélite, os agrupamentos podem ser entendidos como áreas na imagem cujos *pixels* apresentam características similares em nível espectral e, idealmente, também em campo.

Por exemplo, espera-se que a partição não supervisionada dos *pixels* em três grupos, em uma região que contenha floresta nativa, vegetação e solo exposto, gere um mapa de classificação cujos agrupamentos estejam razoavelmente correlacionados com a ocorrência de tais classes (Fig. 7.5A-B).

Entretanto, em cenários mais complexos, técnicas de classificação não supervisionada dificilmente fornecerão elevada acurácia. Ainda assim, os subconjuntos das classes (grupos) espectralmente distintos tenderão a ser bem discriminados dos demais.

Detecção de mudanças multitemporais

A análise da diferença entre um par de imagens corregistradas, adquiridas numa mesma área, mas em datas distintas, pode revelar mudanças ocorridas na região estudada. Assumindo-se que entre as datas de aquisição houve mudanças na cobertura do solo, o problema é identificar, automaticamente, os *pixels* correspondentes.

Nesse cenário, técnicas de agrupamento poderiam auxiliar na separação de dois grupos de *pixels*, aqueles cujas diferenças entre observações sucessivas são elevadas, o que se associaria às mudanças no terreno, e aqueles com diferenças modestas, indicando flutuações naturais esperadas na cena, potencialmente devidas a outros fatores.

Embora existam abordagens mais específicas para problemas de detecção de mudanças em imagens multitemporais, que podem levar em consideração detalhes específicos da aplicação pretendida, o uso de classificação não supervisionada contribui para uma primeira análise.

Sumarização de observações pontuais

Técnicas de agrupamento de dados também podem ser utilizadas para resumir dados derivados da interpretação prévia de imagens. Por exemplo, num cenário onde o analista dispõe de uma lista de coordenadas indicando a ocorrência de indivíduos de certa espécie vegetal (ou anomalias em um cultivo), técnicas de agrupamento pode ser utilizadas para estimar as coordenadas "médias" (centroides) de k grupos que resumem a localização espacial das áreas com maior concentração de indivíduos.

Sumarização de bibliotecas espectrais

Existem situações em que o usuário deseja agrupar espectros similares presentes numa biblioteca espectral que não contém referência ao material de origem. Bibliotecas desse tipo podem ser oriundas do processamento de imagens por algoritmos projetados para extrair *pixels* puros em uma imagem (*pixels* cuja área imageada no terreno possui apenas a resposta de um tipo de cobertura). Ao coletar os *pixels* selecionados pelo algoritmo, aplicado em diferentes subconjuntos de uma imagem, gera-se automaticamente uma "biblioteca" espectral onde muitas das entradas serão similares.

Se o usuário souber (ou estimar) o número de classes de cobertura do solo presentes na imagem, os espectros podem ser automaticamente agrupados segundo um critério de similaridade, auxiliando na modelagem da variabilidade espectral de cada classe (Somers et al., 2012).

Na sequência, serão vistos três exemplos de métodos clássicos para a análise de agrupamento de dados. Muito longe de ser exaustiva, nesta breve lista foram priorizados métodos simples, visando introduzir o leitor ao tópico. Há inúmeras metodologias alternativas disponíveis na literatura, algumas delas discutidas em Jain (2010) e Canty (2010), por exemplo.

7.3 Agrupamento rígido

7.3.1 Algoritmo K-médias

O algoritmo *K-médias* efetua um agrupamento iterativo cujo objetivo é particionar certo conjunto de amostras em k grupos (*clusters*). Utiliza como função de classificação a distância da amostra ao centro do grupo, e busca minimizar o somatório de todas as distâncias entre as amostras e o centroide mais próximo. No processamento de imagens de sensoriamento remoto, as amostras são normalmente os *pixels* da imagem. Ao final do processo, cada amostra processada com esse algoritmo pertencerá a apenas um grupo, ou seja, haverá uma classificação rígida.

Uma característica importante do algoritmo K-médias é que o analista deve fornecer, como parâmetro de entrada, o número de grupos a ser obtido. Os dados de entrada desse algoritmo são os atributos associados a cada *pixel* da imagem, isto é, um vetor de dimensão d contendo medidas que descrevem a superfície imageada (por exemplo, a assinatura espectral).

O algoritmo K-médias funciona da seguinte forma:
- Selecionam-se aleatoriamente k amostras do conjunto a ser classificado. Provisoriamente, cada uma dessas amostras, entendidas como um vetor, é tomada como estimativa inicial dos centroides das classes a serem obtidas pelo algoritmo.
- Dados os centroides iniciais, classifica-se cada observação do conjunto de dados na classe cujo centroide esteja mais próximo. Para tanto, o critério será a distância (euclidiana) entre observação e centroides.
- Feita a primeira classificação, recalcula-se a posição dos centroides, que passará a ser o valor médio das observações classificadas em cada um dos k grupos.

- Repete-se a classificação iterativamente, ou seja, reclassificando as amostras e computando o novo centro dos *clusters*.
- O processo segue até que um critério de convergência seja atingido, por exemplo, quando as amostras não mudem de classe e, consequentemente, as posições dos centroides no espaço das feições tenham se estabilizado, ou um número máximo de iterações tenha sido atingido.

Assim, todas as amostras são obrigatoriamente classificadas em algum dos grupos.

7.3.2 Exemplos

A Fig. 7.1 apresenta o exemplo de uma imagem em que o analista estima *a priori* que existam *pixels* provenientes de três classes, porém não lhe é fácil coletar exemplos para caracterizá-las. O problema consiste em

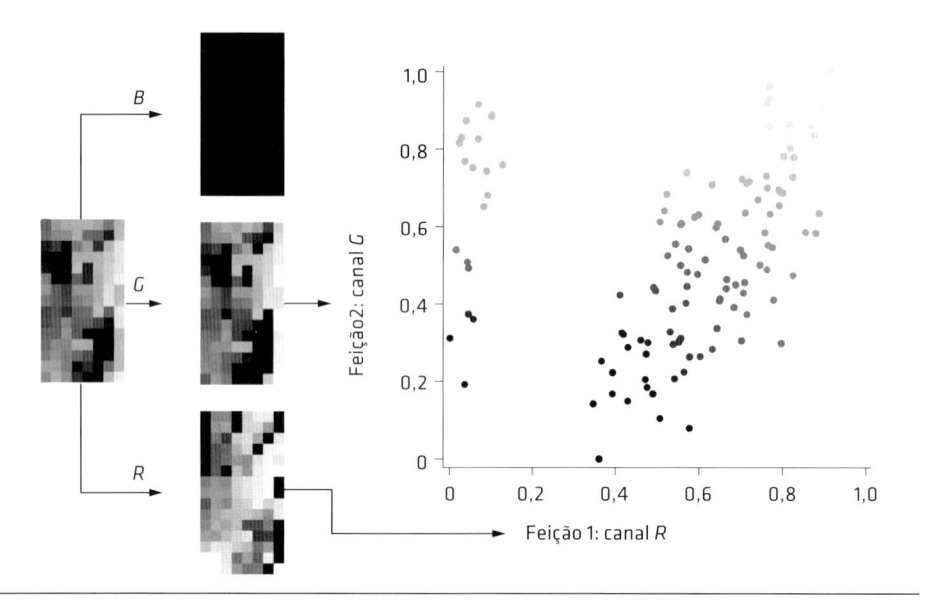

Fig. 7.1 Imagem que será analisada utilizando-se a classificação não supervisionada. Nesse caso, o canal azul (*B*) não contém informação útil para a análise, pois todos os *pixels* têm valores idênticos (representado pela cor preta), não contribuindo para a discriminação das classes. Assim, todas as amostras (*pixels*) podem ser convenientemente apresentadas em um espaço de feições bidimensional, apenas com os valores dos *pixels* nos canais vermelho (*R*) e verde (*G*). Para fins de visualização dos dados, optou-se por colorir cada ponto representado no gráfico com a cor do respectivo *pixel* de proveniência na imagem. Nos três canais individuais, os níveis de cinza entre preto e branco indicam valores crescentes no intervalo 0 a 1

mapear a localização dessas classes de forma automática na imagem, produzindo um mapa da cobertura do solo. Inspecionando cada canal da imagem, percebe-se que o canal azul não possui informação discriminante, ou seja, todos os *pixels* contêm valores idênticos (zero). Logo, ele pode ser removido, já que não contribui com nenhuma informação adicional à classificação. Na ausência de amostras rotuladas que possam ser usadas para treinamento, será adotada uma estratégia não supervisionada, classificando a imagem por meio do algoritmo K-médias.

Uma característica do algoritmo K-médias é sua natureza iterativa. A Fig. 7.2 mostra como a posição estimada dos centroides no espaço das feições, apresentado no gráfico de dispersão da Fig. 7.1, varia nas iterações sucessivas, e como as amostras vão sendo reclassificadas. Percebe-se o efeito da inicializa-

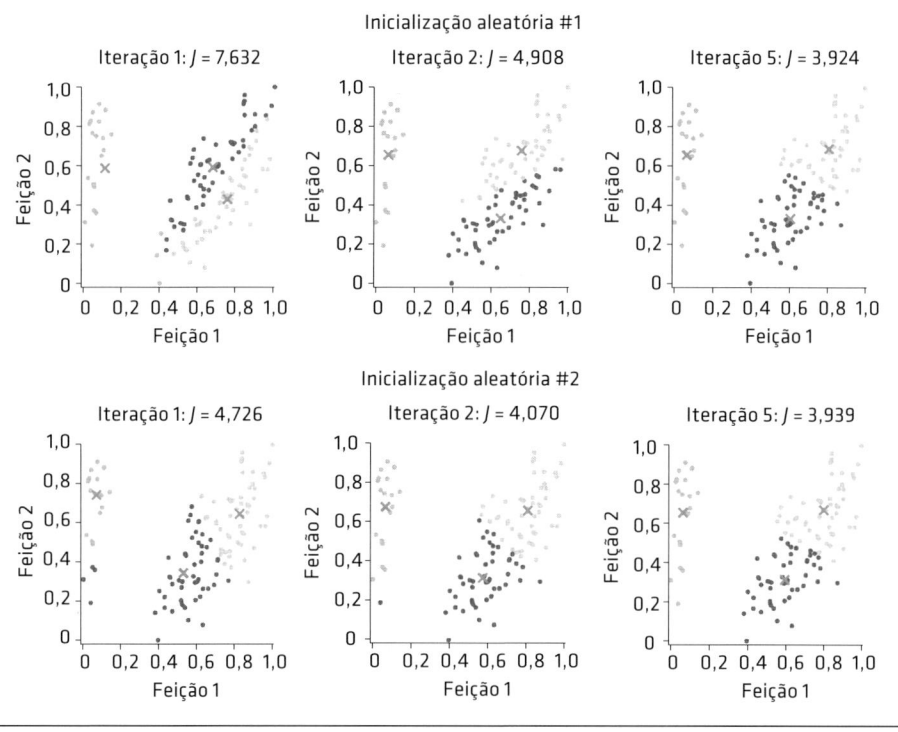

Fig. 7.2 A posição estimada dos centroides x varia substancialmente nas primeiras iterações do algoritmo K-médias para a partição das amostras da Fig. 7.1 em três grupos, e assim também o valor da função objetivo J. Nesse caso, os dados de entrada têm duas dimensões. Foram testadas duas inicializações aleatórias, que rapidamente convergiram para centroides praticamente idênticos. Os respectivos mapas podem ser observados na Fig. 7.3

ção aleatória nas diferentes execuções testadas do algoritmo, o que resulta em classificações substancialmente diferentes no início do processo. Porém, nesse exemplo, o algoritmo tende a convergir rapidamente para soluções muito similares (Fig. 7.3).

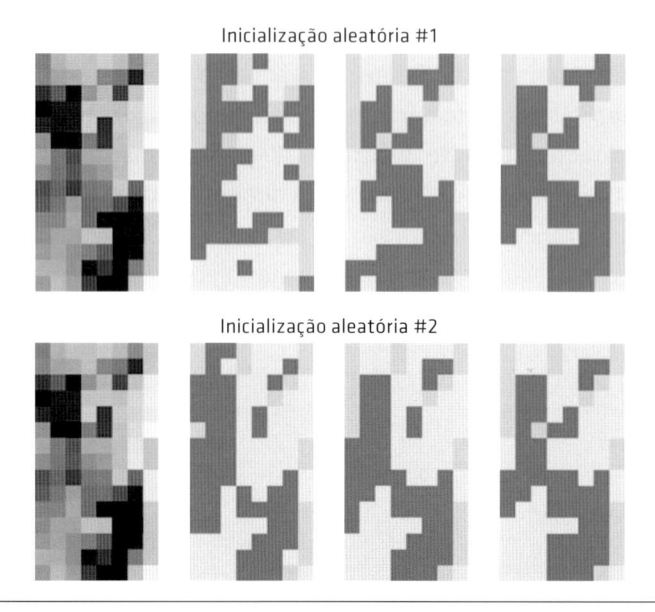

Fig. 7.3 Aplicação do algoritmo K-médias para classificar os *pixels* de entrada em três grupos. As figuras indicam os mapas obtidos após a primeira, a segunda e a quinta iteração do algoritmo. É possível observar como as amostras vão sendo reclassificadas iterativamente nas duas inicializações aleatórias. Essa visualização, na forma de mapa de classificação, é uma alternativa à visualização dos resultados no espaço das feições, conforme mostrado na Fig. 7.2

A Fig. 7.4 mostra como o aumento do número de *clusters* reduz gradualmente o valor do funcional otimizado (distância euclidiana), ou seja, quanto mais centroides (classes), melhor tende a ser o ajuste aos dados de entrada. Esse comportamento monotônico tende a dificultar a escolha do número de classes k. No exemplo da Fig. 7.4, os dados de entrada são os pontos indicados na Fig. 7.1 e o funcional é baseado no somatório do quadrado da distância euclidiana de cada amostra até o centroide do grupo mais próximo. A conclusão foi de que, a partir de quatro iterações, a solução praticamente convergiu para todos os valores de k testados, uma vez que o valor do funcional tende a se estabilizar. Entretanto, infelizmente, não se pode inferir facilmente o valor ótimo de k. Nesse exemplo,

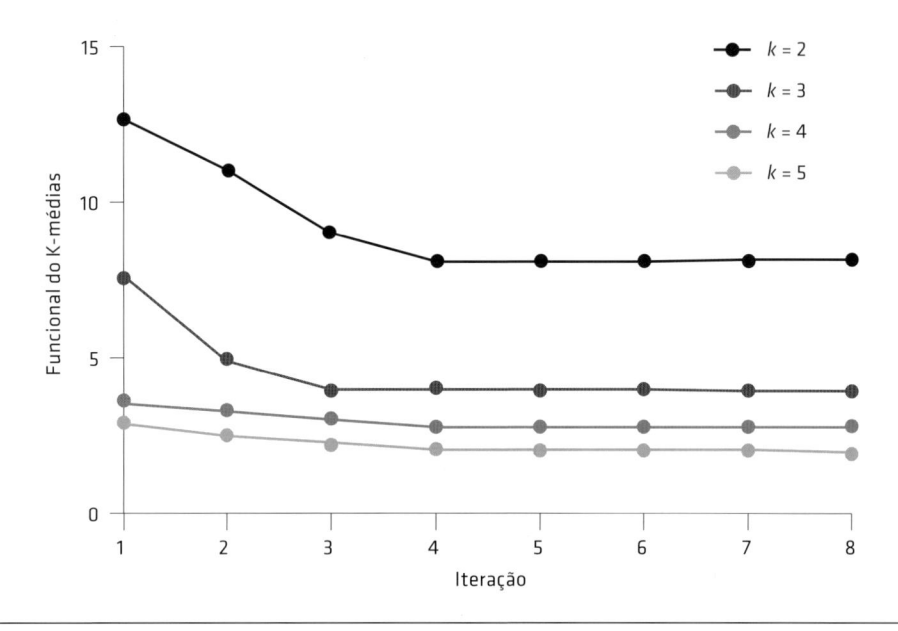

Fig. 7.4 O aumento do número de grupos reduz o valor do funcional (distância euclidiana), sendo otimizado pelo algoritmo K-médias, dado pela soma dos quadrados das distâncias entre amostras e centroides em cada grupo. Quanto maior o número de centroides (classes), mais compactos tornam-se os grupos, o que diminui as distâncias dos pontos até o grupo mais próximo (ou seja, melhor representam os dados de entrada)

percebe-se que a variação do funcional entre a primeira e a segunda iteração foi mais significativa para $k = 3$.

A Fig. 7.5 ilustra a classificação não supervisionada de um pequeno recorte de uma imagem multiespectral capturada pelo TM/Landsat-5 sobre uma área rural, e uma imagem RGB imageando um perímetro urbano, com a utilização do algoritmo K-médias. Simulam-se os casos em que o analista optou pela geração de três e seis agrupamentos de *pixels*, respectivamente. Os grupos resultantes estão representados em um mapa de classificação e também no gráfico de espalhamento bidimensional. Todas as bandas de cada imagem foram utilizadas na classificação.

No caso da imagem TM/Landsat com seis bandas de reflectância, uma análise visual da composição falsa cor na Fig. 7.5A, gerada com as bandas 5, 4 e 3 posicionadas nos canais RGB, revela forte correspondência entre os três agrupamentos e a presença das classes floresta, vegetação e solo exposto. A cena RGB na Fig. 7.5D é mais complexa e não é fácil estimar o número de classes (grupos) presentes, ainda que, a princípio, sejam pelo menos seis: telhado, pavimento, solo exposto, árvores, água num lago no canto superior esquerdo e plantas aquáticas que cobrem parcialmente esse lago. O mapa obtido de forma não supervisionada parece razoavelmente gerar grupos consistentes com a localização dos telhados, do solo exposto e dos pavimentos, porém há equívocos entre as demais categorias. Essa confusão é esperada, tendo em vista a ausência de amostras de treinamento para guiar a classificação.

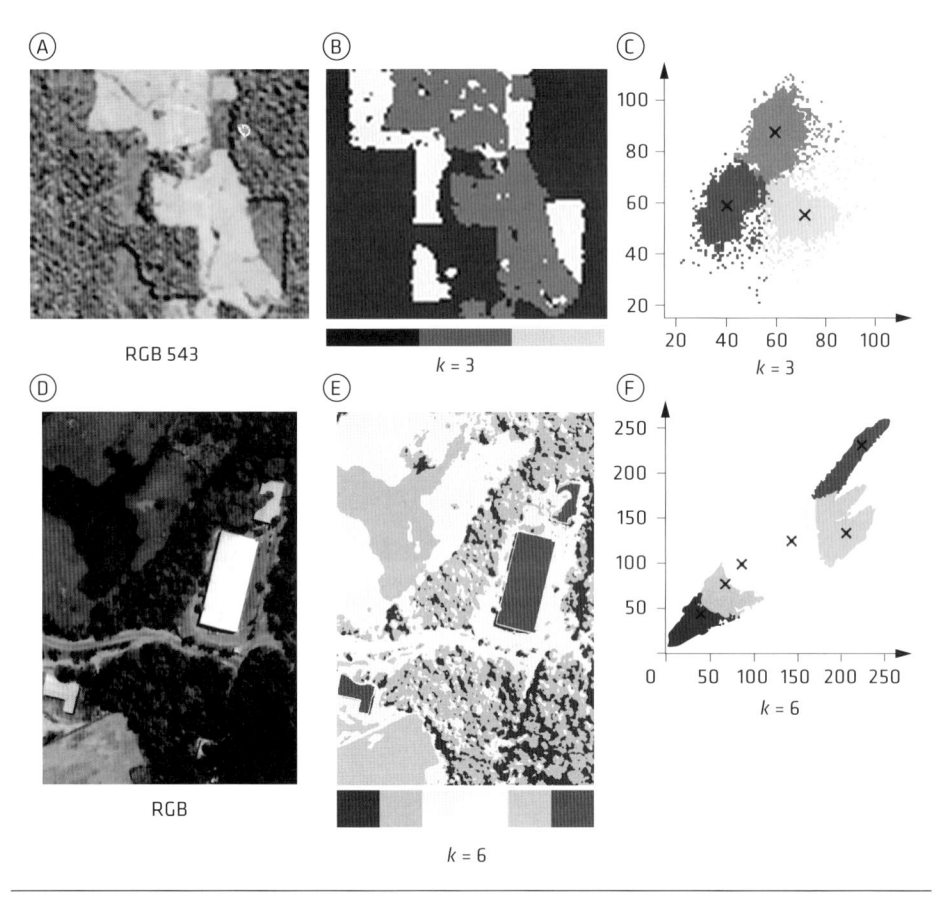

Fig. 7.5 Análise de uma imagem multiespectral TM/Landsat (A) e de uma imagem RGB (D) utilizando o algoritmo K-médias. Foram gerados três e seis agrupamentos de forma não supervisionada, respectivamente. A barra horizontal em (B) e (E) indica os grupos obtidos, aos quais se atribuiu uma cor arbitrária nos mapas. Uma representação dos *pixels* classificados em um espaço bidimensional é apresentada em (C) e (F), onde x indica os centroides estimados pelo K-médias. Todas as bandas de cada cena foram utilizadas na classificação

7.3.3 Aspectos práticos

A seguir, são apresentadas algumas peculiaridades do algoritmo K-médias e de sua utilização.

Inicialização do algoritmo K-médias

A primeira peculiaridade diz respeito à inicialização aleatória. Nota-se que o tipo de inicialização pode influenciar o resultado final, ou seja, a posição média onde convergirão os centroides e a respectiva classificação das amostras.

Na medida do possível, dado certo valor do número de grupos k fixado *a priori*, é prudente testar diferentes inicializações aleatórias do algoritmo e selecionar a que produzir o melhor resultado, nesse caso, a de menor soma de distâncias entre os centroides de cada classe e as respectivas amostras classificadas. Ou seja, é a solução que mais reduziu o valor do funcional (J) otimizado pelo algoritmo.

Algumas implementações permitem selecionar uma pequena fração das amostras de entrada, por exemplo, 5% a 10%, e aplicar o algoritmo K-médias como descrito anteriormente. Na sequência, os centroides obtidos com esse agrupamento preliminar, usando o pequeno subconjunto de dados, poderiam servir como inicialização dos centroides para a execução do algoritmo na totalidade dos dados. Essa alternativa tende a convergir mais rapidamente. Há outras possíveis variações de inicialização, por exemplo, utilizando valores preestabelecidos para os centroides caso o analista tenha conhecimento prévio sobre algumas das classes.

Hipótese sobre os agrupamentos

A hipótese feita pelo K-médias é que os dados formam agrupamentos esféricos no espaço de atributos, ou seja, o método não leva em conta a covariância dos atributos. O K-médias buscará k centros no espaço de atributos onde há alta probabilidade de encontrar os dados.

Distância entre amostras

Embora a distância euclidiana seja a mais popular e forneça, via de regra, bons resultados numa ampla gama de problemas, existem inúmeras alternativas de distância propostas na literatura que poderiam eventualmente ser consideradas. São exemplos a distância angular entre vetores (que tem certa popularidade em sensoriamento remoto), a correlação entre vetores, a soma da diferença absoluta entre as componentes dos vetores, a distância de Hamming, que mede a proporção de *bits* que diferem no caso de representações binárias dos dados, entre outras.

A fim de reduzir a complexidade computacional do algoritmo K-médias, é comum substituir a distância euclidiana pelo quadrado da distância euclidiana. Isso evita o cálculo de uma raiz quadrada, e o resultado prático, nesse caso, acaba sendo o mesmo. Reduz-se, portanto, o tempo de cálculo dos algoritmos, o que é particularmente conveniente em cenários que requerem análises rápidas de grandes quantidades de dados.

Na experiência prática dos autores, verificou-se que, via de regra, o quadrado da distância euclidiana fornece bons resultados, principalmente para dados de baixa e média dimensionalidade espectral. É boa prática testar ao menos cinco inicializações aleatórias do algoritmo, selecionando a solução que minimizar o funcional discutido anteriormente.

Normalização das feições

Nesse método, é importante atentar para que todos os atributos das amostras de entrada sejam aproximadamente da mesma ordem de magnitude; do contrário, alguns atributos "dominarão" os demais no cálculo da distância.

Por exemplo, se os dados de entrada forem a reflectância de um *pixel*, esta em geral está suficientemente bem distribuída no intervalo de valores 0 e 1, e a princípio poderia gerar bons resultados sem a necessidade de grandes manipulações dos dados. Entretanto, caso o analista eventualmente incorpore atributos adicionais, tais como temperatura ou descritores de textura do *pixel*, que tendem a variar em intervalos distintos, recomenda-se então normalizar os dados de entrada de tal forma que todos os valores nos vetores que forem passados para o algoritmo K-médias tenham um intervalo de variação semelhante.

Estimativa do número de grupos (número de classes)

A maior dificuldade na utilização do algoritmo K-médias reside na estimativa do número de grupos. Embora vários critérios tenham sido propostos na literatura para auxiliar nessa escolha (Jain, 2010), suspeita-se que, para o analista que se depara com um conjunto de dados reais de sensoriamento remoto, essa questão dificilmente será resolvida de modo adequado sem o teste de distintos valores de k, seguindo uma estratégia de tentativa e erro. De qualquer forma, serão apresentadas algumas possibilidades na seção 7.5.3.

Alternativa Isodata

O algoritmo *iterative self-organizing data analysis technique* (Isodata) é uma modificação do algoritmo K-médias que considera regras adicionais para a geração dos agrupamentos. Nesse algoritmo, grupos são unidos caso possuam menos amostras do que um limiar preestabelecido ou caso os centroides estejam muito próximos. E, por outro lado, grupos são divididos caso apresentem desvio-padrão superior a um limiar preestabelecido ou caso contenham mais do que o dobro do valor mínimo de amostras permitido em cada grupo.

7.4 Agrupamento difuso

O agrupamento difuso (*fuzzy clustering*) permite maior flexibilidade na classificação das amostras de maneira não supervisionada. Em vez de impor uma classificação rígida, em que cada amostra pertence a um único grupo, como no caso do algoritmo K-médias, busca-se uma atribuição suave, isto é, cada amostra pode pertencer simultaneamente a mais de um grupo, porém com contribuições (pesos) distintas. Essa noção de que uma amostra pode pertencer a diferentes grupos envolve a definição de uma função de pertinência.

Na sequência, será analisado o algoritmo *fuzzy C-médias*, proposto originalmente por Dunn (1973) e aperfeiçoado por Bezdek (1981). Trata-se de um exemplo clássico de técnica não supervisionada de reconhecimento de padrões.

7.4.1 Algoritmo *fuzzy* C-médias

A ideia básica desse algoritmo é classificar de maneira não supervisionada um certo conjunto de dados de entrada através da otimização de uma função objetivo que pondera dois aspectos: uma medida de grau de pertinência e uma medida de similaridade entre as amostras e os centros dos grupos a serem obtidos. Especificamente, a classificação é baseada na otimização da seguinte função:

$$J_m = \sum_{i=1}^{\ell} \sum_{j=1}^{C} u_{ij}^m \| x_i - c_j \|^2, \ 1 < m < \infty \tag{7.1}$$

em que ℓ é o número total de amostras, C é o número de grupos, que deve ser fornecido como parâmetro de entrada, x_i são as i-ésimas amostras que devem ser analisadas, c_j são os centros dos j-ésimos agrupamentos que devem ser estimados pelo algoritmo, e u_{ij} é o grau de pertinência que estipula a contribuição da amostra x_i no grupo j, m é um parâmetro de entrada fornecido pelo usuário que deve ser superior a 1 e $\|.\|$ é qualquer norma que expressa a similaridade entre amostras e centros dos clusters. Normalmente, adota-se a distância euclidiana.

O parâmetro m controla o grau de sobreposição difusa dos *clusters*, ou seja, serve para controlar quanto as amostras alocadas num determinado *cluster* contribuem para os demais *clusters*. A variação desse parâmetro permite a geração de bordas mais suaves ou abruptas entre *clusters* no espaço das feições. Cabe também notar que, para uma amostra x_i, a pertinência u_{ij} é um valor numérico no intervalo [0, 1] e o somatório de pesos nos diferentes grupos j tem soma unitária ($\sum_j u_{ij} = 1$).

O funcional otimizado pelo *fuzzy* C-médias se assemelha ao do algoritmo K-médias. A diferença está na inclusão do termo multiplicador u_{ij}^m, que pondera a distância entre amostras e grupos. A função objetivo J_m é minimizada iterativamente seguindo estes passos:

1. Inicializam-se aleatoriamente os valores de pertinência u_{ij}^m para cada amostra.
2. Calcula-se o centro dos *clusters*:

$$c_j = \frac{\sum_{i=1}^{\ell} u_{ij}^m \cdot x_i}{\sum_{i=1}^{\ell} u_{ij}^m} \quad (7.2)$$

3. Atualizam-se os valores de pertinência:

$$u_{ij} = \frac{1}{\sum_{k=1}^{C} \left[\frac{\|x_i - c_j\|}{\|x_i - c_k\|} \right]^{\frac{2}{m-1}}} \quad (7.3)$$

4. Repetem-se os passos 2 e 3 iterativamente até que um critério de convergência tenha sido atingido, tal como a variação da função J_m ou dos graus de pertinência entre iterações sucessivas ser menor que um limiar preestabelecido, ou até que um certo número máximo de iterações tenha sido atingido.

Uma vez estimados os valores u_{ij}, tem-se a contribuição de cada amostra nos diferentes grupos, ou seja, a classificação (difusa) que se procura. Isso não impede, caso o analista deseje, que cada amostra seja posteriormente classificada no grupo de maior pertinência.

7.4.2 Exemplos

Será analisado experimentalmente como o algoritmo *fuzzy* C-médias particiona um conjunto de 16 pontos em dois e três grupos. Serão classificadas também duas imagens coletadas em área rural e urbana.

Dados uni e bidimensionais

A Fig. 7.6 ilustra como o algoritmo *fuzzy* C-médias classifica um conjunto de dados hipotéticos que consiste em 16 pontos dispostos ao longo do eixo horizontal. Uma análise visual dos dados sugere que existem ao menos dois grupos. Então, é plausível que o analista teste o algoritmo

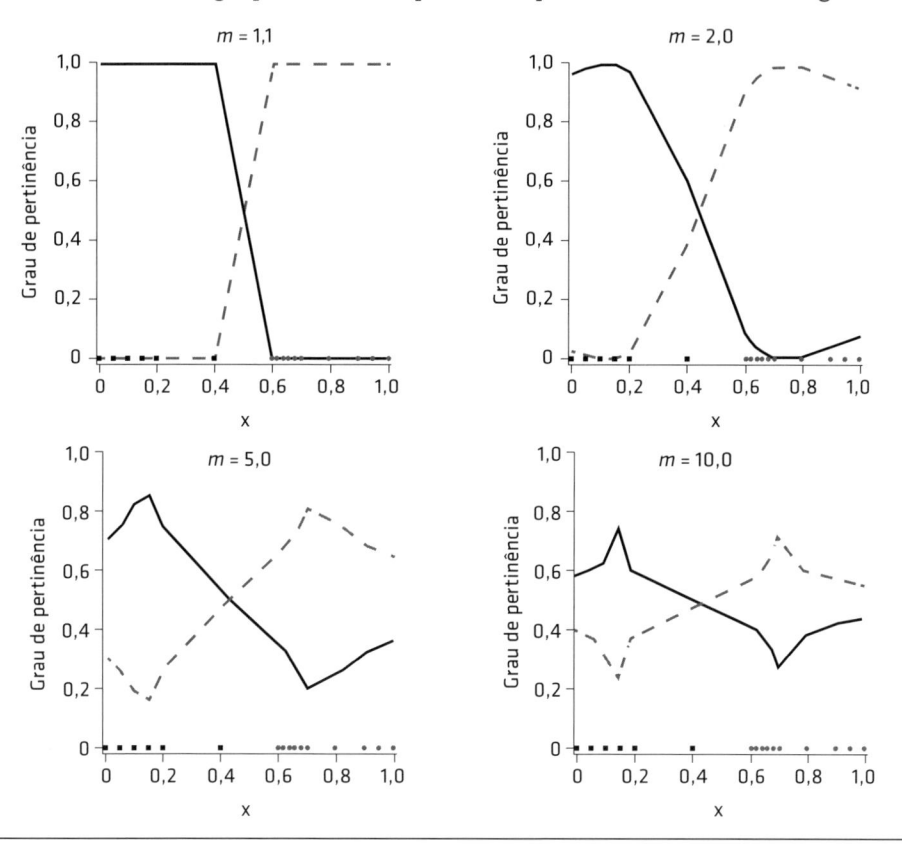

Fig. 7.6 Exemplo de classificação não supervisionada em que 16 pontos dispostos ao longo do eixo horizontal são agrupados em duas classes usando o algoritmo *fuzzy* C-médias. Os gráficos indicam como o grau de pertinência de cada amostra nas duas classes varia em função do expoente m. Nesse exemplo, o ponto $x = 0{,}4$ é o de classificação mais dúbia, pois o grau de pertinência estimado torna-se mais similar para ambas as classes à medida que o expoente m aumenta.

solicitando C = 2. Os gráficos mostram como os valores do expoente m afetam o grau de pertinência de cada amostra nos grupos obtidos.

Nesse exemplo, apesar de variar-se substancialmente o valor do expoente m, a classificação dos pontos nos dois grupos permanece inalterada (caso se considere o critério da máxima pertinência). A julgar pelo valor dos graus de pertinência de cada amostra nos dois grupos, percebe-se que o ponto x = 0,4 é o de classificação mais duvidosa, pois, à medida que o valor do expoente m aumenta, o grau de pertinência estimado se torna mais similar para ambas as classes. Ou seja, sua classificação se torna mais difusa.

Na Fig. 7.7 e na Tab. 7.1, observa-se o comportamento do algoritmo *fuzzy* C-médias caso o analista solicite uma partição do conjunto dos 16 pontos apre-

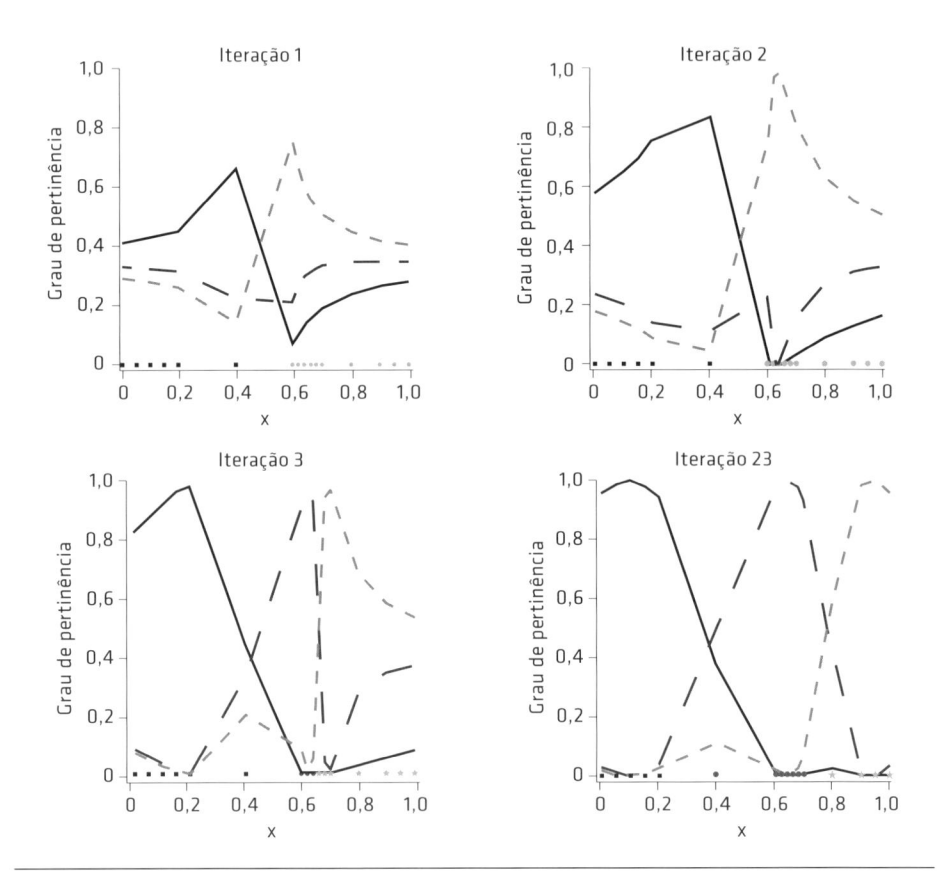

Fig. 7.7   Exemplo de agrupamento com o algoritmo *fuzzy* C-médias aplicado aos 16 pontos localizados ao longo do eixo horizontal (variável unidimensional). Nesse exemplo, o analista solicitou três classes e o algoritmo, executado com o expoente m = 2, convergiu em 23 iterações. A cor dos pontos representa a classe cujo grau de pertinência estimado é maior

sentados anteriormente em três classes. Nesse experimento, fixou-se o expoente $m = 2$ e foi analisada a natureza iterativa do algoritmo. Na primeira iteração, os graus de pertinência das amostras foram inicializados aleatoriamente e tomaram-se os centroides segundo a Eq. 7.2, o que resultou em pertinências que tinham um máximo em apenas dois grupos. Na segunda iteração, o grau de pertinência das amostras nos grupos externos aumentou. Na terceira iteração, finalmente "surgiu" o grupo intermediário, e o algoritmo convergiu na iteração 23. Nesse caso, os pontos $x = 0,4$ e $x = 0,8$ são os de classificação mais dúbia, pois estão na fronteira entre grupos vizinhos, apresentando graus de pertinên-

Tab. 7.1 Amostras analisadas na Fig. 7.7 agrupadas em três *clusters* usando os algoritmos *fuzzy* C-médias e K-médias. A última linha da tabela indica os centroides c_j obtidos. Ao contrário da classificação rígida gerada pelo algoritmo K-médias, o algoritmo *fuzzy* C-médias estima graus de pertinência (u_i) variáveis para as amostras, indicando quanto cada amostra contribui para explicar os distintos *clusters* obtidos. Os graus de pertinência máximos estão apresentados em negrito

x_i	Iteração 1			Iteração 23			K-médias		
	$u_i 1$	$u_i 2$	$u_i 3$	$u_i 1$	$u_i 2$	$u_i 3$	$u_i 1$	$u_i 2$	$u_i 3$
0,00	**0,40**	0,32	0,28	**0,96**	0,03	0,01	**1,00**	0,00	0,00
0,05	**0,40**	0,32	0,28	**0,99**	0,01	0,00	**1,00**	0,00	0,00
0,10	**0,41**	0,31	0,27	**1,00**	0,00	0,00	**1,00**	0,00	0,00
0,15	**0,42**	0,31	0,26	**0,99**	0,01	0,00	**1,00**	0,00	0,00
0,20	**0,44**	0,31	0,25	**0,94**	0,04	0,02	**1,00**	0,00	0,00
0,40	**0,64**	0,22	0,14	0,36	**0,53**	0,11	0,00	**1,00**	0,00
0,60	0,06	0,21	**0,73**	0,01	**0,98**	0,02	0,00	**1,00**	0,00
0,62	0,10	0,26	**0,64**	0,00	**0,99**	0,00	0,00	**1,00**	0,00
0,64	0,13	0,29	**0,58**	0,00	**1,00**	0,00	0,00	**1,00**	0,00
0,66	0,15	0,31	**0,54**	0,00	**0,99**	0,00	0,00	**1,00**	0,00
0,68	0,17	0,32	**0,52**	0,00	**0,97**	0,02	0,00	**1,00**	0,00
0,70	0,18	0,32	**0,49**	0,01	**0,93**	0,06	0,00	**1,00**	0,00
0,80	0,23	0,34	**0,43**	0,02	0,40	**0,58**	0,00	0,00	**1,00**
0,90	0,26	0,34	**0,41**	0,00	0,01	**0,98**	0,00	0,00	**1,00**
0,95	0,26	0,34	**0,40**	0,00	0,00	**1,00**	0,00	0,00	**1,00**
1,00	0,27	0,34	**0,39**	0,01	0,04	**0,96**	0,00	0,00	**1,00**
c_j	0,48	0,53	0,56	0,11	0,64	0,93	0,10	0,61	0,91

cia similares, sem que haja uma classe claramente dominante nessas regiões (Tab. 7.1). Em contraposição, ao utilizar o algoritmo K-médias, o valor de pertinência é binário: 0 ou 1.

Entretanto, a definição do parâmetro m pode alterar substancialmente a posição dos centroides dos grupos e a pertinência de cada amostra nos grupos obtidos. Isso pode ser constatado no exemplo da Fig. 7.8, que compreende o conjunto de dados da Fig. 7.1 e onde cada observação contém dois atributos informativos. Nesse exemplo, as funções de pertinência foram

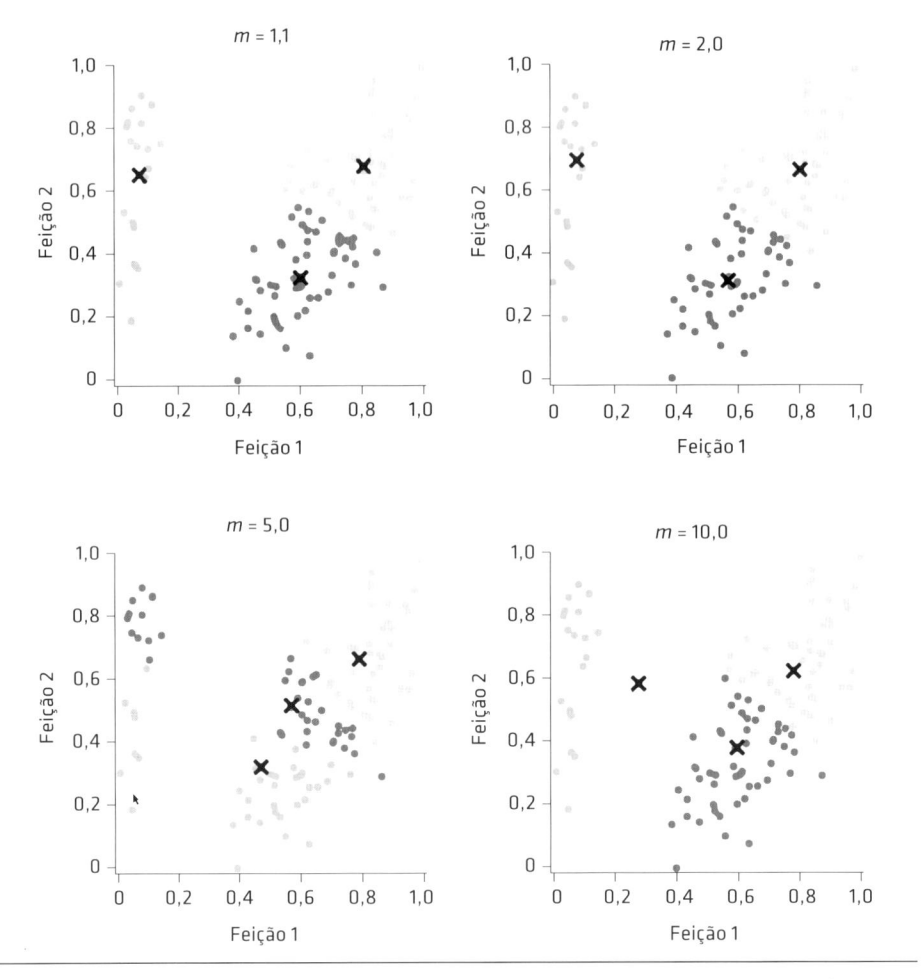

Fig. 7.8 Exemplo de classificação não supervisionada usando o algoritmo *fuzzy* C-médias para diferentes valores do parâmetro m. As marcações x indicam a posição estimada do centro dos três grupos requisitados pelo analista, enquanto a cor de cada ponto (amostra) indica o grupo cuja pertinência estimada é máxima

inicializadas aleatoriamente, mas com valores idênticos para as distintas execuções. Variou-se apenas o expoente m, que controla o grau de difusão. Caso se julgue a classificação de cada amostra segundo o grupo de maior pertinência, a escolha $m = 5$ convergiu para uma partição substancialmente distinta das demais, que não parece se ajustar bem aos dados. Nos demais casos testados, os diferentes valores de m alteraram apenas a classificação de algumas poucas amostras, localizadas perto da borda dos dois grupos de maior sobreposição.

Em geral, $m = 2$ é uma escolha razoável. No caso de dados que apresentem grande sobreposição no espaço das feições, pode ser conveniente reduzir o valor de m próximo a 1, do contrário a contribuição das amostras em todos os *clusters* poderia ser similar, resultando em centros muito próximos.

Imagens multiespectrais

A Fig. 7.9 compara a classificação não supervisionada de uma imagem RGB de uma área urbana usando os algoritmos *fuzzy* C-médias e K-médias. O desafio inicial é estimar o número de classes (grupos) espectralmente distintos. A cena inclui telhados, cobertura arbórea, um lago parcialmente coberto por plantas aquáticas, solo exposto e superfícies de circulação impermeáveis. Portanto, a escolha de ao menos seis grupos é plausível. No caso do *fuzzy* C-médias, fixou-se o expoente $m = 2$. Para fins de visualização, a cor dos *pixels* associados a cada grupo foi substituída pelos valores dos centroides estimados por cada algoritmo.

Visualmente, os resultados obtidos por ambos os métodos são muito similares, exceto na área do lago. Os mapas de pertinência gerados pelo algoritmo *fuzzy* C-médias variam entre 0 e 1. Regiões dúbias, com valores intermediários de pertinência, indicam que o *pixel* está associado à ocorrência de duas ou mais classes. No caso do algoritmo K-médias, a partição é rígida, ou seja, cada *pixel* pertence a apenas um grupo. Nota-se, por exemplo, a confusão entre os grupos que parecem ser associados à classe água e à classe floresta.

A Fig. 7.10 mostra como o agrupamento dos *pixels* da cena RGB em seis grupos varia segundo o valor do expoente m. Os respectivos mapas de classificação, segundo o critério de máxima pertinência, são apresentados na Fig. 7.11.

A classificação das classes com coloração similar (vegetação) varia substancialmente, ao passo que a classe mais distinta (telhados) tende a ser estável.

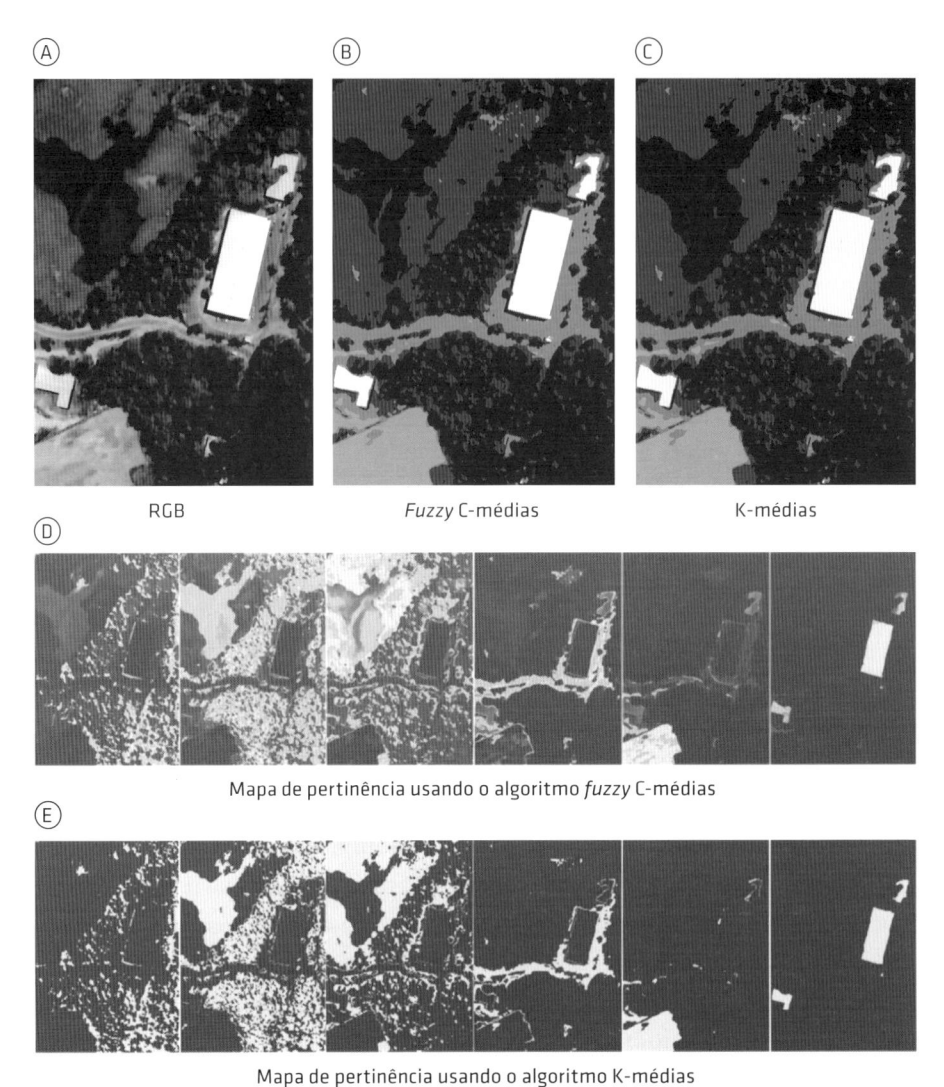

Fig. 7.9 Classificação não supervisionada de uma imagem RGB em seis grupos usando os algoritmos *fuzzy* C-médias (com expoente $m = 2$) e K-médias. Para fins de visualização, os *pixels* em cada grupo em (B) e (C) foram substituídos pelos valores médios das componentes RGB dos centroides estimados por cada algoritmo. Em (D) e (E), têm-se os respectivos mapas de pertinência para os seis grupos, cujos valores variam entre 0 (azul) e 1 (amarelo)

A Fig. 7.12 apresenta três agrupamentos de *pixels* provenientes de uma imagem multiespectral capturada pelo TM/Landsat-5 (Fig. 7.13A), variando-se o expoente m no algoritmo *fuzzy* C-médias. A análise visual dos respectivos

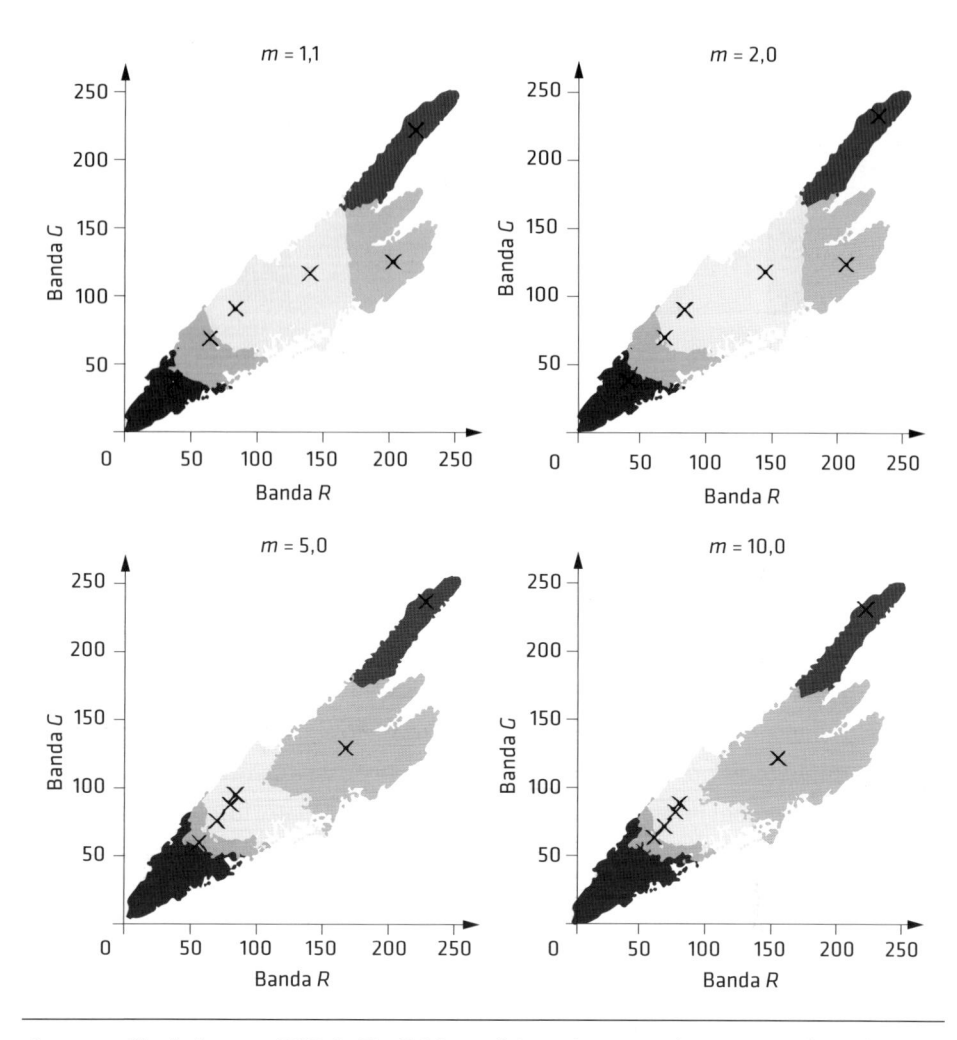

Fig. 7.10 *Pixels* da cena RGB da Fig. 7.9A particionados em seis grupos utilizando o algoritmo *fuzzy* C-médias, visualizados num espaço bidimensional. O algoritmo é testado com quatro diferentes variações do expoente m. Os centroides de cada grupo, estimados com base nas três bandas RGB disponíveis, são indicados com x. As cores (arbitrárias) de cada ponto indicam o grupo cuja pertinência é máxima

mapas na Fig. 7.13 revela uma forte concordância entre os três agrupamentos e a presença das classes floresta, vegetação e solo exposto. Por serem classes espectralmente distintas, os mapas de classificação não variaram substancialmente com a escolha de m.

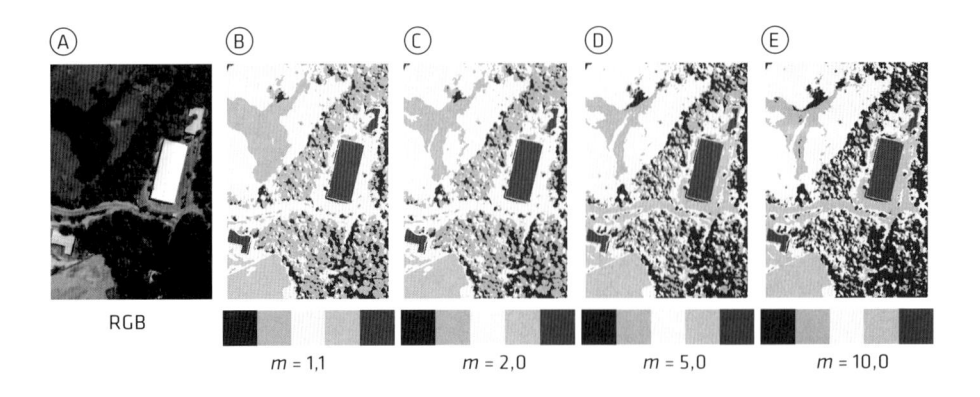

Fig. 7.11 Classificação não supervisionada da cena RGB (A) em seis grupos utilizando o algoritmo *fuzzy* C-médias. As cores (arbitrárias) de cada *pixel* em (B) a (E) indicam o grupo cuja pertinência é máxima. O algoritmo é testado com quatro diferentes valores do expoente m, conforme a Fig. 7.10. Para fins de classificação, as três bandas RGB foram utilizadas

7.5 Agrupamento baseado em modelos estatísticos

Uma abordagem alternativa para o problema de agrupamento de dados consiste em assumir *a priori* um modelo estatístico para os grupos supostamente contidos nos dados. Seria possível então ajustar os pesos (proporções) dos grupos de forma que o somatório das contribuições modele a densidade dos dados observados. Cada grupo a ser obtido corresponderá a uma das componentes do modelo ajustado aos dados.

Nessa abordagem, cada grupo é representado matematicamente por uma distribuição estatística. Assume-se que os grupos a serem determinados têm parâmetros desconhecidos, devendo ser estimados com base nos dados a serem processados. O conjunto de dados é modelado como uma soma (mistura) de tais distribuições.

Dado certo conjunto de dados, caso se pudesse ajustar esses parâmetros, seria possível dizer qual a probabilidade de certa amostra pertencer a cada grupo. Pode-se dizer que a probabilidade de observação associada ao vetor de atributos da amostra em questão é o resultado de uma mistura linear de contribuições individuais dos diferentes grupos. Tem-se, portanto, um modelo de mistura, que é um modelo probabilístico para representar a presença de subgrupos ou subpopulações dentro de um conjunto de dados, conforme visto no Cap. 4.

No caso de observações provenientes de sensores ópticos, assume-se frequentemente que as observações associadas a cada grupo seguem uma distribuição gaussiana (normal).

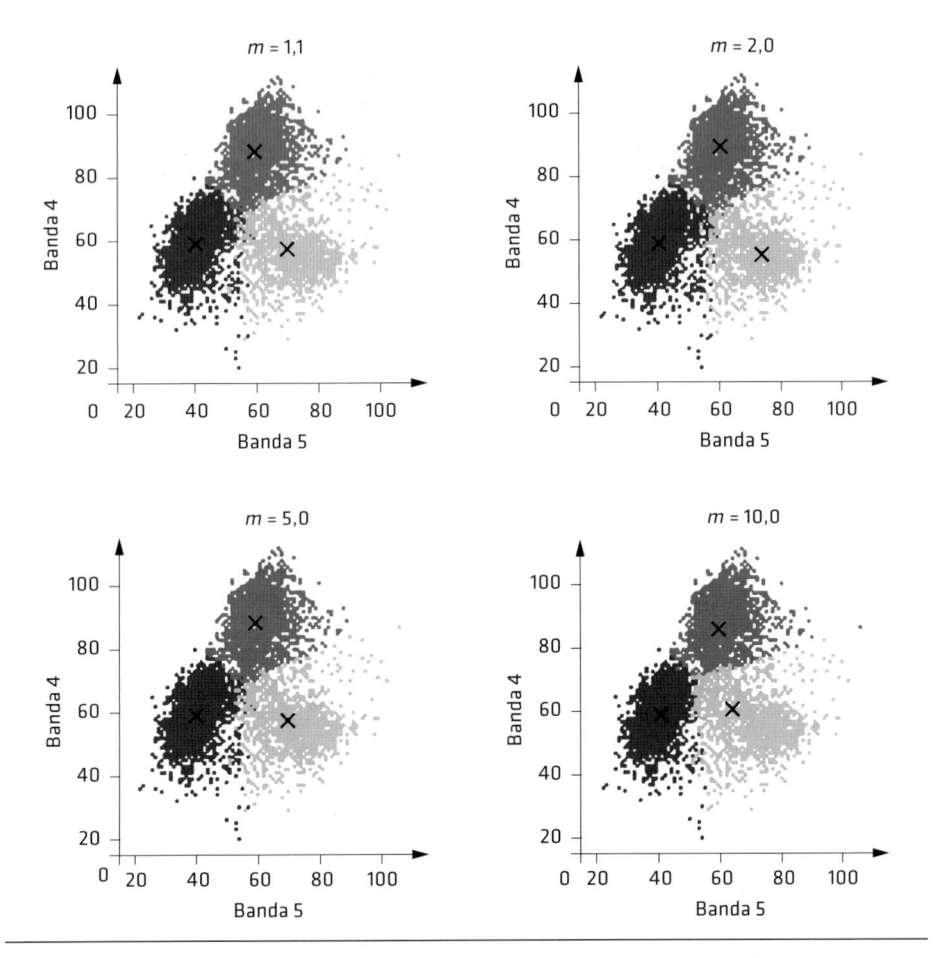

Fig. 7.12 *Pixels* da cena TM/Landsat-5 da Fig. 7.13A agrupados em três grupos utilizando o algoritmo *fuzzy* C-médias, visualizados num espaço bidimensional. O algoritmo é testado com diferentes valores do expoente *m*, referente ao grau de sobreposição difusa dos *clusters*. Os centroides de cada grupo, estimados com base nas cinco bandas disponíveis, são indicados com *x*. As cores (arbitrárias) de cada ponto indicam o grupo cuja pertinência é máxima

7.5.1 Modelo de mistura gaussiano

O modelo de mistura gaussiano (*Gaussian mixture model* – GMM) é um modelo probabilístico que assume que os dados a serem analisados podem ser modelados como uma mistura linear de um número finito de gaussianas. Como na maioria dos métodos de agrupamento, também nesse caso o usuário deve fornecer *a priori* o número de grupos desejados.

(A)	(B)	(C)	(D)	(E)
RGB 543	$m = 1{,}1$	$m = 2{,}0$	$m = 5{,}0$	$m = 10{,}0$

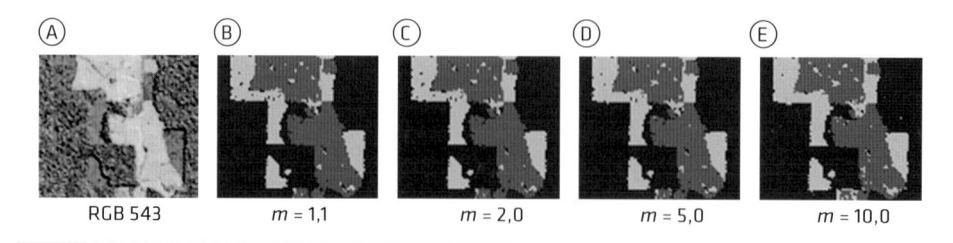

Fig. 7.13 Classificação não supervisionada da cena TM/Landsat-5 (A) em três grupos utilizando o algoritmo *fuzzy* C-médias. Os níveis de cinza (arbitrários) de cada *pixel* em (B) a (E) indicam o grupo cuja pertinência é máxima. O algoritmo é testado com quatro diferentes valores do expoente *m*, conforme a Fig. 7.12. As seis bandas espectrais foram utilizadas na classificação

A tarefa do algoritmo consistirá em estimar os parâmetros da distribuição gaussiana associados a cada grupo (vetor de média e matriz de covariância, no caso de dados multivariados) e as respectivas proporções das componentes da mistura, de tal forma que o ajuste do modelo aos dados observados seja o melhor possível. Assim, cada grupo é modelado não apenas por um vetor de média, como no caso do K-médias, mas também pela matriz de covariância, o que deixa o modelo com maior liberdade para ajustar-se aos dados, permitindo que os grupos assumam formas diferentes da esférica.

Na Fig. 7.14, é apresentado um exemplo hipotético do histograma de uma imagem capturada por um sensor com resolução radiométrica de 7 *bits* (128 níveis de cinza). Visualmente, distinguem-se dois picos, o que sugere que a cena imageada possui duas classes dominantes. É possível notar como a frequência $f(x)$ de cada nível de cinza $x = \{0,1,2,...,127\}$ apresentada no histograma pode ser aproximada pela soma de duas gaussianas (Fig. 7.14B):

$$f(x) = \phi_1 \frac{1}{\sigma_1\sqrt{2\pi}} \exp\left[-\frac{1}{2}\left(\frac{x-\mu_1}{\sigma_1}\right)^2\right] + \phi_2 \frac{1}{\sigma_2\sqrt{2\pi}} \exp\left[-\frac{1}{2}\left(\frac{x-\mu_2}{\sigma_2}\right)^2\right] \quad (7.4)$$

em que os parâmetros médias μ_1 e μ_2 e desvios-padrão σ_1 e σ_2, assim como os pesos das componentes (ϕ_1, $\phi_2 = (1 - \phi_1)$), podem ser estimados pelo algoritmo *expectation-maximization* (EM), que será visto na próxima seção.

Uma vez estimados, esses parâmetros podem ser utilizados para reconstruir duas gaussianas que representarão os grupos (*vide* as curvas desenhadas no histograma). Por meio dessa análise, fica fácil estabelecer, por exemplo, que é mais provável que o nível de cinza 80 pertença à classe associada ao pico à

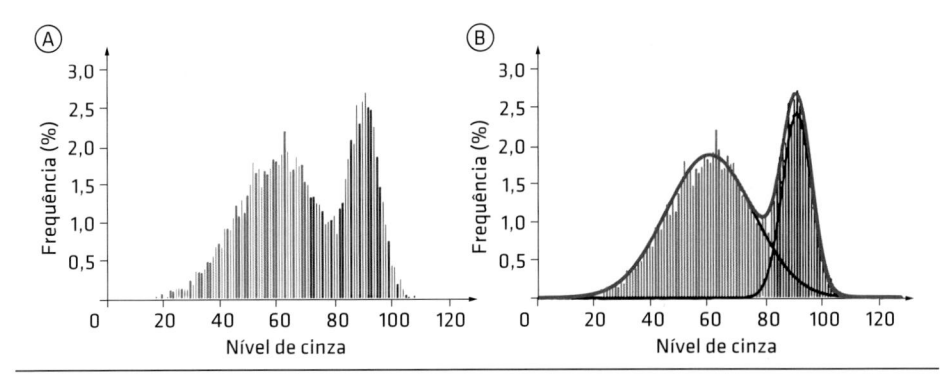

Fig. 7.14 Histograma de uma imagem adquirida por um sensor com resolução radiométrica de 128 níveis de cinza. Os respectivos níveis de cinza foram classificados (particionados) de maneira não supervisionada em duas classes, indicadas pelas cores das barras verticais. (A) A solução do algoritmo K-médias não se ajustou muito bem aos dados, visualmente gerando uma classificação pouco intuitiva. (B) No segundo caso, as frequências de ocorrência de cada nível de cinza foram então modeladas como a soma de duas gaussianas, com proporções $\phi_1 = 0{,}7$ e $\phi_2 = 0{,}3$, médias $\mu_1 = 60$ e $\mu_2 = 90$ e desvios-padrão $\sigma_1 = 15$ e $\sigma_2 = 5$. A partição dos dados em dois grupos melhorou substancialmente

esquerda do histograma da Fig. 7.14B. Apenas a título de comparação, pode-se dizer que o algoritmo K-médias (Fig. 7.14A) resulta numa partição menos precisa.

O modelo de mistura gaussiano é um modelo de distribuição de probabilidades para os dados que considera as médias dos c *clusters* μ_c, a variância σ_c^2 e os pesos ou proporções ϕ_c:

$$p(x) = \sum_c \phi_c N(x; \mu_c, \sigma_c^2) \tag{7.5}$$

Tipicamente as variáveis de ingresso são multivariadas, e tem-se, assim:

$$N(x; \mu, \Sigma) = \frac{1}{(2\pi)^{d/2}} |\Sigma|^{-1/2} \exp\left[-\frac{1}{2}((x-\mu)^T \Sigma^{-1} (x-\mu))\right] \tag{7.6}$$

em que a média μ será um vetor e Σ será a matriz de covariância de cada grupo.

Um aspecto interessante do modelo de mistura gaussiano é que ele permite acomodar grupos que têm diversas estruturas de correlação entre as variáveis (capturadas pela matriz de covariância). Portanto, essa estratégia de agrupamento que impõe *a priori* um modelo para os dados tende a ser mais versátil do que outros algoritmos mais simples, como o K-médias. Além disso, o modelo de mistura gaussiano pode também ser visto como uma técnica de agrupamento suave, ou seja, é possível estimar a probabilidade de cada amostra pertencer a cada um dos grupos.

À medida que a dimensionalidade dos dados aumenta, torna-se mais difícil estimar os parâmetros do modelo gaussiano, principalmente a matriz de covariância, que passa a ter muitas entradas (valores). Para tais cenários, técnicas baseadas na regularização ou na simplificação da estrutura das matrizes de covariância (por exemplo, a utilização de matrizes diagonais) podem auxiliar na análise.

7.5.2 Estimativa de parâmetros

Para utilizar o modelo de mistura gaussiano, é necessário estimar a proporção de cada grupo e os respectivos vetores de média e matrizes de covariância. O algoritmo *expectation-maximization* (EM) fornece uma solução para esse problema, permitindo estimar os parâmetros das componentes gaussianas de forma iterativa e automática.

A princípio, inicializam-se os parâmetros de c gaussianas segundo algum critério, por exemplo, aleatoriamente ou usando a solução de outro algoritmo, como o K-médias. Na sequência, calcula-se para cada amostra a probabilidade que tenha sido gerada por cada uma das c gaussianas. Então, ajustam-se os parâmetros do modelo de forma a maximizar a função de verossimilhança dos dados para a classificação obtida. Os detalhes específicos podem ser consultados em Friedman, Hastie e Tibshirani (2001).

O processo é repetido iterativamente até que o critério de parada seja satisfeito. Cada iteração aumenta o valor da *log-likelihood* (logaritmo da verossimilhança) do modelo, melhorando o ajuste aos dados:

$$\log p(x) = \sum_{i} \log \left[\sum_{c} \phi_c N(x_i; \mu_c, \sum_c) \right] \quad (7.7)$$

A convergência é garantida, porém em um ótimo local. Portanto, a escolha da inicialização é importante. É conveniente testar diversas inicializações e selecionar a que melhor se ajustar aos dados, ou seja, a que fornecer o maior valor para a Eq. 7.7.

7.5.3 Estimativa do número de grupos

Uma das maiores dificuldades da análise não supervisionada de dados utilizando técnicas de agrupamento é que grande parte dos algoritmos disponíveis requer que o número de grupos a ser gerado seja fornecido como parâmetro de ingresso. Esse é, por exemplo, o caso dos três algoritmos apresentados até o momento: K-médias, *fuzzy* C-médias e modelo de mistura gaussiano. Para atenuar essa dificuldade, são utilizadas abordagens qualitativas ou quantitativas.

Abordagem qualitativa

Nesses casos, é prática comum o analista proceder a uma estratégia de tentativa e erro. Ou seja, varia-se o número de grupos, em certo intervalo preestabelecido, e seleciona-se a solução cujo número de grupos forneça o resultado mais razoável ou plausível, visto algum conhecimento prévio, ainda que não completo, que o usuário tenha dos dados analisados.

Por exemplo, se em uma dada imagem o usuário estima que existam ao menos seis classes espectrais distintas de cobertura do solo e suspeita que haja até três adicionais, ele poderia, num primeiro momento, rodar o algoritmo solicitando nove grupos, e então julgar o mapa obtido para decidir se aumenta ainda mais (ou diminui) o número de partições. A confusão entre classes, nesse primeiro momento de análise, será inevitável.

Abordagem quantitativa

Como alternativa à abordagem qualitativa, existem diversos métodos que se propõem a estimar automaticamente o número de grupos que supostamente estão contidos nos dados. Na sequência, serão apresentados dois critérios clássicos que por vezes são utilizados para a escolha do número de grupos usando o modelo de mistura gaussiano.

O critério AIC (*Akaike information criterion*), proposto por Akaike (1974), é um estimador da qualidade relativa de distintos modelos estatísticos que se ajustam a um conjunto de dados. Ele é definido pela soma de duas contribuições:

$$AIC = -2\log p(x) + 2m \qquad (7.8)$$

em que $\log p(x)$ é o valor do logaritmo da probabilidade (ver Eq. 7.7), que mede o quão bem o modelo de mistura gaussiano com c componentes se ajusta aos dados disponíveis, e m é o tamanho do modelo que está sendo testado (ou seja, m é o número de parâmetros do modelo, que nesse caso é dado pelo tamanho das matrizes de covariância, dos vetores de média e das proporções das classes).

Um critério alternativo é o BIC (*Bayesian information criterion*) (Schwarz, 1978), definido por:

$$BIC = -2\log p(x) + m\log(\ell) \qquad (7.9)$$

Diferentemente do anterior, esse critério considera também o número de amostras ℓ disponíveis, sendo o número de parâmetros do modelo m e o termo $\log p(x)$ idênticos aos do critério AIC. Percebe-se que as equações são similares, com a diferença de que o BIC penaliza adicionalmente o número de amostras. A ideia básica tanto do AIC quanto do BIC consiste em buscar um balanço entre um modelo que se ajuste bem aos dados e que, ao mesmo tempo, não possua muitos parâmetros a serem estimados, lembrando que, no caso de agrupamentos, o ajuste e o número de parâmetros resultantes dependem da escolha do número de grupos c. Quanto melhor o ajuste do modelo, maior o valor de $\log p(x)$, por isso se adota o sinal negativo para indicar a necessidade de minimizar as Eqs. 7.8 e 7.9 para a escolha do número de grupos ótimos.

Em síntese, o AIC e o BIC fornecem critérios quantitativos para a comparação relativa de múltiplos modelos que são ajustados aos dados; nesse caso, modelos em que varia o número de grupos c. Ambos os critérios penalizam a complexidade do modelo – o termo à direita das respectivas equações. Em um problema de agrupamento de dados, tendo sido escolhido um dos critérios, o melhor modelo, ou seja, aquele com o valor ótimo do número de grupos, seria o que apresentasse menor valor no critério adotado.

7.5.4 Exemplos

A Fig. 7.15 mostra como os *pixels* da Fig. 7.16 foram agrupados em três grupos usando o algoritmo GMM. Esse algoritmo é testado com diferentes variantes da matriz de covariância para as seguintes classes: (I) matriz de covariância estimada individualmente para cada classe (Ind), (II) matriz média (comum) para as três classes (Iden), (III) variantes contendo todos os elementos da matriz (Ch) ou (IV) variantes mantendo apenas aqueles na diagonal, sendo os demais zerados (Dg).

Com exceção do grupo menor à esquerda, que está mais isolado e não se sobrepõe aos demais, a partição dos outros dois grupos varia substancialmente. As opções com a matriz de covariância cheia, estimada individualmente para cada grupo (Fig. 7.15C), ou idêntica para os três grupos (correspondente ao valor médio das matrizes individuais) (Fig. 7.15D) parecem melhor se ajustar aos dados.

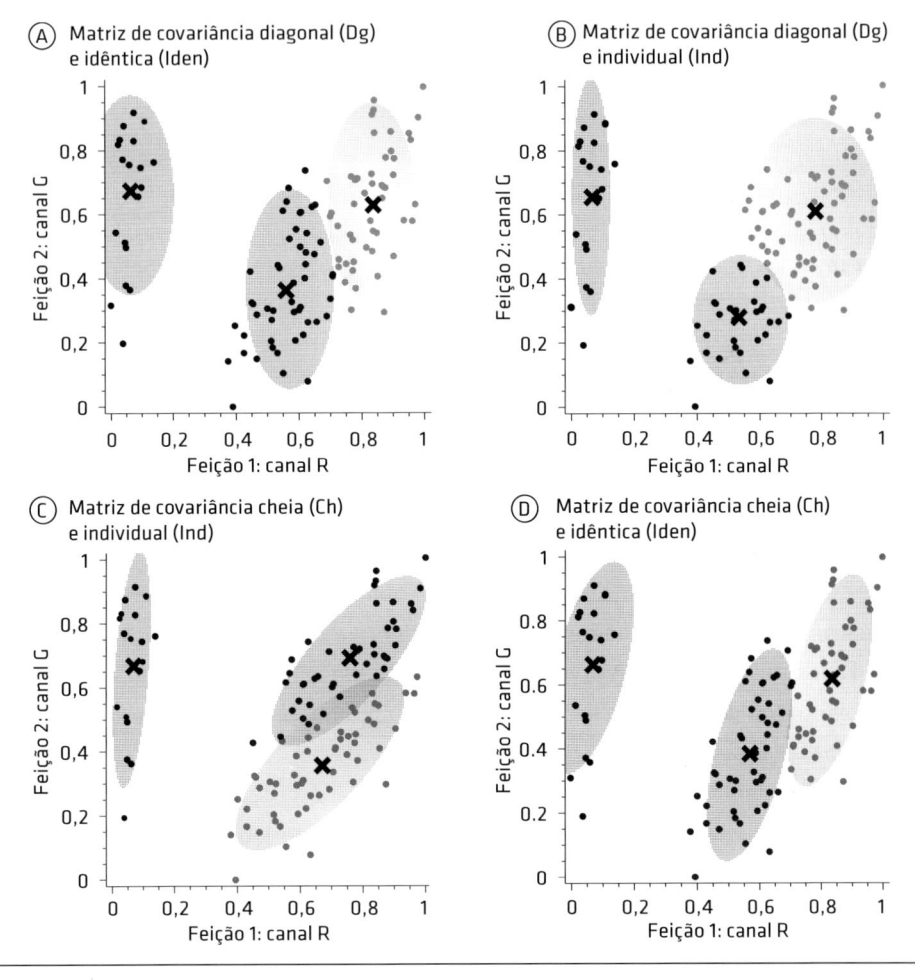

Fig. 7.15 Exemplos de agrupamentos usando o algoritmo GMM para a partição dos dados em três grupos, cujos centroides estão representados por um x. O algoritmo é testado com quatro diferentes variantes da matriz de covariância para as seguintes classes: utilizando a matriz de covariância estimada individualmente para cada classe (Ind) ou uma matriz idêntica (média) para as três classes (Iden), e também as variantes contendo todos os elementos da matriz (Ch) ou mantendo apenas aqueles na diagonal (Dg), sendo os demais zerados. A cor indica a classificação de cada ponto, e as elipses correspondem à área de maior probabilidade associada à presença de cada classe no espaço das feições

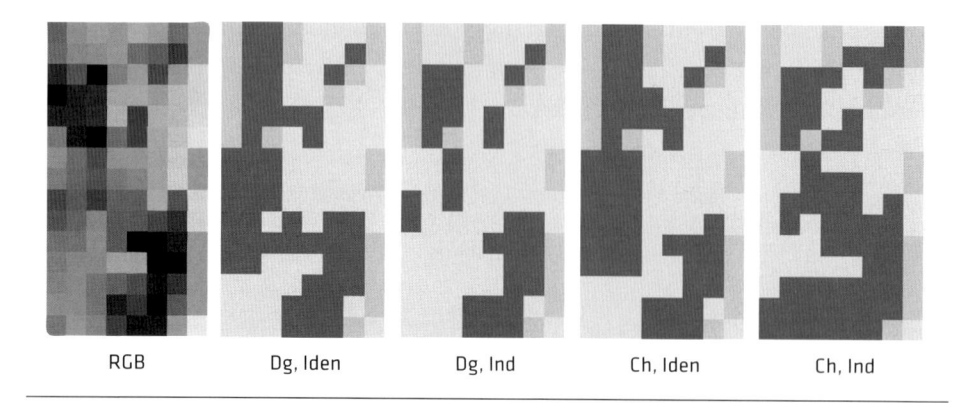

Fig. 7.16 Classificação não supervisionada da cena RGB em três grupos utilizando o algoritmo GMM. As cores de cada *pixel* indicam o grupo cuja pertinência é máxima. O algoritmo é testado com quatro diferentes variantes da matriz de covariância para as seguintes classes: utilizando a matriz de covariância estimada individualmente para cada classe (Ind) ou uma matriz comum (idêntica) para as três classes (Iden), e também as variantes contendo todos os elementos da matriz (Ch) ou mantendo apenas aqueles na diagonal (Dg), sendo os demais zerados, conforme a Fig. 7.15.

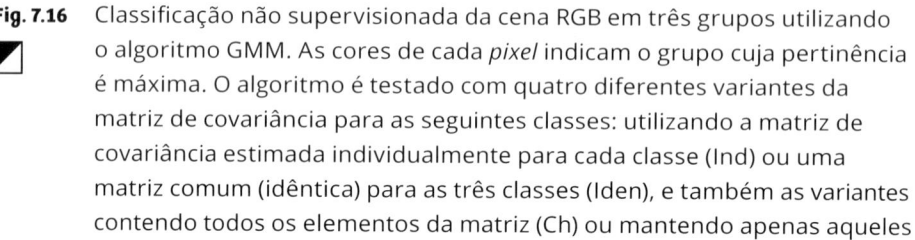

Já no caso da cena TM/Landsat-5 considerada na Fig. 7.12, nota-se que todas as quatro configurações testadas do algoritmo GMM na Fig. 7.17 forneceram partições razoáveis. Os respectivos mapas da classificação não supervisionada apresentados na Fig. 7.18 (p. 234) indicam boa concordância com a ocorrência das classes floresta, vegetação e solo exposto.

No caso da partição dos *pixels* da cena urbana também analisada anteriormente (Fig. 7.9), foram percebidas maiores divergências entre as quatro variantes testadas (Fig. 7.19, p. 235). O grupo que apresenta a menor confusão corresponde aos telhados dos pavilhões (Fig. 7.20, p. 236). Já o grupo associado à água do lago se confunde frequentemente com *pixels* associados à vegetação ou possivelmente a sombras. Confusão também está presente nos grupos que seriam associados a pavimentos e solo exposto. Embora seja difícil estabelecer visualmente qual é a melhor partição, nesse caso se tenderia a optar pela solução mais flexível, que considera a matriz de covariância cheia, nas variantes idênticas para os três grupos (Fig. 7.19C) ou estimadas individualmente (Fig. 7.19D). Entretanto, se o objetivo for gerar um mapeamento preciso da área, a melhor alternativa seria coletar amostras de treinamento e utilizar técnicas de classificação supervisionada.

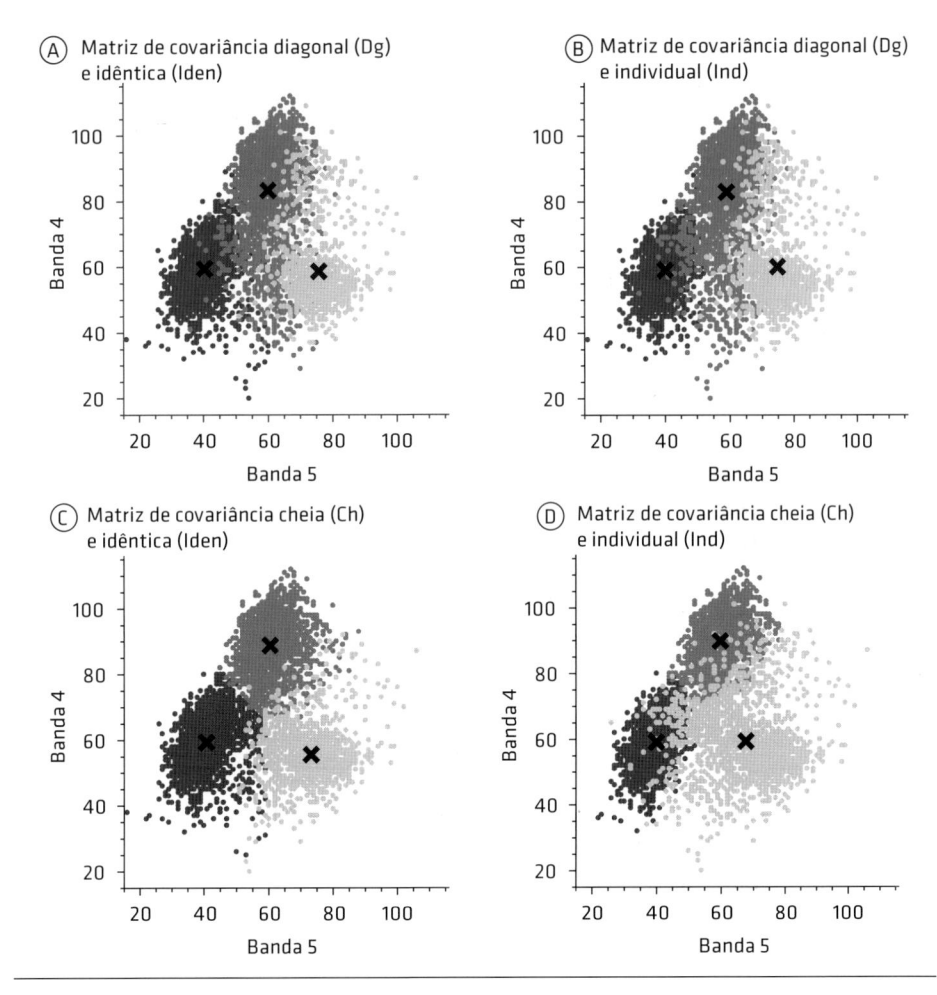

Fig. 7.17 Agrupamento dos *pixels* da cena TM/Landsat em três grupos utilizando o algoritmo GMM, visualizados num espaço bidimensional. O algoritmo é testado com quatro diferentes variantes da matriz de covariância para as seguintes classes: utilizando a matriz de covariância estimada individualmente para cada classe (Ind) ou uma matriz comum para as três classes (Iden), e também as variantes contendo todos os elementos da matriz (Ch) ou mantendo apenas aqueles na diagonal (Dg), sendo os demais zerados. Os centroides de cada grupo, estimados utilizando as cinco bandas disponíveis, são indicados com um *x*

7.6 Considerações finais

7.6.1 Validação da classificação não supervisionada

Por definição, a ausência de amostras rotuladas faz com que seja difí-

| RGB 543 | Diag, Iden | Diag, Ind | Cheia, Iden | Cheia, Ind |

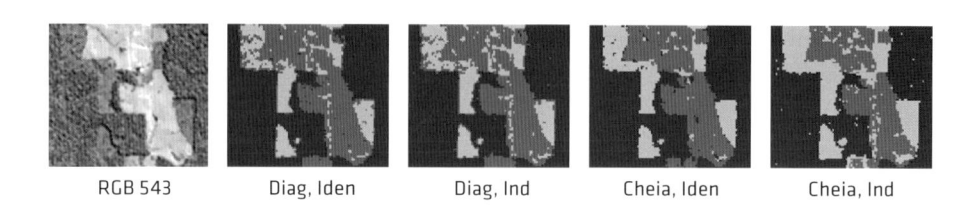

Fig. 7.18 Classificação não supervisionada da cena TM/Landsat em três grupos utilizando o algoritmo GMM. O algoritmo é testado com quatro diferentes variantes da matriz de covariância para as seguintes classes: utilizando a matriz de covariância estimada individualmente para cada classe (Ind) ou uma matriz comum (idêntica) para as três classes (Iden), e também as variantes contendo todos os elementos da matriz (Ch) ou mantendo apenas aqueles na diagonal (Dg), sendo os demais zerados, conforme a Fig. 7.17. A composição RGB utiliza as bandas 5, 4 e 3. As seis bandas espectrais foram utilizadas na classificação

cil quantificar a acurácia da classificação não supervisionada obtida por distintos algoritmos de agrupamento de dados.

No contexto do sensoriamento remoto, embora o usuário possa não conhecer a verdade do terreno na cena de estudo, poderá inferir regiões na imagem com resposta espectral similar. Consequentemente, espera-se que os *pixels* correspondentes tenham sido alocados no mesmo grupo.

Frequentemente a validação ocorre de maneira qualitativa. Canty (2010, p. 292) nota que, em última instância, a validação qualitativa da classificação não supervisionada é quase uma questão estética.

7.6.2 *Superpixels* baseados no K-médias

Recentemente, alguns autores têm explorado variações do algoritmo K-médias para a geração de *superpixels* (Achanta et al., 2012), que visam agrupar *pixels* vizinhos localmente similares entre si. Essa abordagem costuma ser bastante utilizada em aplicações de visão computacional.

Superpixels podem ser entendidos como um tipo de segmentação de imagens (técnica de agrupamento de *pixels* em regiões que será vista no Cap. 9) que privilegia agrupamentos que considerem a informação na vizinhança de cada *pixel* em vez da informação global da totalidade dos *pixels* da imagem (o K-médias tradicional, por ser um método genérico e não específico para imagens, agruparia *pixels* vizinhos e distantes). Já algoritmos para a geração de *superpixels* ponderam a contribuição da informação colorimétrica da imagem e as coordenadas dos *pixels*. O resultado é uma simplificação da imagem de

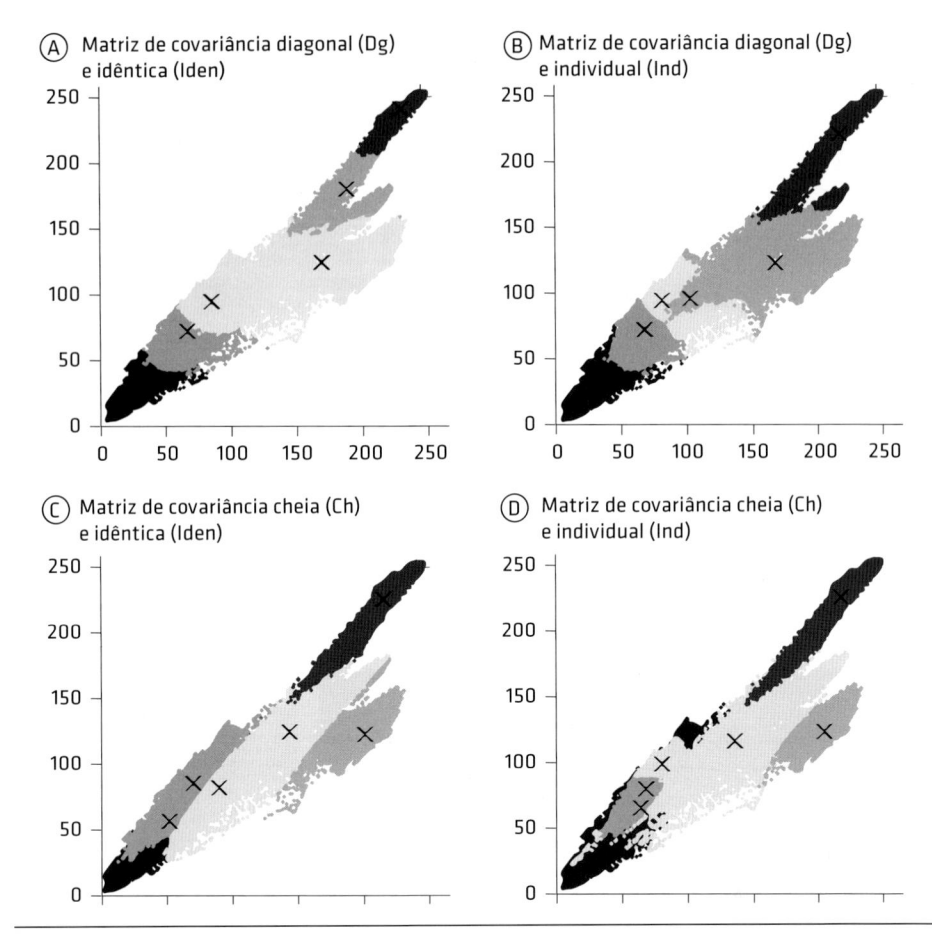

Fig. 7.19 *Pixels* da cena RGB da Fig. 7.20 particionados em seis grupos (coloridos arbitrariamente) utilizando o algoritmo GMM, visualizados num espaço bidimensional. O algoritmo é testado com quatro diferentes variantes da matriz de covariância para as seguintes classes: utilizando a matriz de covariância estimada individualmente para cada classe (Ind) ou uma matriz comum para as três classes (Iden), e também as variantes contendo todos os elementos da matriz (Ch) ou mantendo apenas aqueles na diagonal (Dg), sendo os demais zerados. Os centroides de cada grupo, estimados utilizando as três bandas RGB disponíveis, são indicados com um *x*

entrada, que poderá servir em etapas de processamento sucessivas. Como exemplo, a Fig. 7.21 mostra *superpixels* gerados com o algoritmo SLICO (Achanta et al., 2012) a partir de imagens de satélite analisadas neste capítulo.

Embora esse tipo de abordagem tenha sido originalmente desenvolvido com o intuito de analisar imagens RGB, os algoritmos podem ser estendidos para

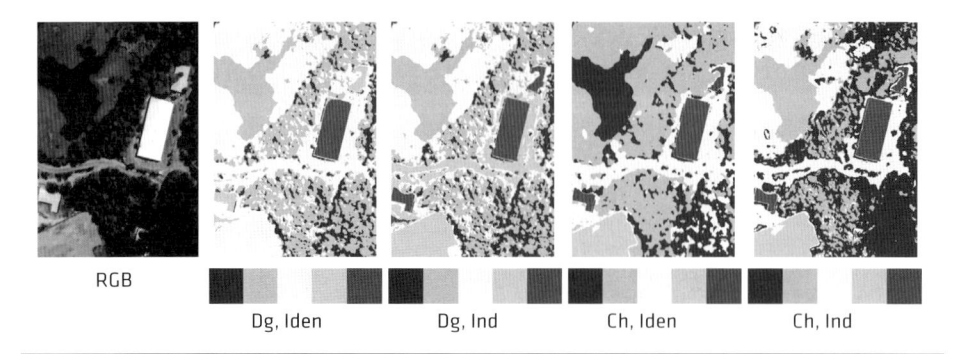

Fig. 7.20 Classificação não supervisionada da cena RGB em seis grupos (coloridos arbitrariamente) utilizando o algoritmo GMM. O algoritmo é testado com quatro diferentes variantes da matriz de covariância para as seguintes classes: utilizando a matriz de covariância estimada individualmente para cada classe (Ind) ou uma matriz comum (idêntica) para as três classes (Iden), e também as variantes contendo todos os elementos da matriz (Ch) ou mantendo apenas aqueles na diagonal (Dg), sendo os demais zerados, conforme a Fig. 7.19. Para fins de classificação, as três bandas RGB foram utilizadas

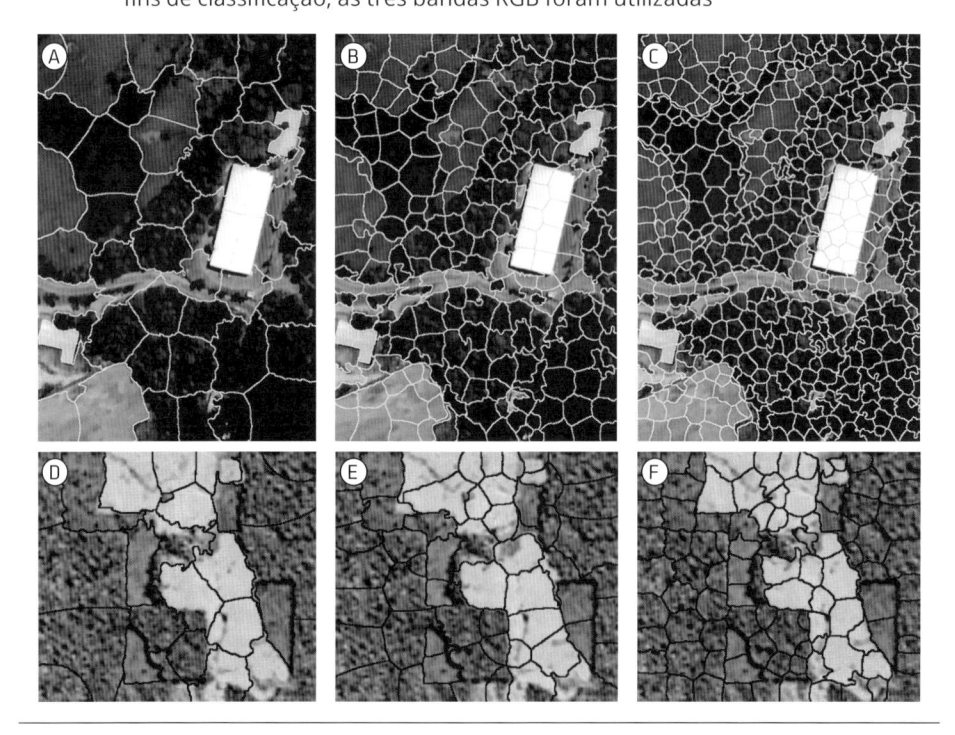

Fig. 7.21 Exemplos de aproximadamente 50, 250 e 500 (A, B e C) e 25, 50 e 100 (D, E e F) *superpixels* gerados com o algoritmo SLICO, que utiliza princípios do K-médias aplicado localmente na imagem. Cada segmento tende a ser localmente similar

imagens multiespectrais. No contexto do sensoriamento remoto, abordagens de segmentação baseadas em crescimento de regiões são uma alternativa clássica, porém computacionalmente mais onerosa. Normalmente servem como ponto de partida para refinamentos adicionais na análise de imagens (Zanotta; Zortea; Ferreira, 2018).

Classificação supervisionada 8

8.1 Considerações iniciais

Classificação é o processo que busca atribuir um rótulo a certo dado descrito por um conjunto de atributos. Em imagens digitais de sensoriamento remoto terrestre, esse processo equivale a determinar, para cada *pixel*, qual categoria está presente na superfície, como água, solo e floresta, o que é normalmente feito por atributos espectrais, como o nível de cinza (NC) em cada banda.

A classificação supervisionada tem uma particularidade: assume que o analista é capaz de prover/coletar exemplos de amostras representativas para as categorias contidas na massa de dados a ser classificada. Esses exemplos serão utilizados para treinar um modelo estatístico para reconhecer padrões similares. O objetivo é predizer a qual classe pertencem novos dados a serem analisados. Assim, a classificação supervisionada baseia-se em exemplos prévios.

Neste capítulo, esses exemplos, juntamente com o indicador das classes de proveniência, serão referidos como sendo o conjunto de amostras rotuladas. Será assumido que cada amostra i = 1, 2, ..., ℓ é descrita por um par (x_i; y_i), em que o vetor x_i contém d atributos e y_i é um identificador associado ao nome da classe. A compreensão adequada deste capítulo exige conhecimentos básicos de estatística inferencial e teoria de probabilidades.

8.1.1 Classificação supervisionada no contexto do sensoriamento remoto

No contexto do sensoriamento remoto, a classificação supervisionada visa extrair informações de dados coletados por um sensor instalado a bordo de uma plataforma remota. Como visto anteriormente, esses dados são arranjados na forma de uma matriz (imagem). Nesse caso, as amostras observadas são os *pixels* da imagem, que contêm informação relevante para caracterizar a assinatura espectral de padrões na superfície da cena observada.

Gera-se, a partir dos níveis de cinza medidos em cada *pixel*, uma nova imagem onde cada *pixel* é associado a uma categoria. Vinculado a uma legenda, o produto resultante pode ser considerado um "mapa temático", pois a cena passa a ser representada por temas ou classes. Esses mapas podem ser utilizados para atualização cartográfica, para estimar níveis de produtividade de culturas, detectar a presença de anomalias na área analisada, auxiliar no mapeamento do potencial de infiltração da água no solo em estudos hidrológicos, quantificar a expansão urbana e mapear áreas afetadas por desastres naturais, queimadas e desmatamento, entre muitas outras aplicações.

Para o treinamento de um classificador supervisionado, as amostras de referência tipicamente serão um pequeno conjunto dos *pixels* da imagem, localizados em áreas onde o analista conheça, com exatidão, a verdade no terreno. Essa seleção se dá, em geral, pela inspeção visual direta nas imagens disponíveis, principalmente quando elas forem de elevada resolução espacial.

Aconselha-se, entretanto, que a coleta seja subsidiada por visitas a campo, quando serão anotadas, em planilhas ou dispositivos digitais, a ocorrência dos tipos de cobertura e uso do solo e as respectivas coordenadas geográficas, medidas com o auxílio de sistemas de posicionamento por satélite (por exemplo, GLONASS, GPS e GALILEO).

8.1.2 Um primeiro exemplo de classificação supervisionada

Considere-se o caso de um analista que necessita mapear uma área natural imageada por um sensor a bordo de um satélite. Ele percebe, por meio de uma cuidadosa inspeção visual das bandas espectrais da imagem, que existem na cena basicamente três padrões no terreno, associados às seguintes tipologias de cobertura do solo: vegetação campestre, solo arenoso e água. Tem-se, portanto, um problema de classificação com a presença de três classes temáticas.

A solução por meio de classificação supervisionada demandará anotar alguns polígonos de referência em porções da imagem onde se tenha certeza da ocorrência das classes, como exemplificado na Fig. 8.1. Os *pixels* contidos nesses polígonos servirão para estabelecer a verdade do terreno para a imagem analisada. Com base nessas amostras, o objetivo será classificar automaticamente a totalidade da imagem, produzindo-se, assim, um mapa de cobertura do solo em que cada *pixel* será associado a uma das três classes amostradas. Nas seções 8.3 e 8.4, será analisada uma série de classificadores tradicionais que podem ser utilizados para extrair informação temática de imagens digitais.

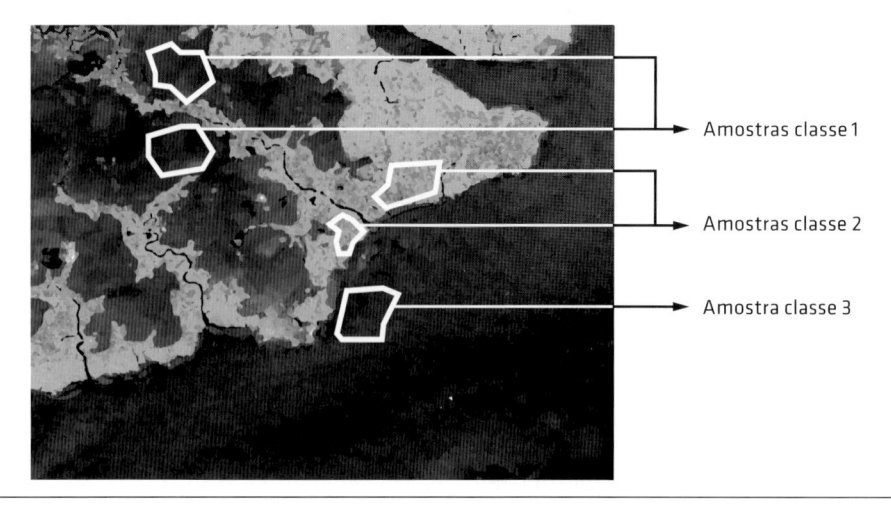

Fig. 8.1 Exemplos de amostras de treinamento coletadas diretamente na imagem para três classes distintas

8.1.3 Aspectos práticos

Antes de apresentar os classificadores propriamente ditos, serão discutidos alguns aspectos que influenciam a exatidão dos resultados obtidos via classificação supervisionada no contexto do sensoriamento remoto. Na sequência, será feita uma breve analogia a problemas de regressão em sensoriamento remoto (que não serão tratados neste livro) e uma reflexão inicial sobre qual o "melhor" algoritmo de classificação.

Separabilidade natural das classes e resolução dos dados

O sucesso da classificação supervisionada depende de uma série de fatores. Em primeiro lugar, assume-se, como premissa básica, que as medidas obtidas pelo sensor permitem efetivamente diferenciar as classes de interesse requisitadas pelo usuário. No caso de sensores imageadores, espera-se que as resoluções espacial, espectral, radiométrica e temporal dos dados coletados sejam compatíveis com o problema a ser tratado. Por exemplo, para a classificação de cultivos agrícolas, é importante ter dados com muitas bandas espectrais capazes de diferenciar classes espectralmente similares. Por outro lado, mapeamentos urbanos exigem imagens com alto grau de detalhe sobre a forma dos objetos, ou seja, imagens com alta resolução espacial. Inevitavelmente, classes espectralmente muito similares serão difíceis de discriminar, e, por vezes, tampouco a riqueza de detalhes dos dados coletados por sensores hiperespectrais fornecerá os resultados desejados.

Em relação aos atributos utilizados na classificação, cabe notar que variáveis adicionais, em adição à assinatura espectral capturada por sensores ópticos, ou medidas de retroespalhamento de pulsos emitidos por sensores radar, tais como medidas que quantifiquem a textura da imagem coletada, a topografia da região, o tipo de solo, os dados climáticos etc., também podem auxiliar na classificação dos dados. Por exemplo, a ocorrência de certas fitofisionomias depende da altitude da região analisada, e esse fato pode ser explorado pelos classificadores.

Dessa forma, o usuário deve planejar adequadamente com que tipos de dados pretende abordar o problema de classificação. Uma escolha equivocada dos dados pode levar o analista a dispender grande quantidade de tempo na tentativa de otimizar parâmetros de classificadores sem que se produzam resultados satisfatórios. Assim, é prudente iniciar os trabalhos valendo-se de analogias a problemas similares reportados na literatura técnica. Além disso, um entendimento das deficiências observadas dos algoritmos em situações específicas pode inspirar o desenvolvimento de novas técnicas, avançando, assim, o estado da arte.

Número de amostras, dimensionalidade e representatividade dos dados

Outro fator decisivo para o sucesso da classificação supervisionada é o número de amostras de treinamento disponíveis para modelar cada classe de interesse, e quão bem essas amostras representam a diversidade de padrões de cobertura do solo presentes na imagem a ser analisada.

Em linhas gerais, quanto mais complexo for o modelo de classificação adotado, mais dados de treinamento serão necessários. Ainda assim, é difícil estabelecer de antemão quantas amostras rotuladas serão necessárias, já que essa estimativa dependerá do número e da separabilidade das classes e da relação sinal-ruído do sensor, entre outros fatores.

De maneira gradual, iniciando com um conjunto de treinamento de tamanho modesto, o usuário pode construir uma curva mostrando como o aumento no número de amostras de treinamento afeta a exatidão (acurácia) do classificador escolhido e, assim, julgar se o esforço de coletar mais amostras rotuladas compensa o eventual ganho de exatidão.

Para fins de tratamento computacional, é boa prática que a verdade de campo de onde provém o conjunto de *pixels* de referência rotulados pelo analista seja particionada em três subconjuntos independentes, usados para treinamento, validação e teste dos modelos estatísticos a serem considerados. A seção 8.6.2 trará sugestões de boas práticas de utilização desses conjuntos.

Analogia a problemas de regressão

No problema de classificação supervisionada, a variável de saída y é discreta, ou seja, corresponde a um conjunto finito de identificadores numéricos associados às classes a serem detectadas. Por exemplo, y = {1, 2, 3, 4} é uma possível escolha para o caso de quatro classes temáticas {água, solo, vegetação, asfalto}. Já em problemas de regressão, a variável de saída é contínua, por exemplo, o valor de um parâmetro físico associado à superfície imageada, tal como a temperatura na superfície terrestre, a concentração de clorofila ou sedimentos em um lago etc.

A analogia feita aqui através do problema de regressão de curvas é similar àquela feita no Cap. 2 para o problema de correção geométrica. Embora problemas de regressão não sejam abordados neste livro, muitos dos classificadores supervisionados que serão apresentados, como o kNN, o SVM e o *random forests*, têm formulações alternativas para abordar problemas de regressão. O que muda, em geral, é a formulação do funcional utilizado para quantificar o erro de predição do modelo que está sendo treinado. Esse funcional deve se adequar ao tipo de variável de saída: contínua ou discreta.

Qual é o melhor classificador?

Curiosamente, as exatidões de bons algoritmos de classificação tendem a ser similares. Em geral, não importa se o analista utilizará o classificador A ou B, mas sim a quantidade de dados que serão utilizados no treinamento e como serão estimados os parâmetros desses algoritmos. Aqui, entra em jogo a habilidade do analista em escolher ou projetar boas feições discriminantes para a aplicação pretendida, além da necessidade de entender as nuances dos métodos utilizados para valer-se dos pontos fortes de cada método.

Em geral, problemas simples, que envolvem poucas classes ou classes com razoável separabilidade, podem ser adequadamente resolvidos com classificadores menos elaborados, como *naïve bayes* e *análise discriminante*. Isso ocorre porque classificadores simples e intuitivos tendem a ser mais generalistas, priorizando a estrutura global, e não local, dos dados de treinamento. Assim, eles evitam o problema de sobreajuste do modelo (*overfitting*), o que tenderia a incorporar possíveis vícios contidos no conjunto amostral à regra de decisão.

Por outro lado, problemas mais complexos, que envolvem um grande número de classes ou classes que são muito parecidas espectralmente, como tipos semelhantes de cultivo agrícola, tendem a oferecer melhores resultados quando classificados por métodos mais elaborados, como kNN e SVM, uma vez que é necessário assimilar os detalhes mais particulares de cada classe no momento da formulação da regra de decisão. A estrutura desses classificadores costuma priorizar características locais, e não globais, dos dados de treinamento.

É importante deixar claro que utilizar um classificador complexo para resolver problemas simples de classificação é um equívoco clássico, pois pode ocasionar uma superestimação da exatidão global se a validação for realizada a partir das mesmas amostras utilizadas para o treinamento, como será visto mais adiante.

Vale ressaltar ainda que, durante o desenvolvimento de soluções para a análise de imagens de sensoriamento remoto, muitos analistas combinam estratégias de classificação supervisionada com técnicas não supervisionadas (analisadas no Cap. 7) para gerar o produto final de suas análises (Ferreira et al., 2016; Zanotta; Zortea; Ferreira, 2018).

8.2 Teorema de Bayes

O teorema de Bayes serve para calcular a distribuição de probabilidade *a posteriori* de uma variável aleatória dado o valor de outra variável observada. Por exemplo, pode-se utilizar esse teorema para calcular a probabilidade da causa, entre um conjunto de alternativas $A_1, ..., A_n$ mutuamente excludentes, que levou a um certo evento E observado. O teorema de Bayes afirma que:

$$p(A_i \mid E) = \frac{p(E \mid A_i) p(A_i)}{p(E)} = \frac{p(E \mid A_i) p(A_i)}{\sum_{i=1}^{n} p(E \mid A_i) p(A_i)} \tag{8.1}$$

em que:

$p(A_i|E)$ = probabilidade condicionada de o evento A_i ocorrer dado que o evento E ocorreu – também é chamada de probabilidade *a posteriori*, pois depende do valor de E;

$p(A_i)$ = probabilidade *a priori* de o evento A_i ocorrer, ou seja, não se considera de antemão a informação do evento E – também é chamada de probabilidade marginal;

$p(E|A_i)$ = probabilidade condicionada, ou função de verossimilhança, de o evento E ocorrer dado que A_i ocorreu;

$p(E)$ = probabilidade *a priori* de E ocorrer, com $p(E) \neq 0$, que serve como constante de normalização.

A condição para que dois eventos sejam mutuamente excludentes implica que as alternativas $A_i \cap A_j = 0$, ou seja, não se sobreponham, para qualquer $i \neq j$, e que todas as alternativas A_i unidas preencham a totalidade do espaço amostral.

O teorema de Bayes também pode ser derivado graficamente como a interseção de conjuntos num espaço amostral (Kendall et al., 1994), como visto na Fig. 8.2 e na equação a seguir:

$$p(A_i | E)p(E) = p(A_i \cap E) = p(E \cap A_i) = p(E | A_i)p(A_i) \qquad (8.2)$$

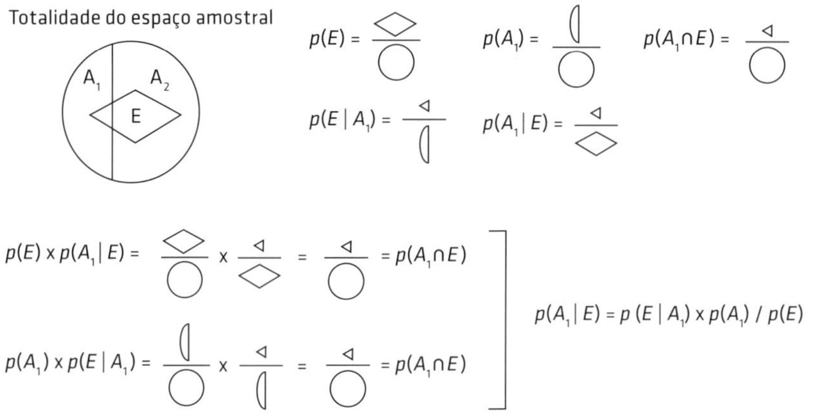

Fig. 8.2 Derivação visual do teorema de Bayes. As probabilidades de eventos estão associadas a distintas regiões do espaço amostral. Nesse exemplo, o "universo de possibilidades" é representado pelo círculo. A ocorrência de eventos nesse universo pode ser representada por áreas menores dentro do círculo. Aqui, focou-se o cálculo da probabilidade da alternativa A_1 dado que o evento E ocorreu

Fonte: adaptado de Cousins (2009).

No âmbito do sensoriamento remoto, o teorema de Bayes é utilizado, por exemplo, para estimar a probabilidade de um *pixel* $x = E$ observado pelo sensor pertencer a certa classe $y = A_i$ no terreno.

Na sequência, serão apresentados exemplos de classificadores supervisionados frequentemente utilizados para a classificação de imagens de sensoriamento remoto, principalmente as obtidas por sensores ópticos. Longe de ser exaustiva, a seleção proposta visa apresentar alguns classificadores ditos paramétricos (cujos tamanhos dos modelos não variam com o número de amostras de treinamento disponíveis) e outros ditos não paramétricos (que não fixam *a priori* o número de parâmetros que serão usados para representar as fronteiras de decisão entre as classes). Essas duas famílias de técnicas são de ampla aplicabilidade na classificação supervisionada.

8.3 Classificadores paramétricos

Classificadores paramétricos são aqueles que modelam as fronteiras de decisão entre as classes de treinamento com um número fixo de parâmetros, independentemente do número de amostras disponíveis (Russell; Norvig, 2009). Ou seja, a fronteira de decisão de classificação é computada utilizando-se certo número de parâmetros que definem o tamanho do modelo adotado. Nesse caso, a despeito das amostras adicionais disponibilizadas, o tamanho do modelo continua fixo. Os classificadores paramétricos geralmente fazem uma suposição inicial sobre a forma da distribuição de probabilidade das classes disponíveis no problema.

No caso de imagens de cenas naturais coletadas por sensores ópticos, frequentemente se assume que os *pixels* seguem uma distribuição gaussiana multivariada. O tamanho do vetor de média e da matriz de covariância, que modelará cada classe, dependerá do número de atributos d utilizados (e não do número de amostras de treinamento), pois cada atributo será considerado em uma dimensão, assumindo que haja um número mínimo de amostras $\ell > d$ para computar as matrizes de covariância.

Deve-se notar que, apesar de um tamanho de modelo fixo, a fronteira de decisão tende a mudar ao incrementar o número de amostras de treinamento, já que os valores dos parâmetros no modelo são atualizados. Por exemplo, quanto maior for o número de amostras de treinamento, melhor serão estimadas as matrizes de covariância das classes.

Assumindo a distribuição gaussiana dos dados, a principal diferença entre os algoritmos de classificação supervisionada mínima distância euclidiana, *naïve bayes* e análise discriminante que serão vistos na sequência está na hipótese sobre a forma das matrizes de covariância que caracterizam as classes a serem detectadas.

8.3.1 Mínima distância euclidiana

O classificador por mínima distância euclidiana é um procedimento de classificação supervisionada que utiliza a distância euclidiana para associar um *pixel* a uma determinada classe levando em consideração apenas as médias de cada classe no espaço de atributos das amostras colhidas pelo analista. É o classificador mais simples existente e, por isso, acaba tendo uma função mais didática do que operacional. As fronteiras de decisão são posicionadas nas linhas equidistantes entre os pontos médios das diversas classes presentes no problema (Fig. 8.3).

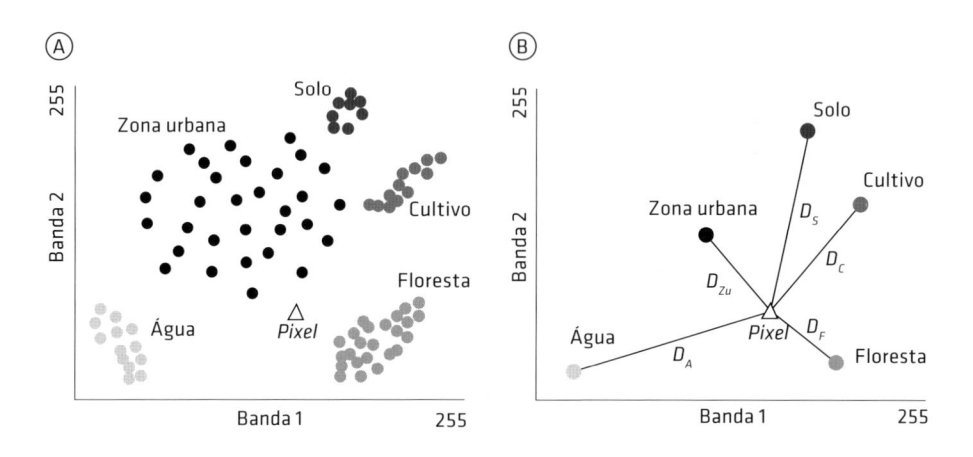

Fig. 8.3 Processo de classificação por mínima distância euclidiana: (A) distribuição dos elementos das amostras de cada classe em duas bandas de uma imagem genérica e (B) médias calculadas para cada amostra e respectivas distâncias para um *pixel* a ser classificado. A classe vencedora é aquela que apresenta a menor distância (D_{Classe}) entre sua média e a posição do *pixel* no diagrama

Dada certa amostra $x = (x_1, ..., x_d)$ a ser classificada, composta de um vetor de d atributos (variáveis independentes), a distância euclidiana $D_{C_k,x}$ no espaço de atributos do *pixel* x, para cada uma das k classes disponíveis no problema, é dada por:

$$D_{C_k,x} = \sqrt{(\mu_{C_k} - x)^2} \tag{8.3}$$

em que μ_{C_k} é o vetor de média da classe k calculado a partir das amostras de treinamento.

A Fig. 8.3A apresenta um diagrama onde constam as amostras de treinamento de cinco classes (solo, floresta, zona urbana, cultivo agrícola e água), representadas no diagrama confrontando duas bandas de uma imagem genérica, juntamente com a posição das respectivas médias em cada classe calculadas para essas bandas (Fig. 8.3B). A classificação de um *pixel* genérico na imagem é realizada pela determinação de qual classe apresenta menor distância euclidiana (linha reta) entre sua média e a posição do *pixel* no gráfico, simbolizada por D_{Classe} (Fig. 8.3B). O *pixel*, nesse caso, pertence à classe floresta.

8.3.2 *Naïve bayes* (gaussiano)

O classificador *naïve bayes* (bayesiano ingênuo) é um dos mais simples classificadores probabilísticos baseados na aplicação do teorema de Bayes. Ele assume que cada par de atributos, em cada classe de interesse, é estatisticamente independente. Apesar de "ingênua", essa hipótese simplifica consideravelmente a modelagem da densidade de probabilidade das classes, necessária para a classificação.

Ainda que essa hipótese simplificadora geralmente resulte em imprecisões no valor da probabilidade estimada, um valor aproximado é suficiente em muitos problemas práticos, como quando o objetivo é a classificação pelo critério da máxima probabilidade, que será discutido nessa seção.

Para exemplificar as implicações da hipótese de independência dos atributos, imagine-se um problema fictício de classificação em que o objetivo seja classificar diferentes frutas usando um sensor imageador montado numa bancada. Uma fruta tem certa probabilidade de ser uma laranja se for amarela, arredondada e tiver um diâmetro de aproximadamente 7 cm. Nesse exemplo, o classificador *naïve bayes* assume que cada um dos atributos (características que definem uma laranja) contribui independentemente para o cálculo da probabilidade de a fruta ser uma laranja, sem considerar no cômputo da probabilidade as possíveis correlações entre os atributos de cor, forma e diâmetro. Por exemplo, o fato de a laranja ser amarela não influencia a forma arredondada ou o valor do diâmetro. Ainda que numericamente a probabilidade estimada para a laranja seja imprecisa, provavelmente será maior do que a probabilidade calculada quando o sensor observar uma maçã verde. Ou seja, a classificação será correta ainda que as estimativas individuais sejam imprecisas.

Modelo de probabilidade das feições

Dada certa amostra $x = (x_1, ..., x_d)^T$ a ser classificada, composta de um vetor de *d* atributos (variáveis independentes), o classificador *naïve bayes* associará a essa amostra a seguinte probabilidade:

$$p(C_k | x_1, \ldots, x_d) \tag{8.4}$$

que quantifica a chance de a amostra x pertencer a cada uma das k possíveis classes C_k de interesse do analista.

Usando o teorema de Bayes, essa probabilidade pode ser convenientemente expressa como:

$$p(C_k | x) = \frac{p(x | C_k)p(C_k)}{p(x)} \tag{8.5}$$

em que a probabilidade $p(C_k|x)$, referida como probabilidade *a posteriori*, que se deseja estimar, é expressa pelo produto de $p(C_k)$, que é a probabilidade *a priori* de ocorrência da classe, e $p(x|C_k)$ é o termo chamado verossimilhança. Na formulação da equação, tem-se ainda o denominador $p(x)$, que quantifica a probabilidade de ocorrência da amostra x. Entretanto, $p(x)$ não depende da classe C_k a ser estimada, portanto pode ser desprezado para fins de classificação, já que será uma constante para o *pixel*, de valor idêntico para as classes.

A suposição de independência das variáveis resulta na seguinte expansão:

$$p(C_k | x_1, \ldots, x_n) \propto p(C_k)p(x_1 | C_k)p(x_2 | C_k)p(x_3 | C_k)\ldots \tag{8.6}$$

$$\propto p(C_k)\prod_{i=1}^{d} p(x_i | C_k) \tag{8.7}$$

Ou seja, a verossimilhança é proporcional ao produto das contribuições individuais de cada atributo $p(x_i|C_k)$.

A probabilidade *a priori* $p(C_k)$ de ocorrência das classes pode ser computada diretamente da frequência das classes observada nas amostras de treinamento disponíveis. Alternativamente, é frequente assumir probabilidades idênticas para todas as classes. O termo de verossimilhança $p(x_i|C_k)$ pode ser estimado a partir das proporções do total de amostras de treinamento em cada classe.

Classificador de máxima probabilidade *a posteriori*

Uma vez modeladas as probabilidades individuais de cada classe $p(C_k|x_1, \ldots, x_n)$, considerados os atributos supostamente independentes, falta estabelecer uma regra de decisão para a classificação final da amostra x em uma das K classes disponíveis. Uma escolha frequente é optar pela classe de maior probabilidade, ou seja, aquela com maiores chances de ocorrer. Essa regra é conhecida como regra de máxima probabilidade *a posteriori* (MAP). Obtém-se o classificador de Bayes, que atribui à amostra x a classe $\hat{y} = C_k$, segundo:

$$\hat{y} = \arg\max_{k \in \{1,\ldots,K\}} p(C_k) \prod_{i=1}^{d} p(x_i \mid C_k) \tag{8.8}$$

Por ser um classificador simples, com poucos parâmetros a serem estimados, o *naïve bayes* tem a grande vantagem de requerer um pequeno número de amostras de treinamento para estimar os parâmetros necessários à classificação, principalmente quando se assume que cada atributo pode ser modelado por uma distribuição normal (gaussiana) univariada. Nesse cenário, bastará estimar, para cada atributo, sua média e desvio-padrão. A função de densidade de probabilidade de cada atributo também poderia ser estimada de forma não paramétrica, utilizando uma estimativa de densidade baseada em *kernel*, que não será abordada neste livro.

No caso de variáveis contínuas, é comum assumir que os atributos seguem uma distribuição normal, parametrizada pela média μ_k e pela variância σ_k^2 das amostras x_i de cada classe:

$$p(x_i \mid C_k) = \frac{1}{\sqrt{2\pi\sigma_k^2}} e^{-\frac{(x_i - \mu_k)^2}{2\sigma_k^2}} \tag{8.9}$$

8.3.3 Análise discriminante

A análise discriminante é uma técnica clássica de classificação supervisionada que, dependendo da formulação utilizada, separa as amostras provenientes de um certo número de classes de interesse usando fronteiras de decisão linear (*linear discriminant analysis* – LDA) ou quadráticas (*quadratic discriminant analysis* – QDA).

A vantagem da análise discriminante é produzir um classificador cuja solução é analítica e simples de calcular. Os parâmetros necessários para estabelecer as fronteiras de decisão são computados diretamente dos dados de treinamento, sem a necessidade de ajustes de parâmetros auxiliares.

Obtém-se a classificação da amostra x a partir do teorema de Bayes:

$$p(C_k \mid x) = \frac{p(x \mid C_k)p(C_k)}{p(x)} = \frac{p(x \mid C_k)p(C_k)}{\sum_k p(x \mid C_k)p(C_k)} \quad \text{(8.10)}$$

Na Eq. 8.10, seleciona-se a classe k que apresenta a maior probabilidade dada a observação x (critério de máxima probabilidade *a posteriori*). O denominador $p(x)$ na Eq. 8.8 pode eventualmente ser desconsiderado, já que é a mesma constante para todas as classes dada uma certa amostra x, e serve para normalizar as probabilidades *a posteriori* num intervalo [0-1], sem alterar a classe vencedora (aquela de maior probabilidade *a posteriori*).

Note-se que, para o cálculo da Eq. 8.10, é necessário estimar o valor da probabilidade *a priori* de cada classe $p(C_k)$. Tipicamente, adota-se a frequência de ocorrência da classe k no conjunto de treinamento, ou então se assumem probabilidades *a priori* idênticas para todas as classes.

A análise discriminante parte do pressuposto de que a verossimilhança $p(x|C_k)$ de observação da amostra x na classe C_k pode ser adequadamente modelada por uma distribuição gaussiana multivariada com densidade:

$$p(x \mid C_k) = \frac{1}{(2\pi)^{d/2} \mid \sum_k \mid^{1/2}} \exp\left[-\frac{1}{2}(x - \mu_k)^T \sum_k^{-1}(x - \mu_k)\right] \quad \text{(8.11)}$$

em que μ_k representa o vetor de média da classe k (que tem d atributos), que pode ser estimado com base nas amostras de treinamento de cada classe, T indica o sinal de transposta e Σ_k é a matriz de covariância utilizada para modelar cada classe.

As duas variantes, linear e quadrática, resultam das hipóteses feitas para estimar a matriz de covariância Σ_k. Será visto na sequência que o cálculo de Σ_k poderá utilizar ou não alguma forma de regularização (ponderação).

Linear

Na variante linear da análise discriminante, assume-se que a matriz de covariância Σ_k é idêntica para todas as classes k, isto é, $\Sigma_k = \Sigma$. Nesse caso, computa-se como a média das matrizes de covariância individuais de cada classe, ponderada pelo correspondente número de amostras de treinamento de cada classe.

Quadrática

Na variante quadrática da análise discriminante, a matriz de covariância Σ_k, utilizada na Eq. 8.11, é estimada individualmente para cada classe k a partir das respectivas amostras de treinamento.

O classificador *máxima verossimilhança gaussiana*, popularmente conhecido como MaxVer, é o caso particular da análise discriminante quadrática que assume que as probabilidades *a priori* sejam idênticas para todas as classes. Nesse caso, além do vetor de média, as variâncias das classes (matrizes de covariância) também são utilizadas na definição das classificações. Dessa forma, a variância das amostras pode exercer um papel determinante na definição da classe vencedora. Para exemplificar, utilizando o mesmo problema anterior com cinco classes (solo, floresta, zona urbana, cultivo agrícola e água), analisado a partir de duas bandas de uma imagem genérica, pode-se verificar as probabilidades *a posteriori* da ocorrência de cada classe a partir dos gráficos da Fig. 8.4. Na prática, a classe vencedora para um dado *pixel* é aquela que apresenta a maior probabilidade conjunta (altura da curva gaussiana) entre todas as bandas analisadas. Observe-se que, em alguns casos, haveria discordância na classificação de um *pixel* dependendo da banda considerada individualmente (banda 1 ou banda 2). Já na análise conjunta entre as duas bandas disponíveis (Fig. 8.4C-D), essa confusão seria desfeita e a classificação apresentaria um resultado com maior exatidão. O *pixel* representado no exemplo provavelmente iria, nesse caso, para a classe zona urbana.

Há também inúmeras variantes da análise discriminante que resultam em casos particulares, diferenciando-se pela maneira de estimar a matriz de covariância. Por exemplo, caso se utilize uma matriz de covariância quadrática e diagonal, ou seja, zerando os elementos fora das diagonais, obtém-se o classificador *naïve bayes*.

Serão apresentados na Fig. 8.14, mais adiante, alguns exemplos de fronteiras de decisão obtidas por análise discriminante linear e quadrática para fins de comparação entre métodos.

8.4 Classificadores não paramétricos

Classificadores não paramétricos focam a estrutura (local) dos dados, sem assumir *a priori* uma forma específica para a função que será ajustada aos dados para separar as distintas classes. Como não fazem hipóteses *a priori*, estão livres para aprender funções com números de parâmetros que variam segundo o número de amostras de treinamento disponíveis. Dependendo do cenário, isso traz vantagens ou inconvenientes.

Esses classificadores são uma boa escolha quando o usuário dispõe de muitas amostras de treinamento e nenhum conhecimento *a priori* sobre a distribuição das classes a serem analisadas.

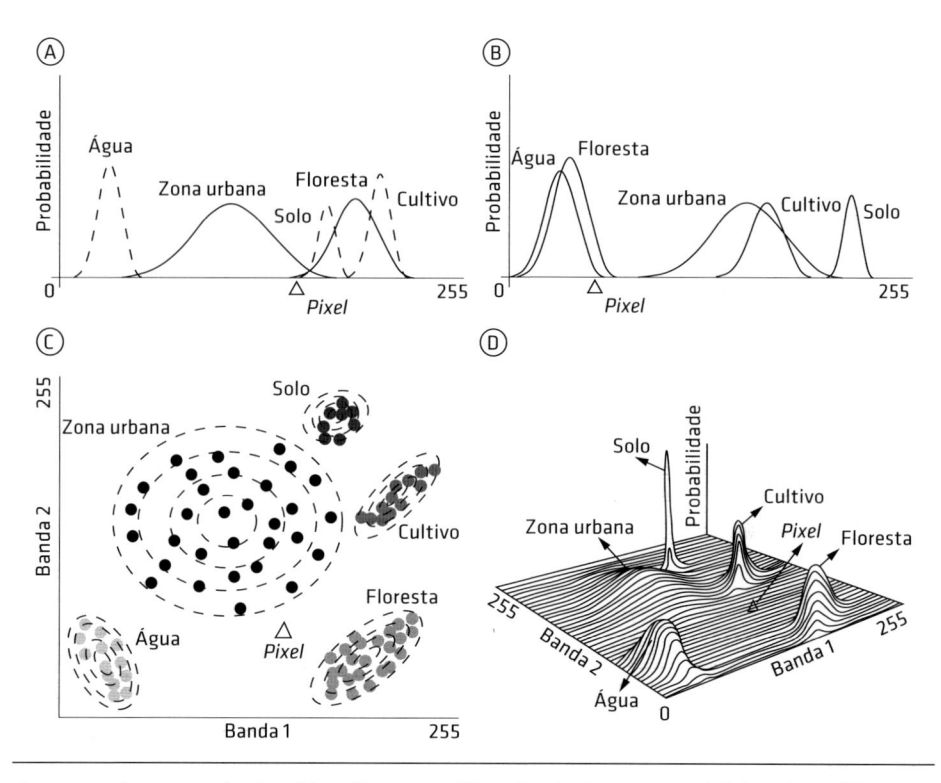

Fig. 8.4 Processo de classificação por análise discriminante quadrática. Os gráficos mostram probabilidades *a posteriori* de ocorrência de cada uma das cinco classes envolvidas no problema utilizado como exemplo: (A) banda 1; (B) banda 2; (C) vista bidimensional das probabilidades conjuntas das duas bandas; e (D) visão em três dimensões das probabilidades *a posteriori* para as cinco classes nas duas bandas. Na prática, a classe vencedora é aquela que apresenta a maior altura da curva gaussiana dada a posição do *pixel* no diagrama

Como essa família de classificadores não faz suposições iniciais que devem ser respeitadas pelos dados de treinamento, os algoritmos discriminantes resultantes se tornam convenientes, por exemplo, em:

- Classificação de uso do solo cuja distribuição seja claramente multimodal. Por exemplo, na definição de uma classe única agrícola, composta de distintas respostas espectrais correspondentes a plantações de soja e milho, ou então de uma classe urbana, contendo distintas superfícies impermeáveis, vegetação etc.
- Uso de feições de classificação provenientes de distintas modalidades de aquisição de imagens (por exemplo, sensores ópticos, radar) ou

representações dos dados (assinatura espectral, descritores de texturas etc.).

Classificadores não paramétricos tendem a ser menos indicados para situações em que o analista dispõe de poucas amostras de treinamento rotuladas. Existem, entretanto, várias questões adicionais que influenciam a escolha dos classificadores e as acurácias obtidas – por exemplo, a relação entre a dimensionalidade (como o número de bandas do sensor) e o número de amostras de treinamento.

8.4.1 Classificador vizinho mais próximo (kNN)

O classificador kNN (*k nearest neighbors*) é um dos algoritmos mais simples e intuitivos disponíveis para a classificação supervisionada. Dado um conjunto de treinamento do qual se conhecem as classes, cada nova amostra será classificada segundo a classe majoritária entre seus k vizinhos mais próximos no espaço das feições. Prioriza-se, portanto, a estrutura local, e não global, dos dados de treinamento. É possível perceber a diferença em relação às abordagens paramétricas vistas na seção 8.3, em que a classificação de cada amostra de treinamento depende de parâmetros da distribuição gaussiana, estimados utilizando todas as amostras do treinamento.

Funcionamento

O algoritmo kNN classifica cada amostra a ser analisada levando em consideração a classe majoritária entre os k vizinhos mais próximos no conjunto de treinamento (Fig. 8.5). O parâmetro k é um valor positivo, tipicamente pequeno, que deve ser testado pelo analista. Para problemas com apenas duas classes, a escolha de um valor ímpar evita um possível empate na classe vencedora. É boa prática escolher o valor de k que maximiza a exatidão de classificação, medida em um conjunto de validação independente. No caso de empate entre as classes mais frequentes, que pode ocorrer, por exemplo, quando k é múltiplo do número de classes, a eleição aleatória entre as classes mais votadas pode servir como critério de desempate.

A Fig. 8.6 ilustra a natureza das fronteiras de decisão ao variar-se o número de vizinhos mais próximos $k = \{1, 3, 5, ..., 13\}$ num problema de classificação binária (apenas duas classes). As cores representam a probabilidade associada à presença das classes. No primeiro exemplo, tem-se um conjunto de dados cujos pontos idealmente deveriam ser separados por uma reta. No segundo e no terceiro conjunto de dados, a separação linear das classes não é possível, já que a fronteira ideal de separação é um círculo e duas meias-luas, respectivamente. A fim de quantificar o efeito da escolha do valor de k na acurácia de classificação, simularam-se cem amostras de treinamento (o) e cem amostras de validação (x) para cada classe. No primeiro caso, obteve-se um pico de acurácia para $k = 9$ e 11, em que 98% das amostras de validação foram classificadas corretamente (as acurácias estão indicadas na figura). No segundo conjunto de dados, percebe-se a preferência por valores de $k \leq 5$, com 80% de acurácia. Uma separabilidade perfeita foi obtida no terceiro conjunto de dados para valores $k \leq 9$. Em geral, à medida que o número de vizinhos mais próximos aumenta, tem-se probabilidades mais baixas nas zonas de transição entre as classes. Nesse método, pode-se observar como as fronteiras de decisão são capazes de se ajustar ao conjunto de dados amostral na tentativa de separar as duas classes presentes.

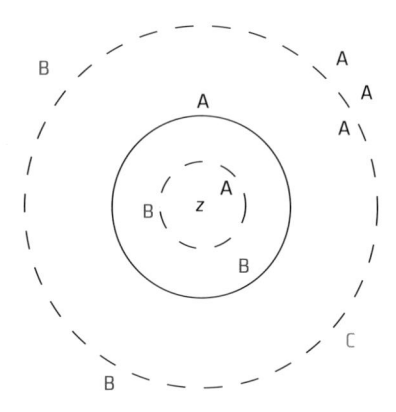

Fig. 8.5 Exemplo de classificação utilizando o algoritmo kNN para um problema de três classes {A, B, C}. A classificação da amostra de teste (z) varia conforme a classe majoritária entre os k vizinhos mais próximos. Para $k = 1$, o vizinho mais próximo de z (na fronteira interna com linha pontilhada) pertence à classe A, portanto $z = A$. No caso de $k = 3$ (fronteira com linha cheia), a classe A recebe um voto, e a classe B, dois, portanto $z = B$. Já para $k = 5$ (na fronteira externa tracejada), há três votos para a classe A e dois para a classe B, portanto novamente $z = A$. Nesse exemplo, o ponto C não está entre os cinco vizinhos mais próximos da amostra a ser classificada, então não contribui para a classificação

Normalização das feições e probabilidades a priori

Cabe atentar para dois aspectos que podem afetar negativamente os resultados de classificação utilizando o algoritmo kNN, independentemente da escolha do número k de vizinhos mais próximos.

O primeiro diz respeito ao tratamento das feições de ingresso. Para fins de classificação, é boa prática normalizá-las, de forma que todas apresentem aproximadamente o mesmo intervalo de variação. Uma estratégia simples, mas

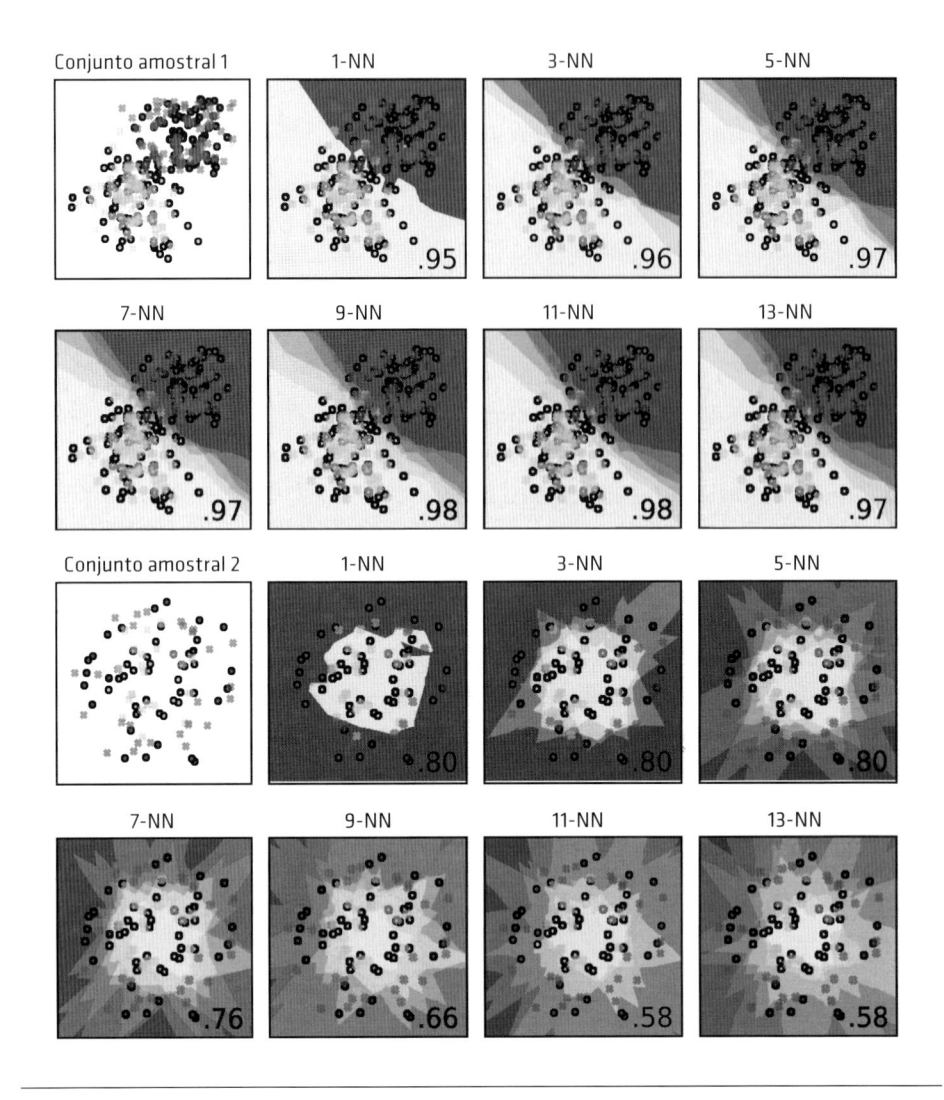

Fig. 8.6 Classificador kNN aplicado na discriminação de duas classes presentes em três exemplos distintos de conjuntos de dados simulados, cujas amostras seguem um padrão de separação linear, circular e em meia-lua. As cores amarelo-claro e azul-escuro indicam as áreas classificadas com 100% de probabilidade de pertencerem às classes 1 e 2 ao variar o número de vizinhos mais próximos. Cores intermediárias correspondem a distintos níveis de probabilidade de ocorrência das classes, ilustrando a natureza das fronteiras de decisão, aprendidas com cem pontos de treinamento (o) em cada classe. Os valores no canto inferior direito correspondem à exatidão medida em cem amostras de validação independentes (x)

Fonte: adaptado de Classifier... (s.d.).

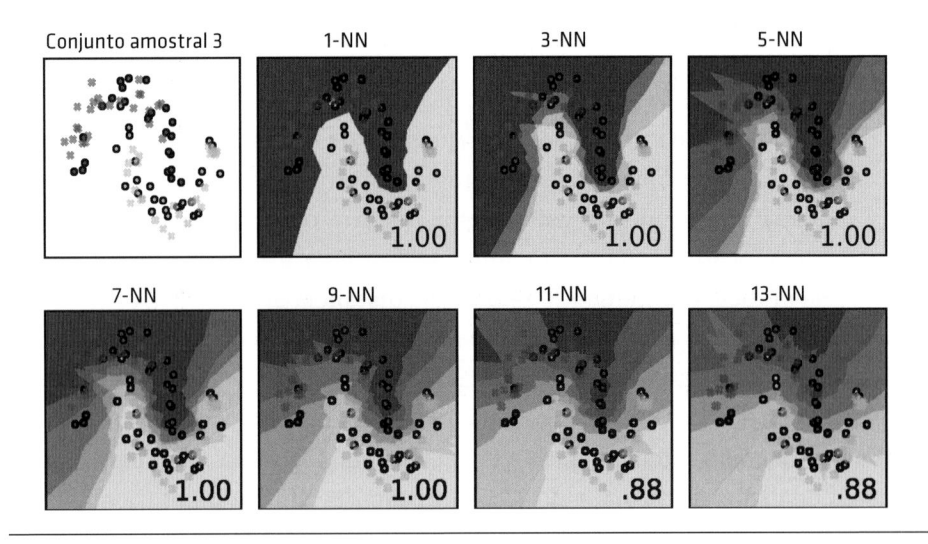

Fig. 8.6 (continuação)

que fornece bons resultados, é normalizar linearmente cada feição num intervalo pré-definido, por exemplo [0-1]. Dessa forma, evita-se que algumas feições tenham uma variação de magnitude muito superior às demais. Do contrário, as feições de maior magnitude acabariam contribuindo muito mais no cálculo da distância entre amostras vizinhas, dominando, assim, as demais feições.

Um segundo aspecto a ser observado diz respeito ao desbalanceamento do número de amostras de treinamento das classes. Embora, em geral, isso não seja um aspecto crítico quando as classes estão razoavelmente balanceadas, situações extremas requerem algum tipo de tratamento especial. Do contrário, pelo simples fato de algumas classes conterem muito mais amostras de treinamento do que as demais, a chance de uma dada amostra de teste estar próxima às classes dominantes aumenta por pura casualidade, podendo influenciar negativamente a classificação. Por exemplo, imagine-se um cenário de classificação binária muito desbalanceado em que existam mil amostras de treinamento para uma das classes e apenas 20 amostras para a outra. Se houver razoável sobreposição das classes no espaço das feições e considerar-se, por exemplo, $k = 3$, a chance de a maioria das amostras de teste caírem próximas à classe dominante é desproporcionalmente elevada, devido apenas à sua abundância no treinamento. Para valores mais elevados de k, a situação pioraria ainda mais. Para lidar com esses casos extremos, uma opção seria ponderar de modo distinto os votos dos vizinhos mais próximos, segundo o número de amostras de treinamento disponíveis, de forma a melhor retratar as probabilidades *a priori* das classes.

Questões relacionadas à utilização

Questões relevantes à utilização do algoritmo kNN incluem a escolha da função utilizada para quantificar a distância entre amostras e como considerar a contribuição das k amostras de treinamento mais próximas. Por exemplo, todas as k amostras mais próximas têm a mesma importância no cálculo da votação por maioria ou deve-se utilizar alguma ponderação segundo a proximidade da amostra a ser classificada?

Na prática, normalmente se utiliza a distância euclidiana e considera-se que todas as amostras de treinamento nas proximidades da amostra a ser classificada têm o mesmo peso (importância).

Cabe ressaltar que o cálculo da distância entre amostras é computacionalmente oneroso, o que impacta a usabilidade do algoritmo kNN para grandes massas de dados de treinamento. Existem abordagens na literatura que visam aumentar a eficiência computacional do algoritmo kNN em tais condições. O classificador kNN não é recomendável para problemas de alta dimensionalidade, quando o número de atributos (bandas) associados a cada *pixel* é elevado.

8.4.2 Classificador *support vector machine* (SVM)

A máquina de vetores de suporte (*support vector machine* – SVM) é um algoritmo muito eficaz para a classificação supervisionada, e seu desenvolvimento baseou-se em contribuições metodológicas das áreas de estatística, métodos de *kernel*, análise funcional e otimização (Vapnik, 1998; Bishop, 2006). A classificação SVM é amplamente utilizada tanto na academia quanto na indústria e foi originalmente pensada para problemas de classificação na presença de apenas duas classes de interesse.

Esse classificador busca um hiperplano que separa as classes de interesse, definindo uma fronteira de decisão dita de máxima margem, que é aquela que maximiza a distância entre o hiperplano e as amostras de treinamento fronteiriças que estiverem mais próximas a ele. Esse conceito é ilustrado na Fig. 8.7. Nesse exemplo, entre as muitas possíveis retas que separam as classes, busca-se a que fornece a maior separação entre as amostras de treinamento de ambas as classes. Essa busca pela solução de maior margem tende a conferir robustez ao classificador SVM quando aplicado a amostras desconhecidas.

Ao utilizar uma formulação não linear, esse classificador pode fornecer fronteiras de decisão mais precisas, dada a flexibilidade em aprender funções complexas. Entretanto, sua versão linear é particularmente recomendada para a classificação de dados de alta dimensionalidade.

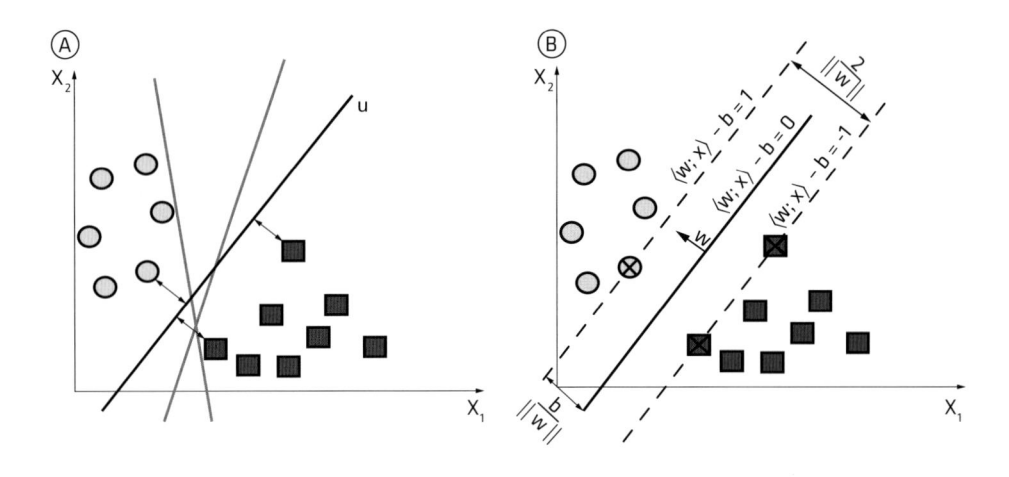

Fig. 8.7 Amostras de treinamento provenientes de duas classes linearmente separáveis. Infinitas retas poderiam separar as classes, porém apenas uma fornece a maior margem (distância) entre as amostras de treinamento rotuladas (reta u). A reta de maior margem é a fronteira de classificação estimada pelo SVM. As três amostras nas margens tracejadas são chamadas de vetores de suporte (x)

Classes linearmente separáveis

No exemplo mostrado da Fig. 8.7, têm-se amostras rotuladas provenientes de duas classes linearmente separáveis. Conforme antecipado, entre todas as possíveis retas (fronteiras de decisão) que poderiam ser utilizadas para separar as duas classes, o SVM busca aquela que fornece a maior margem, entendida como a reta cuja distância entre os pontos fronteiriços de ambas as classes seja máxima. Os pontos selecionados na margem são chamados de vetores de suporte (*support vectors*).

Considere-se um problema de classificação binário com ℓ amostras de treinamento disponíveis. Cada amostra x_i para $i = 1, 2, ..., \ell$ é representada por um vetor de dimensão d e associada à classe y_i, que, por conveniência, recebe os valores $y_i = +1$ ou $y_i = -1$, segundo a origem das amostras x_i. Assim, tem-se o conjunto de treinamento $\{x_i, y_i\}_{i=1}^{\ell}$. Obter a solução de maior margem consiste em estimar o hiperplano passando pelos pontos x cuja equação, em forma de produto escalar, tenha valor:

$$\langle w, x \rangle - b = 0 \qquad (8.12)$$

em que w é um vetor normal ao hiperplano e b é uma constante. No caso de um par de classes linearmente separáveis, buscam-se dois hiperplanos paralelos $\langle w,x \rangle - b = 1$ e $\langle w,x \rangle - b = -1$, que particionarão o espaço das feições em duas classes, com os rótulos +1 e –1, caso estejam abaixo ou acima das respectivas bordas. Busca-se, portanto, uma solução onde $\langle w,x \rangle - b \geq 1$ para todas as amostras da classe y = 1, e $\langle w,x \rangle - b \leq -1$ para todas as amostras da classe y = –1.

Assim, o problema torna-se minimizar $\|w\|$ tal que $y_i (\langle w,x \rangle - b) \geq 1$ para todas as amostras de treinamento i = {1, ..., ℓ}. Uma vez estimados w e b, a classificação de uma amostra desconhecida é dada pelo sinal obtido computando-se o valor da expressão $\langle w,x \rangle - b$.

Classes não linearmente separáveis

O classificador SVM atribui uma amostra desconhecida $x \in R^d$ à classe $\hat{y} = \text{sinal}\{f(x)\}$, onde a função discriminante é expressa por uma expansão em *kernel* – será seguida a formulação de Costamagna et al. (2016):

$$f(x) = \sum_{i=1}^{\ell} a_i y_i K(x_i, x) + b \qquad (8.13)$$

contendo a contribuição de cada uma das ℓ amostras de treinamento, e onde $K(.,.)$ é uma função *kernel*. Os coeficientes a_i para i = 1, 2, ..., ℓ são obtidos pela solução de um problema de otimização quadrático:

$$\min_a (\frac{1}{2} a^T Q a - 1^T a) \qquad (8.14)$$

que é sujeito à condição $y^T a = 0$, sendo que $0 \leq a_i \leq C$ para i = 1, 2, ..., ℓ. Nessa formulação, C é uma constante de penalização que deve ser escolhida pelo analista. A constante b é obtida durante a solução do problema. A matriz Q tem dimensão $\ell \times \ell$ e armazena em cada entrada (i, j) o valor $Q_{ij} = y_i y_j K(x_i, x_j)$, o vetor unitário 1 tem ℓ componentes, e y são os rótulos das ℓ amostras de treinamento.

Normalmente, a maior parte das amostras de treinamento tem valores $a_i = 0$ na Eq. 8.13. Isso é conveniente, pois faz com que a classificação efetivamente dependa de poucas amostras de treinamento, aquelas próximas às bordas das classes. As amostras com termos $a_i > 0$ são chamadas de vetores de suporte e são as únicas que efetivamente contribuem para estabelecer a fronteira de decisão entre as classes.

A função K(x, x') é uma função *kernel* se puder ser escrita pelo produto interno K(x, x') = ⟨ϕ(x), ϕ(x')⟩, onde ϕ(.) é uma função de mapeamento obtida em um espaço que foi transformado de forma não linear. Convenientemente, é possível utilizar a função *kernel* sem conhecer ϕ(.).

Exemplos de função *kernel* K(x, x') incluem o gaussiano RBF (*radial basis function*):

$$K(x,x') = \exp\left(\frac{\|x - x'\|^2}{2\sigma^2}\right) \tag{8.15}$$

em que o valor positivo no denominador indica a largura do *kernel* gaussiano. Por conveniência, pode-se trabalhar com $\gamma = 1/2\sigma^2$. O valor de γ deve ser escolhido pelo analista.

Outro *kernel* comumente utilizado é o polinomial de grau n:

$$K(x,x') = (\langle x,x' \rangle + 1)^n \tag{8.16}$$

que eleva o produto escalar das amostras a um certo grau n, a ser escolhido pelo analista.

Ressalta-se ainda o *kernel* linear, que não tem parâmetros livres a serem ajustados, computado pelo produto escalar das amostras de ingresso:

$$K(x,x') = \langle x,x' \rangle \tag{8.17}$$

O uso das funções *kernel* faz com que a Eq. 8.13 seja equivalente à aplicação de uma função discriminante linear num espaço transformado por uma função de mapeamento implícita ϕ(x):

$$f(x) = \langle w, \Phi(x) \rangle + b \tag{8.18}$$

em que os termos w e b solucionam o problema de minimização:

$$\min_{w,\xi,b} \left(\frac{1}{2}\langle w,w \rangle + C \cdot 1^T \xi\right) \tag{8.19}$$

sujeito às restrições $y_i \langle w, \phi(x) \rangle + b \geq 1 - \xi_i$, sendo que as variáveis $\xi_i \geq 0$, para i = 1, 2, ..., ℓ (chamadas de *slack variables*), determinam o grau em que a função discriminante classifica erroneamente as amostras de treinamento.

O exemplo na Fig. 8.8A ilustra uma situação hipotética de classificação utilizando o SVM com *kernel* linear. Nesse cenário, embora a separação no treinamento seja perfeita, há um risco de que as amostras de teste desconhecidas sejam erroneamente classificadas, já que a margem entre as classes é pequena. No caso da Fig. 8.8B, foram coletadas algumas amostras de treinamento adicionais, e claramente as classes não são linearmente separáveis. A escolha do valor da constante de penalização C define onde passará a reta, ou hiperplano, que separará as classes.

A Fig. 8.9 ilustra como a densidade de probabilidade e a exatidão de classificação variam segundo a escolha do *kernel* SVM e os respectivos parâmetros. Trata-se dos mesmos três conjuntos de dados sintéticos estudados anterior-

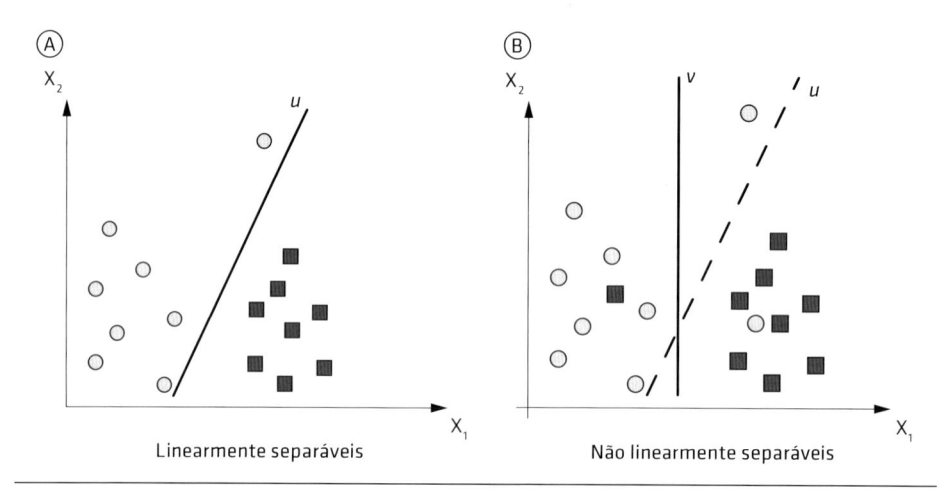

Fig. 8.8 Classificador SVM linear aplicado na separação de amostras de treinamento provenientes de duas classes. (A) Exemplo onde as amostras são linearmente separáveis pela reta *u*. Apesar de matematicamente factível, essa solução não parece ideal, pois separa um possível círculo espúrio no canto superior direito, provendo uma pequena margem entre as classes. (B) Amostras adicionais foram coletadas, e as classes revelaram não ser linearmente separáveis. Nesse caso, se o valor do parâmetro de penalização C for pequeno, o SVM mudará a fronteira de decisão para a reta vertical *v*, o que parece ser uma solução mais razoável, tolerando alguns erros de classificação. Entretanto, se o valor do parâmetro C for elevado, o SVM tenderá a preferir a fronteira de separação das classes estabelecida pela reta *u*

mente. Pode-se notar como as amostras do conjunto linear, cuja separação ótima é uma reta, foram bem separadas por ambos os *kernels* linear e RBF testados. Vale salientar, entretanto, que a exatidão obtida depende sensivelmente da escolha do parâmetro C, que penaliza os erros de classificação. Ambos os *kernels* forneceram picos de exatidão, medidos no conjunto de validação, de 97% (0,97) (os valores acompanham a figura). Conforme esperado, percebe-se que apenas o *kernel* RBF

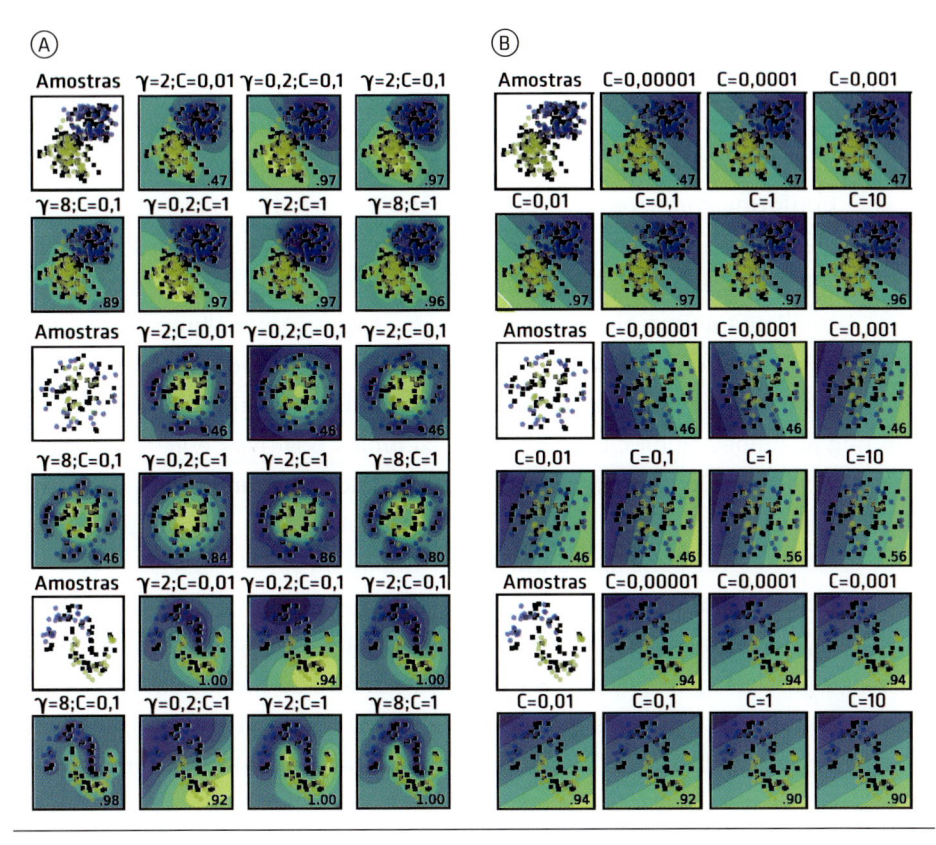

Fig. 8.9 Classificador SVM aplicado na discriminação de duas classes presentes em três conjuntos de dados simulados, cujas amostras seguem um padrão de separação linear, circular e em meia-lua. O painel (A) se refere ao *kernel* RBF, e o painel (B), ao *kernel* linear. As cores amarelo-claro e azul-escuro indicam as áreas classificadas com 100% de probabilidade de pertencerem às classes 1 e 2 ao variar os parâmetros de penalização C e largura do *kernel* RBF (γ). Cores intermediárias correspondem a distintos níveis de probabilidade de ocorrência das classes, ilustrando a natureza das fronteiras de decisão, aprendidas com cem pontos de treinamento (o) em cada classe. Os valores no canto inferior direito correspondem à acurácia medida em cem amostras de validação independentes (x)

fornece resultados relevantes à análise das amostras do segundo conjunto de dados, que não são linearmente separáveis em virtude da disposição circular, atingindo uma acurácia de 86% (0,86) com o conjunto de parâmetros (C, γ) testados. Ainda devido à maior flexibilidade do *kernel* RBF, este separou perfeitamente as amostras do terceiro conjunto de dados em forma de meia-lua. Neste último exemplo, quatro das distintas combinações de parâmetros do *kernel* RBF testados forneceram exatidões de 100%. Recomenda-se, assim, que o usuário opte pelo modelo mais simples, ou seja, aquele com o menor número de vetores de suporte, o que confere vantagem computacional no cálculo da Eq. 8.13.

Estratégias de classificação multiclasse

Conforme antecipado, a formulação SVM permite separar um par de classes, ou seja, trata de problemas de classificação binária. Caso haja mais de duas classes, pode-se utilizar diversas estratégias para reduzir o problema a uma classificação binária. As estratégias "uma contra todas as classes" ou "todas contra todas" são escolhas frequentes.

No primeiro caso, treina-se um modelo discriminante para cada classe, em que as amostras da classe formam exemplos positivos e as amostras das demais classes são agrupadas e tratadas como uma única classe negativa (contraexemplos). Ao final, estimam-se as probabilidades obtidas pelos múltiplos classificadores aplicados a uma dada amostra a ser classificada e retém-se a classe cuja probabilidade associada seja maior.

A ideia é análoga no segundo caso, porém treinam-se classificadores para todos os possíveis pares de classes. Assim, o número de classificadores resultantes será maior. Classifica-se a amostra na classe de maior ocorrência. Existem estratégias multiclasses mais sofisticadas, mas menos utilizadas na prática.

Seleção dos parâmetros do SVM

A acurácia do classificador SVM é fortemente influenciada pela escolha do parâmetro de regularização C e dos parâmetros do *kernel* utilizado, por exemplo, o parâmetro γ no caso de um *kernel* RBF, que é proporcional ao inverso do raio de influência dos vetores de suporte. Uma estratégia usual para estimar esses parâmetros é realizar uma busca utilizando valores de parâmetros dispostos ao longo de uma grade regular, normalmente espaçados de forma exponencial. Por exemplo, testam-se os parâmetros $C \in \{2^{-6}, 2^{-4}, ..., 2^{8}, 2^{10}\}$ e $\gamma \in \{2^{-10}, 2^{-8}, ..., 2^{2}, 2^{4}\}$.

No caso do SVM com *kernel* RBF, o objetivo é treinar o modelo com todas as combinações de pares de parâmetros (C, γ). Para cada combinação testada, estima-se a exatidão do modelo, medida em um conjunto de validação. Ao final, retém-se a combinação de parâmetros (C, γ) que maximiza a medida de exatidão de classificação desejada. Caso a combinação ótima caia na borda da grade inicialmente definida, recomenda-se ampliá-la, testando assim pontos adicionais. Outra possibilidade é refinar a grade nas proximidades do ponto ótimo. Por questões numéricas, também no caso do classificador SVM, recomenda-se normalizar as feições (bandas) de entrada, conforme discutido na seção 8.4.1.

8.4.3 Árvores de decisão

O classificador árvore de decisão utiliza uma estratégia de classificação baseada na partição sequencial dos atributos de entrada em subespaços que isolam as classes desejadas. O problema de classificação é decomposto em subproblemas de decisão que são solucionados recursivamente. As regras incluem perguntas objetivas sobre as características do dado de entrada na tentativa de encaixá-lo na classe que melhor o represente. Essas regras são aprendidas a partir do conjunto de amostras de treinamento e não se fazem hipóteses sobre a distribuição estatística dos dados. A Fig. 8.10 apresenta um exemplo de árvore de decisão que classifica uma amostra de entrada em uma das três classes previamente definidas.

Dado certo conjunto de treinamento, representado por um vetor $x \in R^d$ contendo as amostras i = 1, 2, ..., ℓ e um vetor $y \in R^d$ indicando a classe de cada amostra, a árvore de decisão a ser obtida dividirá recursivamente o espaço das feições de modo que as partições resultantes agrupem amostras provenientes de cada classe.

Sejam os dados em um nó m representados por Q. A cada partição θ = (j, t_m) que divide a feição j com o limiar t_m, geram-se dois subconjuntos de amostras, à esquerda (Q_e) e à direita (Q_d) do limiar (Decision..., s.d.):

$$Q_e(\theta) = (x; y), \text{ tal que } x_j \leq t_m \qquad (8.20)$$

$$Q_d(\theta) = (x; y), \text{ tal que } x_j > t_m \qquad (8.21)$$

O objetivo é encontrar a partição que minimiza a impuridade do nó, ou seja, que separa adequadamente as amostras das distintas classes. Para tal, mede-se a impuridade no nó m usando uma função H(.):

$$G(Q,\theta) = \frac{n_e}{N_m} H(Q_e(\theta)) + \frac{n_d}{N_m} H(Q_d(\theta)) \qquad (8.22)$$

Fig. 8.10 (A) Exemplo de árvore de decisão que classifica *pixels* de entrada nas classes vegetação, solo ou água. A cada nó comparam-se os valores de reflectância de superfície do *pixel*, medidos em certos comprimentos de onda (ou bandas do sensor), com limiares preestabelecidos, derivados a partir de um conjunto de treinamento, e segue-se do topo às "folhas" contendo as classes. Essa é uma árvore de decisão, entre muitas outras, que poderia ser aplicada para classificar os três espectros apresentados em B

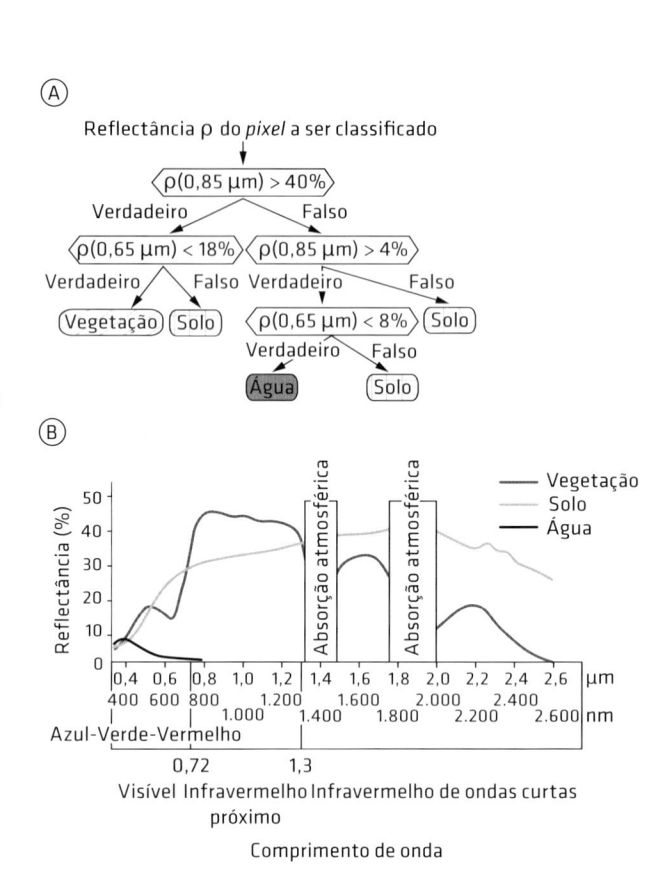

O objetivo é selecionar os parâmetros:

$$\theta^* = \arg\min_{\theta} G(Q,\theta) \qquad (8.23)$$

que minimizam a impureza no nó, e repetir recursivamente o procedimento nos subconjuntos $Q_e(\theta^*)$ e $Q_d(\theta^*)$ até que a profundidade máxima desejada seja atingida. N_m corresponde ao número de amostras no nó m, e n_e e n_d são o número de amostras divididas à esquerda e à direita do nó, respectivamente.

No caso de problemas de classificação, com frequência utiliza-se o índice Gini como medida de impureza no nó. Dado um conjunto X_m de amostras de treinamento no nó m, computa-se a soma do produto das proporções das amostras das classes k no nó m sendo considerado:

$$H(X_m) = \sum_k P_{mk}(1-P_{mk}) \tag{8.24}$$

$$P_{mk} = \frac{1}{N_m} \sum_{x_i \in R_m} I(y_i = k) \tag{8.25}$$

As proporções dependem das amostras na região R_m que contém as N_m observações.

Uma grande vantagem das árvores de decisão é seu caráter intuitivo, já que o modelo resultante pode ser visualizado na forma de uma árvore e os passos lógicos de decisão em cada nó são de fácil compreensão (Fig. 8.10A). Elas também são atrativas, pois tendem a ser robustas à presença de feições ruidosas, além de invariantes à escala das feições. No entanto, raramente as árvores de decisão produzem elevadas acurácias de classificação. Há de se ter cuidado para o modelo resultante não produzir árvores muito "profundas" e, assim, demasiado complexas, que eventualmente se ajustam perfeitamente aos dados de treinamento, mas que não generalizam bem para dados desconhecidos a serem classificados, causando o conhecido *sobreajuste* (*overfitting*) do modelo. Nesse caso, algumas formulações permitem que o usuário realize uma espécie de "poda" na árvore resultante, excluindo os últimos ramos na tentativa de tornar o processo mais generalista.

Vários algoritmos têm sido desenvolvidos para a geração de árvores de decisão, entre eles o CART (*classification and regression trees*), proposto por Breiman et al. (1984). O resultado pode ser lido como um conjunto de regras do tipo "se isso, então".

A Fig. 8.11 mostra exemplos de como o espaço das feições é sequencialmente particionado e como varia a exatidão de classificação ao alterar-se a profundidade máxima permitida em cada árvore de decisão. É possível observar que, devido à natureza rígida do processo decisório, as fronteiras de decisão costumam formar blocos ortogonais no espaço de atributos, ou seja, costumam ser paralelas aos eixos horizontal e vertical.

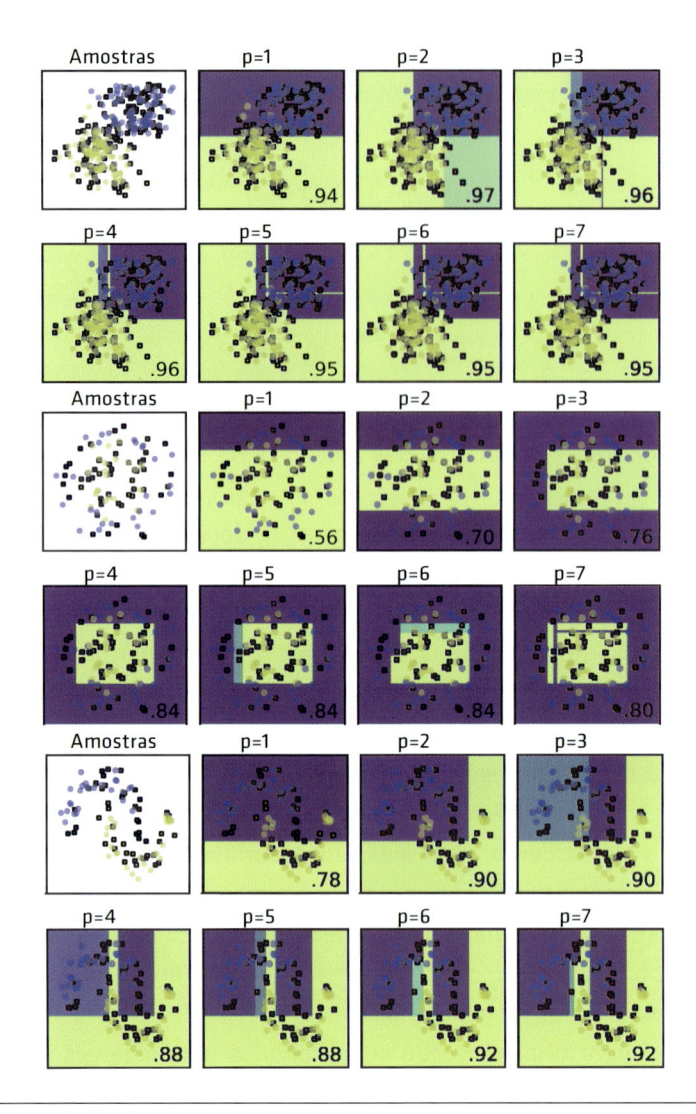

Fig. 8.11 Classificador árvore de decisão aplicado na discriminação de duas classes presentes em três conjuntos de dados simulados, cujas amostras seguem um padrão de separação linear, circular e em meia-lua. As cores amarelo-claro e azul-escuro indicam as áreas classificadas com 100% de probabilidade de pertencerem às classes 1 e 2 ao variar a profundidade máxima de cada árvore (p). Cores intermediárias correspondem a distintos níveis de probabilidade de ocorrência das classes, ilustrando a natureza das fronteiras de decisão, aprendidas com cem pontos de treinamento (o) em cada classe. Os valores no canto inferior direito correspondem à acurácia medida em cem amostras de validação independentes (x).

8.4.4 Classificador *random forests*

O classificador *random forests* (florestas aleatórias) é um método comumente utilizado na aprendizagem de máquina (*machine learning*) para a solução de problemas de classificação supervisionada e regressão (Breiman, 2001) e tem sido empregado com sucesso também no sensoriamento remoto. A ideia básica consiste em combinar classificações provenientes de várias árvores de decisão, treinadas individualmente em distintos subconjuntos de dados, para obter a classificação desejada.

Esse classificador pertence a um grupo de métodos estatísticos que inferem propriedades das amostras de teste com base no consenso da resposta obtida por um conjunto de classificadores individuais (*ensemble*). Se fosse possível treinar de maneira independente vários desses classificadores, ainda que a acurácia individual de cada um fosse levemente superior à obtida aleatoriamente, bastaria combiná-los, por exemplo, via votação por maioria (*majority voting*, ou moda) para obter uma elevada exatidão final, já que a maioria dos classificadores individuais estariam corretos.

O *random forests* explora essa ideia utilizando duas estratégias elegantes para treinar várias árvores de decisão distintas: selecionam-se aleatoriamente subconjuntos de amostras de treinamento e seus respectivos atributos para produzir um conjunto grande de árvores de decisão individuais (daí provém o nome *florestas aleatórias*). Isso introduz diversidade nos classificadores, que, quando combinados, tendem a fornecer elevadas exatidões. Depois, os dados de entrada são inseridos simultaneamente em todas as árvores criadas, obtendo-se uma sequência de resultados. A classe vencedora é aquela que aparece o maior número de vezes, em um processo conhecido como votação por maioria.

Especificamente, dado um conjunto de treinamento $X = \{x_1, x_2, ..., x_\ell\}$ e o vetor de respostas (classes) $Y = \{y_1, y_2, ..., y_\ell\}$, selecionam-se aleatoriamente, com repetição, ℓ amostras de treinamento X_b; Y_b provenientes do conjunto de treinamento X; Y disponível. Treina-se uma árvore de decisão f_b e classificam-se as amostras de teste. O procedimento é repetido b vezes, e ao final são combinadas as estimativas de todos os classificadores individuais via votação por maioria. À medida que o número de árvores de decisão utilizadas aumenta, o erro de classificação tende a diminuir, até atingir um patamar em que o acréscimo de árvores não altera substancialmente o resultado.

O classificador *random forests* utiliza uma versão modificada da árvore de decisão. Em cada nó seleciona-se aleatoriamente um subconjunto das feições originais para computar a melhor partição. O número de feições a serem selecionadas é um dos parâmetros do método e deve ser escolhido pelo analista.

A Fig. 8.12 mostra exemplos de classificação ao variar-se a profundidade máxima de cada árvore e o número de árvores utilizadas no *random forests*. Nesses exemplos, a acurácia é mais sensível à profundidade máxima das árvores de decisão do que ao número de árvores utilizadas. Cada árvore individual foi treinada selecionando-se aleatoriamente apenas uma feição por nó (entre as duas feições disponíveis).

A Fig. 8.13 mostra outro exemplo, em que se percebe que a utilização de um número reduzido de atributos tende a ser benéfica em relação à alternativa de utilizar todas as feições para o treinamento das árvores individuais. Dessa forma, as árvores de decisão resultantes serão menos correlacionadas. Nesse exemplo, o erro de classificação decresceu rapidamente até aproximadamente 50 árvores de decisão, depois variou pouco após 125 árvores.

Uma característica interessante do classificador *random forests* é que ele permite obter uma estimativa da acurácia de classificação usando diretamente as amostras de treinamento que ficaram de fora do treinamento individual de cada árvore de decisão (as chamadas amostras *out-of-bag*). Isso é particularmente útil para a escolha dos parâmetros do *random forests*, sobretudo quando não se dispõe de um conjunto de validação alternativo.

8.5 Exemplos de aplicação

De início, será feito um resumo dos resultados obtidos na análise dos três conjuntos de dados simulados anteriormente. Na sequência, os classificadores serão testados em um conjunto multiespectral real de dados adquirido por sensoriamento remoto. Algumas particularidades da análise resultante serão discutidas.

8.5.1 Conjunto de dados sintéticos

A Fig. 8.14 resume os resultados de classificação para os oito classificadores supervisionados apresentados neste capítulo. Eles foram aplicados em três conjuntos de dados simulados, cujas amostras provêm de duas classes e seguem padrões de separação linear, circular e em meia-lua – os dados sintéticos e as figuras foram adaptados de Classifier... (s.d.). Para auxiliar na visualização, cores estão associadas às probabilidades de ocorrência das classes, ilustrando a natureza das fronteiras de decisão, que foram aprendidas utilizando cem pontos de treinamento para

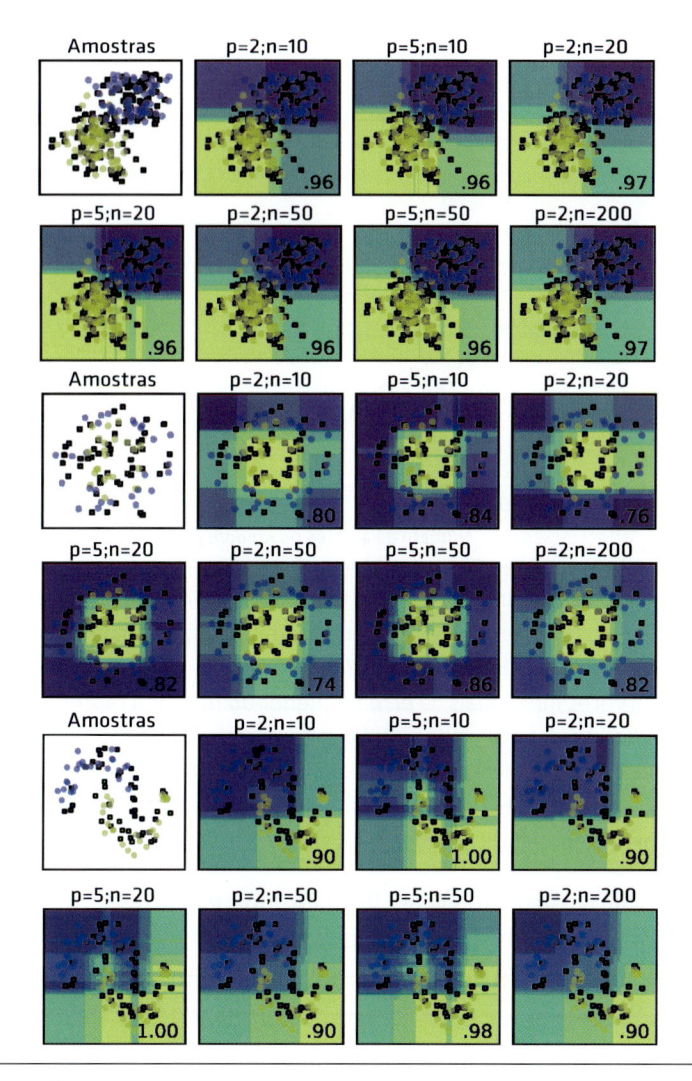

Fig. 8.12 Classificador *random forests* aplicado na discriminação de duas classes presentes em três conjuntos de dados simulados, cujas amostras seguem um padrão de separação linear, circular e em meia-lua. As cores amarelo-claro e azul-escuro indicam as áreas classificadas com 100% de probabilidade de pertencerem às classes 1 e 2 ao variar a profundidade máxima de cada árvore (*p*) e o número de árvores de decisão (*n*) utilizadas. Cores intermediárias correspondem a distintos níveis de probabilidade de ocorrência das classes, ilustrando a natureza das fronteiras de decisão, aprendidas com cem pontos de treinamento (*o*) em cada classe. Os valores no canto inferior direito correspondem à acurácia medida em cem amostras de validação independentes (*x*)

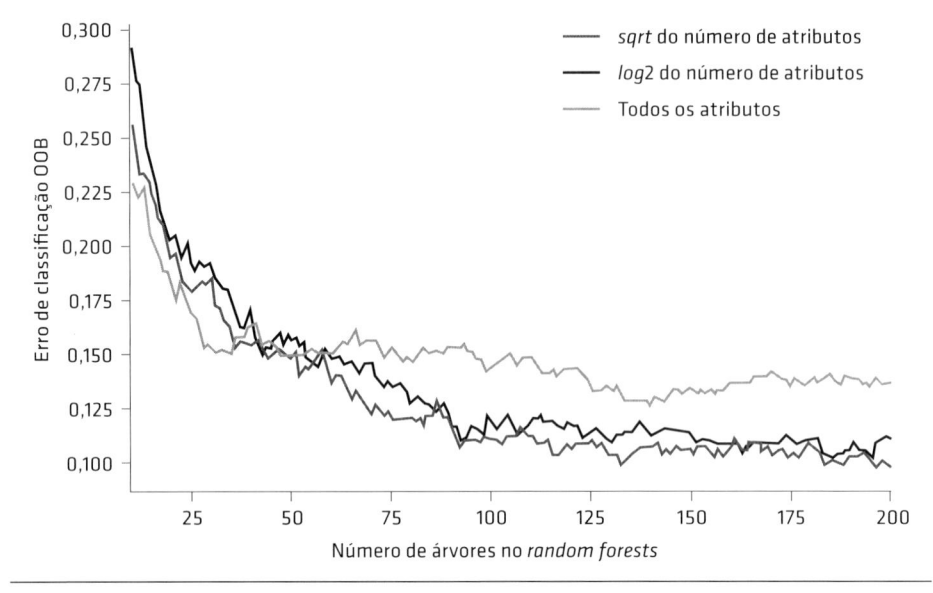

Fig. 8.13 Exemplo de decaimento do erro do classificador *random forests* ao variar o número total de árvores de decisão utilizadas, bem como o número de atributos selecionados aleatoriamente em cada nó durante o treinamento das árvores individuais. O erro foi menor ao utilizar a raiz quadrada (*sqrt*) ou o logaritmo natural na base 2 (*log*2) do número de atributos em vez de todas as feições disponíveis num certo conjunto de dados. O erro foi medido com base nas amostras de treinamento deixadas de fora do treinamento de cada árvore (as amostras *out-of-bag* – OOB)

cada classe. Cem amostras de teste independentes foram empregadas para quantificar a exatidão de classificação.

Nesse exercício, não houve uma busca sistemática pelos parâmetros ótimos dos classificadores kNN, SVMs, árvore de decisão e *random forests*, que requerem o ajuste de parâmetros individuais. Assim, é plausível que as exatidões apresentadas poderiam ser adicionalmente melhoradas.

Todos os classificadores apresentaram acurácias superiores a 95% no primeiro conjunto de dados, cuja superfície de separação teórica seria uma reta. Destacaram-se os classificadores LDA e SVM linear, que visualmente forneceram padrões de probabilidade quase idênticos e coerentes com o padrão de superfície de separação esperado. Contrariamente, no segundo conjunto de dados, de padrão circular, apenas os classificadores LDA e SVM linear não forneceram resultados coerentes, o que não causa surpresa, tendo em vista a impossibilidade de separação linear das amostras por esses métodos. Nesse conjunto de dados, destacou-se o SVM RBF, devido à maior flexibilidade do *kernel* não linear.

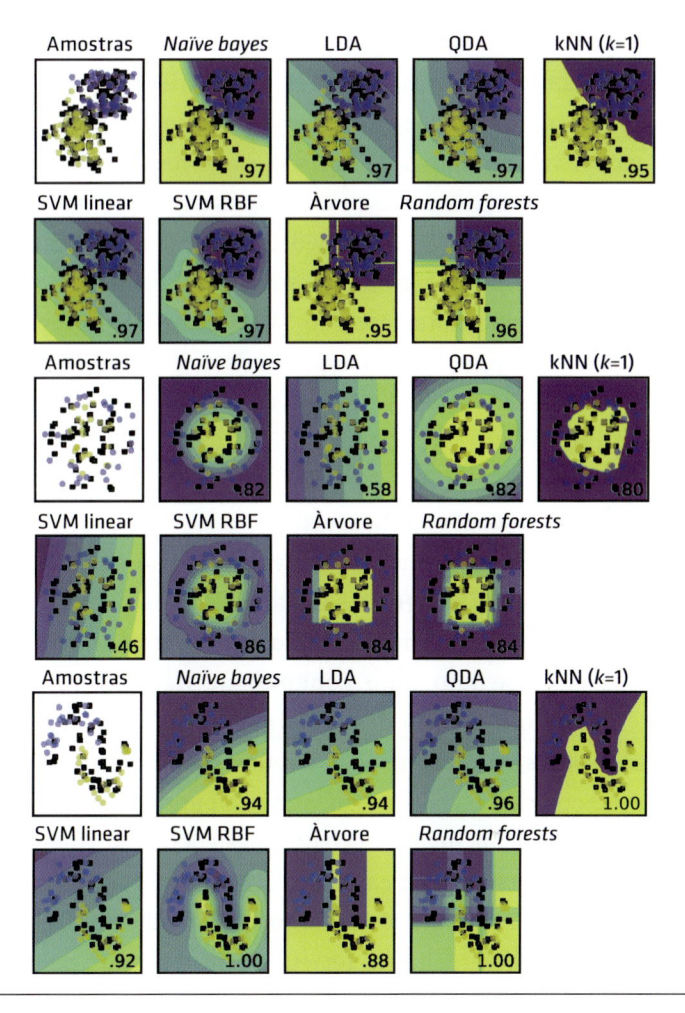

Fig. 8.14 Classificadores supervisionados aplicados na separação de duas classes presentes em três conjuntos de dados simulados, cujas amostras seguem padrões de separação linear, circular e em meia-lua. As cores amarelo-claro e azul-escuro indicam as áreas classificadas com 100% de probabilidade de pertencerem às classes 1 e 2. Cores intermediárias correspondem a distintos níveis de probabilidade de ocorrência das classes, ilustrando a natureza das fronteiras de decisão, aprendidas com cem pontos de treinamento (o) em cada classe. Os valores no canto inferior direito correspondem à acurácia medida em cem amostras de validação independentes (x)

No terceiro conjunto de dados, destacaram-se os classificadores SVM RBF, kNN e *random forests*, sendo que o classificador árvore de decisão apresentou maior dificuldade para a modelagem de superfícies curvas, devido à sua natureza, que é gerar partições ortogonais no espaço de atributos.

O principal objetivo do comparativo apresentado na Fig. 8.14 é verificar como os classificadores supervisionados testados estimam as probabilidades de ocorrência das classes simuladas em um espaço bidimensional e, assim, inferir acerca das respectivas fronteiras de decisão. Cabe ressaltar que as conclusões apresentadas não necessariamente se aplicam a amostras reais, sobretudo na presença de dados de alta dimensionalidade. Em geral, amostras de alta dimensionalidade podem ser mais facilmente separadas linearmente. Nesse caso, a simplicidade de classificadores como o SVM linear ou o próprio *naïve bayes* eventualmente pode fornecer melhor capacidade de generalização para a classificação de amostras desconhecidas, se comparados a outros classificadores cujo modelo é mais complexo.

8.5.2 Conjunto de dados multiespectral

Usualmente, diferentes classificadores supervisionados produzem fronteiras de decisão que diferem substancialmente no espaço das feições, em especial onde a densidade de amostras de treinamento é menor.

Para ilustrar esse fato num conjunto de dados real, apresenta-se a Fig. 8.15, que mostra um recorte de uma imagem TM/Landsat coletada sobre uma área rural. Apresentam-se as seis bandas refletivas, das quais se deriva uma composição colorida falsa cor utilizando as bandas TM-5, 4 e 3 nos canais RGB, respectivamente. Uma inspeção visual dessa pequena área de 97 × 84 *pixels* (2.910 m × 2.520 m) sugere a presença de três classes temáticas distintas: floresta nativa, pastagem e solo exposto. Como informação adicional, será gerado um mapa não exaustivo da verdade do terreno, com distintos polígonos sobre a imagem relacionados às respectivas classes de referência, que na sequência serão codificados usando três cores. Por fim, esses polígonos serão separados em dois mapas independentes, cujos respectivos *pixels* serão utilizados para treinamento e teste dos classificadores.

A Fig. 8.16 mostra o histograma dos *pixels* localizados no mapa de treinamento para as seis bandas espectrais. São 302 *pixels* de floresta nativa, 258 *pixels* de pastagem e 183 *pixels* de solo exposto. A título de visualização, utilizam-se 12 barras verticais para representar a frequência da intensidade dos *pixels* em cada classe temática. Ajusta-se também uma curva gaussiana como referência. Vistos os histogramas individualmente, conclui-se que nenhuma das seis bandas é capaz de separar adequadamente as três classes devido à grande sobreposição dos valores espectrais. Como será visto posteriormente na Fig. 8.19, classificadores treinados utilizando as seis bandas simultaneamente

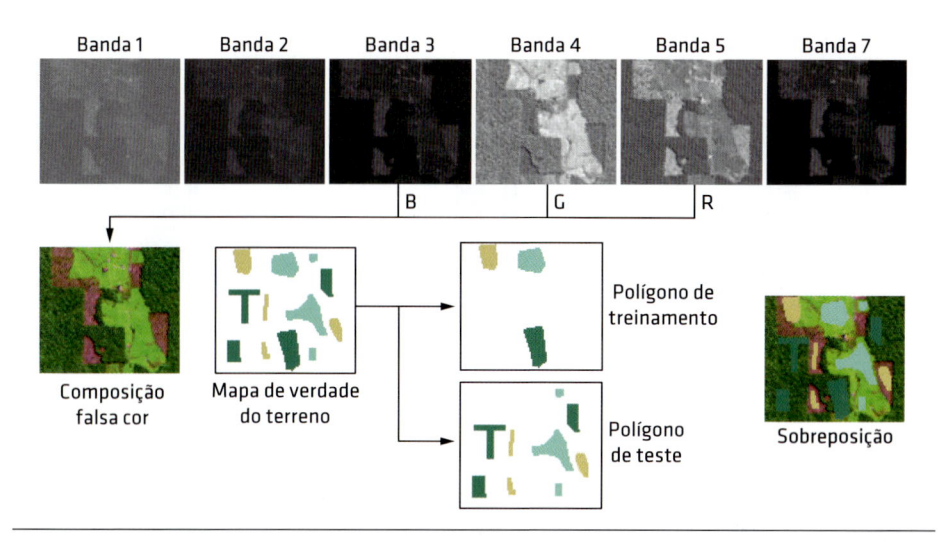

Fig. 8.15 Recorte de uma imagem TM/Landsat utilizada para experimentos, com as bandas espectrais 1-5 e 7 contendo valores de reflectância de superfície e uma composição falsa cor RGB. Observam-se anotações manuais da verdade do terreno, com a separação de distintas áreas para treinamento e teste dos classificadores para as classes floresta nativa (verde-escuro), pastagem (verde-claro) e solo exposto (laranja). Pode-se visualizar também os polígonos com a verdade do terreno sobrepostos à imagem RGB

produzem ótimos resultados de classificação, o que sugere que, em um espaço de maior dimensionalidade, as classes estão bem separadas.

A Fig. 8.17 mostra os *pixels* localizados nas áreas de treinamento, representados num espaço bidimensional de feições correspondente às bandas 4 e 5. Nesse caso, as três classes apresentam boa separabilidade; percebe-se, entretanto, uma sobreposição maior entre as classes solo e pastagem. Essa figura também mostra as respectivas fronteiras de decisão geradas pelos distintos classificadores nesse espaço bidimensional. Pode-se notar como as fronteiras variam significativamente conforme o classificador.

Os três classificadores paramétricos, *naïve bayes*, LDA e QDA, geraram fronteiras suaves, e no exemplo apresentado praticamente coincidem na coordenada central que divide o espaço das três classes (Fig. 8.17). No caso do LDA, o espaço das feições é dividido por retas. As diferenças substanciais estão justamente nas áreas onde há pouca ou nenhuma amostra de treinamento. O classificador SVM linear produziu fronteiras similares às do LDA, porém elas variaram em função do valor do parâmetro de penalização C. O classificador vizinho mais próximo (kNN, com $k = 1$) produziu fronteiras ruidosas, pois isolou

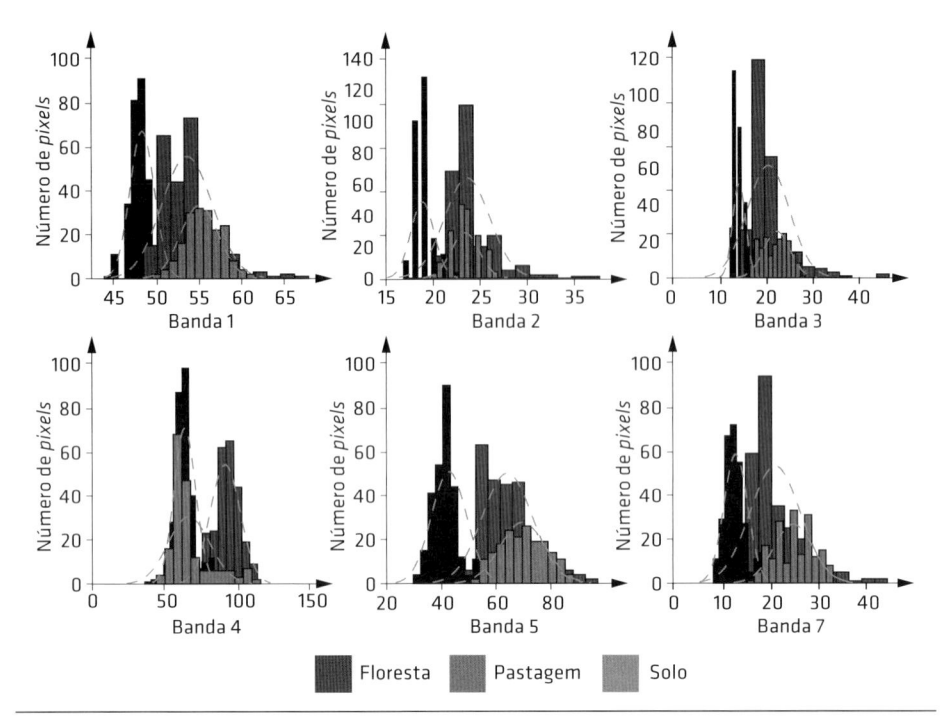

Fig. 8.16 Representação dos *pixels* de treinamento das três classes temáticas através de histogramas unidimensionais. Cada classe é representada por 12 intervalos. Adicionam-se curvas gaussianas (pontilhadas) como referência para auxiliar a visualização

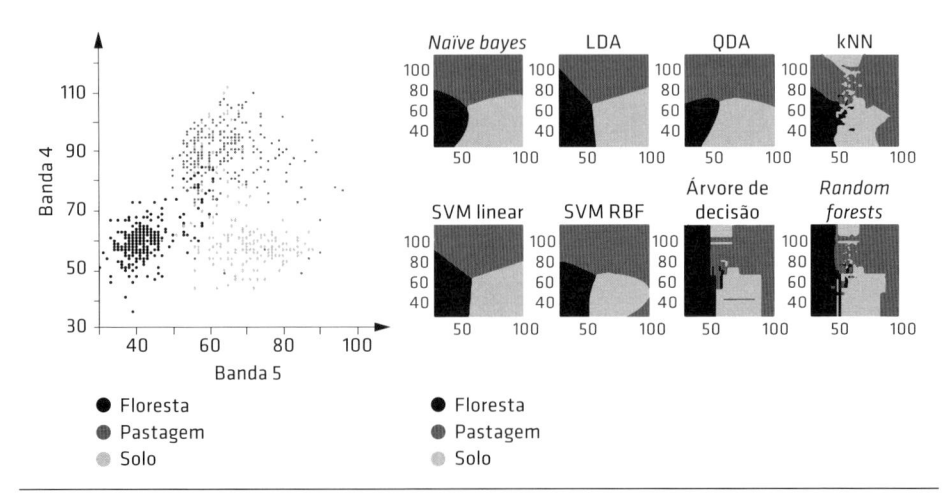

Fig. 8.17 Dispersão das amostras de treinamento nas bandas 4 e 5 e as respectivas fronteiras de decisão geradas pelos distintos classificadores. O valor das bandas está quantizado no intervalo 0-255

pequenas porções do espaço que apresentavam uma ou outra amostra espúria entre as localmente majoritárias. Nesse caso, é plausível que o aumento do valor de k teria produzido fronteiras mais suaves. Já o SVM RBF produziu fronteiras suaves, isolando, por exemplo, a classe solo levando em consideração algumas poucas amostras de vegetação que apresentaram valor elevado na banda 5. As fronteiras geradas pela árvore de decisão são sempre paralelas aos eixos vertical e horizontal, sendo sensíveis à presença de amostras de treinamento ruidosas. Nesse exemplo específico, o classificador *random forests*, operando apenas nesses dois canais, também gerou fronteiras espúrias.

A Fig. 8.18 repete a análise feita na figura anterior, dessa vez considerando as bandas 2 e 3. Nesse espaço, os valores dos *pixels* são fortemente correlacionados e dispersos ao longo de uma reta. Percebe-se também uma grande sobreposição espectral das classes. Devido a essa sobreposição, é impossível separar adequadamente as classes nesse espaço bidimensional específico. As fronteiras de decisão de todos os classificadores variam muito, sem que nenhum deles produza resultados relevantes. Sendo assim, nessa representação bidimensional, a acurácia está limitada pela pouca capacidade individual de separação das classes quando se utilizam apenas as bandas 2 e 3, e não pela escolha do classificador.

Cabe ressaltar que as fronteiras de decisão mostradas nas Figs. 8.17 e 8.18 ilustram dois casos bidimensionais isolados. Na realidade, as amostras de

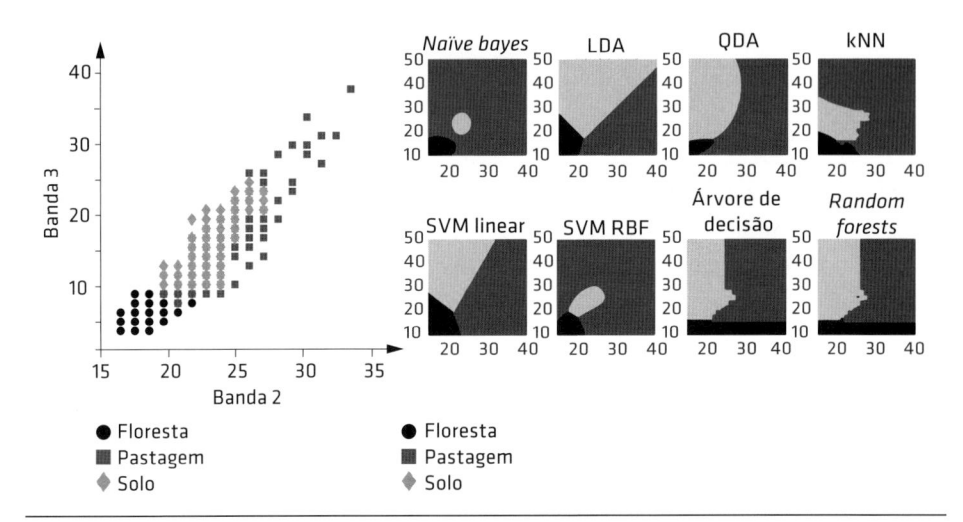

Fig. 8.18 Dispersão das amostras de treinamento nas bandas 2 e 3 e as respectivas fronteiras de decisão geradas pelos distintos classificadores. O valor das bandas está quantizado no intervalo 0-255

treinamento estão em um espaço multiespectral de seis canais, que, quando explorados conjuntamente, contribuem para uma melhor separação das classes, conforme atestam os mapas de classificação resultantes mostrados na Fig. 8.19.

Por se tratar de um exemplo didático, onde as classes temáticas são poucas (para facilitar a visualização) e razoavelmente bem separadas espectralmente, não surpreende que os mapas de classificação resultantes sejam similares para os distintos classificadores. As maiores diferenças observadas estão próximas às bordas de transição entre as classes.

A fim de estimar a exatidão de classificação usando os distintos métodos, as imagens classificadas apresentadas na Fig. 8.19 foram comparadas com os polígonos de teste mostrados na Fig. 8.15. O objetivo foi verificar quantos dos *pixels* localizados no conjunto de teste foram corretamente classificados pelos algoritmos considerados. Ou seja, as estimativas baseiam-se numa amostra de *pixels* que não foram vistos anteriormente pelos classificadores.

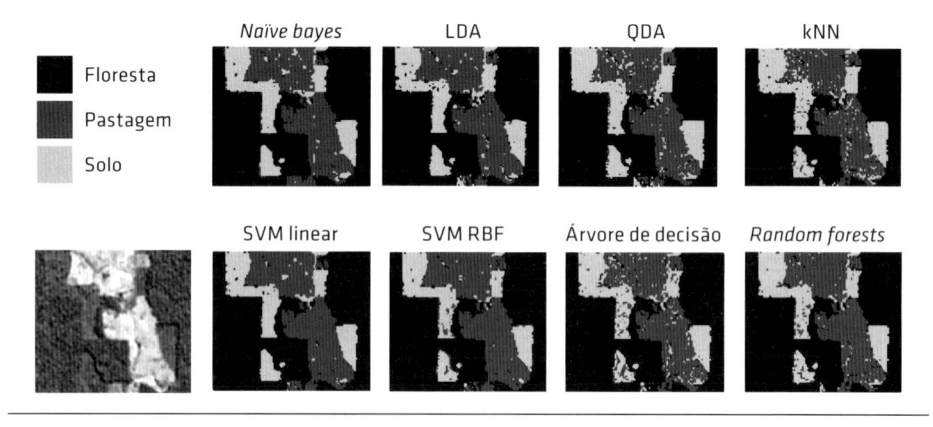

Fig. 8.19 Visualização da área de estudo (composição falsa cor na Fig. 8.15) e os mapas de classificação obtidos por distintos classificadores supervisionados, treinados e aplicados às seis bandas espectrais

8.5.3 Matriz de confusão

Para cada classe, computou-se a fração de amostras que são corretamente detectadas como tal e o número de amostras erroneamente classificadas como pertencentes a essa classe. Esses resultados são tabulados numa *matriz de confusão* ou *matriz de erros*. A matriz de confusão é uma forma clássica de medir o desempenho de um algoritmo de classificação, pois fornece uma ideia melhor sobre o que o modelo de classificação está acertando e quais tipos de erro está cometendo. Trata-se de uma tabela quadrada que compara os erros e os acertos cometidos por cada classe de acordo com os dados de referência (a verdade de terreno, ou os subconjuntos derivados das próprias amostras de treinamento, como será visto adiante).

A Tab. 8.1 apresenta um exemplo para o classificador QDA. Computaram-se três medidas: a exatidão do ponto de vista do usuário, a exatidão do ponto de vista do produtor do mapa e a exatidão global.

Tab. 8.1 Matriz de confusão para o classificador QDA

Verdade de terreno	Classificado como			Total	Ex. do produtor	%	Ex. do usuário	%
	Floresta	Pastagem	Solo					
Floresta	457	7	0	464	457/464	98,5	457/460	99,3
Pastagem	3	402	2	407	402/407	98,8	402/415	96,9
Solo	0	6	204	210	204/210	97,1	204/206	99,0
Total	460	415	206	1.081	**Exatidão global** (457 + 402 + 204)/1.081 = 98,3%			

A *exatidão do produtor* é a probabilidade de um *pixel* em uma determinada classe ser classificado corretamente. Na matriz de confusão, é calculada dividindo-se o número de acerto na classe (diagonal) pelo total de *pixels* da verdade de terreno nessa classe (somatório de linhas).

A *exatidão do usuário* é a probabilidade de um *pixel* atribuído a uma classe ser realmente dessa classe. Seu valor é calculado pela divisão do número de acertos na classe (diagonal) pelo total de *pixels* atribuídos a essa classe (somatório de colunas).

A *exatidão global* é calculada somando o número de *pixels* corretamente classificados (diagonal) e dividindo-o pelo número total de amostras (total geral).

A Tab. 8.2 apresenta as exatidões do produtor e dos usuários do mapeamento das classes floresta nativa, pastagem e solo exposto, obtidas pelos oito classificadores testados. Todos os classificadores apresentaram resultados satisfatórios, com exatidões médias acima de 91,6%. Excluídos os classificadores árvore de decisão e kNN ($k = 1$), os demais apresentaram médias acima de 95%, com uma pequena vantagem para os classificadores LDA e SVM linear. Entretanto, evitou-se apresentar uma ordenação, já que um ajuste mais fino dos parâmetros dos classificadores, que não foi o objetivo desse estudo, poderia ter alterado levemente os valores de exatidão apresentados.

Ressalta-se que a escolha dos polígonos de teste na Fig. 8.15 foi empírica, ou seja, eles não garantem necessariamente um número mínimo de pontos amostrais para a cena nem retratam fielmente as proporções das classes presentes na área a ser analisada; em outras palavras, não se utilizou uma

Tab. 8.2 Exatidões do produtor e do usuário para a similaridade temática de acordo com o mapa de teste para as classes floresta nativa, pastagem e solo exposto (%)

Classificador	Exatidão do produtor				Exatidão do usuário			
	Flor.	Past.	Solo	Média	Flor.	Past.	Solo	Média
Naïve bayes	95,8	99,5	98,6	98,0	99,8	94,5	99,5	97,9
LDA	97,9	100	98,1	98,7	100	96,6	100	98,9
QDA	98,5	98,8	97,1	98,1	99,3	96,9	99,0	98,4
kNN	96,2	96,1	86,1	92,8	99,8	88,2	93,2	93,7
SVM linear	96,0	100	100	98,7	100	95,4	100	98,5
SVM RBF	98,1	94,0	100	97,3	99,6	97,8	88,3	95,2
Árvore de decisão	97,2	91,8	88,2	92,4	100	91,3	83,5	91,6
Random forests	97,2	94,4	100	97,2	100	96,9	88,3	95,1

amostragem estatística rigorosa. Portanto, as exatidões de classificação obtidas devem ser interpretadas de maneira relativa, pois são uma medida quantitativa para os distintos métodos testados, não tendo a pretensão de fornecer estimativas rigorosas da qualidade dos mapas de classificação obtidos para as áreas não contempladas no mapa de teste.

8.5.4 Pós-processamento para a redução do ruído de classificação

Classificadores que utilizam apenas atributos espectrais, sem levar em conta o contexto dos *pixels* vizinhos no processo de classificação, tendem a produzir mapas temáticos ruidosos, ou seja, com a presença de *pixels* espúrios, rotulados erroneamente em áreas onde o usuário esperaria encontrar regiões homogêneas. Encontram-se exemplos nas imagens classificadas na Fig. 8.19.

A literatura apresenta inúmeras abordagens para esse problema. Numa fase de pós-processamento, podem-se aplicar filtros espaciais (Cap. 6) diretamente no mapa classificado. É uma estratégia simples, porém pode produzir resultados interessantes. Por exemplo, a Fig. 8.20 ilustra o mapa de classificação SVM RBF original e o resultado após a aplicação de um filtro de votação pela classe majoritária (filtro moda) numa janela móvel deslizante de tamanho 3 × 3 *pixels* e 5 × 5 *pixels*. Esse filtro atribui ao *pixel* central o valor da classe mais frequente em sua vizinhança. Percebe-se uma atenuação do ruído em áreas homogêneas, sacrificando um pouco detalhes das bordas das classes. Da mesma forma, a Fig. 8.21 mostra a redução do ruído para os diversos mapas de classificação espectral apresentados na Fig. 8.19, cujas melhorias de exatidão de classificação podem ser apreciadas na Tab. 8.3, especialmente para os classificadores kNN e árvore de decisão.

8.5.5 Inclusão de informação espacial na classificação

A inclusão de descritores de informação espacial da imagem, na fase de classificação, tende a produzir mapas temáticos mais precisos e com menos ruído espacial. Exemplos clássicos são operadores de morfologia matemática e descritores de texturas derivadas, por exemplo, da matriz de coocorrência de níveis de cinza (GLCM), filtros de Gabor, transformada *wavelet*, entre outros (Gonzalez; Woods, 2008). Nesses casos, é importante escolher os descritores, bem como os respectivos parâmetros, visando um bom compromisso entre a acurácia de classificação e a eventual perda de detalhes próximo às regiões nas bordas entre as classes presentes na imagem. Alternativamente, para a redução do ruído de classificação,

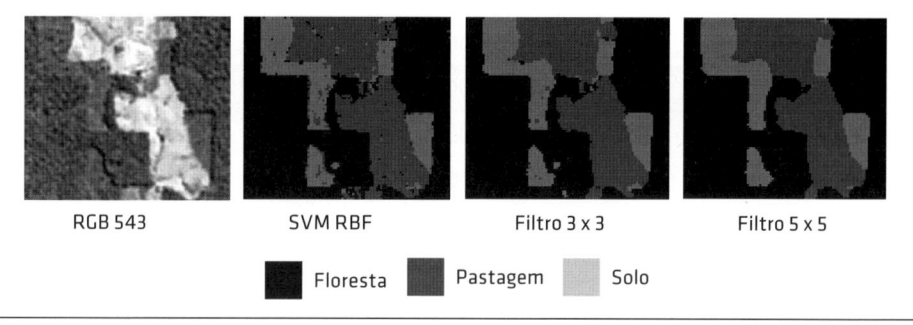

RGB 543   SVM RBF   Filtro 3 x 3   Filtro 5 x 5

Floresta   Pastagem   Solo

Fig. 8.20 Mapa de classificação gerado pelo classificador SVM RBF pós-processado por um filtro moda em vizinhanças de 3 × 3 *pixels* e 5 × 5 *pixels*. Esse filtro remove o ruído do mapa de classificação substituindo os *pixels* do mapa de entrada pela classe mais frequente na janela local. É possível notar que, à medida que o tamanho do filtro aumenta, perdem-se áreas de pequenas dimensões

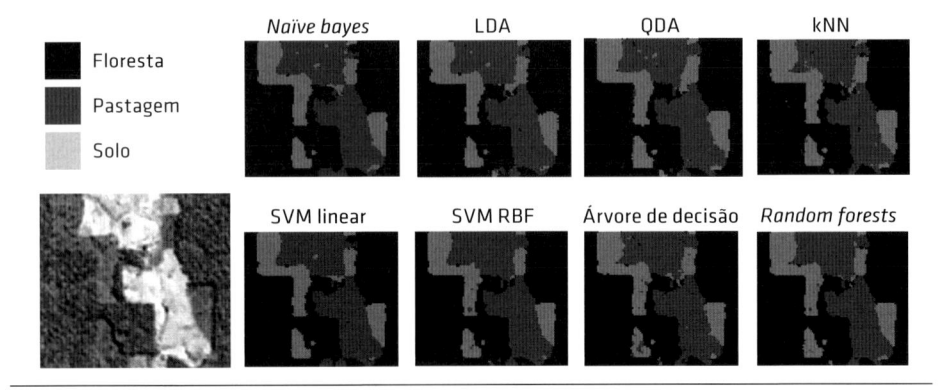

Fig. 8.21 Pós-processamento dos mapas de classificação da Fig. 8.19 usando um filtro moda numa vizinhança de 3 × 3 *pixels*. Verifica-se uma atenuação do ruído espacial de classificação e uma melhora das exatidões de classificação, conforme a Tab. 8.3

Tab. 8.3 Exatidões do produtor e do usuário para os mapas de classificação pós-processados na Fig. 8.21 com um filtro moda aplicado numa vizinhança de 3 × 3 *pixels*, para as classes floresta nativa, pastagem e solo exposto (%)

Classificador	Exatidão do usuário				Exatidão do produtor			
	Flor.	Past.	Solo	Média	Flor.	Past.	Solo	Média
Naïve bayes	96,0	100	100	98,7	100	95,4	100	98,5
LDA	98,7	100	100	99,6	100	98,5	100	99,5
QDA	99,8	99,8	100	99,8	99,8	99,8	100	99,8
kNN	98,7	100	99,0	99,2	100	98,1	100	99,4
SVM linear	96,4	100	100	98,8	100	95,9	100	98,6
SVM RBF	100	97,4	100	99,1	100	100	94,7	98,2
Árvore de decisão	99,6	95,4	100	98,3	100	99,5	90,3	96,6
Random forests	99,6	98,3	100	99,3	100	99,5	96,6	98,7

utilizam-se modelos probabilísticos de Markov, que exploram a dependência espacial de *pixels* adjacentes durante a classificação.

8.6 Notas sobre experimentos de classificação

Conforme discutido no início deste capítulo, a classificação supervisionada de imagens no contexto do sensoriamento remoto pressupõe o conhecimento das classes temáticas presentes na área de estudo, bem como onde se localizam exemplos de *pixels* correspondentes. Comumente, esse conhecimento é referido como a verdade do terreno (ou a verdade de campo), e os respectivos *pixels*, como amostras rotuladas. Busca-se, então, treinar modelos estatísticos para estabelecer a relação entre os padrões da resposta espectral, capturada pelo sensor, e as tipologias de cobertura e uso do solo.

A forma mais usual de representação da verdade do terreno para certa área a ser analisada utilizando dados de sensoriamento remoto é pela marcação de pontos, linhas ou polígonos georreferenciados que relacionem o tipo de cobertura e uso do solo com a respectiva localização dos *pixels* nas imagens a serem interpretadas. Essas marcações são oriundas da interpretação visual das imagens, feitas por especialistas que conhecem a região, ou provenientes de coletas efetuadas em campanhas de campo, utilizando-se sistemas de posicionamento por satélite (por exemplo, GLONASS, GPS e GALILEO).

8.6.1 Escolha dos *pixels* de treinamento, validação e teste

Idealmente, as áreas com anotações da verdade do terreno devem estar espalhadas ao longo da imagem, de forma a amostrar razoavelmente a totalidade da área a ser classificada. Sendo assim, deve-se evitar esforços de confecção da verdade do terreno concentrados numa pequena porção da imagem – por exemplo, anotando polígonos em um único quadrante. Busca-se capturar, no conjunto de treinamento, a variabilidade espectral das classes, para que elas sejam razoavelmente modeladas e, assim, possam classificar a totalidade da imagem.

Existem várias considerações sobre estratégias de amostragem e quantidade de amostras mínimas para estabelecer estimativas de exatidão em certo intervalo de confiança, que, no entanto, fogem do escopo deste livro. Porém, uma vez anotadas as áreas de verdade do terreno, é prudente dividi-las em conjuntos independentes para o treinamento, a validação e o teste dos classificadores utilizados.

Na próxima seção, será discutido o propósito da partição das amostras rotuladas em três conjuntos independentes e como a violação dessa estratégia pode influenciar as conclusões acerca dos classificadores testados.

8.6.2 Utilização dos *pixels* de treinamento, validação e teste

Infelizmente, a exatidão medida no conjunto de treinamento não é um bom indicador da exatidão que será obtida quando o classificador for aplicado a novos dados. Isso se deve ao fato de os mesmos dados serem usados para ajustar o classificador e testá-lo. Como, em geral, os classificadores tendem a se ajustar bem aos dados de treinamento, a acurácia medida nesse conjunto será demasiadamente otimista.

Para evitar esse inconveniente, em situações com abundância de dados rotulados, a melhor alternativa para avaliar o classificador é particionar os dados disponíveis em três conjuntos: treinamento, validação e teste. É difícil estabelecer uma regra genérica para o tamanho de cada conjunto. Uma possibilidade seria alocar 50% das amostras rotuladas para treinamento, 25% para validação e 25% para teste. Depara-se com duas necessidades: escolher o classificador que será utilizado para uma dada tarefa e, com ele escolhido, estimar sua acurácia em novos dados (Friedman; Hastie; Tibshirani, 2001).

Apesar de simples, o conceito de particionar as amostras em conjuntos distintos para treinamento, validação e teste por vezes é pouco entendido ou mal interpretado, e isso se deve à dificuldade no discernimento dessas três etapas e na compreensão de que cada etapa precisa de seu próprio escopo de dados.

As amostras de treinamento devem ser utilizadas para treinar o classificador, o que significa estabelecer as fronteiras de decisão no espaço das feições. Por exemplo, no caso do classificador QDA, as amostras de treinamento servem para estimar os vetores de média e as matrizes de covariância das classes.

Quaisquer decisões associadas à escolha dos atributos (feições) entre aqueles disponíveis ou à escolha dos parâmetros do classificador adotado (por exemplo, o valor de k no classificador kNN ou de C no SVM), ou até mesmo qual classificador utilizar, são as mais relevantes para a classificação e idealmente deveriam ser feitas com base em um conjunto separado de validação, com o objetivo de maximizar a acurácia de classificação.

Portanto, o conjunto de validação é reservado para responder a quaisquer questões relacionadas à estimação de parâmetros, à seleção de atributos e à escolha do classificador, entre outras decisões que tiverem de ser tomadas. Uma forma conveniente de escolher entre as alternativas que se apresentam é medir a exatidão de classificação no conjunto de validação e selecionar aquela que resultar em maior acurácia. Ou seja, todas as decisões referentes à escolha de parâmetros ou atributos do classificador não podem se basear na exatidão que será medida posteriormente num conjunto separado de teste.

As amostras de teste devem ser preservadas, sem que sejam "vistas" pelo classificador em nenhum momento durante a fase de treinamento e validação. Isto é, as amostras de teste não devem ser utilizadas para que o usuário tome decisões sobre quais métodos ou parâmetros utilizar. Reitera-se que as amostras de teste devem ser isoladas de todo o processo decisório ou de otimização e utilizadas apenas no final da análise, para assim medir, de maneira independente, a exatidão dos métodos sendo testados, quando todas as hipóteses e considerações já tiverem sido feitas. Nessas condições, as amostras de teste permitem uma avaliação objetiva da acurácia do classificador em condição mais próxima à realidade, já que se simula a aplicação do classificador em amostras não antes vistas pelos algoritmos empregados.

Quando essas condições são violadas – por exemplo, se o usuário utilizar apenas um conjunto de treinamento e teste e tomar decisões baseadas na acurácia de teste para fazer escolhas específicas –, obtêm-se estimativas de exatidão demasiadamente otimistas para o método em questão, uma vez que provavelmente não se manterão para o restante da imagem, onde não foi anotada a verdade do terreno.

Além disso, dados dois classificadores A e B, em que B, por exemplo, tem mais parâmetros livres que podem ser ajustados, é provável que o usuário chegue erroneamente à conclusão de que o classificador B é melhor; não pelo eventual mérito do método B, mas pelo simples fato de ele ter mais parâmetros livres do que A. Isso se deve ao fato de que, quanto maior a possibilidade de ajuste fino, maior a chance de se sair bem no conjunto de dados que está sendo utilizado para medir a acurácia, dadas diferentes escolhas dos parâmetros livres, com o risco de um sobreajuste (*overfitting*) do modelo. Como o usuário não usará outro conjunto de dados para medir independentemente a exatidão, eventualmente esse sobreajuste passará desapercebido, levando a uma possível conclusão errônea sobre o mérito relativo dos métodos.

Resumindo, o conjunto de treinamento será empregado para estimar os parâmetros do classificador (por exemplo, o vetor de média e as matrizes de covariância das classes em um classificador quadrático). O conjunto de validação servirá para medir o erro de diferentes classificadores que estão sendo comparados e, assim, selecionar o melhor (por exemplo, ao utilizar o classificador kNN, o conjunto de dados de validação servirá para escolher o valor de k). Por fim, o conjunto de teste servirá para medir a exatidão do classificador escolhido usando dados que não foram vistos previamente, e desse modo haverá uma estimativa mais realista da capacidade de generalização do classificador escolhido (Friedman; Hastie; Tibshirani, 2001).

8.6.3 Validação cruzada

A partição das amostras em três conjuntos independentes (treinamento, validação e teste) pressupõe que o número de amostras rotuladas seja elevado. Na maioria dos problemas de classificação em sensoriamento remoto, não é fácil conseguir um elevado número de amostras cuja verdade do terreno seja conhecida com precisão, já que a princípio a obtenção de amostras rotuladas requer visitas a campo, o que implica movimentação de equipes com custos associados.

A *validação cruzada* (*cross-validation*) é uma estratégia alternativa pensada para a avaliação de classificadores em situações onde o número de amostras rotuladas é pequeno. A validação cruzada consiste em particionar aleatoriamente o conjunto de dados rotulados em k subconjuntos distintos, de tamanho aproximadamente idênticos, e utilizá-los em maneira rotativa, sempre treinando o classificador em ($k - 1$) conjuntos e testando-o no conjunto deixado de fora. Ao final, computa-se a média das acurácias obtidas nos k conjuntos (Fig. 8.22). Normalmente, escolhe-se de cinco a dez partições.

No caso extremo, pode-se deixar de fora apenas uma amostra por vez. Tem-se, assim, a estratégia *leave one out*. Nesse caso, a complexidade aumenta, pois será necessário treinar mais modelos. É importante ressaltar que quaisquer operações, como a escolha de feições ou ajustes de parâmetros do classificador, devem ser executadas sem que os métodos "vejam" as amostras do subconjunto de teste que será rotulado. Por exemplo, se houver necessidade de estimar o parâmetro C do SVM linear ou encontrar um subconjunto de feições represen-

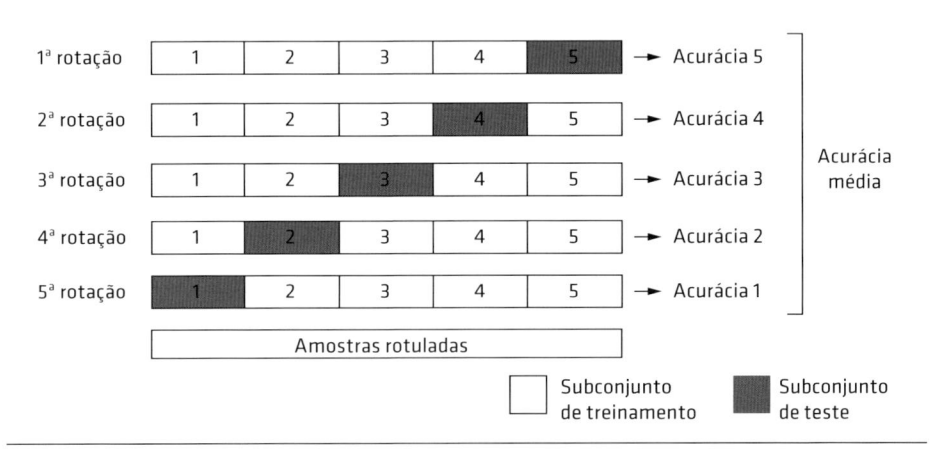

Fig. 8.22 Estratégia de validação cruzada com a partição das amostras rotuladas em cinco subconjuntos, utilizados de maneira rotativa para avaliar a capacidade de generalização de um modelo. A acurácia final pode ser computada como a média obtida nas cinco rotações

tativo, pode-se alocar algumas das amostras de treinamento dos (k – 1) grupos para validação. Uma vez definidas as feições e parâmetros, treina-se o classificador com a totalidade das amostras nos (k – 1) grupos e, na sequência, aplica-se o classificador no subconjunto de teste deixado de fora, e assim sucessivamente.

Em abordagens exploratórias, as próprias amostras de treinamento podem ser usadas na validação. Nesse caso, conhecido como *validação por ressubstituição*, o analista deve estar ciente da provável superestimação da exatidão caso as amostras tenham sido mal coletadas.

8.6.4 Medidas de exatidão da classificação

Nos experimentos de classificação reportados na Tab. 8.1, optou-se por apresentar as exatidões do usuário e do produtor e a exatidão global, derivadas da *matriz de confusão*, ou *matriz de erro*. Essas medidas são consagradas na comunidade de sensoriamento remoto. Além disso, sempre que possível, a matriz de confusão deve ser apresentada, pois fornece informações detalhadas sobre os acertos e os padrões de erro de classificação, indicando, assim, como se distribuem as detecções nas distintas classes temáticas.

A literatura apresenta outras medidas de exatidão, especialmente no caso de classificação de imagens baseada em objetos (*object-based image analysis* – OBIA), que por brevidade não serão discutidas neste livro.

Independentemente da medida de exatidão adotada, em estudos mais elaborados recomenda-se também fornecer uma estimativa da dispersão associada aos valores de exatidão, indicando, por exemplo, um intervalo de variação. Desse modo, a repetição dos experimentos utilizando distintas reamostragens dos dados rotulados pode fornecer um indicador aproximado da variabilidade das exatidões estimadas. O uso de testes estatísticos para comparar distintos mapas de classificação também é uma possibilidade que pode ser explorada.

8.7 Redes neurais convolucionais

8.7.1 Noções básicas

Tradicionalmente, construir sistemas para o reconhecimento de padrões em imagens demandava um projeto cuidadoso, baseado em conhecimentos específicos do problema tratado, para a definição de atributos a serem utilizados na conversão de imagens em vetores, empregados posteriormente no treinamento de classificadores estatísticos visando detectar padrões similares em novos dados.

Por exemplo, imagine-se o problema de classificar floresta nativa, floresta plantada, arbustos, áreas agrícolas e infraestrutura em imagens RGB de alta resolução espacial, coletadas por veículos aéreos não tripulados ou satélites de alta resolução espacial. A pouca informação espectral de uma imagem RGB não seria suficiente para classificar individualmente cada *pixel*. Seria necessário incluir informação espacial capturando o contexto ao redor do *pixel* para resolver ambiguidades entre classes. Uma alternativa seria abordar o problema usando técnicas de análise de imagens baseada em objetos. Entretanto, uma questão relevante surge: quais descritores e qual classificador utilizar?

Assim, o grande desafio nas abordagens tradicionais é projetar feições que capturem efetivamente detalhes específicos que permitam discriminar, de maneira única, as classes de interesse do usuário. Tradicionalmente, a definição das feições a serem utilizadas depende do conhecimento do domínio a ser tratado e requer considerável esforço do analista. Outras vezes, utilizam-se descritores de atributos genéricos, por exemplo, medidas de textura das imagens, que, juntamente com outros atributos, permitem uma separação razoável das classes temáticas. De uma forma ou de outra, geram-se soluções específicas para um determinado problema, e novas demandas, como a detecção de classes adicionais, implicam ajustes metodológicos e esforços de desenvolvimento significativos.

Recentemente, surgiram redes neurais convolucionais profundas (*convolutional neural networks* – CNNs) para aliviar o problema da extração de atributos discriminantes de imagens e, ao mesmo tempo, classificá-las. Essas redes trouxeram avanços significativos no reconhecimento de objetos, na classificação de imagens e no processamento de vídeos. São parte de uma família de técnicas conhecida como aprendizagem profunda (*deep learning*), que tem se destacado também no processamento de áudio e linguagem natural, entre muitas outras aplicações (Lecun; Bengio; Hinton, 2015).

As CNNs adotam uma sequência de filtros, organizados na forma de múltiplas camadas, de forma que, ao final do processamento, certa imagem de entrada seja convertida em um vetor de tamanho pré-determinado, cujas componentes estão associadas à probabilidade de ocorrência das classes de interesse, com as quais a rede foi previamente treinada. Pode-se, assim, associar a imagem à classe de maior probabilidade.

Os atributos a serem extraídos são otimizados simultaneamente com o processo de classificação. Isso é de grande valia, principalmente em problemas onde o número de classes de interesse é (muito) elevado. Novamente, a principal vantagem das CNNs é que o usuário não necessita projetar manualmente extratores de atributos específicos para as inúmeras classes de interesse.

Com o advento das CNNs, o usuário deve definir tipos, tamanhos e sequência de filtros a serem utilizados, bem como as conexões entre camadas, ou seja, a topologia da rede. Em geral, definir uma topologia razoável de rede é mais fácil do que projetar descritores específicos para certo problema de classificação. Além disso, a mesma topologia normalmente funciona bem para distintos problemas, bastando ajustar os parâmetros dos filtros, que, durante a otimização, podem também ser inicializados com valores de redes previamente treinadas em dados similares.

O treinamento de uma CNN requer grande quantidade de imagens rotuladas para que seja possível descobrir automaticamente padrões discriminantes nos dados. Esses padrões são estimados a partir do ajuste de parâmetros internos dos filtros em cada camada. Esse ajuste utiliza o algoritmo de retropropagação de erro (*backpropagation error*) (Lecun; Bengio; Hinton, 2015). O uso de unidades de processamento gráfico (GPUs) acelera significativamente o treinamento e o uso das redes. Aos leitores interessados em mais detalhes sobre as CNNs, recomendam-se as obras de Lecun, Bengio e Hinton (2015), Goodfellow, Bengio e Courville (2016) e Convolutional... (s.d.).

Concluindo, com o problema de classificação proposto inicialmente, o esboço de uma possível solução consistiria em (I) coletar centenas de amostras de cada uma das classes de interesse, onde cada amostra poderia ser um pequeno recorte da imagem, por exemplo de 32 × 32 *pixels*, contendo porções das distintas classes na cena; (II) treinar uma rede CNN de arquitetura pré-definida; e (III) classificar novas cenas utilizando uma abordagem de janela deslizante, que classificará cada janela onde a rede é aplicada. Questões envolvendo a resolução da imagem, a escolha do tamanho da janela, a topologia da rede e o otimizador, entre outras especificidades, deverão ser consideradas pelo analista. Há maneiras mais sofisticadas de formular o problema de segmentação semântica utilizando rede CNN, que infelizmente fogem do escopo deste livro.

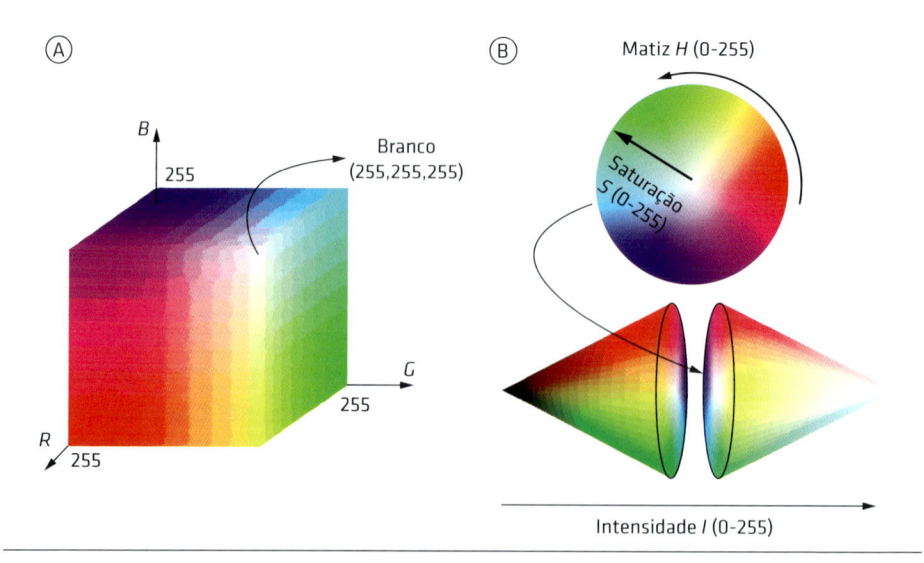

Fig. 4.8 (A) Espaço de cores RGB, também conhecido como *cubo colorido*, é capaz de identificar qualquer cor através de coordenadas cartesianas dos eixos com as cores primárias do sistema aditivo vermelha, verde e azul, e (B) espaço de cores HSI, composto de um cone que identifica a matiz e a saturação com coordenadas polares e a intensidade por um eixo vertical ligando o vértice ao topo do cone

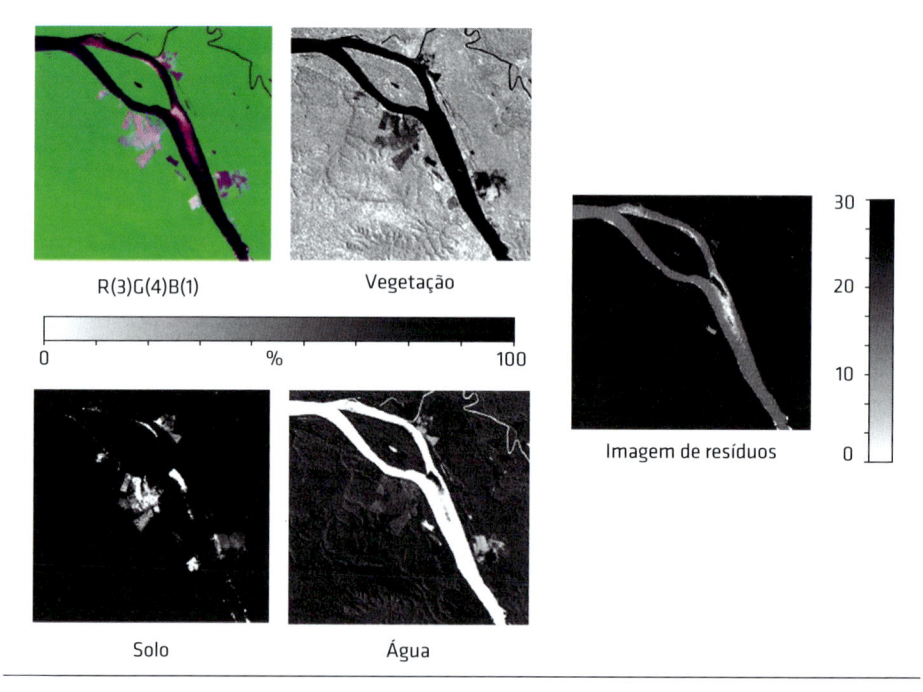

Fig. 4.16 Exemplo de aplicação do MLME para uma imagem MUX/CBERS-4 do pantanal sul-mato-grossense. Composição multiespectral em falsa cor juntamente com as frações de vegetação, solo e água. A imagem de resíduos oriunda do modelo descreve em quais *pixels* o modelo apresentou mais dificuldade na obtenção das estimativas

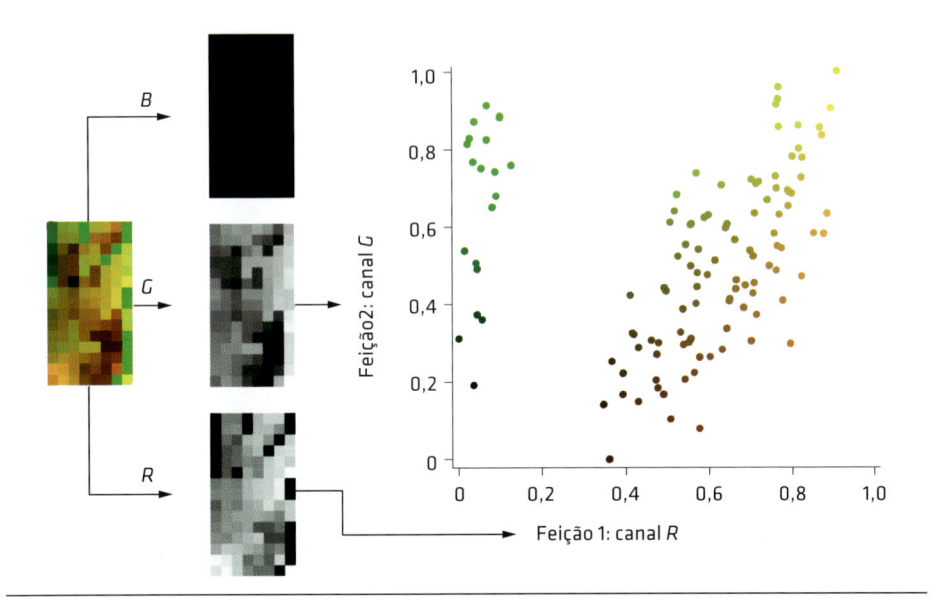

Fig. 7.1 Imagem que será analisada utilizando-se a classificação não supervisionada. Nesse caso, o canal azul (*B*) não contém informação útil para a análise, pois todos os *pixels* têm valores idênticos (representado pela cor preta), não contribuindo para a discriminação das classes. Assim, todas as amostras (*pixels*) podem ser convenientemente apresentadas em um espaço de feições bidimensional, apenas com os valores dos *pixels* nos canais vermelho (*R*) e verde (*G*). Para fins de visualização dos dados, optou-se por colorir cada ponto representado no gráfico com a cor do respectivo *pixel* de proveniência na imagem. Nos três canais individuais, os níveis de cinza entre preto e branco indicam valores crescentes no intervalo 0 a 1

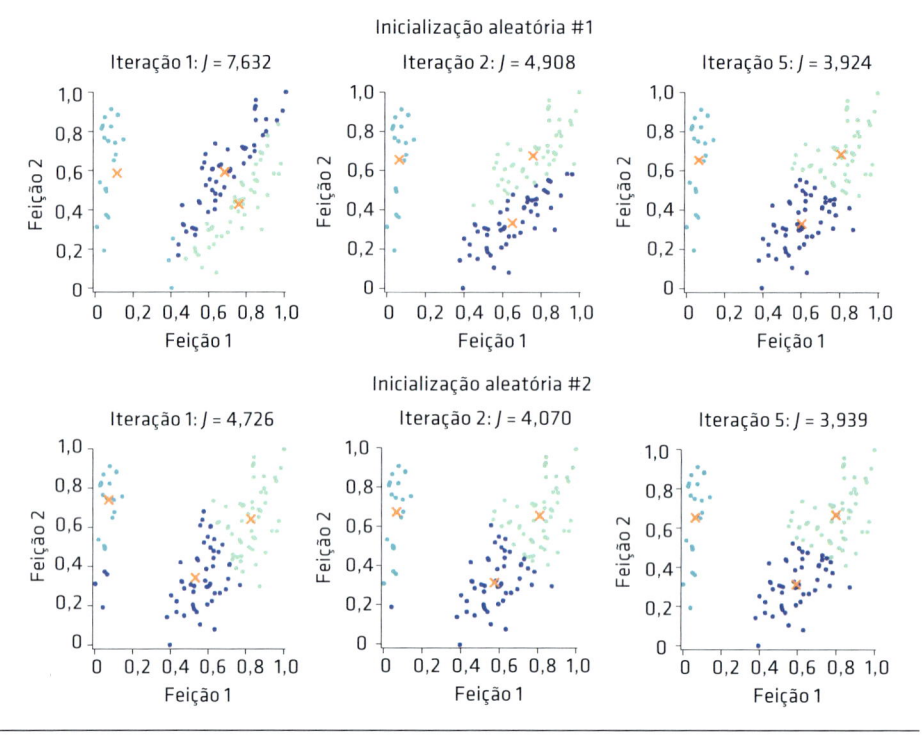

Fig. 7.2 A posição estimada dos centroides *x* varia substancialmente nas primeiras iterações do algoritmo K-médias para a partição das amostras da Fig. 7.1 em três grupos, e assim também o valor da função objetivo *J*. Nesse caso, os dados de entrada têm duas dimensões. Foram testadas duas inicializações aleatórias, que rapidamente convergiram para centroides praticamente idênticos. Os respectivos mapas podem ser observados na Fig. 7.3

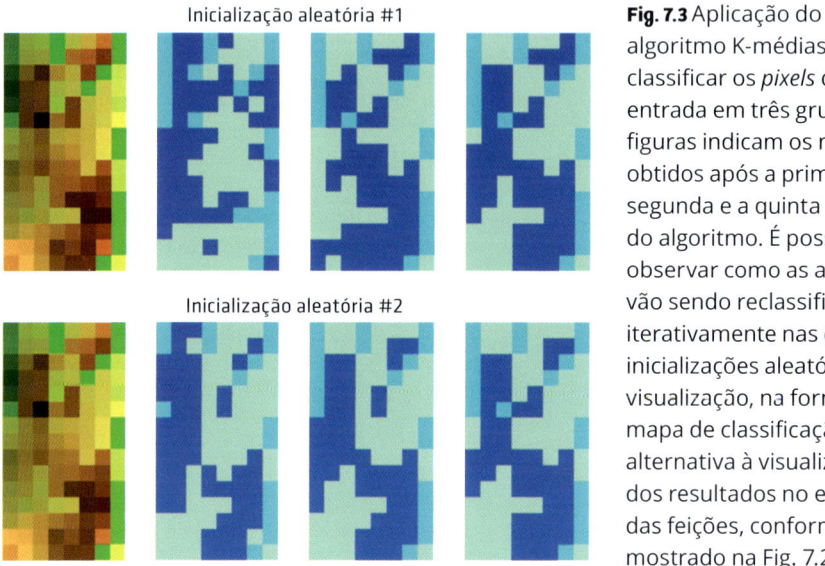

Fig. 7.3 Aplicação do algoritmo K-médias para classificar os *pixels* de entrada em três grupos. As figuras indicam os mapas obtidos após a primeira, a segunda e a quinta iteração do algoritmo. É possível observar como as amostras vão sendo reclassificadas iterativamente nas duas inicializações aleatórias. Essa visualização, na forma de mapa de classificação, é uma alternativa à visualização dos resultados no espaço das feições, conforme mostrado na Fig. 7.2

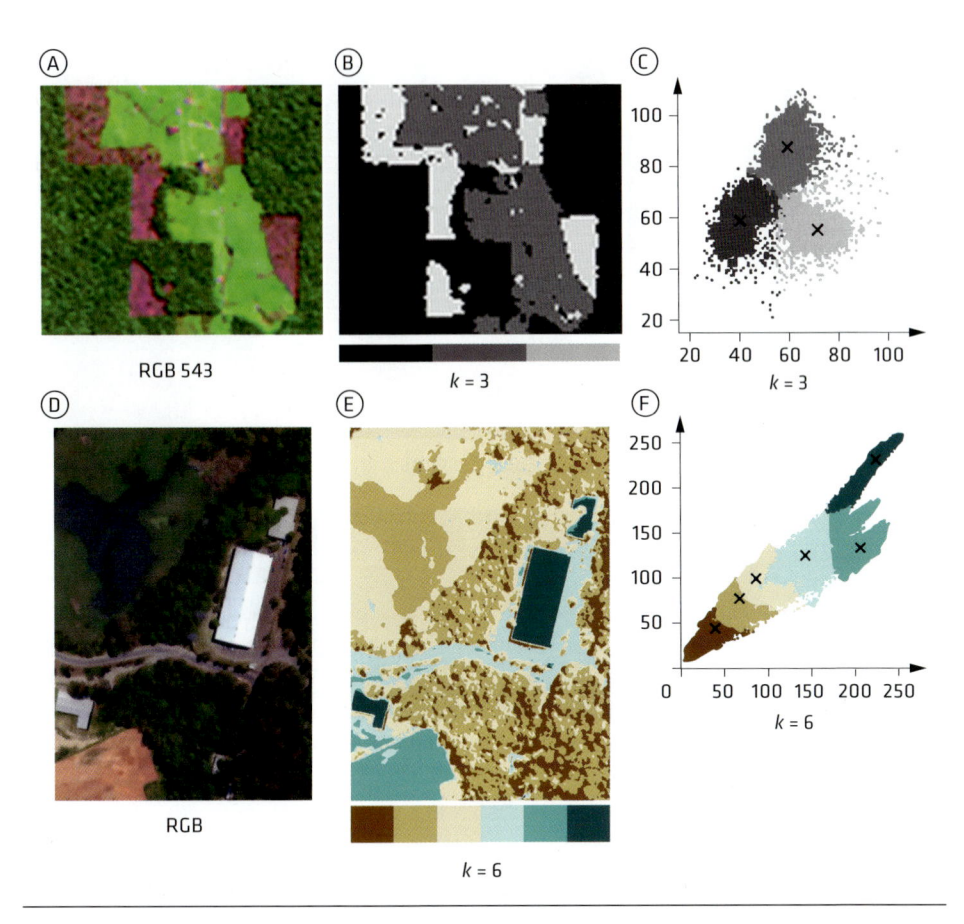

Fig. 7.5 Análise de uma imagem multiespectral TM/Landsat (A) e de uma imagem RGB (D) utilizando o algoritmo K-médias. Foram gerados três e seis agrupamentos de forma não supervisionada, respectivamente. A barra horizontal em (B) e (E) indica os grupos obtidos, aos quais se atribuiu uma cor arbitrária nos mapas. Uma representação dos *pixels* classificados em um espaço bidimensional é apresentada em (C) e (F), onde x indica os centroides estimados pelo K-médias. Todas as bandas de cada cena foram utilizadas na classificação

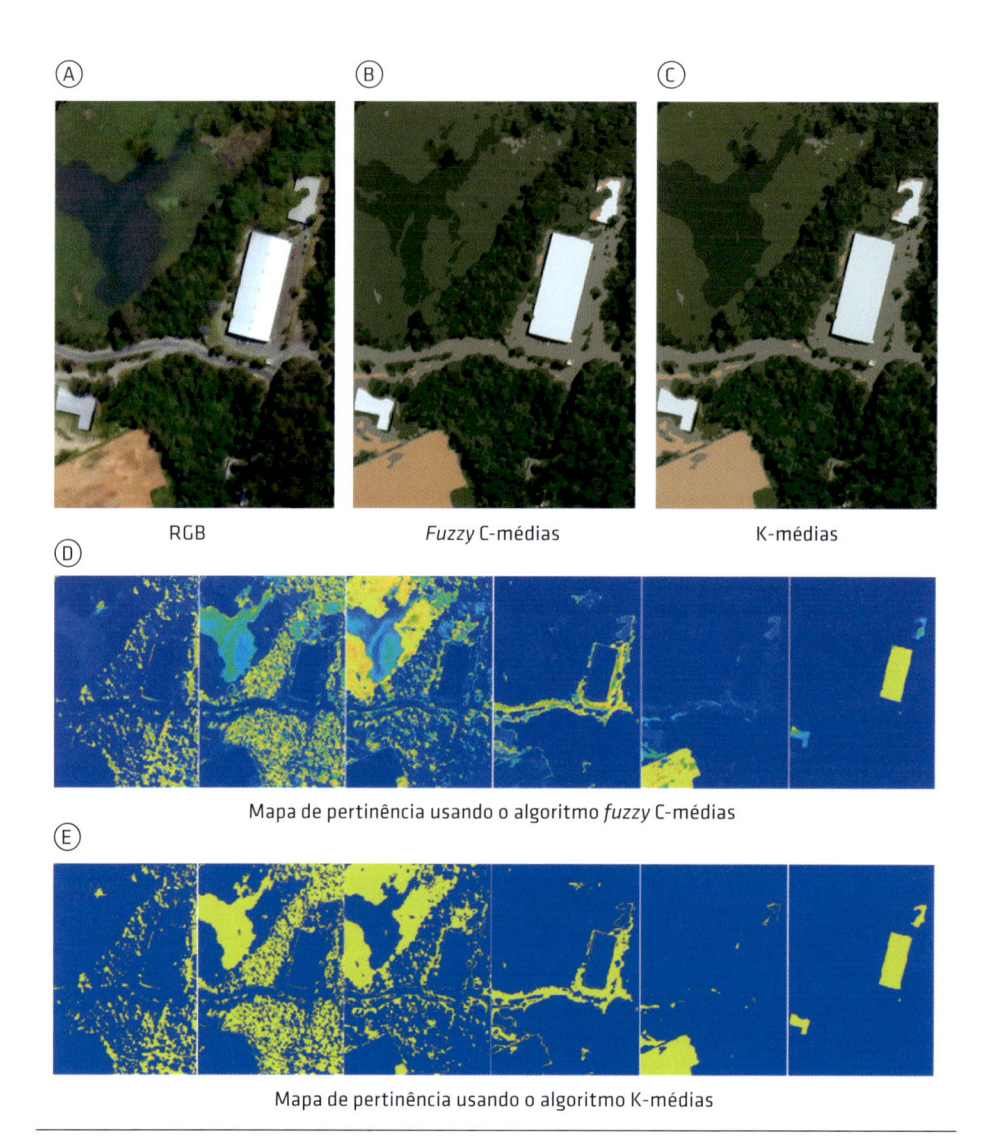

Fig. 7.9 Classificação não supervisionada de uma imagem RGB em seis grupos usando os algoritmos *fuzzy* C-médias (com expoente $m = 2$) e K-médias. Para fins de visualização, os *pixels* em cada grupo em (B) e (C) foram substituídos pelos valores médios das componentes RGB dos centroides estimados por cada algoritmo. Em (D) e (E), têm-se os respectivos mapas de pertinência para os seis grupos, cujos valores variam entre 0 (azul) e 1 (amarelo)

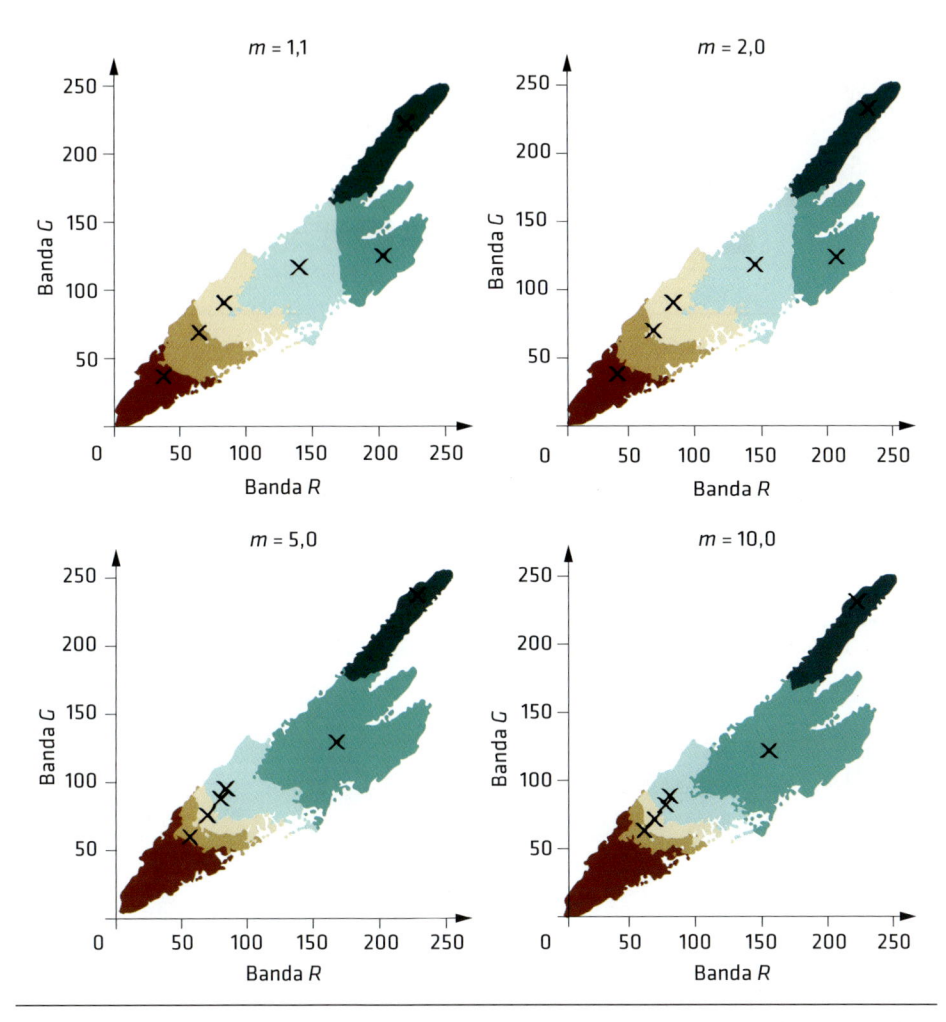

Fig. 7.10 *Pixels* da cena RGB da Fig. 7.9A particionados em seis grupos utilizando o algoritmo *fuzzy* C-médias, visualizados num espaço bidimensional. O algoritmo é testado com quatro diferentes variações do expoente m. Os centroides de cada grupo, estimados com base nas três bandas RGB disponíveis, são indicados com x. As cores (arbitrárias) de cada ponto indicam o grupo cuja pertinência é máxima

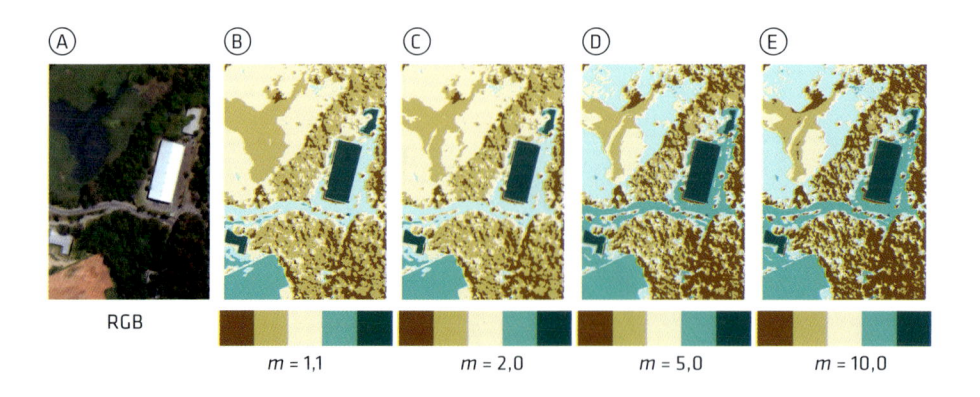

Fig. 7.11 Classificação não supervisionada da cena RGB (A) em seis grupos utilizando o algoritmo *fuzzy* C-médias. As cores (arbitrárias) de cada *pixel* em (B) a (E) indicam o grupo cuja pertinência é máxima. O algoritmo é testado com quatro diferentes valores do expoente *m*, conforme a Fig. 7.10. Para fins de classificação, as três bandas RGB foram utilizadas

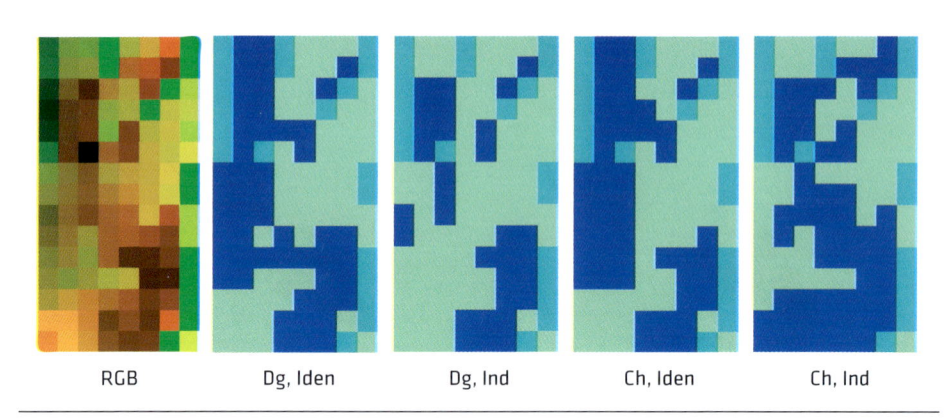

Fig. 7.16 Classificação não supervisionada da cena RGB em três grupos utilizando o algoritmo GMM. As cores de cada *pixel* indicam o grupo cuja pertinência é máxima. O algoritmo é testado com quatro diferentes variantes da matriz de covariância para as seguintes classes: utilizando a matriz de covariância estimada individualmente para cada classe (Ind) ou uma matriz comum (idêntica) para as três classes (Iden), e também as variantes contendo todos os elementos da matriz (Ch) ou mantendo apenas aqueles na diagonal (Dg), sendo os demais zerados, conforme a Fig. 7.15

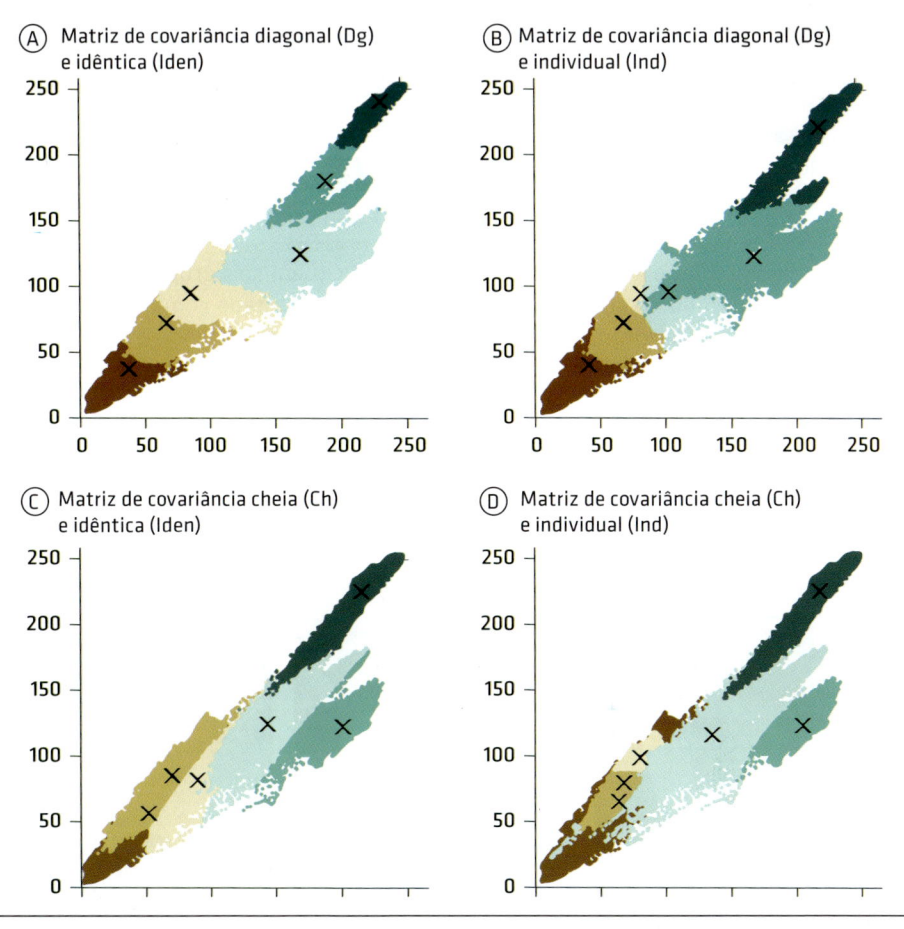

Fig. 7.19 *Pixels* da cena RGB da Fig. 7.20 particionados em seis grupos (coloridos arbitrariamente) utilizando o algoritmo GMM, visualizados num espaço bidimensional. O algoritmo é testado com quatro diferentes variantes da matriz de covariância para as seguintes classes: utilizando a matriz de covariância estimada individualmente para cada classe (Ind) ou uma matriz comum para as três classes (Iden), e também as variantes contendo todos os elementos da matriz (Ch) ou mantendo apenas aqueles na diagonal (Dg), sendo os demais zerados. Os centroides de cada grupo, estimados utilizando as três bandas RGB disponíveis, são indicados com um *x*

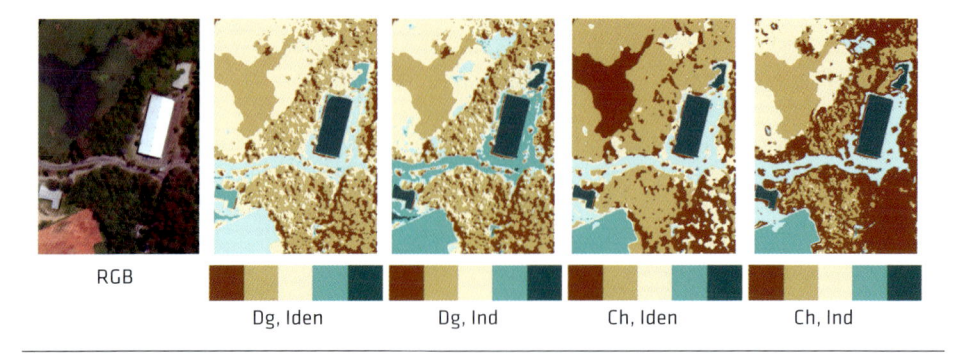

Fig. 7.20 Classificação não supervisionada da cena RGB em seis grupos (coloridos arbitrariamente) utilizando o algoritmo GMM. O algoritmo é testado com quatro diferentes variantes da matriz de covariância para as seguintes classes: utilizando a matriz de covariância estimada individualmente para cada classe (Ind) ou uma matriz comum (idêntica) para as três classes (Iden), e também as variantes contendo todos os elementos da matriz (Ch) ou mantendo apenas aqueles na diagonal (Dg), sendo os demais zerados, conforme a Fig. 7.19. Para fins de classificação, as três bandas RGB foram utilizadas

Fig. 7.21 Exemplos de aproximadamente 50, 250 e 500 (A, B e C) e 25, 50 e 100 (D, E e F) *superpixels* gerados com o algoritmo SLICO, que utiliza princípios do K-médias aplicado localmente na imagem. Cada segmento tende a ser localmente similar

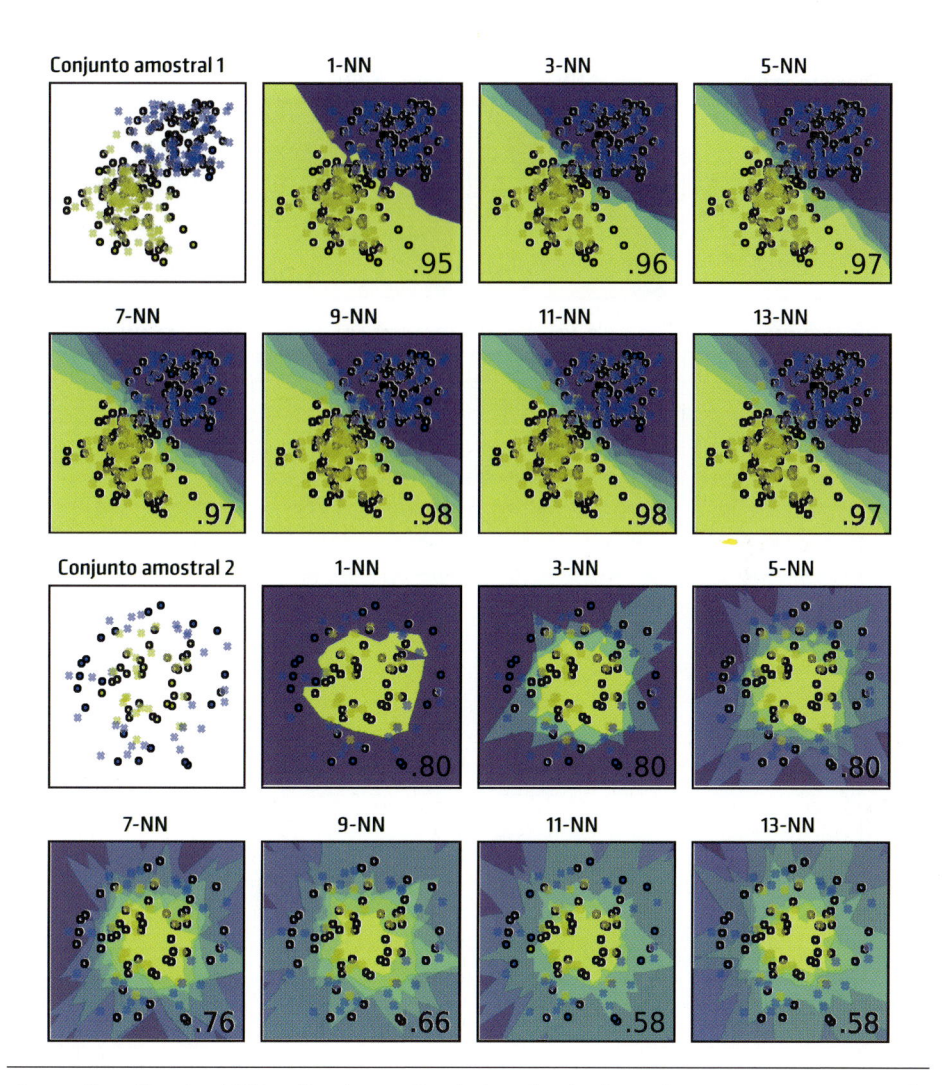

Fig. 8.6 Classificador kNN aplicado na discriminação de duas classes presentes em três exemplos distintos de conjuntos de dados simulados, cujas amostras seguem um padrão de separação linear, circular e em meia-lua. As cores amarelo-claro e azul-escuro indicam as áreas classificadas com 100% de probabilidade de pertencerem às classes 1 e 2 ao variar o número de vizinhos mais próximos. Cores intermediárias correspondem a distintos níveis de probabilidade de ocorrência das classes, ilustrando a natureza das fronteiras de decisão, aprendidas com cem pontos de treinamento (*o*) em cada classe. Os valores no canto inferior direito correspondem à exatidão medida em cem amostras de validação independentes (*x*)

Fonte: adaptado de Classifier... (s.d.).

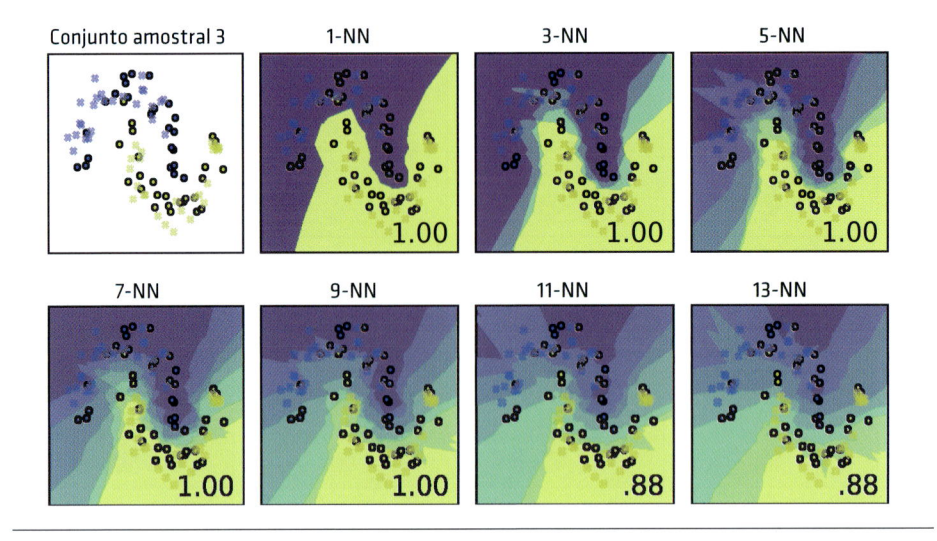

Fig. 8.6 (continuação)

Segmentação de imagens 9

9.1 Considerações iniciais

A disponibilidade de imagens de alta resolução espacial gerou a necessidade de novas metodologias para a análise e a classificação desses dados. Classificadores tradicionais baseados na análise individual de cada *pixel* não são ideais para extrair informações de dados de sensores com alta resolução espacial. Esses dados geralmente apresentam alto contraste e sobreposição de objetos causada pelo grande FOV das câmeras e costumam incluir alvos com dimensões maiores que o tamanho do *pixel*, o que os torna incompatíveis com uma classificação baseada apenas em atributos espectrais. Esses problemas motivaram a formulação de algoritmos de classificação baseados em técnicas de segmentação que formam grupos de *pixels* (objetos) que apresentam características similares, tais como cor, textura ou forma, denominadas *classificação orientada a objetos* (ou classificação baseada em objetos). Esse tipo de análise é capaz de incorporar simultaneamente informações espectrais e espaciais, dividindo a imagem em regiões homogêneas com algum significado real. De fato, os seres humanos costumam utilizar informações tanto espectrais quanto espaciais em sua interpretação visual.

O objetivo da segmentação é mudar a representação da imagem para algo simples de analisar, auxiliando nas etapas sucessivas da interpretação, como a classificação das imagens vista nos Caps. 7 e 8. Aqui, é importante estabelecer o conceito de objeto e diferenciá-lo de uma simples região. O processo de segmentação fragmenta a imagem em regiões que podem ou não representar objetos. Os objetos são aqueles alvos com significado claro para o analista, como via urbana, telhado de residências, topo de árvores, lagos etc. Quando o processo é bem-sucedido, as regiões formadas são capazes de representar por inteiro os objetos contidos na cena, ou seja, sem subdivisões de um alvo ou união de elementos com significados diferentes. A precisão da segmentação é crucial para os procedimentos de análise posteriores.

Os algoritmos tradicionais para a segmentação de imagens de satélite podem ser divididos em quatro tipos: limiarização (*thresholding*), detecção de bordas (*edge detection*), crescimento de regiões (*region growing*) e preenchimento de bacias (*watershed*). Nas seções que seguem, será descrito apenas o funcionamento básico de cada abordagem, assim como será feita uma consideração sobre métodos alternativos. Os parâmetros de entrada para os processos variam de acordo com a região estudada e em geral são definidos empiricamente pelo analista, embora existam métodos automáticos para esse fim. Por último, serão apresentados alguns atributos frequentemente utilizados em abordagens de classificação orientada a objetos.

9.1.1 Limiarização (*thresholding*)

O método da *limiarização* é tido como o mais simples para a segmentação de imagens. Dada uma imagem em tons de cinza descrita por $f(x; y)$, onde $(x; y)$ corresponde à posição de um certo *pixel* com nível de cinza descrito pela função f, a limiarização gera uma imagem binária (um ou zero) separando os *pixels* com intensidades superiores (objeto) e inferiores (fundo), ou vice-versa, a um dado limiar L, com base na distribuição do histograma:

$$f(x; y) = \begin{cases} 1, \text{ se } f(x; y) > L \\ 0, \text{ se } f(x; y) \leq L \end{cases} \quad (9.1)$$

A Fig. 9.1A apresenta uma imagem em níveis de cinza e a Fig. 9.1B, seu respectivo histograma. A segmentação por limiarização é um processo semelhante ao fatiamento de histogramas visto no Cap. 2. Cada porção do histograma definida pelo limiar variável L representará o agrupamento de um conjunto de *pixels* com tonalidades similares na imagem. No exemplo da Fig. 9.1, são testados limiares binários L posicionados em valores de 50 (Fig. 9.1C), 125 (Fig. 9.1D) e 180 (Fig. 9.1E). A separação dos segmentos ocorre de acordo com o brilho apresentado pelos *pixels* na imagem.

Algoritmos para a escolha automática do limiar L, como o método proposto por Otsu (1979), frequentemente se baseiam na análise do histograma da imagem. Em geral, assume-se uma distribuição de probabilidade para o dado de entrada e procuram-se modais (picos) distintos no histograma da imagem total ou dividida em quadrantes definidos por prévio particionamento. O método

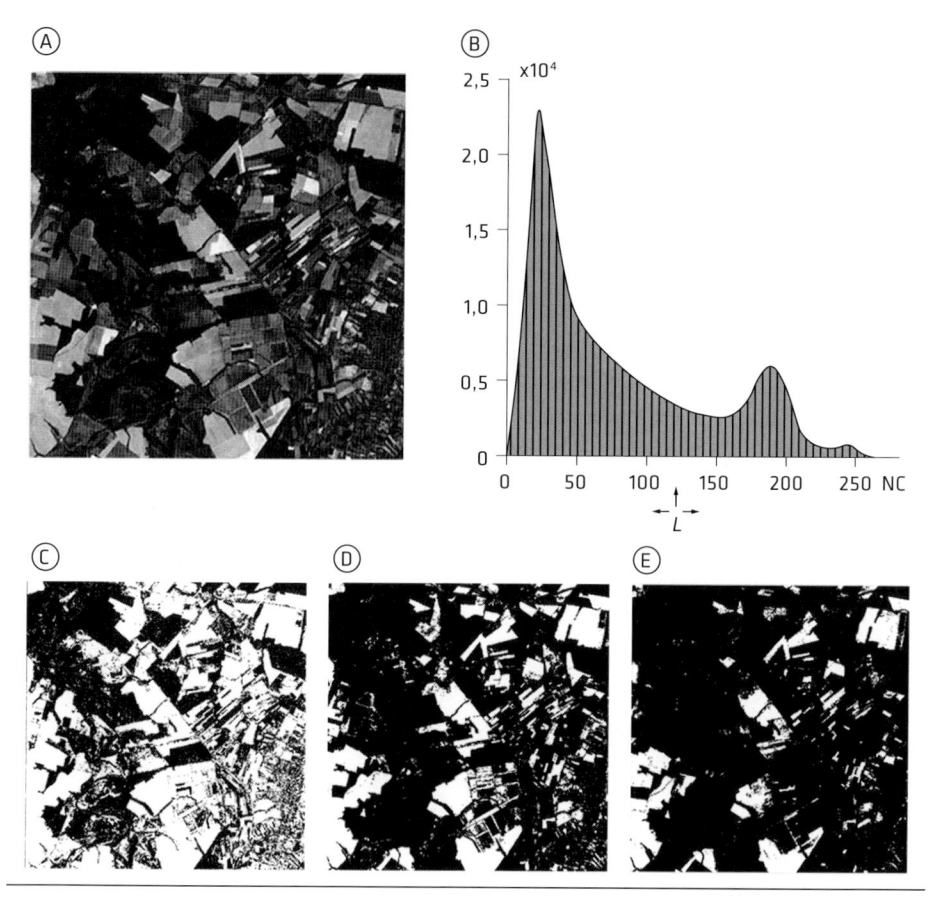

Fig. 9.1 Segmentação por limiarização. Resultados com diferentes limiares aplicados de forma binária no histograma da imagem, produzindo imagens binárias (um ou zero)

funciona de modo adequado quando as variâncias das classes são similares e o histograma é claramente multimodal. No caso, o problema pode ser posto da seguinte forma: dado o histograma da imagem, procura-se exaustivamente o limiar L que minimiza a variância ponderada dentro de cada um dos grupos (um e zero). A desvantagem é que os segmentos formados não precisam necessariamente estar interligados, uma vez que sua similaridade é testada apenas pela tonalidade, sem a exigência de conectividade espacial entre os *pixels*.

9.1.2 Detecção de bordas (*edge detection*)

Em uma imagem de satélite, bordas se referem a *pixels* que se encontram na fronteira entre duas regiões, podendo ocorrer de forma rígida ou suave. A detecção dessas bordas se dá pela procura de descontinuidades nos níveis de cinza da imagem, geralmente por meio de operações de cálculo diferencial em duas dimensões. Pode-se imaginar uma imagem simples composta de apenas uma linha horizontal (Fig. 9.2) e que possui em suas extremidades uma faixa preta e outra branca, com uma variação gradativa na porção média dada pela função matemática que descreve a variação dos níveis de cinza $f(x)$. A derivada de primeira ordem da função $\dfrac{df(x)}{dx}$ mostra graficamente como as transformações ocorrem ao longo da cena. A derivada de segunda ordem $\dfrac{d^2 f(x)}{d^2 x}$ apontará os pontos de flexão dessa função, ou seja, os locais na imagem onde as variações têm início e fim. Esse resultado pode ser assumido como uma segmentação da imagem, que separa os alvos em diversas regiões.

Quando se trata de dados em duas dimensões, como imagens de satélite, os operadores de derivada de primeira e segunda ordem são definidos como *gradiente* e *laplaciano*, respectivamente. A implementação computacional discreta dessas operações para imagens é feita a partir de janelas (matrizes) que percorrem a imagem inteira executando os cálculos. Antes da etapa de detecção de bordas, é comum aplicar um filtro para suavizar eventuais ruídos na imagem que possam prejudicar o processo de segmentação. A detecção de bordas possui, portanto, três passos fundamentais: (I) suavização da imagem

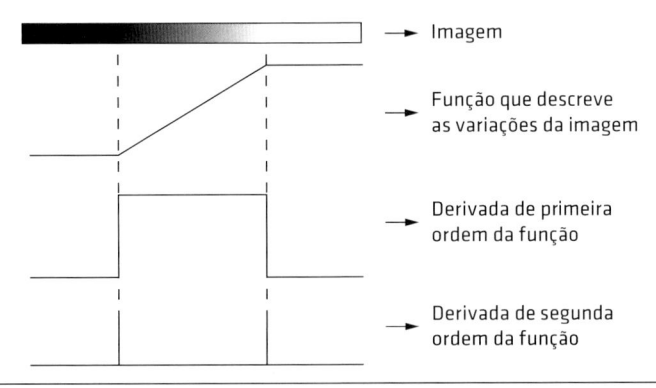

Fig. 9.2 Representação da imagem por funções matemáticas para a detecção de bordas. A faixa na parte superior apresenta, da esquerda para a direita, uma região preta, seguida de uma variação gradual até o branco, finalizando com uma faixa completamente branca. Logo abaixo é mostrada a função que descreve a variação de níveis de cinza da imagem, o resultado da primeira derivação e o resultado da segunda derivação, detectando, por fim, as descontinuidades (bordas) da imagem

para redução de ruído; (II) detecção de pontos de borda; e (III) localização da borda. Existem vários tipos de algoritmo voltados para a detecção de bordas em imagens digitais. Entre os mais populares, pode-se citar o Marr-Hildreth e o Canny. A desvantagem dessa abordagem de segmentação é seu grande potencial para não gerar regiões fechadas na imagem, prejudicando análises posteriores baseadas em objetos.

9.1.3 Crescimento de regiões (*region growing*)

Tida como uma das mais tradicionais técnicas de segmentação de imagens de satélite, a segmentação por crescimento de regiões agrupa *pixels* ou sub-regiões em regiões cada vez maiores com base em um critério pré-definido. Inicialmente, o processo distribui aleatoriamente "sementes" sobre a imagem e promove o crescimento da área a partir do *pixel*-semente pela agregação dos vizinhos que possuem propriedades similares (nível de cinza, por exemplo). Normalmente, são verificados os quatro *pixels* vizinhos mais próximos (vizinhança de primeira ordem), como mostrado na Fig. 9.3. Em geral, a métrica de comparação entre dois elementos i_A, i_B é a diferença multiespectral dada pela distância euclidiana $D_{A,B}$, que não pode ser maior que um limiar de similaridade *Lim* estabelecido pelo analista para unir dois segmentos:

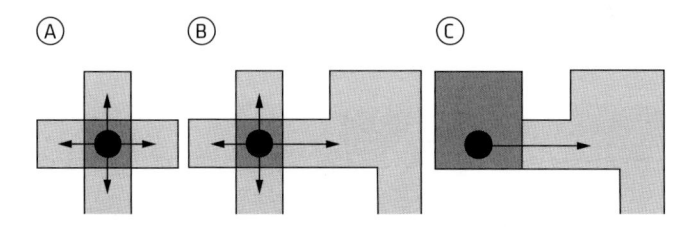

Fig. 9.3 Processo de segmentação por crescimento de regiões para uma vizinhança de primeira ordem (quatro *pixels* vizinhos): (A) comparação entre o nível de cinza de um *pixel* com os quatro vizinhos, (B) comparação de um *pixel* com seus vizinhos e uma região anteriormente formada, e (C) comparação entre duas regiões previamente formadas

$$D_{A,B} = \sqrt{\left(i_A - i_B\right)^2} \leq Lim \tag{9.2}$$

À medida que a região vai crescendo, novos *pixels* vão sendo analisados e adicionados ao segmento. Em estágios avançados do processo, pode haver junção entre regiões adjacentes, formando segmentos ainda maiores. O resultado produz um conjunto de aglomerados de *pixels*, dando origem aos segmentos.

A definição do limiar de similaridade *Lim* depende não apenas do problema sob consideração, mas também do tipo de imagem disponível. A análise deve considerar os níveis de cinza e as propriedades espaciais dos objetos conjuntamente. A vantagem do método de segmentação por crescimento de regiões é que os objetos estabelecidos sempre apresentam conectividade e adjacência, ou seja, possuem similaridade espectral e proximidade espacial, respectivamente. Agrupar *pixels* com tonalidades similares sem considerar critérios espaciais pode resultar em uma segmentação sem significado no contexto da aplicação a qual se destina.

Uma característica que precisa ser considerada na formulação é o critério de parada. Em geral, o processo segue até que mais nenhuma região satisfaça o critério de similaridade entre regiões vizinhas. O pós-processamento inclui operações de divisão e união de regiões, de forma a satisfazer parâmetros de tamanho máximo e/ou mínimo dos segmentos preestabelecidos pelo analista.

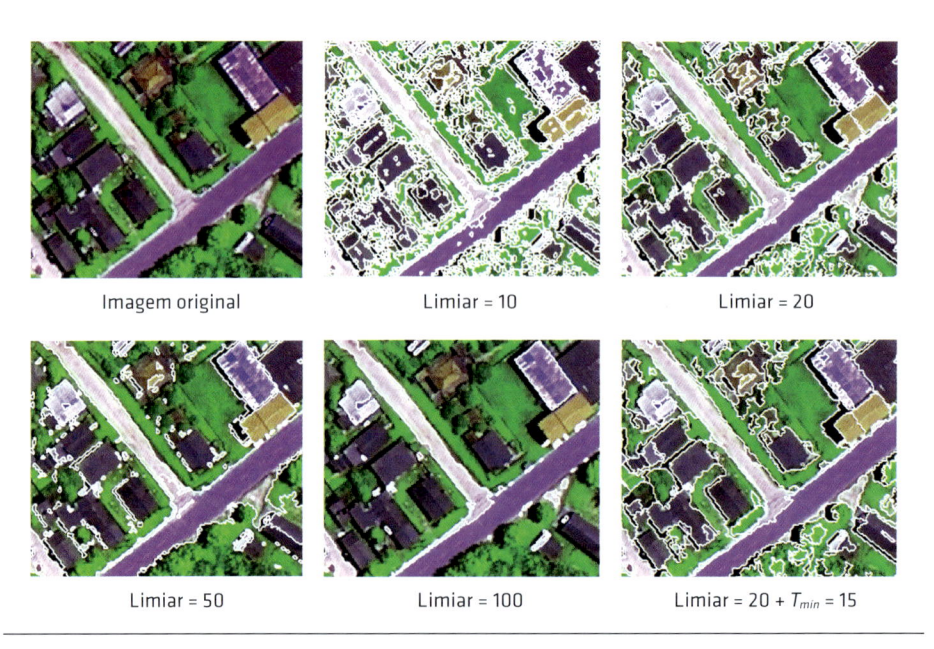

Fig. 9.4 Segmentação de uma imagem com alvos rurais e urbanos pelo método de crescimento de regiões com diferentes limiares de similaridade. A separação das regiões promovida pela segmentação está representada pelas linhas brancas. O último resultado mostra a segmentação utilizando o limiar igual a 20 associado com a restrição de tamanho mínimo de 15 *pixels* por segmento

A Fig. 9.4 mostra a segmentação com diferentes limiares de similaridade de uma cena contendo alvos rurais e urbanos simultaneamente. O primeiro resultado, com limiar igual a 10, produz uma segmentação em excesso, normalmente denominada supersegmentação (*oversegmentation*), que resulta em muitas divisões e regiões com poucos *pixels*. O limiar de 20 foi capaz de produzir segmentos adequados aos alvos existentes, mas ainda apresenta algumas regiões muito pequenas sem significado objetivo. Os limiares de 50 e 100 passam a produzir regiões cada vez maiores, unindo objetos diferentes em um mesmo segmento, o que é popularmente conhecido como subsegmentação (*undersegmentation*). O último resultado inclui o limiar igual a 20 associado com uma restrição de tamanho mínimo $T_{mín}$ de 15 *pixels*, o que, como é possível perceber, foi capaz de produzir um resultado mais adequado, com a maioria dos segmentos incluindo apenas um único objeto (telhado, topo de árvore, vias etc.).

Por ser mais intuitivo, o método de segmentação por crescimento de regiões é o mais popular e está implementado na maioria dos *softwares* de processamento de imagens de satélite.

9.1.4 Preenchimento de bacias (*watershed*)

O conceito de preenchimento de bacias (*watershed*) é baseado na visualização da imagem como se fosse um modelo digital de elevação, onde *pixels* escuros representam regiões profundas, enquanto *pixels* claros representam os topos (Fig. 9.5). Convertendo a visualização para três dimensões, com duas coordenadas espaciais e uma cota de altitude determinada pelos níveis de cinza, pode-se imaginar um conjunto de bacias que vão sendo inundadas à medida que seus reservatórios recebem água. Nesse sistema de segmentação, são considerados três tipos de pontos: (I) pontos pertencendo a um mínimo regional (fundo das bacias); (II) pontos em que uma "queda d'água", se posicionada sobre esses pontos, escorreria para um mesmo ponto mínimo (paredes das bacias); e (III) pontos em que a água escorreria igualmente para mais de um ponto mínimo (limites entre bacias). Para um mínimo particular, o conjunto de pontos que satisfazem a condição II é chamado de bacia desse mínimo. Os pontos que satisfazem a condição III formam barreiras entre as bacias. O principal objetivo do algoritmo de segmentação por preenchimento de bacias é encontrar os pontos que satisfazem a condição III, ou seja, os limites entre bacias. As barreiras que não formam regiões fechadas não são computadas como segmentos na imagem segmentada.

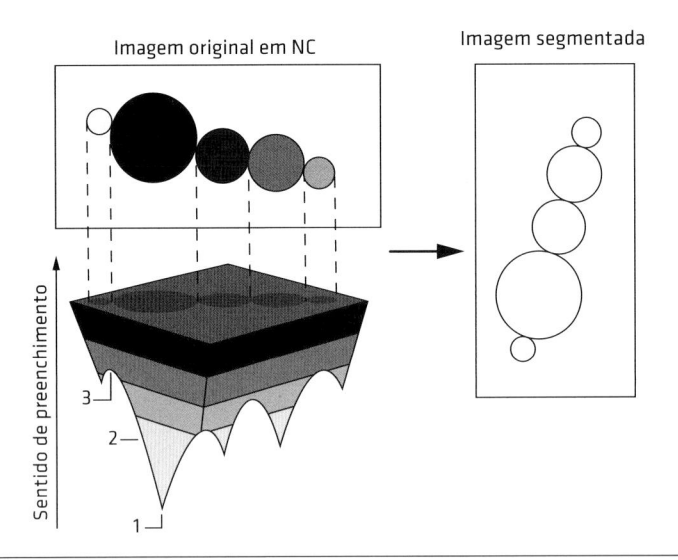

Fig. 9.5 Segmentação pelo método de preenchimento de bacias (*watershed*). A imagem é vista como um modelo de elevação, com *pixels* escuros representando regiões mais profundas e *pixels* claros representando regiões mais rasas. O procedimento matemático simula a inundação desse ambiente, em que as fronteiras entre bacias darão origem aos limites dos segmentos

9.1.5 Abordagens alternativas de segmentação

Além das técnicas tradicionais citadas, alguns segmentadores têm sido desenvolvidos com base em teorias especiais, por vezes aliadas a técnicas tradicionais. A seguir, serão brevemente citados alguns métodos alternativos que foram aplicados em sensoriamento remoto.

Zhang, Zuxun e Jianqing (2000) desenvolveram um algoritmo semiautomático para extrair informações de unidades residenciais aplicando restrições geométricas à técnica de segmentação. Bins et al. (1996) apresentaram um segmentador baseado em crescimento de regiões inicialmente planejado para ser aplicado na região da Amazônia. Os resultados se mostraram promissores e o algoritmo está implementado no *software* SPRING (Câmara et al., 1996). Baatz e Schape (2000) apresentaram uma solução adaptável para muitos problemas e tipos de dados denominada segmentação multirresolução (*multiresolution segmentation*), também conhecida como *fractal net evolution approach*. O algoritmo proposto é baseado em definições de homogeneidade em combinação com técnicas locais e globais de otimização, utilizando para isso uma estrutura hierárquica de segmentação por crescimento de regiões. Um parâmetro de escala é utilizado para controlar o tamanho médio dos objetos na imagem.

O algoritmo está implementado no *software* Definiens Developer e no *software* livre InterIMAGE. Abordagens mais recentes, com base em redes convolutivas profundas, têm permitido a segmentação de objetos específicos nas imagens via classificação supervisionada (Kampffmeyer; Salberg; Jenssen, 2016).

9.2 Extração de atributos das regiões

Após formadas as regiões, é possível que outros atributos, além dos espectrais, sejam calculados. Esses atributos podem ser determinantes em interpretações e processos de classificação que envolvem muitas classes e classes com pouca separabilidade. A ideia é aumentar a quantidade de informações para facilitar a discriminação de classes espectralmente similares. Como exemplo, pastagens podem ter semelhança espectral com árvores, mas variam significantemente em textura e forma. Os novos atributos podem ser associados aos atributos espectrais a partir de novas dimensões anexadas à imagem original. Serão vistos a seguir alguns atributos com potencial de utilização em classificações baseadas em objeto.

9.2.1 Atributos espectrais

Atributos espectrais se referem à cor dos *pixels* e são calculados separadamente para cada banda da imagem de entrada com base em todos os *pixels* pertencentes ao segmento. Três métricas simples são tradicionalmente usadas para representar atributos espectrais de um dado segmento: média aritmética, valor máximo e valor mínimo.

9.2.2 Atributos de textura

Uma métrica importante para a descrição de regiões formadas pela segmentação é a quantificação da *textura* presente nelas. A textura é um descritor que fornece informações importantes sobre a rugosidade e a regularidade dos segmentos. Existem três maneiras de analisar a textura de uma imagem em computação gráfica: abordagem estrutural, estatística e espectral. A abordagem estatística é a mais utilizada e considera a textura de uma imagem como uma medida quantitativa do arranjo de intensidades em uma determinada região. Nesse contexto, a chamada *matriz de coocorrência* captura características numéricas de uma textura usando relações espaciais de tons de cinza similares entre um *pixel* e suas adjacências num *kernel* (janela) quadrado de tamanho $n \times n$ *pixels*.

As características calculadas a partir da matriz de coocorrência podem ser empregadas para representar, comparar e classificar texturas. Para maiores informações sobre aspectos de utilização da matriz de coocorrência, recomenda-se consultar Gonzalez e Woods (2008).

Assim como os atributos espectrais, os atributos de textura devem ser calculados separadamente em cada banda da imagem de entrada. Os atributos são em geral calculados diretamente por meio dos *pixels* contidos em cada segmento. Entretanto, algumas abordagens preferem executar o processo em duas etapas. Primeiro, aplica-se a passagem de um *kernel* quadrado $n \times n$ com funções preestabelecidas. Os atributos são calculados para todos os *pixels* na janela do *kernel* e o resultado é atribuído ao *pixel* central do *kernel*. Em seguida, é calculada uma média com os resultados do atributo entre todos os *pixels* de cada segmento para criar o valor que será alocado neste.

Métricas simples e comuns de textura são *média*, *variância* e *entropia*. A Tab. 9.1 resume as principais formulações utilizadas para a quantificação de textura em imagens digitais.

Tab. 9.1 Principais formulações para quantificar a textura em imagens digitais

Descrição	Fórmula
A média corresponde ao valor da média aritmética dos níveis de cinza de uma região em cada banda da imagem. *R(i)* equivale a cada elemento *i* do segmento *R*, e *N* é o número total de *pixels* no segmento.	$\text{Média}(M) = \dfrac{\sum_{i=1}^{N} R(i)}{N}$
A variância é uma medida da dispersão dos valores dos níveis de cinza dos *pixels* da região em torno da média. *M* é a média dos níveis de cinza do segmento.	$\text{Variância} = \sum_{i=1}^{N} (i - M)^2$
A entropia é calculada com base na distribuição dos valores de *pixel* na região, sendo uma medida equivalente à "desordem" dos valores da região. *P(i)* contém o histograma normalizado dos elementos do segmento.	$\text{Entropia} = \sum_{i=1}^{N} P(i) \cdot \ln P(i)$

9.2.3 Atributos geométricos

Os *atributos geométricos* são calculados com base no polígono que define o limite do segmento. Logo, não precisam ser calculados para cada banda. São eles a *área*, o *perímetro*, a *compacidade*, a *convexidade* e a *elongação*.

- A área (ou tamanho) de uma região equivale à quantidade de *pixels* contidos no polígono que a delimita.
- O perímetro (Fig. 9.6A) é uma medida combinada dos comprimentos de todas as arestas do segmento analisado.

- A compacidade (Fig. 9.6B) é uma medida de forma que indica a compactação do polígono. Um círculo perfeito é a forma mais compacta possível para uma dada região.
- A convexidade (Fig. 9.6C) mede a regularidade do perímetro, se côncavo ou convexo. Esse valor é positivo para um segmento convexo e negativo para um polígono côncavo.
- A elongação (Fig. 9.6D) é uma medida de forma que indica o quanto o segmento é estreito. É calculada pela divisão entre os lados menor e maior de um retângulo circunscrito ao polígono do segmento.

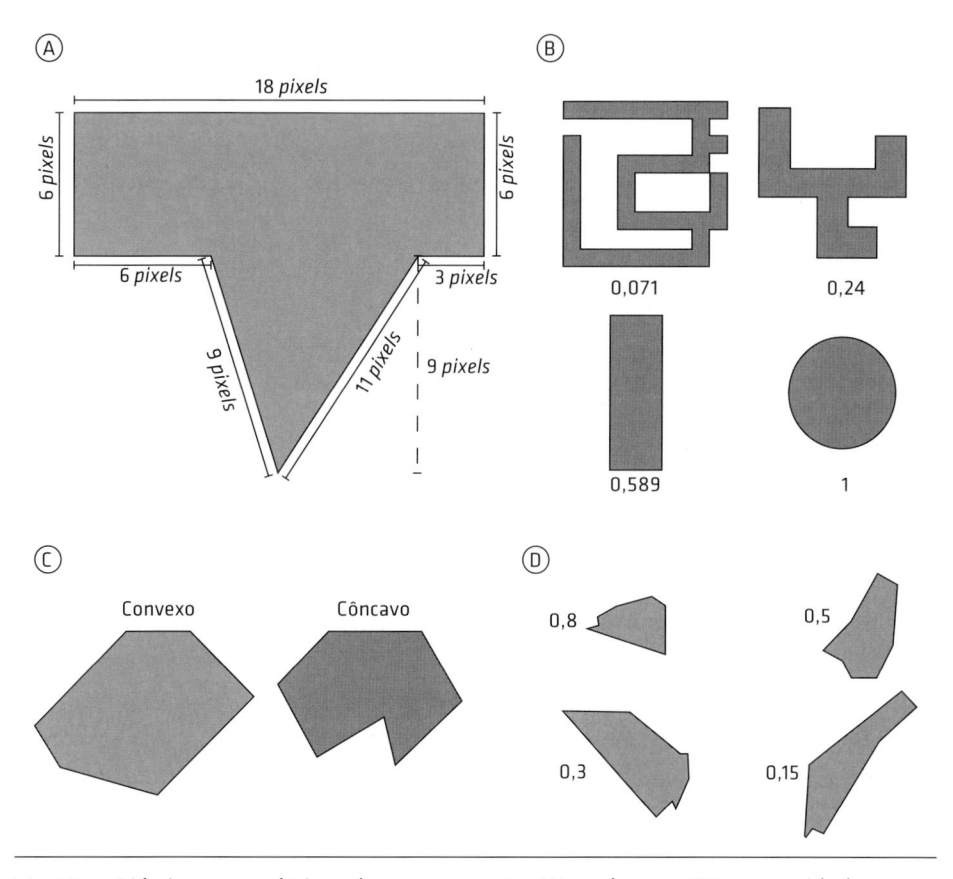

Fig. 9.6 Métricas geométricas de um segmento: (A) perímetro, (B) compacidade, (C) convexidade e (D) elongação

9.3 Considerações sobre a utilização de segmentação de imagens

Técnicas de segmentação de imagens têm ganhado bastante popularidade devido ao surgimento de imagens de alta resolução espacial tomadas por VANTs, principalmente para a classificação de áreas urbanas, onde é comum que os alvos possuam dimensões maiores que o tamanho dos *pixels*. Além de atender essa demanda de imagens de alta resolução espacial, a segmentação também apresenta eficácia em algumas aplicações com imagens de média e moderada resolução espacial. Um estudo comparativo entre a classificação baseada no *pixel* e a classificação orientada a objeto para o mapeamento do uso e da cobertura da terra utilizando imagens TM/Landsat-5 foi realizado em Linli et al. (2008). Revisões bibliográficas bastante abrangentes sobre a classificação orientada a objeto podem ser encontradas em Liu et al. (2006) e Blaschke (2005).

Entre as vantagens da classificação orientada a objeto, deve-se citar que os objetos possuem diversos atributos de classificação além dos espectrais, e o processo de classificação tende a ser mais rápido, uma vez que o algoritmo trabalha com menos unidades a serem classificadas. Como desvantagens, pode-se considerar o alto custo computacional envolvido em segmentações de grandes volumes de dados, como é o caso de imagens de alta resolução espacial ou conjuntos de fotografias aéreas. No entanto, essa perda pode ser parcialmente recuperada pela redução no tempo de classificação. Estudos mostram que o número de objetos resultantes da segmentação é menor que 1% do número total de *pixels* da imagem original.

Outro aspecto é a seleção dos parâmetros ideais para cada aplicação. Na maioria dos casos, os parâmetros são definidos empiricamente, o que obriga o analista a executar algumas tentativas antes de alcançar a configuração adequada. Ainda assim, nem sempre o conjunto de parâmetros selecionado é capaz de produzir resultados satisfatórios ao longo de toda a cena, uma vez que algumas imagens incluem alvos de naturezas muito diferentes. Felizmente, processos adaptativos vêm sendo recentemente desenvolvidos e tendem a solucionar esse problema. Um exemplo de classificação baseada em segmentação pode ser encontrado em Zanotta, Zortea e Ferreira (2018).

9.4 Exercícios propostos

1) O método de segmentação por crescimento de regiões pressupõe o "lançamento" aleatório de "sementes" sobre a imagem a ser segmentada. As sementes passam a agregar *pixels* a partir da região onde cada uma caiu. Que tipo de problema seria observado se o lançamento das sementes fosse ordenado a partir do início da imagem, ou seja, testando-se o

primeiro *pixel* com sua vizinhança, depois o segundo com sua vizinhança e assim por diante até o último *pixel* da imagem?

2) Em que casos é mais aconselhado aplicar classificação por *pixels* ou classificação por objetos? Explicar.

3) Explicar qual é a vantagem da classificação por objetos sobre a classificação por *pixels*. É garantido que a classificação por objetos sempre produza resultados mais satisfatórios?

4) Explicar passo a passo como se dá o processo de segmentação por preenchimento (ou detecção) de bacias.

5) O limiar de similaridade é um parâmetro importante no processo de segmentação por crescimento de regiões. Explicar como o aumento desse limiar pode afetar o resultado da segmentação.

6) Outro parâmetro considerado para esse tipo de segmentador é o "tamanho mínimo" dos segmentos. Explicar como esse parâmetro funciona e como ele pode fazer com que regiões muito distintas façam parte de um mesmo segmento.

7) Explicar como os efeitos de supersegmentação (muitos segmentos resultantes) e subsegmentação (poucos segmentos) podem prejudicar uma classificação baseada em objetos.

8) Dado o fragmento de uma imagem na Fig. 9.7:

12	59	37	38	96	125	42	51	19	152	42
36	50	141	25	12	90	57	109	114	215	57
63	90	137	148	85	156	90	100	213	150	90
30	36	38	45	90	173	12	13	185	20	12
35	88	35	52	62	180	23	9	6	5	23
36	50	141	25	12	190	57	109	114	115	57
63	90	137	148	85	156	90	200	213	150	90
12	59	37	38	96	125	42	51	19	152	42

Fig. 9.7 Fragmento de imagem de 8 *bits*

a) Utilizar o método de segmentação por crescimento de regiões simples e determinar os segmentos resultantes do crescimento dos *pixels* 38 e 6 indicados com limiar de similaridade igual a $L_1 = 15$, $L_2 = 25$ e $L_3 = 55$.

b) Aplicar a regra do tamanho mínimo para os segmentos $T_{mín} = 5$.

Referências bibliográficas

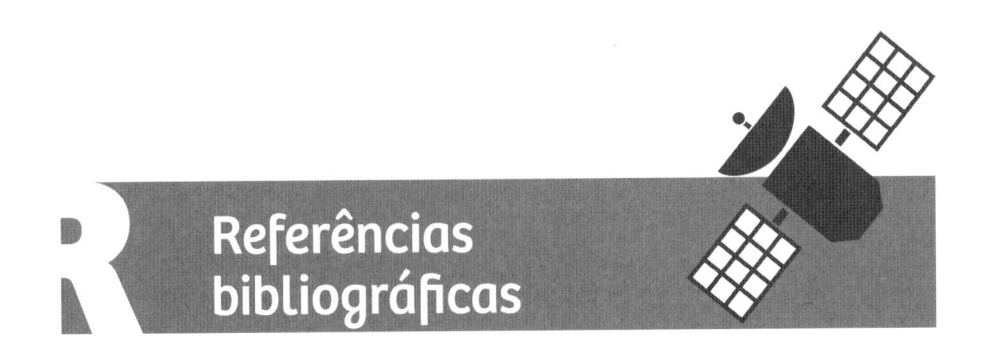

ACHANTA, R.; SHAJI, A.; SMITH, K.; LUCCHI, A.; FUA, P.; SÜSSTRUNK, S. Slic superpixels compared to state-of-the-art superpixel methods. IEEE Transactions on Pattern Analysis and Machine Intelligence, vol. 11, n. 34, p. 2274-2282, 2012.

ADAMS, J. B.; ADAMS, J. D. Geologic mapping using Landsat MSS and TM images: removing vegetation by modeling spectral mixtures. In: INTERNATIONAL SYMPOSIUM ON REMOTE SENSING OF ENVIRONMENT, THIRD THEMATIC CONFERENCE ON REMOTE SENSING. Proceedings..., 1984.

ADLER-GOLDEN, S. M. et al. Atmospheric correction for shortwave spectral imagery based on MODTRAN4. In: DESCOUR, M. R.; SHEN, S. S. (Ed.). Imaging spectrometry V. International Society for Optics and Photonics, 1999. p. 61-70.

AIAZZI, B.; BARONTI, S.; LOTTI, F.; SELVA, M. A comparison between global and context-adaptive pansharpening of multispectral images. IEEE Geoscience and Remote Sensing Letters, v. 6, n. 2, p. 302-306, 2009.

AKAIKE, H. A new look at the statistical model identification. IEEE transactions on automatic control, vol. 19, n. 6, p. 716-723, 1974.

BAATZ, M.; SCHAPE, A. Multiresolution segmentation: an optimization approach for high quality multi-scale image segmentation. In: STROBL, J., BLASCHKE, T., GRIESEBNER, G. Angewandte Geographische Informations--Verarbeitung XII. Wichmann Verlag, Karlsruhe, 2000. p. 12-23.

BEZDEK, J. C. Objective function clustering. In: BEZDEK, J. C. Pattern recognition with fuzzy objective function algorithms. Boston: Springer, 1981. p. 43-93.

BINS, L. S.; FONSECA, L. M. G.; ERTHAL, G. J.; MITSUO, F. Satellite image segmentation: a region growing approach. In: VIII SIMPÓSIO BRASILEIRO DE SENSORIAMENTO REMOTO, Salvador. Inpe, 1996. p. 677-680.

BIOUCAS-DIAS, J. M.; PLAZA, A.; DOBIGEON, N.; PARENTE, M.; DU, Q.; GADER, P.; CHANUSSOT, J. Hyperspectral unmixing overview: geometrical, statistical, and sparse regression-based approaches. *IEEE Journal of selected topics in applied earth observations and remote sensing*, v. 5, n. 2, p. 354-379, 2012.

BISHOP, C. M. *Pattern recognition and machine learning*. New York: Springer, 2006.

BLACKBURN, G. A. Quantifying chlorophylls and carotenoids from leaf to canopy scale: an evaluation of some hyperspectral approaches. *Remote Sensing of Environment*, v. 66, n. 3, p. 273-285, 1998.

BLASCHKE, T. A framework for change detection based on image objects. In: ERASMI, S.; CYFFKA, B.; KAPPAS, M. *Göttinger Geographische Abhandlungen*, v. 113, 2005. p. 1-9.

BREIMAN, L. Random forests. *Machine learning*, vol. 45, n. 1, p. 5-32, 2001.

BREIMAN, L.; FRIEDMAN, J. H.; OLSHEN, R. A.; STONE, C. J. *Classification and regression trees*. New York: Chapman & Hall, 1984.

CÂMARA, G. et al. SPRING: integrating remote sensing and GIS by object-oriented data modelling. *Computers & Graphics*, v. 20, n. 3, p. 395-403, 1996

CANTY, M. *Image analysis, classification, and change detection in remote sensing*: with algorithms for ENVI/IDL. Boca Raton, FL: Taylor & Francis, 2010.

CLASSIFIER comparison. *Scikit-learn*, [s.d.]. Disponível em: <http://scikit-learn.org/stable/auto_examples/classification/plot_classifier_comparison.html>.

CONVOLUTIONAL neural networks (CNNs/ConvNets). [s.d.]. Disponível em: <http://cs231n.github.io/convolutional-networks>.

COSTAMAGNA, P.; DE GIORGI, A.; MAGISTRI, L.; MOSER, G.; PELLACO, L.; TRUCCO, A. A classification approach for model-based fault diagnosis in power generation systems based on solid oxide fuel cells. *IEEE Transactions on Energy Conversion*, vol. 31, n. 2, 2016.

COUSINS, B. *Advanced statistics for high energy physics*. Hadron Collider Physics Summer School, 2009. Disponível em: <https://bit.ly/2RNAz4O>

CRÓSTA, A. P. *Processamento digital de imagens de sensoriamento remoto*. Campinas: IG/Unicamp, 1992.

DAUGHTRY, C. S. T.; WALTHALL, C. L.; KIM, M. S.; COLSTOUN, E. B.; MCMURTREY. J. E. Estimating corn leaf chlorophyll concentration from leaf and canopy reflectance. *Remote Sensing of Environment*, v. 74, n. 2, p. 229-239, 2000.

DE WIT, C. T. *Photosynthesis of leaf canopies*. Wageningen: Pudoc (Agricultural research reports 663), 1965.

DECISION trees. *Scikit-learn*, [s.d.]. Disponível em: <http://scikit-learn.org/stable/modules/tree.html#)>.

DETCHMENDY, D. M.; PACE, W. H. A model for spectral signature variability for mixtures (spectral signature variability model based on multispectral band scanner data and clustering experiments, discussing data processing algorithms). *Remote Sensing of Earth Resources*, p. 596-620, 1972.

DUNN, J. C. A fuzzy relative of the isodata process and its use in detecting compact well-separated clusters. *Journal of Cybernetics*, vol. 3, n. 3, p. 32-57, 1973.

FERREIRA, M. P.; ZORTEA, M.; ZANOTTA, D. C.; SHIMABUKURO, Y. E.; DE SOUZA FILHO, C. R. Mapping tree species in tropical seasonal semi-deciduous forests with hyperspectral and multispectral data. *Remote Sensing of Environment*, vol. 179, p. 66-78, 2016.

FEYNMAN, R. P. *QED*: the strange theory of light and matter. 1. ed. Princeton: Princeton University Press, 1985.

FRIEDMAN, J.; HASTIE, T.; TIBSHIRANI, R. *The elements of statistical learning*. 1. ed. New York: Springer series in statistics, 2001.

GAMON, J. A.; SURFUS, J. S. Assessing leaf pigment content and activity with a reflectometer. *New Phytologist*, v. 143, n. 1, p. 105-117, 1999.

GAMON, J. A.; SERRANO, L.; SURFUS, J. S. The photochemical reflectance index: an optical indicator of photosynthetic radiation-use efficiency across species, functional types, and nutrient levels. *Oecologia*, v. 112, n. 4, p. 492-501, 1997.

GAO, B. C. NDWI: a normalized difference water index for remote sensing of vegetation liquid water from space. *Remote Sensing of Environment*, v. 58, n. 3, p. 257-266, 1996.

GAO, B. C.; GOETZ, A.; WISCOMBE, W. J. Cirrus cloud detection from airborne imaging spectrometer data using the 1.38 µm water vapor band. *Geophysical Research Letters*, v. 20, n. 4, p. 301-304, 1993.

GITELSON, A. A.; MERZLYAK, M. N.; CHIVKUNOVA, O. B. Optical properties and non-destructive estimation of anthocyanin content in plant leaves. *Photochemistry and photobiology*, v. 74, n. 1, p. 38-45, 2001.

GITELSON, A. A.; MERZLYAK, M. N.; LICHTENTHALER, H. K. Detection of red edge position and chlorophyll content by reflectance measurements near 700 nm. *Journal of Plant Physiology*, v. 148, n. 3-4, p. 501-508, 1996.

GITELSON, A. A.; ZUR, Y.; CHIVKUNOVA, O. B.; MERZLYAK, M. N. Assessing carotenoid content in plant leaves with reflectance spectroscopy. *Photochemistry and photobiology*, v. 75, n. 3, p. 272-281, 2002.

GOETZ, A. et al. HATCH: Results from simulated radiances, AVIRIS and Hyperion. *IEEE Transactions on Geoscience and Remote Sensing*, v. 41, n. 6, p. 1215-1222, 2003.

GONZALEZ, R. C.; WOODS, R. E. *Digital image processing*. 3. ed. Upper Saddle River: Prentice Hall, 2008.

GOODFELLOW, I.; BENGIO, Y.; COURVILLE, A. *Deep learning*. Cambridge: MIT Press, 2016.

HARRIS, C.; STEPHENS, M. A combined corner and edge detector. *Alvey Vision Conference*, v. 15, n. 50, p. 147-151, 1988.

HORLER, D. N. H.; DOCKRAY, M.; BARBER, J. The red-edge of plant leaf reflectance. *International Journal of Remote Sensing*, v. 4, n. 2, p. 273-288, 1983.

HORWITZ, H. M. et al. Estimating the proportions of objects within a single resolution element of a multispectral scanner. In: SEVENTH INTERNACIONAL SYMPOSIUM OF REMOTE SENSING OF ENVIRONMENT, Ann Arbor, MI. Proceedings..., 1971. p. 1307-1320.

HUETE, A. R. A soil-adjusted vegetation index (SAVI). *Remote Sensing of Environment*, v. 25, n. 3, p. 295-309, 1988.

HUETE, A. R.; DIDAN, K.; MIURA, T.; RODRIGUEZ, E. P.; GAO, X.; FERREIRA, L. G. (2002). Overview of the radiometric and biophysical performance of the MODIS vegetation indices. *Remote Sensing of Environment*, 83, p. 195-213, 2002.

HUNT, E. R.; ROCK, B. N. Detection of changes in leaf-water content using near infrared and middle-infrared reflectances. *Remote Sensing of Environment*, v. 30, n. 1, p. 43-54, 1989.

JAIN, A. K. Data clustering: 50 years beyond k-means. *Pattern recognition letters*, vol. 31, n. 8, p. 651-666, 2010.

JENSEN, J. R. *Remote sensing of the environment*: an earth resource perspective. 2. ed. New Delhi: Pearson Education India, 2009.

JORDAN, C. F. Derivation of leaf-area index from quality of light on the forest floor. *Ecology*, v. 50, n. 4, p. 663-666, 1969.

KAMPFFMEYER, M.; SALBERG, A.; JENSSEN, R. Semantic segmentation of small objects and modeling of uncertainty in urban remote sensing images using deep convolutional neural networks. In: COMPUTER VISION AND PATTERN RECOGNITION WORKSHOPS (CVPRW), 2016. IEEE, 2016. p. 680-688.

KAUFMAN, Y. J.; TANRÉ, D. Atmospherically resistant vegetation index (ARVI) for EOS-MODIS. *IEEE Transactions on Geoscience and Remote Sensing*, v. 30, n. 2, p. 261-270, 1992.

KAUTH, R. J.; THOMAS, G. S. The tasselled cap: a graphic description of the spectral-temporal development of agricultural crops as seen by Landsat. In: PROCEEDINGS OF THE SYMPOSIUM ON MACHINE PROCESSING OF REMOTELY SENSED DATA, West Lafayette, Indiana, 1976. p. 41-51.

KENDALL, M.; STUART, A.; ORD, J. K.; O'HAGAN, A. *Kendall's advanced theory of statistics, distribution theory*. 1. ed. 1994.

KIM, M. S. *The use of narrow spectral bands for improving remote sensing estimation of fractionally absorbed photosynthetically active radiation (fAPAR)*. Tese (Doutorado) – Departamento de Geografia da Universidade de Maryland, 1994.

LECUN, Y.; BENGIO, Y.; HINTON, G. Deep learning. *Nature*, vol. 521, n. 7553, p. 436, 2015.

LINLI, C.; JUN, S.; PING, T.; HUAQIANG, D. Comparison study on the pixel-based and object-oriented methods of land-use/cover classification with TM data. In: EARTH OBSERVATION AND REMOTE SENSING APPLICATIONS, 2008. Eorsa 2008. International Workshop on IEEE, 2008. p. 1-5.

LIU, Y.; LI, M., MAO, L.; XU, F.; HUANG, S. Review of remotely sensed imagery classification patterns based on object-oriented image analysis. *Chinese Geographical Science*, v. 16, n. 3, p. 282-288, 2006.

MASEK, J. G.; VERMOTE, E. F.; SALEOUS, N.; WOLFE, R.; HALL, F. G.; HUEMMRICH, F.; GAO, F.; KUTLER, J.; LIM, T. K. *LEDAPS calibration, reflectance, atmospheric correction preprocessing code*. Versão 2. ORNL DAAC: Oak Ridge, Tennessee, USA, 2013.

MATTHEW, M. W. et al. Status of atmospheric correction using a MODTRAN4--based algorithm. In: SHEN, S. S.; DESCOUR, M. R. (Ed.). *Algorithms for multispectral, hyperspectral, and ultraspectral imagery VI*. International Society for Optics and Photonics, 2000. p. 199-208.

MENESES, P. R.; ALMEIDA, T. (Org.). *Introdução ao processamento de imagens de sensoriamento remoto*. Brasília: UnB; CNPq, 2012.

MERZLYAK, M. N.; GITELSON, A. A.; CHIVKUNOVA, O. B.; RAKITIN, Y. Non--destructive optical detection of pigment changes during leaf senescence and fruit ripening. *Physiologia Plantarum*, v. 105, n. 1, p. 135-141, 1999.

MILLER, C. J. Performance assessment of ACORN atmospheric correction algorithm. In: SHEN, S. S.; LEWIS, P. E. (Ed.). *Algorithms and technologies for multispectral, hyperspectral, and ultraspectral imagery VIII*. International Society for Optics and Photonics, 2002. p. 438-450.

MONTES, M. J.; GAO, B.-C.; DAVIS, C. O. Tafkaa atmospheric correction of hyperspectral data. In: SHEN, S. S.; LEWIS, P. E. (Ed.). *Imaging spectrometry IX*. International Society for Optics and Photonics, 2004. p. 188-198.

OTSU, N. A threshold selection method from gray-level histograms. *IEEE Transactions Systems, Man and Cybernetics*, v. 9, n. 1, p. 62-66, 1979.

PEARSON, K. L. On lines and planes of closest fit to systems of points in space. *The London, Edinburgh, and Dublin Philosophical Magazine and Journal of Science*, v. 2, n. 11, p. 559-572, 1901.

PEÑUELAS, J.; BARET, F.; FILELLA, I. Semiempirical indexes to assess carotenoids chlorophyll-a ratio from leaf spectral reflectance. *Photosynthetica*, v. 31, n. 2, p. 221-230, 1995.

QU, Z.; KINDEL, B. C.; GOETZ, A. The high accuracy atmospheric correction for hyperspectral data (HATCH) model. *IEEE Transactions on Geoscience and Remote Sensing*, v. 41, n. 6, p. 1223-1231, 2003.

RAHMAN, H.; DEDIEU, G. SMAC: a simplified method for the atmospheric correction of satellite measurements in the solar spectrum. *International Journal of Remote Sensing*, v. 15, n. 1, p. 123-143, 2007.

REES, W. G. *Physical principles of remote sensing*. Cambridge: Cambridge University Press, 2012.

RICHARDS, J. A.; JIA, X. *Remote sensing digital image analysis*: an introduction. 3. ed. New York: Springer, 2006.

RICHTER, R.; SCHLÄPFER, D. Geo-atmospheric processing of airborne imaging spectrometry data. Part 2: atmospheric/topographic correction. *International Journal of Remote Sensing*, v. 23, n. 13, p. 2631-2649, 2002.

ROBERTS, D. A.; ROTH, K. L.; PERROY, R. L. Hyperspectral vegetation indices. In: THENKABAIL, P. S.; LYON, J.; HUETE, A. *Hyperspectral remote sensing of vegetation*. Boca Raton: CRC Press, 2011, p. 309-327.

ROUSE, J. W.; HAAS, R. H.; SCHELL, J. A.; DEERING, D. W. Monitoring vegetation systems in the Great Plains with ERTS. In: PROCEEDINGS OF THIRD ERTS-1 SYMPOSIUM, n. 1, 1973, Washington, DC, p. 309-317.

RUSSELL, S.; NORVIG, P. *Artificial intelligence*: a modern approach. 3. ed. New Jersey: Prentice Hall, 2009.

SCHWARZ, G. Estimating the dimension of a model. *The annals of statistics*, vol. 8, n. 2, p. 461-464, 1978.

SERRANO, L.; PEÑUELAS, J.; USTIN, S. L. Remote sensing of nitrogen and lignin in Mediterranean vegetation from AVIRIS data: decomposing biochemical from structural signals. *Remote Sensing of Environment*, v. 81, n. 2-3, p. 355-364, 2002.

SHIMABUKURO, Y. E.; SMITH, J. A. The least-squares mixing models to generate fraction images derived from remote sensing multispectral data. *IEEE Transactions on Geoscience and Remote Sensing*, v. 29, n. 1, p. 16-20, 1991.

SOMERS, B.; ZORTEA, M.; PLAZA, A.; ASNER, G. P. Automated extraction of image-based endmember bundles for improved spectral unmixing. *IEEE Journal of Selected Topics in Applied Earth Observations and Remote Sensing*, vol. 5, n. 2, p. 396-408, 2012.

VAPNIK, V. *Statistical learning theory*. New York: John Wiley, 1998.

YAO, J. Image registration based on both feature and intensity matching. In: IEEE INTERNATIONAL CONFERENCE ON ACOUSTICS, SPEECH AND SIGNAL PROCESSING, 2001, Salt Lake City, UT, USA, v. 3, p. 1693-1696.

ZANOTTA, D. C.; ZORTEA, M.; FERREIRA, M. P. A supervised approach for simultaneous segmentation and classification of remote sensing images. *ISPRS Journal of Photogrammetry and Remote Sensing*, vol. 142, p. 162-173, 2018.

ZHANG, Y.; ZUXUN, Z.; JIANQING, Z. House semi-automatic extraction based on integration of geometrical constraints and image segmentation. *Journal of Wuhan Technical University of Surveying & Mapping*, v. 25, n. 3, p. 238242, 2000.